三峡啊

反对者的纪念碑

李南央 主编

溪流出版社

Fellows Press of America, Inc.

The Three Gorges Edited by Li Nanyang
三峡啊　李南央　主编

First published in 2020 by Fellows Press of America, Inc.
P. O. Box 93, Keller, Texas 76244

ISBN: 1-933447-61-3; 978-1-933447-61-2
Published Date: May, 2020

Cover Design by Li Nanyang

Web: http://www.fellowspress.com
E-mail: fellowspress@yahoo.com
Tel: (682) 292-8066

Fellows Press of America, Inc.（溪流出版社）出版的一切作品均不代表本社立场。

谨将此书

献给

在中国专治体制下以科学态度坚持发表反对三峡工程意见的科学家、学者、新闻记者、政府官员和普通公民。

目 录

总序/李南央   1

长江、长江（一本被禁的书）

三峡"叫号"（代序）/吴国光   7

知名人士的呼吁

关于三峡工程的一些问题和建议/周培源   9

关于三峡工程论证的意见和建议/孙越崎等   13

三峡工程十大争议概述/陆钦侃   20

    附：我对三峡工程争论的看法和建议/李伯宁   26

记者谈访录

三峡工程二十一世纪再定/李锐答戴晴问   36

我们很关心、我们不放心/周培源、林华同钱钢谈   51

对不同意见应平等对待允许争论/孙越崎答张爱平问   58

三峡工程总投资概算打的埋伏太大/乔培新答李树喜问   63

斩断了黄金水道还能再挖一条长江吗

    /彭德同方向明、李伟中谈   68

三峡工程移民和淹没土地将是生产力的大破坏

    /王兴让答陈鹰问   74

三峡工程防洪效益有限/陆钦侃答陈可雄问   77

三峡工程引起的生态环境破坏贻害无穷
　　　　/侯学煜答朱剑虹问　　　　　　　　　83
追求发电效益并非是合理的选择/罗西北同吴锦才谈　91
治理长江应"先支后干"/陈明绍答刚建问　　　　94
国际舆论反对三峡工程上马/田方、林发棠同张胜友谈　98

军事之忧

高坝：悬顶之剑/杨浪　　　　　　　　　　　103

经济学家之见识

三峡工程缓建、资金用于教育/千家驹　　　　　114
水库退役后的状况和后果为何不见论证/茅于轼　　117
当前的经济和体制条件难以支撑三峡工程/吴稼祥　119
我们现在尚无能力开发长江资源/姜洪　　　　　122
三峡工程应有社会学家、人类学家参与论证/景军　125
后记/戴晴　　　　　　　　　　　　　　　127

三峡啊（《长江、长江》续篇）

赤子之言/黄万里

遗嘱　　　　　　　　　　　　　　　　　　133
三峡高坝永不可修——戴晴访清华大学教授黄万里　134
致江泽民总书记等的三封信　　　　　　　　　140
　　附一：致中纪委、监察部的一封信　　　　145
　　附二：向中纪委、监察部合署举报中心举报
　　　　　清华大学教授张光斗的信　　　　　148
　　附三：致朱镕基总理、李岚清副总理等的一封信　150

钱正英应负的责任是推卸不了的！ 152

吁请长江三峡大坝即日停工！此坝决不可修！ 163

  附一：再次吁请将正在修建的长江三峡大坝

      即日停工，此坝永不可修 165

  附二：三次吁请将修建中的长江三峡高坝停工

      此坝祸国殃民，永不可修！ 168

论长江三峡修建高坝的可行性 171

独立历史调查记者的文字/戴晴

《长江、长江》成书经过 177

四年以来（1989-1993） 183

  附录：三峡工程初步设计的一些情况 196

向钱正英请教 199

如此民主决策——采访黄顺兴 209

三峡文物古迹告急——访俞伟超 217

再访俞伟超 226

灾难性的政治工程 234

只有实事求是才成其为科学家——采访郭来喜 236

怪老天爷还是怪自己——采访陆钦侃 244

三味书屋讲演 251

留在"墙外"的声音/李锐

三峡工程 273

钱正英 296

几则有关三峡的日记 300

三峡工程研讨会开幕词 306

一位学者的道德拷问/王维洛

两位清华海归   309

   附文：黄万里和张光斗——截然不同的人生   316

记孙越崎   319

两位水利学家追悼会的对比   329

李锐与林一山   337

   附文：林一山、李锐留下的遗产   352

科学如何沦为政治的婢女   360

原国家环保局局长曲格平的责任   368

建议撤销张光斗和钱正英的中国工程院院士资格   375

三峡工程的守望者们

三峡工程的三大致命缺陷/黄观鸿   381

关于湖北巴东地震的评论/范晓   402

   附文：等闲平湖起波澜   404

后三峡的重庆：环境与生活的惊世之变/范晓   408

川东北连年暴雨成灾与三峡工程有关吗？/范晓   416

谁的三峡工程/任星辉   427

父亲的水电老师/李南央   432

我眼中的潘家铮/李南央   437

与明镜电视陈小平博士对谈提纲/李南央   444

   附文：就一个错误回答听众   452

后记/李南央

  455

总序

李南央

这本书由两部分组成，上半部是 1989 年 2 月由戴晴主编，贵州人民出版社出版的《长江、长江》的全部内容。下半部是《三峡啊》，由我选编了反对三峡工程代表人物无法在大陆正式发表而散落在网上、或中国大陆以外出版物上有代表性的文章。

这本书并不想让读者从科学、技术的角度了解为什么三峡工程是一个根本不应该建设的工程。这本书的聚焦点是"人"，力求将一个个的个人在三峡工程这个大考面前表现出的人格留给历史。

共产党在中国大陆执政已经超过了七十年，刚刚发生在武汉的病毒从那里蔓延到全中国，现在又扩散到全世界，让众多无辜的人失去生命，还在继续威胁着数以亿计的人的健康，让许许多多的国家遭受惨痛的经济损失，让世界坠入危难。在这次被称作"2020 年大流行"的灾难中，我们在病毒的发源地已经看不到"三峡灾难"降临时，黄万里那样铁骨铮铮的科学家，李锐那样敢于讲实话的中共高级官员，戴晴那样坚守住良知的独立新闻记者，许医农那样有担当的出版社编辑……

因此，留下出现在三峡工程前前后后那些无愧于科学家、科学工作者、政府官员、新闻记者、公民称呼的人的身影更显得弥足珍贵。

2019 年 7 月初，网上传出一个据称是日本学者制作的"三峡大坝变形"视频。就三峡大坝工程，美国中文自媒体"明镜电视"主持人陈小平博士，邀我做了一个对谈节目。节目播出之后，很多观众留言，希望能够买到我在节目中提及的《长江、长江》这本在大陆被禁的小书，也有人希望我能够编一本书，让更多的人了解三峡工程的前前后后。

如此，就有了这本书——奉献给读者和守望着三峡的后人，并纪念三峡工程的反对者们！

2020 年 3 月 28 日

長江

長江 邵越崎 题

一本被禁的书

长江、长江（一本被禁的书）

长江 长江

——三峡工程论争

主 编 戴 晴

副主编 刚建 何小娜 董郁玉

顾问编审　陶　铠
责任编辑　许医农
装　　帧　马少展
人物插图　丁　聪

贵州人民出版社

谨 将 此 书

献给1956、1957、1959年以来因对三峡工程发表自己的见解而受到不公正对待的科学技术工作者。

三峡"叫号"（代序）

吴国光

不知那浪高水急的长江三峡两岸，可有如此这般嘹亮沉雄的"号子"？中国知识界直言不讳的发言，终于打破了围绕三峡工程理应展开的论争中不应有的沉默寂静，将一个关系国计民生的重大问题，鲜明地提到了国人面前。

在中国，一切问题无不带有或浓或淡的政治色彩，重大问题尤其不可能不被视为政治问题。三峡工程，是上，还是不上？显然主要是一个科学论证问题。可是历史和现实并不曾让它以这样单纯的形式出现，而强行纳入政治轨道。"李锐反党集团"是一个已成"历史"的悲惨事实，它说明在一个政治权力高度集中、最高政治领导人一言九鼎的体制下，"政治泛化"现象可以"泛"到何种程度，以至荡平一切良知与科学的准则。对那依然挺立的人格与理性，这种政治权力可以施以最冠冕堂皇也最粗暴无情的摧残，这是意图包揽一切、判断一切的全圣全神的政治权力为自己开辟道路的必然行动。这种不受制约的政治权力，在三峡问题几十年来的风风雨雨中始终是一个有形无形的决定力量，完全扭曲直至扼杀一切科学探讨与论争，划地为牢地把一个本应拨动国人心弦的问题变成一个人人宁愿三缄其口的禁区。现在这一声"号子"，其实只是一声引领群体"号子"的"叫号"。"叫号"作为土语含有"挑战"意，它确实是一种挑战：让全能的政治后退五百步！

于是科学发言了，科学家发言了。只有摆脱开全权、全能政治的羁绊，作为一种独立人格和格致理性出现，科学才有可能开始展现自己的本能而求得与自然相契合的公平与正义。无疑，主张三峡工程上马的科学家们也自有其道理，科学本身会最终为这种分歧找到解决方法。问题只在于，当科学一旦成为政治的仆从时，它就不成为其科学了，它的那种听来清晰而又冷静的声音就会显得虚伪可疑，还比不上良知与常识的虽然语无伦次但却真诚坦率的呼吁。不是说科学不可以与政治力量结盟，但这种结盟若要造福人类，就必须是科学控制政治而不是政治支配科学。对于中国人来说，几十年乃至几千年的悲剧恰恰就在于政治支配了科学，吞噬了科学，乃至于支配和吞噬了全部社会生活，吞噬和支配了人的大脑和良心。这样的政治，谓之专制政治。它打碎了科学与政治应有的盟友关系，而以它本身的惯有规则给可能出现的任何理性之声限定了一个从最基本到最琐碎的定理：不得越雷池一步！在这个限定范围内，也许偶尔可以找到符合理性本身的东西，但它存在的原因却并非因为其合乎理性、合乎科学，只是它一时还没有忤犯专权者的圣怒罢了。

就三峡工程问题本身而言，症结当然也就不在于它是否出于某种诗意的幻想，而只在于为什么这种幻想可以摘掉翅膀箕踞在科学与政治的殿堂上成为天意般的信条。如果追寻这种幻想的缘由，不难发现，那种好大喜功的天性常常是与无限权力拥有者不可分割的。一种不受制约的权力必然是为所欲为的，为所欲为必然是不需要科学的。我想，即使是这样简单的逻辑，恐怕也大体上可以说明为什么我们一再遇到"西水东调"、"十来个大庆"直到"三峡工程快上马"这一连串"宏伟设想"了。

就打破全能政治的桎梏这一点而言，现在这样一种发言本身就具有某种耐人寻味的象征意义。"大报"一向是作为无有二言的官方喉舌出现的，如今它们的一批优秀记者开始以其独立人格与敢于独立思考的科学家们对话了。面对祖国大地的呼吁，任何尚未被专断的政治权力塑造成任捏任揉的泥娃娃的知识分子，都不能不感到心灵在颤动，从而哪怕鼓起仅有的一丝余勇来大声发言，要求以更加严肃认真、更加合乎科学的态度来在祖国的大血脉上施行任何或好或歹的手术，更要求自己和同道们以无论多么微弱的力量来推进政治与其余社会生活领域的合规律的分化，从而为科学理性和人格独立奠定现实的基础。在这个意义上，中国知识界在三峡问题上的发言，可以说是一个重大的历史性行动，它好比是向传统政治体制及其权威扔下一只白手套，意味着"叫号"——也就是挑战：你对民族负责吗？你有对这一伟大民族和辽阔国土负责的智慧、勇气、胆魄和能力吗？

这，也是扔在我们每个公民面前的雪团般耀眼的白手套。

知名人士的呼吁

关于三峡工程的一些问题和建议

周培源致中央领导同志信

　　1988年9月，全国政协派我率领赴湖北、四川视察团由武汉市沿江而上，对武汉至重庆间七个市、地、县的工业、商业、科技、教育、医卫、文化等方面的情况进行了视察，并听取了湖北、四川两省，武汉、重庆两个计划单列城市以及沿途各地方和有关部门的工作汇报。视察团是由182位在京的全国政协委员所组成，其中有很多位知名科技人员，包括少数对国防科技曾作出重大贡献的同志。视察的整个情况已由视察团写出报告，因此，我这里只想就有关长江三峡工程的一些问题，谈谈自己的印象、看法与建议。

　　由于湖北、四川两省以及所到各地方对建设长江三峡工程的问题十分关注，视察团的很多同志对此也很关心，所以我们在实地考察了葛洲坝、三斗坪三峡工程坝址以及三峡库区的同时，又数次听取了水利部长江流域规划办公室负责同志所作的情况介绍，阅读了大量有关资料，并与长办的同志举行了两次座谈。从座谈会的情况看，绝大多数委员表示出对三峡工程这一重大建设项目既很关心又很不放心的心情，在一些问题上，人们的认识还有很大分歧。这些分歧主要集中于两个问题上：其一，长江的开发治理应该先干流还是先支流；其二，三峡工程应该快上还是缓上。

　　第一个问题实际上是在长江开发的次序上先局部治理还是全面治理的问题。应当说，长江干流与支流的开发建设都是重要的，问题是在我国目前的情况下，两者实际上又不可能同时上马，齐头并进。因此，四川省提出三峡建设不能走下游受益，上游受损的老路，并一再强调无论三峡工程上与不上都不能放松上游支流的开发建设，还建议从现在起就着手开发长江上游金沙江、大渡河、岷江的水电资源。我理解他们的态度显然是不大赞同现在上三峡工程的。在这一点上，四川与湖北之间确有不同意见。舍此不谈，现在有一个值得充分注意的现实问题是，四川省的能源紧缺问题已不能再拖下去了。

四川是一个大省，其人口占全国的 1/10，国民生产总值占全国的 6.7%，四川的经济发展情况，将直接影响 2000 年我国工农业生产总值翻两番目标的实现。现在，四川省每年缺电达 60 多亿度，约有 40%的用电需求不能满足，企业普遍"停三开四"，甚至"停五开二"，生产能力大量闲置。可以说，能源问题特别是电力紧缺问题，已成为制约该省经济发展的主要因素。因此，采取有效措施，解决这一问题，确实已经刻不容缓了。

四川是一个资源大省，特别是长江上游支流丰富的水能资源具有很大的开发潜力。它的理论蕴藏量为 1.5 亿千瓦，可能开发量为 0.92 亿千瓦，而且有进行开发的良好基础与条件。如果有四川省的努力，加上国家的支持帮助，长江上游支流资源开发工期短、投资少、见效快等优势可以很快地发挥出来。

此外，贵州省可开发乌江，湖北省可开发清江和汉江，湖南省可开发湘、资、沅、澧四水。对各条支流的开发，可以较快地解决各地的防洪、发电、航运、灌溉等问题。

相反，三峡工程则不同。且不谈工程技术上的问题是否已经全部解决，即使决定立刻上马，由于它投资多、工期长、见效慢，十几年内只投入不产出，对于实现翻两番的目标也不能起推动作用。甚至可以说，由于它占用大量资金，挤掉了其他本来可以上马的项目，反倒会拖翻两番的后腿。因此，我们在规划部署长江流域的综合开发治理时，对这个重要的问题一定要慎重地考虑。

第二个问题实际上是上马的条件与时机问题。在讨论中，不少委员认为现在还不能说三峡工程是"万事俱备，只欠东风"，因为三峡工程的技术问题仍然未能全部解决。比如清淤排沙问题，按现在的方案，坝区附近的问题比较容易解决，而库尾重庆一带的泥沙问题则依然没有好的解决办法。

又如航运问题，目前关于修建三峡大坝是促航还是碍航的问题尚有争论。从我们这次实地考察的情况看，葛洲坝只有一级船闸，顺利通过一次约需45分钟。但船闸不能为一、二艘船随开随放，要等若干船只会齐后统一通过，这样每次就需要几个小时。而三峡大坝又不同于葛洲坝，按现行方案，船只过坝要经过五级船闸，这不仅将使过闸时间大大延长，而且其中任何一级出了问题，都有可能造成这一黄金水道的断航。对这个问题，不少委员表示担心。

再如，在移民费的结算上，现在提出的110亿元肯定打不住。这是因为，三峡水库移民要迁移13个城市和许多工厂，都要在库边山坡上平整土地建设。城市还有许多附属设施是很费钱的。所以现在定的110亿元的移民费是肯定不够的。

此外，对于三峡工程这么重大的建设项目来说，不能只搞一个方案，而是同时还应有一个以上的比较方案，应当比较先建三峡工程后开发支流，还是先开发支流后建三峡工程的方案，才有利于领导机关在决策时做出最佳选择。对此，参加座谈的不少委员表示很不满意。在要不要比较方案的问题上，我主张宁可多花些气力，多下点功夫去做，而不能疏忽不搞，更不能为敷衍局面而拼凑一个纯属应付性的东西，以免将来又留下许多遗憾。

最后，还有个工程总的投资预算问题。现在，长办对三峡工程不算利息的投资为300亿元。如计算部分利息，则需要500~600亿元，再考虑物价上涨后，则需要1000~1200亿元。如果在全部投资中考虑利息和实际物价上涨指数，则所需总投资还要多得多。

据长办的一位前负责同志在座谈会上讲，从实际工程量来说，三峡工程是葛洲坝工程的二倍到二倍半。但是，三峡工程的机电设备为葛洲坝的六倍，船闸为葛洲坝的五倍，移民为葛洲坝的几十倍。所以委员们听了他讲二倍到二倍半都不能理解，因此也不能放心。

我觉得，决定三峡工程是快上还是缓上，除了一些具体的技

术上的问题需要进一步研究外，最主要的因素是我国的财政承受
能力问题。在我国目前的财力物力条件下，特别是在物价、工资
改革的关键阶段，上马三峡工程这一特大建设项目是不适宜的。
如果硬要上马，势必催化通货膨胀，加剧经济动荡，影响党的十
三届三中全会战略决策的实现，还会对人民群众形成心理上的冲
击，以至于影响深化改革所必需的安定团结的政治局面。基于以
上考虑，我认为三峡工程快上不如缓上。等将来翻两番的任务实
现，国家经济实力增强，科技水平提高了，那时再来考虑三峡工
程的修建问题。

在这次视察过程中，我多次听地方的同志讲，由于三峡工程
长期举棋不定，上与不上几经反复，大坝方案忽高忽低，使库区
所在地方的建设发展规划难以确定，项目无法安排，有些优势条
件也不能利用，已经严重影响了这些地方的生产建设和人民生
活。我感到这是一个很大的问题。为此，建议中央能够尽快对三
峡工程作出缓上的决定，并发布安民告示，以利于这些地方已经
耽误了 30 多年的经济建设，在中央的亲切关怀和省、地的积极努
力下，能够得到迅速发展。

以上一些想法和建议，不一定全对，仅供中央和政协领导同
志参考。

周培源
1988年11月9日

关于三峡工程论证的意见和建议

全国政协委员：孙越崎、林华、王兴让、胥光义、乔培新、陈明绍、罗西北、严星华、赵维纲、陆钦侃　上书中央

1988 年 11 月下旬，原水电部三峡工程论证领导小组召开第九次扩大会议，讨论"综合规划与水位"和"综合经济评价"两个专题论证报告。经全国政协经济委员会三峡工程专题组与三峡工程论证领导小组商议，我们 9 位政协委员应邀参加了会议（孙越崎老同志由陆钦侃同志代表），在充分听取汇报和阅读文件的基础上，在会议上提出了我们的意见和建议，兹整理报告如下：

一、三峡工程宜晚建而不宜早建

（一）根据当前和近期我国经济形势和党的方针任务，三峡工程不宜早建

前不久党的十三届三中全会对我国当前经济形势作了全面分析，并据此提出了治理经济环境，整顿经济秩序，全面深化改革的指导方针。为压缩社会总需求，抑制通货膨胀，要坚决大力压缩基建规模。我们认为在这种形势和要求下，提出早上快上规模特大、问题复杂、工期很长、见效很慢的三峡工程，是很不恰当的。

再根据党的十三大报告中所提出的我国经济建设战略部署，现在最重要的是走好我国经济发展战略第二步，到本世纪末使国民生产总值再增长一倍，人民生活达到小康水平。而三峡工程即使一切条件按预想顺利进行，开工后要 12 年才开始利用围堰蓄水发电，20 年才能全部建成。如果早上三峡工程，在本世纪内需要大量投入，而没有产出。在国家财力物力很紧张的情况下，还将挤掉其他可以及时见效的工程，对本世纪末的战略目标是不利的。等我国经济实力比较雄厚，技术力量更坚实时，兴建三峡工程比较稳妥可靠。

（二）三峡工程所需庞大投资非当前国力所能承受

论证报告中所提出的静态投资 361 亿元是明显不足的。一方面因所估投资是以 1986 年物价为依据的，而 1987 年和 1988 年物价上涨幅度很大；另一方面是总投资中未列入三峡工程开始发电后每度电提取 3 厘钱（每年 2.5 亿元长期提取）的"库区建设基金"，因泥沙淤积壅高库水位而增加的移民费用，以及因库尾淤积而需整治航道港口的费用。考虑这些情况后，静态投资要比 361 亿元大得多。

在财务评价中，占投资总额 50～65% 的葛洲坝和三峡电站发电利润用于三峡工程建设，没有计算利息。据财政部的同志表示，葛洲坝发电利润用于三峡有国务院批文，但三峡发电利润能否用于三峡工程建设，尚无根据。而且这样考虑特殊条件进行计算，难以说明其财务可行性。

论证报告中考虑今后物价上涨和部分投资的利息后，所列动态投资 934.5 亿元，也是偏低很多的。据建设银行的同志计算，三峡工程的动态投资最低 2000 余亿元，最高达 5000 多亿元。

这样大的投资，是否国力所能承受？论证报告中把三峡工程建设期 20 年的投资数，与全国同期的国民生产总值或国民收入总值的预测数相比，仅占千分之几，这样的论证显然是不恰当的。并以伊泰普水电站的投资与巴西和巴拉圭两国同时期的国民总收入相比，也作为国家承受能力的一个例子，更不可取。

据 1988 年 6 月 1 日《国际内参》报道："巴西军政府要维持经济 10% 的高增长率，不少大型公共工程破土动工，仅伊泰普水电站就投资 180 亿美元。要完成规模巨大的经济计划，国内资金不足，于是举借外债，陷入了高额通货膨胀的困境。通货膨胀率 1980 年突破三位数，上升到 110.2%，1984 年达 223.8%，1987 年达到 365.95%。"

我国今后两年以至五年，要以治理整顿经济为主要任务，问题很多，困难不少。如果贸然快上比伊泰普水电站规模还要大 40% 的三峡工程，有可能诱发新的经济过热问题，不能不慎重考虑。

（三）三峡工程存在一些难以解决的问题

1、泥沙问题：长江是世界上第四条多沙河流，要在泥沙很多而又通航的黄金水道上建设高坝水库，国外还没有过。三峡水库为了蓄洪，势必大量拦沙，就要引起库尾严重淤积而可能碍航，并将壅高重庆洪水位，进一步增加四川的洪水灾害。

2、移民问题：三峡工程 175 米方案推算到 2008 年动迁人口为 113 万人，尚未考虑因泥沙淤积壅高库水位而需增加的移民数。据估算开始蓄水发电后 20 年淤积将增加约 30 万人，50 年淤积将增加 50 多万人，总计移民数将达 140~160 多万人，大部分在四川省。三峡库边地区原已人口超载，粮食不够自给，将淹掉 43 万亩好地，还要后靠迁建 13 个城市和 657 个工厂，都要在山丘坡地上开垦出来，将超过其环境容量。一百几十万人的大量移民，将是很大的社会问题。钱正英同志于 1985 年曾说："移民是关键性的经济、甚至于政治问题。"不能不引起高度重视。

3、技术问题：三峡工程的过坝通航建筑物，采用连续五级大船闸，其最上一级船闸要适应水库水位的巨大变化，人字门的尺寸（宽 34 米，高 38~42 米），输水阀门的水头（50 米），都将超过世界水平。而且五级连续船闸中任何一级发生事故，全线都将不通，航运部门对此很担心。所用载重量 11500 吨、提升高度 113 米的大型升船机，更是超世界水平。国外已建大型垂直升船机不多，三峡升船机与国外最大的比利时升船机（计划 1988 年建成）相比，载重量比它还要大 30%，提升高度比它高 55%。与我国已建的丹江口垂直升船机载重量 450 吨、提升高度 50 米相比，差别更大。我们是否有把握建成这样巨大的升船机，最好先在建设中的水电站作中间试验，比较稳妥可靠。

4、环境影响：在这次论证会上，生态环境专家组组长、中科院学部委员马世骏同志发言，说明中科院组织对三峡工程生态环境影响研究报告的结论是弊大于利。生态环境组顾问、也是中科院学部委员和全国政协委员侯学煜同志认为：三峡工程对生态环境和资源的影响深远，工程是否上马应加慎重。

長江、长江（一本被禁的书）
——知名人士的呼吁

5、风险问题：三峡高坝大库可能诱发地震，库区还有大量潜在的滑坡和崩塌体，水库蓄水后将促使加速滑塌，并可能与诱发地震相互触发，对水库和大坝的安全存在一定风险。而且三峡特大工程万一被破坏，将对下游的江汉平原、洞庭湖区和宜昌、沙市、武汉等一系列重要城市和广大居民造成毁灭性灾害。而且它是防洪、发电、航运的重要枢纽，牵动着国计民生的很大部分，在未来战争中将是一个重要的被攻击目标。不能不居安思危，防敌突袭。现代战争很多是用突然袭击来达到其战略目的的。

周恩来同志 1970 年 12 月 24 日给毛主席关于葛洲坝的信中说："至于三峡大坝，需视国际形势和国内防空炸的技术力量的增长，修高坝经验的积累……考虑何时兴建。"周恩来同志于同年 12 月 16 日在听取葛洲坝工程汇报时曾对林一山同志说："你说的高坝大库是我们子孙的事，二十一世纪的事。"对这个问题我们也应慎重考虑。

二、长江的开发治理应当先支后干

（一）应从全流域规划考虑，不能就三峡论三峡，根据具体条件确定合理开发程序

我们认为长江的开发治理，必须对全流域进行全面规划，根据国家财力和通盘分析长江干支流骨干工程，合理安排开发程序。

长江流域幅员广大，众多大小支流遍布各省，一些大支流如雅砻江、岷江、大渡河、嘉陵江、乌江、沅水、湘水、汉江、赣江都是大河流，其年水量与黄河、淮河、海河相当或更大。所以长江的治理和开发，应当先易后难，先支后干，以便及时满足各地区经济发展的需要，这是符合长江流域的实际情况的。

长江流域规划，应当结合中科院西南资源开发考察队和川滇黔桂渝四省区五方最近提出的《西南地区国土资源考察和发展战略研究》进行统一研究；应当考虑四川省提出的开发长江上游的水力资源和自然资源，和贵州省提出的乌江流域综合开发计划，以及湖南、湖北、江西等省的支流开发规划，既是各地区经济发展的主要出路，也是保护和改善生态环境的需要。

16

（二）当前应抓紧的长江治理工作

要警惕近一、二十年内长江可能发生大洪水，需要坚决清理河道障碍、切实加固加高堤防和做好分蓄洪区内的安全设施，争取尽可能减少洪灾损失。长江航运也要随着经济增长而发展，需积极对干支流进行航道整治。为了缓解流域上游越来越严重的水土流失，要大力开展水土保持工作。"要防止等待三峡工程和有了三峡工程就万事大吉的思想。"

（三）尽可能加速支流的开发，以便及时缓解各地严重缺电和综合利用问题

建议对在建的支流水电站：大渡河的铜街子（60万千瓦），白龙江的宝珠寺（64万千瓦），雅砻江的二滩（300万千瓦），澜沧江的漫湾（125万千瓦），乌江的东风（51万千瓦），清江的隔河岩（120万千瓦），沅水的五强溪（120万千瓦），汉江的安康（80万千瓦），赣江的万安（50万千瓦），闽江的水口（140万千瓦）等10座大水电站，共计装机容量1110万千瓦，按照合理工期保证投资，优化劳动组合，按期或提前投产发电。同时积极兴建中小型水电站。

进一步对已有或正在进行可行性研究（或初步设计）的一批支流水电站：岷江的太平驿（26万千瓦）和紫坪铺（65万千瓦），大渡河的瀑布沟（300万千瓦），嘉陵江的合川（50万千瓦），乌江的洪家渡（54万千瓦）和彭水（120万千瓦），澧水的江垭（40万千瓦），资水的敷溪口（27万千瓦），堵河的潘口（51万千瓦），赣江的太和（18万千瓦），瓯江的滩坑（60万千瓦），飞云江的珊溪（24万千瓦）和天目山的天荒坪抽水蓄能电站（180万千瓦）等13座水电站，共计装机容量1015万千瓦，争取在近期开工，到2000年前投产发电。

上述各支流水电站，大都兼有防洪、灌溉、航运、给水、养鱼，旅游等综合利用效益。地方上有积极性，可提供一定比例的集资，对当地移民也易于安排。由一家办电变为多家办电，可加快水利水电的发展速度。

为此，应注意在建设项目的总体安排上，不能因三峡工程的

上与不上，早上与晚上之争而影响上述这些工程的建设。

在水电建设的体制改革中，我们拥护能源部提出的组建流域性或地区性的水电开发公司，初期由国家给予适当的投资支持，实行独立核算，已建和新建水电站向电网售电，用水电自身的收益来增强其自主开发能力，促进我国丰富的水力资源加快开发。

此外，鉴于论证中研究比较方案时，发现各支流（包括金沙江）工程的前期工作，远没有三峡做得好，为此呼吁能源部和水利部加强领导，设法增批必要的前期工作费用给各有关勘测设计单位，加快和做好规划、勘测、设计、科研工作，所需资金不多，但其效益将是巨大的。

（四）因地制宜发展电力工业，西南以水为主，华中水火并举，华东以火为主

根据我国水能和燃料资源的分布特点，西南地区应尽可能多开发水电；华中地区水电与火电都应积极发展；华东地区主要靠陆运、水运和管运煤炭发展火电，利用当地的水电和抽水蓄能电站进行调峰，并积极发展核电。将来三陕工程建成时，可能供电华中就差不多了，华东不要太多指望它。

三、论证组织方式不当，不利于科学民主

由原水电部领导组织的三峡工程领导小组成员 11 人，全部为原水电部正副部长、正副总工程师和长办、三峡开发总公司的领导人，他们都是一贯主张早上快上三峡工程的同志。在领导小组下属的 14 个专家组，其中 10 个组的组长是水电系统各部门负责人，其余 4 个组也有水电系统的同志任副组长。进行具体工作的14 个工作组组长全系水电系统的同志。即以这次领导小组扩大会议出席者 177 人统计，其中 103 人为水电系统的同志，也占多数。这样的组织方式难免形成"一家之言"。

会上虽有不少不同意见，但总结时总以绝大多数同意，原则通过论证报告。而且历次论证会，都是一面倒的三峡工程一切都好，三峡工程不可替代的发言，稍有不同意见，很快就抓住一点进行反驳，民主空气是很不够的。因此，我们认为到目前为止的

论证，实质上是一个部门对其所属工程的论证，难以做到超脱的综合论证。

建议下一步讨论三峡工程可行性研究报告时，请综合部门如国家计委、国家科委或中国国际工程咨询公司，组织、邀请更为广泛的各部门专家学者参加，贯彻真正的民主化、科学化精神，充分吸取各种不同意见，集思广益，进行认真的研究论证。然后再把论证结果报国务院审查，送请中央和全国人大审议，以便作出明智的决策。

1988 年 12 月

三峡工程十大争议概述

陆钦侃（全国政协经济委员会委员、三峡工程论证防洪专家组顾问）

对长江三峡工程可否建设，历来就有不同意见，国际上对此也有不同看法。据我所知，可归纳为以下十个问题：

1、兴建　一种意见认为：三峡工程地理位置优越，坝址地质条件良好，修建后对长江的防洪、发电、航运等均有显著效益，应当立即着手进行，以期在我们这一代人手中，实现"高峡出平湖"的宏伟理想，建成一座超世界水平的巨大工程。有的同志还说：看不到三峡工程的兴建将死不瞑目。

另一种意见认为：三峡工程所需投资太大，工期太长，移民太多；建成后泥沙淤积碍航，增加上游洪灾，生态环境也会受到破坏，这些问题目前尚难解决，故近期不能上马。根据长江流域的具体情况，当前应当先开发支流，先支后干。即抓紧见效较快的平原防洪工程，支流水电站和整治航道等，近期应首先满足党的十三大报告所提出的我国经济建设战略部署的第二步，即到本世纪末国民生产总值再增长一倍对能源的需求。有的同志还认为，三峡工程万一被炸溃坝，将造成骇人听闻的大灾难，不宜兴建。

2、防洪　一种意见认为：三峡工程对长江中下游防洪将起关键的特殊作用，找不到与三峡工程等效或接近等效的替代方案。遇大洪水时三峡水库拦洪，可替代中游 95～220 亿立方米的分蓄洪任务，减少淹没损失。如果不建三峡工程，万一遇到 1870 年那样的特大洪水，荆江大堤可能决口，要死几十万甚至上百万人，这是一个很大的社会政治问题，因此非建三峡工程不可。

另一种意见认为：长江的洪水来源于上中下游；三峡工程仅能控制上游川江的洪水，对中下游的湘资沅澧四水和汉江、赣江等众多支流的洪水不能控制。如遇 1954 年那样全江大洪水，中下游共需分蓄洪 500 亿立方米，三峡工程仅能替代城陵矶以上部分分蓄洪任务，其它地区仍需分蓄洪 300～400 亿立方米。对长江防汛重点城市武汉来说，三峡工程既不能降低洪水位，也不能减少其附近的分蓄洪任务。三峡工程对下游江西、安徽的防洪更是无能为力。所以三峡工程对长江的防洪作用是有限的，至于非常稀遇的 1870 年那场洪水，据调查当时它首先向南冲开松滋口，泄入洞庭湖，而当时很薄弱的荆江大堤在监利以上并未溃决。现在松滋口已有现成分洪道，荆江大堤已经大大加固加高。一百多年前的 1870 年洪水没有冲垮荆江大堤，一百多年后的今天，条件已大大改善，怎么反而会造成突然几十万、上百万人的死亡呢？以此来催促三峡工程上马，理由不充足。而且 1870 年重庆的洪水位比四川水灾很严重的 1981 年还要高出 4.74 米，如果三峡水库蓄洪拦沙，势必还要壅高重庆洪水位，进一步增加四川的洪灾。长江的大洪水可能五年或十年就会发生一次，应当抓紧加固加高堤防，搞好分蓄洪区的安全设施，陆续兴建支流水库，加强流域上的水土保持工作，逐步提高长江的防洪能力，这些工作都需要做，不能等待三峡工程。

3、电力 一种意见认为：长江流域的水能资源绝大部分在西南，东部较少；本流域内煤炭资源也较少。三峡位于长江峡谷河段的末端，是西电东送给华中和华东供电的关键部位。三峡工程正常蓄水位 175 米方案的装机容量为 1768 万千瓦，年发电量为840 亿度，建成后每年可替代火电厂燃煤 4000 万吨，减轻煤炭生产和运输的压力。

另一种意见认为：三峡工程工期很长，开工后 12 年才能开始发电，20 年才能全部生效，不能解决该流域近期严重缺电问题。目前应当首先兴建规模较小、工期较短、见效较快的支流水电站，以及各地的火电厂，及时满足这一地区发展中的用电要求。如因兴建三峡工程而挤掉可能较快见效的电站建设，将推迟电力工业近期的发展速度，影响整个国民经济的发展，是很不利的。

4、航运 一种意见认为：三峡水库回水可达重庆，将淹没一系列滩险、减小坡降和流速，可使目前行驶的 3000 吨级船队发展为万吨级船队，提高每马力拖载量和运输效率，降低运输成本，可满足长江上游远景年运量 5000 万吨的要求。同时，经三峡水库调节增加枯水流量，宜昌以下的航运也可得到改善。

另一种意见认为：三峡水库在万县下游的永久回水区，航运可大大改善；但在水库尾部的变动回水区，当水库水位下降时将露出天然河道，而且正是大量泥沙淤积的地方，将比原来情况变坏，甚至碍航。三峡水库下泄清水冲刷河床，将引起宜昌水位下降，可能造成葛洲坝三江已建船闸门槛的水深不足，影响航运畅通。若要满足川江航运发展的需要，可以分期整治航道，使年运量从目前的 500 万吨提高到 2000 年的 1800 万吨，2015 年的 3000 万吨，所需投资比三峡建船闸少得多。而且从航运需要来说对干流、支流都要整治，才能形成四通八达的水运网。

5、泥沙 一种意见认为：长江的泥沙比黄河少。近来虽然上游滥伐森林，陡坡开荒，水土流失严重，但长江的泥沙还看不出有明显的变化。三峡水库采取"蓄清排浑"的运用方式（每年汛期水库水位降至防洪限制水位进行畅泄排浑水，汛后才蓄清水，满足航运和发电要求），大部分泥沙可以排出。运用 100 年后，水库淤积到一定程度，可达到冲淤基本平衡，防洪库容和调节库容还可保留 86～92%。库尾变动回水区的模型试验，虽然存在主槽有累积淤积，重庆港区将面临严重淤积，嘉陵江口会出现拦门沙，重庆洪水位将显著抬高，但可以采取优化水库调度，港口改造，整治和疏浚等措施，来解决三峡工程的泥沙问题。

另一种意见认为：长江的年输沙量在世界诸大河中居第四位（仅次于黄河、布拉马普特拉河和印度河）。近年如 1981 和 1984 年，年水量接近多年平均数，但年输沙量却超过多年平均数的 70%和 30%，具有明显的增长趋势。必须加强水土保持工作，控制住水土流失，否则三峡工程的泥沙问题将越来越严重。三峡水库有重要的防洪任务，遇大洪水年就要蓄洪，抬高库水位，同时就要拦沙，这样就不能"蓄清排浑"，库尾淤积势必大量增加，将对航运产生不良影响。三峡库区的泥沙淤积究竟如何解决，目前尚无具体方案，还不能说泥沙问题已研究清楚了。

水库下泄较清的水，将在宜昌以下发生冲刷，还有可能威胁荆江大堤的防洪安全。当冲刷起来的粗沙堆积在城陵矶至武汉河段，对洞庭湖和武汉地区的防洪也会发生不利或有害影响。

6、移民 目前考虑的三峡水库正常蓄水位 175 米方案，1985 年调查蓄水位以下有 72.55 万人，考虑到人口自然增长和迁建城镇工厂占地以及调整功能等二次移民，至 2008 年实际需要动迁的人口为 113 万人。再考虑泥沙淤积壅高水位后还要增加移民 20 多万人，共达 130 多万人。

一种意见认为：采用开发性移民的方针，发扬自力更生、艰苦创业的精神，给予淹没处理补偿费 111 亿元，可在开工后 20 年内迁完。并在开始发电后，按每度电提取三厘钱，用于处理民遗留问题和库区建设基金。库区各县市都表示愿意迁移，并要求早作决定，早迁早开发，脱贫致富。

另一种意见认为：这样大量的水库移民，在国内外是破天荒的。国外水库移民最多不过 10 万人，有些工程因需移民过多而被迫放弃。国内过去移民较多的三门峡、新安江、丹江口水库，各 30 多万人，至今尚存在许多遗留问题没有解决。三峡库区两岸都是山坡地，现有人口已超载，开垦已过度，粮食不能自给，还要安置一百几十万人，将超出环境容许的负载能力。现在许愿开发性移民，给予大量移民费，可能会受到欢迎，甚至原来不在库区的居民也提出"若要富，下水库"。但到真的迁移时，将会困难重重，如果给的移民费不够，可能会发生严重的社会问题，甚至政治问题。

7、生态 一种意见认为：三峡水库的库容（正常蓄水位 175 米方案的总库容 393 亿立方米，防洪库容 221.5 亿立方米）虽然相当大，但与长江的水量（宜昌平均年径流量 4530 亿立方米）相比不算大，且水库为峡谷型，对生态环境影响不大。三峡工程对生态环境影响，有有利与不利的两个方面。有利方面如减少中游分蓄洪区的淹没损失，因开发水电这种清洁能源，可减少火电燃煤污染等；不利方面如水库 淹没影响，可作好移民安置规划及城乡建设规划，促使生态良性循环；对于三峡风光，建水库后将更美好，被淹文物古迹可迁移重建；三峡工程对局地气候，水质水温、河口生态等影响不大。

另一种意见认为：三峡工程对生态环境和自然资源的影响深远。如土地资源被淹没，不能恢复。三峡 175 米方案淹没耕地 35.7 万亩和柑桔地 7.4 万亩，都是本地区最肥沃的耕地。三峡库区所涉及的 19 个县，丘陵和山地占 96%，平原地只占 4%，较平缓的耕地和城镇被淹后，要在丘陵和山地开垦，势必破坏植被，增加水土流失。三峡和小三峡的自然美景将受影响，大量文化古迹分布在 180 米以下，将受到损失。库区两岸有潜在的滑坡崩塌体 214 处，建坝蓄水后因水的浸泡软化和浮力作用，将使稳定性减弱，老滑坡复活。建高坝蓄水深达 100 多米，有诱发地震的可能。如诱发地震和滑坡崩塌互相触发，对库区将构成威胁。此外，如遇战争，万一三峡大坝遭到核轰炸，垮坝流量将比长江历史最大洪水还要大得多，对其下游的葛洲坝、宜昌市、荆江两岸广大平原和武汉市，都将造成难以想象的毁灭性灾害。

8、技术 三峡工程有些重大技术超过我国和国际现有水平，举例如下：

项 目	三峡工程	国内水平	国际水平
水轮发电机组容量 /水轮机转轮直径	68万 KW/9.5m	32万 KW/6m	70万 KW/9.223m
多级船闸/闸宽 x 闸长 总提升高度 一级最大工作水头	5级/34x280m 113m 49.5m	2级/8x 56m 43m 27m	4级/18x 100m 67m 34.5m
垂直升船机总重 提升高度	11500T 113m	450T 50m	8800T 73m
上游围堰长/高/水深 填方/最大月强度	1070/84/60m 633万/150万m³	895/50/18m 274万/103万m³	580/90/40 575万/150万m³
混凝土年浇筑强度	410万m³	203万m³	303万m³

一种意见认为：根据我们自己的经验和引进外国技术，没有不可解决的技术问题。

另一种意见认为：有些重大技术超过国内水平很多，甚至超过世界水平，将有很多困难，需要慎重对待。

9、规模　三峡工程的大坝多高，或更具代表性的水库正常蓄水位（海拔）多高，是决定其工程量、水库库容和装机容量等建设规模的主要指标，一直是争论不决的问题。正常蓄水位愈高，防洪、发电、航运的效益愈大，同时水库淹没损失、移民、环境影响和投资也愈大，工期也愈长。

早期孙中山先生和恽震等所提出的方案，仅为在三峡建闸或规模很小的通航发电梯级。四十年代美国萨凡奇提出的是正常蓄水位 200 多米的高坝大水电站。五十年代长办曾提过 235 米的高坝方案，1958 年中央成都会议确定不能高于 200 米。八十年代初降低至 150 米，最近水电部论证中又提高至 175 米。

目前还存在各种不同意见。有些水电老专家和加拿大可行性报告认为 160 米比较合适；有的提出为了充分利用水能资源和解决重庆附近航运问题，可在涪陵附近再建一座低坝，成为两级开发。航运部门和重庆市要求大型船队直达重庆九龙坡的保证率高些，希望三峡正常蓄水位提高至 180 米。有的同志希望长江的洪枯水量得到更好的调节，发挥更大的综合效益，或者考虑从三峡水库自流引水南水北调，要求蓄水位提高至 200 米或更高。

10、投资　三峡工程所需投资，不但在各个时期很不相同，而且由于建设规模不同、包括不同内容、考虑不考虑施工期利息、以及考虑多大利率，所提数字也很不相同。最近水电部论证初选正常蓄水位 175 米方案，按 1986 年底物价，估算的枢纽建筑物造价为 185 亿元，移民费 111 亿元，远距离输变电 63 亿元，共计约 360 亿元。这是静态投资，尚未计入资金利息。

一种意见认为：所需资金除国家投资外，可采取多方集资，包括（1）尽可能多利用外资，在国外发行三峡建设债券；（2）国内发行三峡建设债券；（3）使用压油资金；（4）将葛洲坝电厂的建设贷款延期归还，把该厂利润全部用于三峡建设；（5）三峡工程开始发电后的收益也用于三峡建设。

另一种意见认为：三峡工程静态投资达 360 亿元，将是我国特大的基建项目。而且工期很长、积压资金严重，不能不计入施工期利息考虑动态投资。本世纪内尚余的十余年，所有能源、交通、原材料工业，以及教育、科研等各行各业，都需要资金；而这段时间内国家的财力物力仍将十分紧张。如果既要满足各行各业近期建设的需要，又要同时供给三峡工程巨大投资，看来非国家财力物力所能承受。而且三峡工程一旦上马，将作为首先要确保的重点项目，势必影响其他各行各业的建设。国内外发债券的利率很高，国外债券的外汇将如何归还，葛洲坝和三峡工程的收益是否可不归还本息而用作建设等，都是问题。因此在当前国家资金很紧张而许多事业都要发展的时候，能否下决心兴建三峡工程，需要慎重考虑。

附：

我对三峡工程争论的看法和建议
——在全国政协第七届常委会第三次会议上的书面发言

李伯宁

我完全拥护中央三中全会的公报，拥护赵紫阳同志的报告，拥护今明两年突出治理经济环境，整顿经济秩序，压缩社会总需求，压缩基建投资规模，并对重点产业采取倾斜政策。在坚决砍掉不必要的非生产性建设和用于铺张浪费的部分时，保证不影响有效供应，不削弱发展后劲，不降低人民生活水平等强力措施。但对解决好粮食和"菜篮子"，确保在粮食上不出乱子的问题上，除去紫阳同志在报告中提出的两条措施外，我建议还应该特别强调一下对农业和水利的关注。在投资上，不但不应该压缩，而且还应该逐年有所增加，认真改变从 1980 年以来对农业、水利投入的逐步下降，粮田和灌溉面积逐年减少，近几年农民种粮积极性日益降低的情况。否则，不大大改善农业生产条件，不大大提高农田的抗灾能力，不从政策上进一步调动农民的积极性，农业生产搞不上去，就很难保证农副产品的物价稳定和人民生活的不降低。要实现 2000 年粮产达到一万亿斤，我看也是相当困难的。

另外，在小组讨论和大会发言时，以及有的委员参加三峡论证和发表的一些讲话与文章中，在谈到缩短基建战线时，有的同志强烈提出不同意修建三峡工程。认为在社会主义初级阶段，起码在 2000 年前，不能考虑这个工程。提出的理由，我认为有些是不了解情况，有些和事实大不相符。建国以来，我从 1950 年组建水利部起，从事水利工作已经 38 年，作为一个知情人，我觉得有责任向各位委员汇报一些实际情况，供大家了解真象，以作到"知情出力"。同时也讲讲我的观点，不正确的地方，请大家批评指教。

紫阳同志报告中所提的坚决压缩、砍掉的是"非生产性建设和重复建设"，是"楼堂馆所"和"铺张浪费部分"，而不是要砍掉有"发展后劲"的项目。而且"对重点产业采取倾斜政策"。我认为对我国四化建设具有战略意义的三峡工程，不是前者，而是后者。不是应该压缩、砍掉的范围，而是应该采取"倾斜政策"有"发展后劲"的重点工程。

三峡工程，是具有防洪、发电、航运和开发库区经济，能使库区广大群众摆脱贫困状况的巨大综合效益的伟大工程。解放前，国民党和美国的水利专家对三峡研究了许多年。1954 年江淮发生严重洪灾后，在开展长江流域规划的同时，进行了三峡工程勘测规划设计和科学试验研究。1958 年中央成都会议对这两项工作做过决议。之后，我国的工程技术科学研究人员又研究论证了 30 年。一个水利工程研究论证几十年之久，难道这还能说水电部门和科学家们对三峡工程的不慎重？经过几十年的科研论证，特别这两年多的重新论证，虽然最后的可行性报告还没有写出来，但 14 个专家组的论证报告，大部已经有了初步结论。基本情况是：对三峡工程所存在的问题和许多同志的疑虑，都可以找到解决办法，没有解决不了的技术问题。三峡工程所具有的防洪、航运和库区开发脱贫等巨大效益，找不到其它等效的代替方案。从供电华中、华东、川东地区多种方案比较的结果，建设三峡枢纽也是较为经济的。对移民数字，经过反复调查核对，已经清清楚楚。中央制定的改变一次性赔偿为开发型移民方针，经过四年的移民试点，证明是完全正确的，可以大大减少赔偿费用，而且能作到大多数不出本乡就能够安排稳定的生产、生活出路，因而得到了库区广大干部群众的拥护，地方政府都保证能安置好。因此，说移民请况不清，投资是个无底洞，是没有事实根据的。至于工程投资，如果用葛洲坝电费收入（年发电量 165 亿度，每度一角钱即 16．5 亿元，每度 8 分钱即 13 亿元），集资、发行债券和部分国外贷款等办法解决，也不会影响大局。

因此，三峡工程应该给予肯定。还存在某些有待进一步优化的问题，可以进一步进行工作，但不影响中央的决策。而且三峡上马越早，花钱越少，损失越小，越对四化建设有利。这就是参加重新论证的绝大多数专家所作的倾向性的科学结论。有人批评水利部门特别是长办，几

长江、长江（一本被禁的书）
——知名人士的呼吁

十年来对长江眼睛只盯着三峡，而忽视支流开发治理，搞的是先干后支，违反所谓"先支后干"的"原则"。这个批评，不是事实，也是不公正的。首先，我国的治水方针，从来是统筹规划、干支兼顾，干支流开发的先后，是经过经济、技术全面论证，反复比较，宜干则干，宜支则支。既没个先干后支的原则，也没个先支后干的方针。就长江治理来说，有些同志现在强调的先支后干，实际上，建国 38 年来一直就是这样干的。建国以来，国家在长江流域投入了大量基建投资，其中，只有尚未完工的葛洲坝在干流外，其它都在支流。据 1983 年统计，我们共完成修堤、治河、灌溉、除涝等项土石方 230 亿立米，对沿江 3570 公里江堤和近 3 万公里的民堤，普遍进行了修复和加高加固，182 公里的荆江大堤，普遍加高了 1.5 米至 2 米，并加固了险工险段。修建了一批分洪、蓄洪工程，分蓄洪容量达 500 多亿立米。在支流修建了大、中、小水库 4.8 万多座，总库容 1222 亿立米。其中大型支流水库 105 座，总库容 733 亿立米。这些对长江干支流防洪发挥了巨大效益。另外，灌溉面积达到耕地的 62%，这对战胜历年旱灾，保证农业丰收，起了巨大作用。在发电方面，到 1985 年，已建和在建的大中型水电装机容量为 1700 多万千瓦，总发电量为 720 多亿度。其中，已建成 1152 万千瓦，年发电量 482 亿度。在建电站装机 562 万千瓦，年发电量 235 亿度。此外，还建成农村小水电约 400 万千瓦。

另外，发展机电排灌站动力装机 624 万千瓦，建成大中小排水涵闸 7000 多座。到 1985 年止，除涝面积 5672 万亩，占内涝总流域面积的 82%。

除上述工作外，长办只是集中了相当数量的技术骨干，在 1954 年后，开始全面开展长江流域规划工作并开三峡工程的前期工作。1957 年基本完成了规划，1958 年 3 月党中央政治局成都会议，通过了"关于三峡水利枢纽和长江流域规划的意见"。长办据此又进行了补充修改。1959 年又提出"长江流域综合利用规划要点报告"，1983 年国家计委审批下达修订补充长江流域规划的任务书。1988 年 3 月长办又提出了"长江流域综合规划要点补充报告纲要"。1988 年水利、能源两部，邀请国家计委和国务院有关部门及有关省座谈讨论，大家一致同意纲要内容。决定由长办进一步修改后，在 1988 年底写出正式报告，经有关部门审查报请国务院审批。长办在长达 30 年的过程中，研究制定长江流域规划和对三峡工程进行大量的科学研究试验与规划设计等前期工作，并反复进行了多方案的比较。但比较结果，从我国四化建设的迫切要求来看，从

28

防洪、发电、航运和库区建设等综合效益来看，单纯修建支流水库，不能满足多目标的要求，不能代替三峡工程。只有兴建三峡工程，配合下游堤防和其它防洪措施，才能解除长江洪水对中下游四化建设的困扰和保障千百万人民生命财产的安全，才能缓解华中、华东地区严重缺电和火电用煤的紧张局面。才能实现万吨级船队汉渝直达，使川江航道真正成为名实相符的黄金水道。基于这些理由，应该及早修建三峡工程。这就是全国绝大多数专家，论证来、论证去，而得出的科学结论。从这些事实看，怎么能说水电部和长办眼睛只盯着三峡，忽视长江支流开发？或只就三峡论三峡，不和支流比较，不作全面论证？有的甚至说水电部和水利电力科学家们，为了沽名钓誉，树碑立传，不顾国家整体利益，千方百计地搞个"钓鱼工程"呢？

有的同志主张长江先支后干，说修建支流水库和三峡工程相比，花钱少、见效快，效益大，因而可以代替三峡。这是缺乏科学根据的。从防洪角度讲，可以起防洪作用的支流水库有十几座，主要对本支流防洪提供一定的防洪库容。但这些水库，分散在一百万平方公里的各个支流，由于气象条件，这里有雨，那里可能没雨，这里雨大，那里可能雨小，各个支流水库不能同时起到蓄洪拦洪作用。何况在这些水库以下，还有 30 多万平方公里的暴雨区没有控制。如果这个地区发生暴雨，同样可以造成长江大洪水。因此，这些支流水库的防洪作用，无法和能集中控制洪水的三峡相比，代替不了三峡工程。从发电角度看，175 米水位方案，装机 1768 万千瓦，年发电量最终 840 亿度，这是解决华中、华东地区 2000 年末和 21 世纪初能源缺乏很有后劲的工程。三峡电站的淹没和各种经济指标，电力专家们在重新论证中作过深入的分析比较，不管和已建的 118 个大中水电站比，或和正建拟建的 31 个大中水电站比，或和华中、华东待开发的 70 个水电站比，或和川、黔东部 9 个待建的水电站比，大多远远优于上述工程。而且所谓代替方案的水电站，大多是以发电为主，对解决长江中下游防洪和根本改善川江航运条件，起不了多大作用。因此，都比不了三峡工程。如开发金沙江的向家坝和溪落渡，二者在装机和发电上与三峡工程大体相当，但起不了三峡工程在防洪、航运方面的作用。这两个工程，地质地震、水工建筑，都比三峡工程复杂得多，前期工作较浅，即使抓紧做工作，近几年很难具备开工的条件。往华东、华中送电距离，比三峡工程远 800～1000 公里，我们为什么要舍近而求远呢？如果和等量的火电站比，它不需要大量煤炭。能供应华东、华中的煤，只能来自山西，但山西缺水，制约了煤炭的开发和搞坑口电站与用管道输煤。三峡的年发电量，相当 4000 万吨原煤，为解决华中、华东用电，要用火电代替的话，势必在当前铁路运输十分紧张的情况下，还要新修两条长达一千多公里的铁路，增建几座大型煤矿，才能解决用煤问题。这不要说花多少钱，时间也来不及。而且火电还有污染问题。煤是非再生的宝贵资源，在可以开发水电的条件下，理应尽力节省煤炭资源。长江滚滚东流水，流的都是油和煤。我们为什么使这个廉价的宝贵资源白白浪费，而去大搞火电？这在经济上极不合理，实际也是不可行的。

关于发展核电，虽是一个极有前途的能源，但我国才刚刚起步，经验还不成熟，而且造价远远高于水电。如大垭湾工程投资 40 亿美元，每千瓦为 2222 美元（约合人民币 8300～11000 元）。因此，我们也不可能在十几年内用大量发展核电来代替三峡工程。而且核电也没有防洪、航运等效益。

至于建设投资，长办和论证组所提的数字，是根据确切的工程量和反复核对的移民数字，并考虑了多种某些不可预见的因素，一笔一笔地算出来的。有人说要高出几百亿，一两千亿或更多，而没说出计算投资的科学根据是什么。同时，也没有把支流电站的总投资，用同一口径和三峡投资作出比较。如果对三峡工程投资怎么算，支流水库也怎么算，究竟是三峡多呢？还是支流多呢？不进行对等比较，光空说三峡要多少多少亿，而说不出支流的投资数来，这能说服人吗？

有人以葛洲坝工程为例，说中外水电站建设的决算是概算的四倍，并说这是"规律"。首先，举的葛洲坝这个例子与事实不符。1970 年原武汉军区和湖北省革委会在没有设计文件和概算的情况下，上报的工程造价 13.5 亿元，是文化大革命的极左产物，不能算数。1974 年 11 月，经过长办两年补充勘察设计之后，而提出的并经国务院批准的初设投资概算为 35.56 亿元，其中一期工程 23 亿元，这才是长办的概算。1981 年第一期工程竣工。决算数为 24.71 亿元与概算相近，1983 年长办重编二期工程概算，经国家计委审查，国务院批准工程总概算由 35.56 亿元增加到 48.48 亿元，这怎能说是四倍？其增加理由是，装机规模扩大了 50 万千瓦，提高了输电线路电压等级；扩大了大江冲沙闸以及机组、原材料涨价等多种原因。因此，只能拿 35.56 亿元和 48.48 亿元相比，并分析其合理成份，根本不应当拿 13.5 亿与 48.48 亿元相比。现在，把这个已经发挥巨大效益（投产 7 年多来，已发电 520 多亿度，相当于节约标准煤 2082 万吨，按每度电创工业产值 3 元计算，相当于为国家提供创造了 1569 亿元的工业产值的动力）得到国家嘉奖的工程，说成是"犯历史性错误"的"钓鱼工程"，不是实事求是的。至于说，外国也是"决算为概算的四倍"这个"规律"，没见举出具体例子。但资本主义国家，修建电站，一般是由承包商投标承包的。如果真有这么个"决算为概算四倍"的"规律"，那谁还敢承包这种赔本买卖呢？当然，说者用意很明显，无非是说三峡的工程造价，也逃脱不了这个"增加四倍"的"规律"。从而否定这个所谓"钓鱼工程"而已。这不是实事求是的科学态度。

至于建设工期，说支流花钱少，见效快，如果讲一两个支流水库，当然可以这样说。但如果修建所谓代替方案的十几个水库和三峡相比，那要花多少钱，需要多长时间？据我所知，有的支流水库，地质还未完全搞清，移民也没详细调查，前期工作很差，这能计算出工程投资和建设工期吗？而三峡工程基本情况清清楚楚，已经完全具备施工条件。如果采用先进的施工方法（如用碾压混凝土），有十来年，第一台机组即可以发电（另如采用临时船闸，在施工期间以低水头水轮机实行围堰发电，可能在第九年发电）。以后的工程费用，即可以用发电收入来解决。这些条件，是支流代替方案无法相比的。有人说，三峡花那么多钱，20年发挥不了效益，这如果不是故意夸大，就是根本不了解情况。

至于国家财力的承受能力问题，由于三峡投资较大，当前国家财政困难，又面临改革难关的时候，三峡工程慎重决策是应该的。但从全局看，电是国民经济的先行官。要使我国的四化建设在能源上有后劲，不再出现目前这种缺电局面，三峡工程的及早兴建，势在必行。国家财政虽有困难，只要适当安排，保证这个重点是需要的，承受得了的。这也有先例，宝钢一、二期工程合计 327 亿元，可能还有第三期工程，过去很多人反对，现在效益很好，国家并没有承受不了。大亚湾、秦山一期核电站和正在与西德谈判的 120 万千瓦的核电设备，三项合计也有 262 至 345 亿元人民币，也和三峡差不多。国家在短期内能拿出这么多钱，建设容量只有 430 万千瓦的核电站，国家也完全有能力在 17 年内拿出 298 亿元（不包括输电线路）投资，来建设有巨大综合效益的、装机 1768 万千瓦的三峡工程。实际上，三峡并花不了国家这么多钱。

三峡装机 1768 万千瓦，年平均发电 840 亿度，每年电费收入 50 亿多元；施工期（11 至 17 年）总发电量可达 3000 多亿度，每度按 0.06 元计，电费收入可达 180 亿元（目前不合理的低电价，今后势必改革，电费收入肯定不止此数）。三峡如果马上开工，十来年第一台机组即可

长江、长江（一本被禁的书）
——知名人士的呼吁

发电，以后可以用电费收入来解决三峡投资。

现在计算的移民经费 110 亿元，这是按照过去一次性赔偿的标准算出来的，不是按照中央开发型移民方针来计算的。根据我们四年的移民试点经验，搞开发型要省钱得多。如 175 米方案的 33 万农村移民，按赔偿 42 万亩淹地，即达 16 亿多元。如采用移民试点经验，只要利用安置区的 361 个乡的 389 万亩荒坡地中的一部分，开出 80 万亩柑桔（每亩柑桔收入相当于一亩耕地的四五倍），平均每亩费用 500 元，合计才 4 亿元。打宽点，用 6 亿元，才是 16 亿赔偿费的零头，只这一笔即可节省 10 亿元。

因此，三峡的投资计算是有根有据的。就社会效益来说，年发电量 840 亿度，以每度电创 3 元工业产值计，合计为国家提供创 2500 多亿元工业产值的动力。所以就其投入产出来说，三峡工程完工之日，也就是工程投资完全收回之时，这是实实在在的、有把握的。另外，在防洪和航运上，还有巨大社会效益。有这样巨大效益的三峡工程，是值得下决心及早兴建的。

有的认为在社会主义初级阶段，就不应该修建这样大的工程，这种理由是站不住脚的。大家知道，我国的大江大河，洪水都没有得到控制。其中长江防洪能力是最低的。在洪水灾害最严重的荆江河段，两岸江堤防洪能力还抵不住十年一遇的洪水。长江、黄河安危，事关大局。万一出事，都可以打乱我国整个国民经济部署，推迟四化建设的进程。当前，我们正在同心同德共度难关的时候，更难以承受像长江、黄河洪水这种毁灭性的打击。长江在历史上多次出现的洪水威胁，年年存在。过去 2000 多年来，平均十年来一次洪水。从 1954 年江淮大水后到现在，长江已经 34 年不来全流域的大洪水了。江河的洪涝灾害，是有周期规律的。看来，这种大灾大难，迟早是难以避免的。老天无情，它可不管你什么初级阶段不初级阶段，要哪年来大洪水，就哪年来大洪水，这是不以人的意志为转移的。正是由于我们处在社会主义初级阶段，目前又处在改革难关，难以承受在经济上和人民生命财产上，再给我们毁灭性的沉重打击。长江流域内，工农业总产值占全国的 40%，在我国经济建设布局中，是国家的精华地带和进行重点开发的关键地区。因此，及早解除长江洪水对中下游的严重威胁，对保证深化改革的顺利进行，对实现翻两番和四化建设，具有战略意义。这只有及早兴建三峡工程，才能解除我国初级阶段四化建设的后顾之忧。因此，我们在考虑国家承受能力的时候，既要考虑当前修建三峡国力的承受能力问题，又必须认真考虑，不修三峡，长江万一出事，国家和人民可能承担更大风险和灾难的承受能力问题。只考虑眼前，不考虑长远和可能造成的可怕后果，是危险的。

像这样巨大复杂的工程，一些同志有这样那样的不同意见和疑虑，这是正常的。在1984年中央批准150方案以后，又听取了不同意见。1986年中央领导同志深入库区调查研究之后，决定责成水电部组织各方专家重新论证，这说明中央在重大决策上的高度民主化。水电部根据中央决定，对上或不上三峡，早上或晚上，三峡和代替方案的比较，以及有关经济、科学技术等问题，确定了十个论证专题，成立了十四个专家组，聘请了40个专业的412位专家和顾问。其中包括国务院有关的21个部、委、院，中科院所属的12个研究所，中国科协推荐的11个全国学会，29个高等院校，沿江的8个省、市。专家中有中科院学部委员15人，教授、副教授66人，研究员、副研究员38人，高级工程师251人，合计370人，占专家总数的89.8%。另外，还委托有关的大专院校、科研、勘设等单位，组织了大批专业人员进行补充的科研试验、勘测、调查等工作，又深入认真地进行了两年多的重新论证。目前，论证已接近尾声，现在有些同志看到重新论证的基本结论，是进一步肯定了修建三峡工程的必要性，于是又转而批评中央不应要水电部论证，批评水电部"为修三峡论三峡"，"论证不民主、不科学化"，"不听取反面意见，对反对者压制打击"，甚至说"弄虚作假，欺骗中央，搞钓鱼工程"。批评水电部聘请的412位专家中，有48.3%来自水电系统，51.7%的外单位专家，大部是受水电部控制的等等。这些责难，很难叫人理解。中央已经决定了的东西，要重新论证，就重新论证。而论证水电工程，不交给水电科学家最集中、最有实践经验、最有发言权的国务院水电主管部门——水电部，而交给水电部以外的非专业、非主管部门，才叫民主化、科学化吗？中央的决定有什么错呢？何况水电部也充分吸收了本系统的不同意见者。至于占多半数以上的水电系统以外的专家，包括了各个有关部门持各种不同意见的知名人士，他们都是有独自见解的，不受任何人左右的，在论证过程中也充分发表有自己不同观点，怎么能把他们说成是受水电部控制的呢？这不等于对这些专家的人身攻击和侮辱吗？现在重新论证并未结束，可行性报告还没写出来，国家审查委员会还未正式成立，在不了解全面情况，没有看到重新论证结论（更谈不上深入研究）的情况下，就急于否定论证结论，否定三峡工程，能说这是慎重的科学态度吗？

长江、长江（一本被禁的书）
——知名人士的呼吁

任何事情的不同意见，有正确的，也有不正确的。少数意见也有正确的，也有不正确的。在三峡工程的争论上，难道能抛开科学论据和事实，只有听取少数的否定三峡的意见，才是民主化、科学化吗？

三峡工程已经争论了三十年，持赞成态度的水利水电科学家、技术人员和有关部门，辛辛苦苦日以继夜地进行了三十年的勘测、调查、规划、设计、科学研究试验等大量工作，并获得了丰硕的科学成果。而反对者除了重复五十年代的老口号外，直到现在，我还没有看到提出什么新的令人信眼的科学论据来。只是帽子越来越大，调子越来越高。对我国大批有丰富专业知识和经验的水利水电科学家和他们多年的科学研究成果，任意否定，并任意扣上莫须有的种种帽子和罪名，这和我们天天所提倡的尊重知识，尊重科学，尊重知识分子和科学家，是格格不入的。现在，有人又提出"三峡是个政治问题"，要"对历史负责"。本来这样讲，没有什么错。但说者的本意，是指上三峡工程，就是犯了"政治错误"，就是"对历史的不负责任"。而我的看法，却恰恰相反。

长江在 1860 和 1870 年十年内曾连续发生两次特大洪水，损失惨重。1931 年大水，淹地 5090 万亩，死亡 14.5 万人，汉口水漫 3 个月。三年后的 1935 年又发生大水，淹地 2264 万亩，又死亡 14.2 万人。解放后的 1954 年大水，虽保住了荆江大堤和武汉市主要市区，但淹地 4755 万亩，死亡 3 万多人，京汉铁路不能正常通车 100 天。现在不用说再发生历史上的特大洪水，即使发生 1954 年型的洪水，由于人口和工农业发展的大大增长，死亡人数和经济损失，会大大超过历史。再加上人民生活和经济与工程的恢复，一个三峡工程的投资，不仅会白白付之东流，而且是远远不够的。如果我们在三峡修建过程中，发生这种情况，还有话可说。如果决定了又不上或缓上，这期间再发生这种灾难，我们就无法向人民和历史交代，而追悔莫及。那时反对者，大概是不承担任何责任的。

这几年长江、黄河不断发生局部洪水，这是对我们的严重警告。1985 和 1986 年辽河两年连续发生洪水，损失六七十亿元。今年嫩江发生大水，损失 25 亿元。广西柳江大水，损失 9 亿多元，湖南洞庭湖洪涝损失 40 多亿元。从历年洪涝灾害看，今年的灾情仅是中等年份。据全国初步统计，今年洪涝受灾面积 1.75 亿亩，成灾 0.81 亿亩，死亡 2895 人，倒房 114 万间，经济损失 135 亿元。按已往规律，对长江、黄河洪水，我们必须有足够的精神和物质准备。但这点我看是远远不够的。人无远虑，必有近忧。在当前，全党全国人民正需要齐心协力共度改革难关的时候，我们时刻不要忘记，还有更大的灾难、更大的风险年年在威胁我们。清醒地估计这一形势，我同样地盼望中央慎重地对三峡工程作出高瞻远瞩的有利于全局的决策来。如果中央考虑三峡工程必须缓上几年，我认为也必须给库区群众找个出路，移民工作也需及早进行。这包括175米方案的33万农村移民，需要至迟在8至10年内，开出80万亩柑桔，以便为安置稳定的生产生活创造条件。由于柑桔生长周期长，如果不早动手，到需要迁移时，达不到盛果期，养不住人。同时由于紫阳同志在1986年视察三峡时，曾指示三峡库区应利用自己的优势，在长江沿岸发展为柑桔带。群众也充分体验到，发展柑桔是致富之路，说"不要亲儿子，也要干（柑）儿子"。因此，一股"柑桔热"，已在三峡地区兴起。如果再晚几年，群众把荒地开成了桔园，我们再为移民安置开桔园，就无地可征了。那时将造成极大被动。即使再多花多少钱，也难安置好。这是必须认真对待的问题。另外，需要搬迁的城镇，也需要及早审定搬迁规划，首先搞好三通一平，为城镇的搬迁和发展创造条件。库区经济发展，由于三峡长期未定，已经耽误了几十年。现在城市已拥挤不堪，没有任何发展余地。从筹建三峡省起，政府虽三令五申，禁止再在淹没线下进行基建。但人口增长，需要房子，工厂需要扩大再生产，如果不给他们找个出路，再叫库区继续穷熬苦守下去，是不可能的了。因此，库区群众对政府命令，置若罔闻，目前继续在淹没线以下大兴土木。这个问题，如不及早认真解决，必将大大增加国家将来的赔偿费用（据估算，三峡工程推迟一年，由于人口和实物天天在增加；人民生活的提高，各种淹没指标的赔偿单价也相应提高；和经济文化的发展，处理费用也越来越高等等因素，即使不考虑物价增长的情况下，移民投资也要增加7%以上）和移民工作难度，造成本来可以避免的巨大损失和浪费。并继续加重库区群众的穷困和困难，这是需要慎重考虑和认真对待的。

以上我的发言，有不当之处，请大家批评指正。

1988.10.16

记者访谈录

三峡工程二十一世纪再定

李锐答戴晴问

问：1988 年 11 月 30 日结束的历时两年半的论证结论，再次以"建比不建好，早建比晚建有利"的鲜明提法，将三峡工程上马推向 30 余年来第 6 次高潮。一般说来，共和国的每一个公民都难免——其实也有权利——将这类动用千百亿元的巨大工程与自己小小的菜篮子联系起来。您是最早介入三峡论争的关键人物之一，也曾参与最高层的决策，甚至您半生的经历与蹭蹬，都与这一工程的命运有着持续的纠葛。请问，这一宏伟设想，最早原在什么背景下提出来的？

答：早在 1954 年初，燃料工业部电力代表团在苏联参观时，就曾收到国内来电，说水利部要考虑三峡工程。刘澜波和我商量后的复电是：我们现在没有力量顾及此长远之事。当时我们感到，水利部急于让三峡上马，是想解决长江的防洪问题，特别是 1954 年武汉被洪水围困四、五十天之后。当时湖北的同志是催得很紧的，其实三峡并不能解决武汉的防洪。

问：如果仅就洪水灾害而言，当时国民更为关注的似乎是黄泛区？

答：那几年，电力部水电总局正同水利部密切合作，进行黄河的全流域规划——我这里特别强调全流域规划，而不仅仅一个方面（如防洪）、甚至仅仅一个工程。就算只说防洪，治理黄河洪水也远比长江紧迫、重要得多。中华民族的生存，从来与治水紧密相联：治黄、治淮、治江；疏导、筑堤、分洪、滞洪……自大禹以来，史不绝书；在国民党时代，就有。黄河、淮河、长江三大水利委员会，都是官僚机构中的肥缺。这种传统到了新中国，大大兴起了用水库防洪之风，而且越大越好，五十年代林一山最早提出的三峡蓄水位235米方案，是要装1000亿立方米的洪水的。这同学习苏联有关。苏联确实修了一些举世闻名的大水电站、大水库；但苏联的国情与中国不同：第一，他们的洪水是由寒带溶雪所形成，洪峰不高；中国却是季风暴雨形成的峰高量大的洪水；第二，苏联地域辽阔、人烟稀少，他们淹得起，我们淹不起。

问：水库防洪总算是新事物，而能学一点新东西总是好的吧？三门峡水库防洪不是起了重要作用么？

答：不错。但长江不同于黄河。三门峡位于黄河下游，控制全河流域面积的92%。三峡位于长江上游末端，仅控制全江流域面积的55%，中、下游还有许多大支流，洪水都很大。就洪水而言，黄河相对较小，历史上最大的1843年，洪峰不过36000立方米/秒，30天的洪水量不过167亿立方米；长江的洪峰为它的3倍，洪水量达10倍。因此，长江洪水若想靠水库来解决，是不可能的。三门峡工程的主要问题是对泥沙运行的规律没有摸清，以至建成不过一、二年，渭河淤积，并迅速向上游伸延，西安告急，不得不进行改建。

问：正是因为大洪水才需要大拦洪能力的大水库呀！我的印象，你的论争对手林一山自五十年代起就一直强调以三峡水库的巨大库容根本解决两湖平原的水灾，而近期完成的论证，对这一观点再次予以认定："三峡工程的防洪作用是不可替代的"，只有兴建该工程，"才能有效地解决长江防洪问题"。

答：我不同意夸大三峡工程的这一作用。我认为，长江洪水的治理应该是综合性的。根据长江的特点，其防洪措施主要应是堤防和利用湖泊洼地的分洪蓄洪区，以及在上中游各支流上结合综合利用，陆续兴建支流水库，在流域上开展水土保持工作。有人喜欢举1870年和1954年两次大水的例子，说几十万甚至一百万人将死于非命等等，此一说成了主张三峡工程立即上马的"王牌"。依我看，问题就出在他们对此缺乏起码的实事求是的态度。

问：但这也不失为一种估算办法，就比方说荆江大堤在沙市决口……

答：这种"决口说"是有依据的吗？你肯定记得孟浩然的名句："气蒸云梦泽，波撼岳阳城"。自古以来，北有云梦泽，南有洞庭湖，荆江两侧有九穴十八口天然滞洪泄洪，因此"唐宋以前无大水患"。后来到了明朝，湖北人张居正作了宰相，为了保北舍南，北岸仅有的郝穴口被堵塞，从此荆江大堤连成整体，荆北不再进洪。1870年，上游发生了千年一遇的特大洪水，因为荆江南堤比北堤低，洪水于是首先冲开松滋口，注入洞庭，当时又矮又弱的荆江大堤在监利以上并没有决口。现在，经过多年加高加固，荆江大堤已经比过去强大得多，并且南堤仍然比北堤低而弱，为急上三峡工程而假设荆江大堤在沙市附近溃口，"造成上百万人死亡"，不能不说是危言耸听吧？！而且1870年的洪水来自上游，当年重庆水位比1981年洪水时还要高出4米多。如果1870年的情况再度出现，且又建了三峡工程的话，则三峡水库大量拦洪拦沙后，势必进一步壅高重庆水位，这样，洪灾将从下游转移到上游，从武汉转移到重庆，这种思路，不能不说是以邻为壑吧？

再说1954年的洪水，大家记忆犹新。那年长江中下游的洪水并不很大，宜昌最大流量超过沙市安全泄量仅几千立方米每秒，利用已建的荆江分洪区，即可解决。而湖南湘资沅澧暴雨洪水很大，使城陵矶以上总入江流量超过10万立方米每秒，当时沿江沿湖的堤防不够高大，终因溃口分洪成灾。1980年，赵紫阳曾作一批示：关于长江防洪，应切实加以研究，需采取何种措施，应加以部署，不能等待上三峡解决。据此，水利部召开长江中下游防洪座谈会，确定平原防洪方案，提出加高加固堤防标准，并安排了各省的分洪蓄洪区。类似计划，早在1972年也提出过。应该说，只要作好这些工程，是可以解决1954年型的洪水的，并不需要三峡水库。可惜主其事者，志不在此。难怪1985年全国政协调查组到沙市视察时，亲见为加固大堤的 4 条进口挖泥船，竟有 2 条调作他用，其他 2 条工作缓慢。这情况你能解释吗——10 多年前就有了的计划，不认真作，一心想着别的。1954 年成灾的洪水量约 1000 亿立方米，如果中下游堤防按计划加高加固，河道本身即可增加下泄 500 亿立方米。所余，只要建设好规定的中下游分洪蓄洪区，作好区内居民避洪的安全设施，这 500 亿立方米水是好解决的，不一定非由三峡水库承当。

问：但主事者也可以说，我改变主意了，有了三峡大坝，中下游的分洪蓄洪可以不用了。

答：问题是我们已经修了分洪蓄洪区，不用，又想着建大水库；买了先进的挖泥船，不用，拿去干别的营生，这到底算什么章法？对河流防洪而言，堤防的作用是绝对的，是古今中外一切大江大河最有效的措施，是一件长年累月埋头苦干的工作，但显不出主事者的雄才大略、雄伟气派，更不能扬名天下、流芳百世。但我坚信，只要地球存在，河流存在，堤防的作用就是永恒的。我不得不说的是，在 30 多年催促三峡工程上马的同时，水利部门对堤防和分洪蓄洪区的建设没有抓紧，1980 年确定的 10 年任务，至今已过去 8 年，还没有完成一半。周总理 1958 年就说过，"在防洪问题上，要防止等待三峡和有了三峡就可以万事大吉的思想。"这话放在今天，依然切中要害。对于防洪，90 多岁高龄的孙越崎先生说过：明人张居正堵死北口，舍南保北，犯了第一个错误；建国以来我们的"蓄洪垦殖方针，导致两湖广大湖泊围湖造田，使原有滞洪分洪区缩小了一半，犯了第二个错误；如果要修三峡，则可能犯第三个错误。这一见解是相当有道理的。

问：如果说，在五十年代，力促三峡工程上马最主要的动因是防洪的话，到了七十、八十年代，发电效益似乎已上升到最主要的地位？

答：不错。在林一山 1956 年的那篇 2 万字的长文中，只有 500 字提到发电。两年后，在南宁会议上，他笔下三峡工程水电投资已占总投资的 2/3。催促三峡上马的主事人，有时也将发电摆在第一位。比如这次论证报告，根据水库作用和各部门效益，对三峡工程进行投资分解，发电分担 75%，防洪分担 21%，航运分担 4%，看来发电是主要的。这次提出 175 米方案的装机容量是 1768 万千瓦，年发电量 840 亿度，初看来，正好解决华中、华东和川东的严重缺电问题。但请不要忘记，照此如意算盘，三峡开工 12 年之后才开始发电；当然，据原水电部副部长李伯宁的计算，围堰发电还可提早 3 年，但我坚决反对这种为了几台机组提前低水头发电而牺牲黄金水道上的航运的作法。这种指导思想周总理当年就批评过，叫作"水上一霸"。按计划，水库工程包括移民任务的完成需 20 年，那时才能全部发挥效益，请问此期间缺电的燃眉之急如何解决？

问：力主上马者所强调的似乎倒不在应急。在论证报告中，有"三峡工程与长江支流工程互为补充，既难互相代替，也不互相排斥"之说，提倡"根据需要与条件适时的积极兴建"。

答：这种理想局面，以中国今天的条件，只能算是"画饼充饥"而已。请问，以现有的国力，大型工程，建哪个不建哪个，总得有个先后次序吧？ 1979 年我恢复工作之后仍主管水电建设时，许多条件极为优越的水电站开不了工，或开了工而拖延工期，就是由于每年有限的投资，被葛洲坝一项工程就占去了三分之一。我们还可以回忆一下 1984 年的情况，当时国务院已原则上同意三峡工程可行性报告，三峡工程实际上已经开始了施工准备，结果怎么样？湖南拟建的五强溪水电站（120 万千瓦）、湖北拟建的隔河岩水电站（120 万千瓦）、四川拟建的二滩水电站（300 万千瓦），都上不了。后来，因为各方面有了不同意见，三峡工程需重新论证，这几个电站才得以安排。这充分说明三峡工程和其他支流工程不可能同时兴建，不是先建三峡，就是先建支流工程，二者只居其一。当前一批已经开工的支流电站，如四川的铜街子（60 万）、宝珠寺（64 万）、贵州的东风（51 万）、陕西的安康（80 万）、江西的万安（40 万），再加上刚才说的二滩、五强溪、隔河岩，（加起来共有 845 万千瓦）都应保证必要的投资，加快建设，并积极兴建短工期的中型水电站，才是解决燃眉之急的办法。但实际情况是，这些已开工的水电站，每年投资都是很不够的。至于其他一系列已作好初步设计或可行性研究的支流水电站，如四川的太平驿（26万）、贵州的天生桥一级（120万）和洪家渡（54万）、湖南的江垭（40万）、湖北的潘口（51万）等，都在等钱开工，怎么可以说三峡与支流电站"互不排斥"呢？众所周知，支流工程单纯，没有那么多复杂的泥沙、移民、生态问题，不应当为了上三峡这个论证多年难以拍板的庞然大物，把本来急需且现实的支流工程搁置起来。正如长江防洪需要加强堤防一样，为解决急迫用电，需要快上快建成一批支流电站。

我先后从事水电建设十多年，为此切合实际的水电发展，真是磨破了嘴皮。有些人为了排演一场演不出的大戏而占据舞台，弄得其他精彩的小戏也演不成，真让人啼笑皆非。我离开水电岗位6年了。每想到国家这种局面，我的内心是极其痛苦的。

问：老实说，尝过饿饭滋味的中国老百姓，眼下已没有多少浪漫情趣。当他们一连几天在寒冷的早晨挤在机场、车站、码头售票处的长队里的时候，最担心的是这条命脉大江被拦腰截断之后，中国本来就紧张的东西交通将更加窘迫。不过据说三峡工程有利于航运？而且万吨海轮可直达重庆？

答：主管航运的是交通部。长江本来就是世界大河中著名的黄金航道，30多年来，我从来没有听到交通部的同志说过希望以上三峡来改善航运。要知道，修了葛洲坝是给航运造成了麻烦的。你刚才还用错了一个关键的名词，"万吨船队"而非"万吨海轮"。终年通行"万吨海轮"是林一山1958年在南宁会议上向毛主席汇报时的用语，这一说法一直延续到发现南京与武汉大桥的桥空高度钻不过万吨海轮，才改成万吨船队。好，就说船队。这里首先出现的一个问题是，若想要提高长江航运标准，是不是一定非得靠修水库抬高水位？要知道，世界上重要的航运大河保证通航，主要靠疏浚整治。密西西比河在没有进行综合治理前，浅滩最小航深只有1.37米，比长江中游的最小水深1.8米还要浅。后来采取了护岸、疏浚、裁弯等综合措施，现在最小水深已达3.67米，常年通航5~6万吨船队。

问：这里我有一点弄不懂：为航运，三峡水库须常年维持高水位，使宜昌到重庆保持水深在 4 米以上；但为防洪排沙，又说汛期要降低水位。到底要抬高还是降低？

答：这正是想把三峡工程描绘成有百利而无一弊的说法所处的两难之境。为了防洪和减少淤积，要求库内汛期水位降低；为了通航和多发电，又要将水位提高。怎么办？只好半年时间高水位，余下半年仍是天然航道，还是一条逐渐受泥沙淤积之害的天然航道。再退一步，就算只看半年，用水库抬高水位，技术问题也不能说完全有了着落。论证报告中所提出的五级连续大型船闸和一级大型升船机，都是超世界水平的。五级连续船闸中任何一级闸门出了故障，都将导致停航，起码是单线停航。再者，论证报告中所拟采用的载重量为 11500 吨、提升高度达 118 米的一级大型升船机，超出目前国际水平不少，比国内现有水平高出得更多（比利时为 8800 吨提升 73 米，丹江口为 450 吨提升 50 米）。虽然从原理上讲没有克服不了的困难，但我以为在具体问题上宁可多留点余地。我们在这方面的教训太多了。

问：最近的一次教训——我指的是大型工程决策——恐怕要算是葛洲坝工程了，虽然从报面上看依旧赞扬之声不绝于耳？这项工程最令人难忘的一点是在各种准备都不充分的情况下，戏剧性地抢在毛主席诞辰日开工，接着就是被迫停工和重做设计。奇怪的是，花这么大的代价换来的教训，不见切切实实的总结，又抛出了新的豪言壮语："经过葛洲坝工程的我国勘测、设计、设备制造和施工安装队伍，目前已完全有能力挑起国内任何江河开发工程的重任（新华社武汉 12 月 23 日电）……"

答：这种不着边际、不负责任的高论，30 多年来听得多了，毛主席本人当年为葛洲坝工程开工的批示："赞成兴建此坝。现在文件设想是一回事，兴建过程中将要遇到一些现在想不到的困难问题，那又是一回事。那时，要准备修改设计。"也是违反基建程序的。我不否认葛洲坝工程在施工技术上有一定的成就，但是如此过分夸耀，无非是想为三峡上马鸣锣开道。葛洲坝是坝高仅 47 米的低坝，三峡大坝各种方案中最低也是 150 米，最高达

235 米，其困难程度非葛洲坝可比。再说投资，1970 年毛主席批准时所报工程造价为 13.5 亿元，现在增长到 48 亿元；工期由 5 年变为 18 年。千家驹在政协会议上指出这是典型的"钓鱼工程"。有人还否认，说"文化大革命"中上马的事不算，说千家驹的发言是"歪曲事实、不负责任、任意指责"。但同样是"文化大革命"中 1970 年开工的乌江渡、凤滩等水电站，为什么就没有发生投资与工期大量超过上马概算的情况呢？这里还没有说建在干流上的葛洲坝水电站因受航运限制，不能发挥应有的调峰作用，随着来水大小而发电忽多忽少，性能是很差的。此外，葛洲坝在施工中断流 7 个月，再加上投产后船闸检修、冲沙、排洪等造成的停航，及上下水船队安排过闸的等待时间，仅此一项，给重庆、涪陵、万县等地方航运带来的损失，已近 3000 万元，且至今无人赔偿。三峡工程比葛洲坝大得多，涉及防洪、发电、航运和泥沙、移民、环境等问题也复杂得多，必须向决策和监督部门、向中央和舆论界，如实反映利弊得失、反映全面情况，这是主其事者和参与论证者的职责，切不可再顺口说大话了。

问：众所周知，水库淤积是一个世界性未决问题。我国河流挟沙量位居世界前列，三门峡水库 7 年内已淤掉库容的 44%，盐锅峡和青铜峡的淤损还要严重。但长江三峡工程论证报告说，采用蓄清排浑的方式，再加上优化水库调度等措施，泥沙问题即"已基本清楚，是可以解决的"。这不免给人以过于乐观的感觉？

答：长江年输沙量居世界河流第四位。蓄清排浑并非长办首创，是黄河三门峡水库改建后采用的方式，即汛期降低水库水位，敞泄排沙；汛后抬高水位，蓄积清水。现在看来，主事人是想把这个方式移到长江。首先，三峡水库长达 600 多公里，这种运行方式解决不了库尾淤积的问题。第二，这种方式与所称三峡工程重要的防洪任务正好互相冲突：从防洪看，应在汛期蓄洪，即蓄浑拦沙，与蓄清排浑的要求正相反。我不知道此时水库如何优化调度。在这里不妨再回顾一下三门峡的教训：由于淤积严重，不得不二次改建，降低水库水位，使原来 120 万千瓦的一座调节性能很好的水电站，变为 25 万千瓦的无调节性能的径流电站。这情形如果同样发生在长江三峡，对发电说来，后果就太严重了——这是一座比三门峡大 15 倍的电站啊！

问：您刚才曾提到三门峡最大的教训是对泥沙规律认识不够……

答：是的。而且，今天回过头看，也不能只算技术账。当时，苏联专家已经讲得很清楚，他们承认自己没有这方面的经验，声称据中国提供的数据，水库寿命只有 50 年。不幸的是我们自己头脑太热，估计过于乐观，认为伟大的中国人民对于黄河上游进行"群众运动"式的水土保持工作——"圣人出，黄河清"、"把黄河变成清河"——还不是易如反掌，哪里用得着 50 年？！可虑的是，这种习气、这种作风、这种思路，至今没有得到清算。我认为，直到今天，泥沙问题对长江三峡工程而言，仍是一个未知数。我不敢相信已做的和正在做的泥沙物理模型试验，也不认为放大比例尺就完全可靠了；至于数学模拟计算，将复杂纷呈的现象概率化与平均化，我认为距实际情况差距过大。一句话，三峡水库泥沙处理方案，不可不慎之又慎。

问：最近，李伯宁委员列席政协常委会时的书面发言提到一个"开发型移民方针"，论证报告也持同一说，似乎水库移民这个艰巨的、几乎不可逾越的大难题，终因"有了解决途径和办法"而为三峡早开工更添了几分乐观色彩。您认为这办法可行么？是否具有突破性？

答：李伯宁在他的书面发言《对三峡工程争论的看法和建议》中，提到坝高 175 米时农村移民 33 万，说如果赶快发给他们钱，让他们去种柑桔，即"搞开发型移民"，据他计算，国家所付移民费用"合计 4 亿元，打宽点，用 6 亿元"，与原来赔偿淹地损失的 16 亿元比，即可节省 10 亿元。这如意算盘未免打得太惬意了。眼下不可回避的现实是，据移民专家组的论证报告，到2008 年，即三峡工程完工时，全部移民达 113 万人，总费用不少于 110 亿元；这个数字，还没有考虑到水库泥沙淤积后壅高水位将要增加的人数。而仅仅这一个因素，20 年之后就要增加 30 万人左右，累计达 140 多万人。现在论证报告提出的办法是移民后靠，就近开辟新区，易地迁建，即在三峡库边山丘地带开出平地，迁建 13 个城市和 657 个工厂，外加开垦耕地和柑桔地。要知道，这一地区本来已人口超载，粮食不能自给，这种相当于欧洲一个国家的大迁移，是大大超过了这个山丘地区环境所允许的负荷能力的。

问：据李伯宁文，开发型移民方针已经经过 4 年试点，得到了库区广大干部群众的拥护，地方政府也能保证安置好。

答：水库移民不论中外，一般都是困难重重，困难重重！三峡水库的移民却一反常态，库区地县领导在三峡论证会上确实都表示愿意早迁。这里不能忽视的一个前提是，三峡库区的老百姓，像五十－七十年代的福建海防前线居民一样，因为大局未定，仅许他们维持生存而不许发展。现在三峡移民费按论证报告讲是 110 亿，占工程总投资的 1/3，听起来差不多每人一万元，而且还先给。对库区移民说来，在这样的条件下，还有什么不好商量的？这其实是一种假象，一种双向误会，应特别引起负责这方面工作的政府人员警惕才是。在过去 30 多年水利水电建设中，不论大小水库，移民毫无例外是老大难问题。对此我有亲身经验。1979 年初我一回到水电部原岗位，第一件事就是解决新安江库区内两万多移民遗留问题。据说，文革前后上访请愿者移民最多，基层还发生过杀死主管移民工作干部的惨剧。三门峡、丹江口、新安江诸水库，移民都不过 30 万左右，而且是在五十年代，大家都听毛主席的话，党和政府有崇高的威信，真是"指到哪里打到哪里"，一敲锣打鼓，就把农民欢送走了。何况那时也不存在什么商品意识问题，干部作风也是好的，也没有什么通货膨胀，请愿闹事尚且不断。三峡工程 100 多万移民，挤在一个狭窄的山谷地区，向贫瘠的山头"后靠"，怎么可以说得那么轻巧？钱正英自己就说过，"移民是关键性的经济甚至政治问题"。我认为，二十世纪的中国不要再背负上这种老大难题了。三峡库区的十几个县应当解放，让他们就地发展经济，兴办企业，增加农业投入。

问：其实，移民从根本上讲是要超越经济与政治层次，直接关系到自然生态与社会生态问题的。这次论证与前几次比，从最初阶段就对此予以足够的重视，可见我们的水准比建三门峡时前进了一大步。

答：予以重视只是不出现判断失误的前提，二者并不能等同。关于生态与环境问题，长办几十年来作了大量的调查与计算。但我坚持认为，在泥沙淤积、侵蚀、诱发地震、滑坡、移民对环境影响等问题上，决不可以把话说得那么满。我同意生态环境专家马世骏的判断：三峡工程对环境的影响弊大于利。我也与植物生态学家侯学煜怀有同感：三峡一带具有我国少有的亚热带气候，将数十万亩肥美良田与独一无二的旅游资源淹没掉，是永远不能恢复的。以今天人类所具有的科学手段，没有人能预言这一改变长江水流状况的巨大工程，将如何引发整个流域生态环境资源等一系列问题的连锁反应。做出三峡工程对于生态环境"没有影响"、"影响不大"这样的断言，未免太轻率了。

问：依你所说，既然长江流域的防洪、发电、航运都不是没有别的更好的办法替代，泥沙、移民、生态还将构成巨大的、无可挽回的损失，到底为什么非要上三峡工程不可？

答：这也是我 30 多年来难以理解的一个问题。在这里，我能说的只是，我的见解与原水电部领导论证结论正好相反：三峡工程，不建比建好，晚建比早建有利。如果说我过去曾经同意过 150 米低坝方案，那也是因为听说这一方案当时党中央常委已经通过，难以再提意见；此外这个方案需两级开发，还得在上游再建一级，这正是"长办"从来没有做过工作的，势必要补充勘测研究并引起新的论争，延缓开工时日。所以我当时对人说过，我的同意是"缓兵之计"。谈到这里，我就要顺便提一下决策程序的问题。不论政治、经济、文化或科技问题的决策，我们过去长期习惯于人治。说得明白一点，就是靠家长制、一言堂，行政权力范围不受任何限制。大到"文化大革命"的发动，小到葛洲坝的上马，无不如此。催促三峡上马的人也就用"通天"的办法，取得令箭，唯上而不唯实。但据我所知，毛主席和周总理生前从未说过三峡工程可以上马。周总理 1970 年 12 月 26 日听取葛洲坝工程汇报时，曾对林一山说："你说的高坝大库（指三峡工程）是我们子孙的事，二十一世纪的事。"毛主席虽然填过"更立西江石壁"词，对三峡工程很感兴趣，但在 1958 年 1 月，他在南宁会议大反"反冒进"，要搞"大跃进"时，关于三峡论争，也还是在听取了正反两面意见之后，赞成了我的意见，批评了林一山不切实际的想法（滑稽的是，有人在档案刊物上歪曲史实，说毛主席在南宁会议上采纳了林一山的意见）。可见，只要言之成理，连毛主席在那种时候，也还听得进从事具体工作的人的意见的。南宁会议之后两个月，中央政治局召开成都会议，现在大家已经知道这是一次开始全面大跃进的会议，至于三峡水利枢纽和长江流域规划的意见，几乎是当时通过的唯一一份不符合"大跃进精神"，也经得起历史考验的文件。这个文件是由周总理主持（我也参加起草）写的，毛主席还做了修改。在当年那样一种"高屋建瓴势如破竹"的气氛下，大家都清楚，像三峡这样的工程绝不可轻举妄动。

问：但在这份文件里，虽然提出了最后下决心确定修建及何时开始修建，要待各方面的准备工作基本完成之后，但也给出了一个时间表，即 15～20 年……

答：这里指的不是从 1958 年开始的 15～20 年，而是整个工程从勘测设计到施工所需的时间。正如你开头所说，如果把 1957 年算作第一次，三峡工程立即上马的高潮到今天已是第 6 次，而且几乎每次都在国民经济刚刚开始稳定，政府手里刚有了一点余钱剩米的时候。现在中央提出治理经济环境、整顿经济秩序，全面深化改革；今明两年将是我国经济形势或出现转机、或陷入困顿的关键时刻。这时再次提出早上快上甚至在 1989 年就要开工兴建这种超巨大工程，是很不合适的。至于 1992 年是否可行，也还要看经济形势。我本人认为迫在眉睫的是在这 10 年内加快已开工水电站的施工，尽快再开工建设一批支流水电站，解决本世纪末最为急迫的电力紧缺问题。

我同意周培源 11 月 9 日给中共中央的信中所提出的"三峡工程快上不如缓上。""等将来翻两番的任务实现，国家经济实力增强，科技水平提高了，那时再来考虑三峡工程的修建问题。"

"建议中央尽快对三峡工程做出缓上的建议决定，并发布安民告示，以利于这些地方（三峡库区）已经耽误了30多年的经济建设能够得到迅速发展。"

我也同意最近孙越崎、林华、王兴让等10位政协委员《关于三峡工程论证的意见和建议》，他们提出：三峡工程宜晚建而不宜早建；所需庞大投资非当前国力所能承受；工程本身存在一些难以解决的问题，如泥沙、移民、通航设备等技术难关、环境影响；地震、国防风险问题。他们还正面建议：长江的开发治理应当先支流后干流；当前应抓紧堤防、分洪及水土保持等工作；应加速修建支流电站以解决电力紧缺局面，西南以水电为主，华中水火并举，华东以火为主。他们最后建议，三峡工程下一步论证，应请综合部门如国家计委、科委或中国国防工程咨询公司组织主持，邀请各部门更广泛的专家参加，因为现在的论证领导小组成员，全部为原水电部正副部长等负责人，下属专家和工作组的负责人，也绝大部分为该部人员，他们都是赞成三峡快上马的。这种论证的领导难免成"一家之言"。

问：一个工程论证了30年还开不了工，这也是破世界记录的。其间有什么教训可言？

答：我们抛开所谓"好大喜功"、"树碑立传"这类议论不谈，从粗浅的道理说，主管水利工作的同志，害怕水灾尤其是特大洪水，怀着对人民负责的崇高观念，一心想减轻或消除水患，这是可以理解的，也是党中央领导历来抓紧此事的原因。但不论革命还是建设，搞政治还是经济，根本原则是实事求是，要按客观规律办事，不能凭主观愿望决策。从五十年代开始，30多年来，三峡工程难于论证、也难于决断，一次又一次掀起上马高潮，不断出现"风满楼"、"山雨来"之势，其根本教训在于，这项工作负责人指导思想的主观主义和"左"的急躁情绪。他们总是靠通天、靠行政手段，靠"长官意志"办事，而不是靠民主与科学办事。

问：这个问题你其实在33年前就很明确地提出来了，强调只有克服主观主义，才能做好长江规划……

答：我的主张，至今未变。我依然认为，必须从客观实际情况出发，必须研究所有问题的各个方面，必须具体分析全部事物的内在联系，而不能从主观愿望出发，不能从片面情况出发，不能从表面问题出发。这也就是说，不要从绝对的防洪要求出发；不要只看到一个方面的需要，而要看到各个方面的需要；不要只看到需要，也要看到可能；不要只想到遥远的将来，更要看到今天和最近的将来；不要只看到技术，更要看到经济特别是国家整个经济的发展；不要只看到技术上的一个问题，而要看到技术上的全部问题；不要只看到一个三峡 235 米高程方案，而要看到其他许多方案；不要只看到干流，也要看到主要的支流；防洪不要单只想到水库，而要考虑切实可行的多种综合措施；不要只看到库容巨大的好处，也要看到淹没损失的难于解决。总之，在研究各项问题时，不要只看到顺利的一面，也要看到困难的一面。

问：这里使人不由得想起万里在 1985 年软科学会议上讲的那段至今令人难忘的话："有的领导人往往喜欢把他们主管的研究部门，当作为他们的任何政策拼凑各种'理论根据'的工具。这种所谓科学的决策论证，具有更大的欺骗性和危险性，比没有论证更坏。软科学研究必须有不受决策者意志影响的相对独立性。它只受实践的检验，只对人民和历史负责，而不能看领导者的眼色行事。"

答：遗憾的是，三峡工程的主事者对所有这些都听不进去，多年来唱一个调子，没有改变他们的主观主义和"左"倾急躁。另一个教训，正如我在前面已经提到过的，即过去长期以来凭领导个人经验和意志决策，而没有建立起一整套科学决策程序和决策体制，这个问题在这里就不多讲了。

近十年来，我们在这方面已有所进步，但依然处在"人治"到"法治"的转变时期。虽然三峡论证仍处于这样一种"自我论证"、"一家之言"的局面，但毕竟窗户打开了，新鲜空气进来了，各种不同意见也逐渐见诸某些报刊，还出版了几种反映正反两方面意见的文章汇集。全国政协、四川省政协、国家科委、国家计委及各有关方面的专家学者，还有许多老同志，都在关心这件事；海外报刊和有关科学家、工程技术专家，也纷纷发表不同意见，使三峡问题，从中国走向世界，复为国内外关心的大事。这是一种很好的现象，值得高兴。

问：很多读者不但注意到你的党的干部、水电开发组织者的身份，还知道你是一位活跃的诗人和杂文家。在你已经离开水电部门领导岗位之后，对于三峡工程上马，"心所谓危，不敢不言"，给关心国是并爱好诗歌的读者印象深刻……

答：三峡工程规模的巨大和涉及问题的深广，在世界上是空前的，也可以说是人类历史上极少有的最具雄心壮志的伟大工程。正因为它一方面具有吸引人的巨大潜在效益，另一方面又存在许多难以克服甚至无法估量的严重问题，我们必须对它慎之又慎，严之又严。我认为这不是当前中国的国力所能解决的问题。三峡何时上马，如周总理生前所说，还是让我们的子孙后代到二十一世纪再去解决吧！

注：此文经李锐审阅、修订。

我们很关心，我们不放心

周培源、林华同钱钢谈

全国政协副主席周培源，和政协经济委员会三峡论证组副组长、原国家计委副主任林华，对三峡工程持鲜明反对意见。1989 年 1 月 26 日、28 日，他们就"三峡之争"分别接受记者的访问。两次谈话的内容涉及：关于长江开发的战略指导思想；关于国家论证与部门论证；关于一种虚假风气；86 岁的周培源用两句话概括 100 多名政协委员对三峡工程的态度：

——我们很关心。

——我们很不放心！

你光给领导同志送一面之词，让他如何做正确判断？几十年里我们深受其害，今天不能再说假话！

林华：长江水能资源的开发不足 5%，有人讲，耽误就耽误在三峡，而三峡的问题，耽误就耽误在争论上。怪谁？怪提出上三峡的人。他们提出了不真实的东西来骗取领导支持。

周培源：他们的一些作法，很不科学、很不老实。如工程预算，对外讲 300 个亿，内部讲 361 个亿，少说 61 个亿，这决不是粗心。为了上马，他们有意把投资说小，以后超出了，可以说是别的什么原因，不是自己的原因（如葛洲坝"钓鱼工程"的先例。）

我们怎么放心把三峡工程交给那样一些说话办事不诚实的人呢？

有一次我乘船过葛洲坝船闸，葛洲坝一位同志陪我，我问他："过船闸要多长时间？"他说："45分钟。"我上驾驶台，又问船长，他说："一般要4个小时。"因为通常要待船把闸填满后一起过。我们政协委员坐的船，当然到了就过闸。所以他们说话，总是和实际差别很大。

（在林华处记者遇见中国能源研究会副理事长雷树萱，他插话说：这里我给你们举个例子，很典型的事。当时要造三峡，最大的难题是移民。"长办"就绕开这个难题给中央说假话。大坝高程一百七、八十米，要移民七、八十万，他就说降低高程，淹没少了，只要移民二、三十万。可坝降低了，库容少了好几百亿，防洪能力不就没有了吗？因此有人就出了个坏点子——这个点子是够坏的，大坝按正常高程"175"来建，蓄水按"150"（150米），剩下25米余地，平常没有水。但是洪水来了，不蓄起这个水下游就受不了。蓄，就要淹上游几十万人。怎么办呢？他们的"点子"叫做敲锣打鼓，"跑水"！涪陵和万县就不干了，我们不能为了你那25米，让老百姓生活在水深火热之中啊。他们就这样骗中央！反过来，又到老百姓那儿许愿：你们要过好日子，就快点搬，搬了，我们就给你钱。沿江的破房子就可以拆了，就可以上山修高楼、修三环路了。）

林华：我问过万县、涪陵，都说"快上"。要淹，先拿钱来。用上头给的钱脱贫致富。国家哪里给得起？

1985年，李伯宁（原三峡省筹备组组长）给我上了三个钟头的课。他讲"开发性移民"。我只问了两句话："开发性移民"，我不懂，你能不能具体一点？他们就说了，什么"投资少"、"见效快"等等。我说：能不能具体一点？他就说，比如涪陵，那儿有天然气，搞个30万吨合成氨厂；另外，万县有盐，搞一个碱厂。我说"好了"，就不作声了。后来在论证会上我说，我搞了一辈子化学工业，你这两句话我懂。这两个厂，大概花10个亿，能容纳多少工人？我往宽里打，大约只6000人。有人说我是搞化工的，不懂水电；但搞工业我还懂一点吧？我知道，装备一个工人比装备一个农民，花钱要多得多。说"开发性移民"反而花钱少，我们搞工业的，不能信服。按你的说法，无非是两个办法，一个是庄稼地改果园，这本来就不容易；种柑桔还有高程问题，据专家说只能到海拔 400 米，再往高，树能活，结果就不行了。再一个搞工业，刚才我说了，究竟能容纳多少人？移民有几十万！

他们还专门搞了一条船，请科协副主席张维同志去看，回来叫他说（支持的话），还有幻灯片，讲到被淹地区柑桔移植试点，幻灯片上已经果实累累。他发言后，我即席发言，说：张维同志，我知道他们说的"开发性移民"，试点也只有一年多时间；关于柑桔问题，我专门到重庆的柑桔研究所去访问了两次，问的结果。知道柑桔要三四年才开始结果，幻灯上的果实累累，到底是一种设想，还是现在的果园？这怎么叫人相信？我们拿一个典型，来推广全国，像学大寨那样，中国人吃这个苦头太多了！我们哪能再这么干呢？

周培源："长办"有许多说法不符合事实。如，关于泥沙问题有不同意见，他们在去年 9 月一份给全国政协湖北、四川视察团的报告中说，委托中国水利学会理事长严恺和科协副主席张维同志，组织有关专家进一步进行了座谈，认为三峡泥沙"无单向增长的趋势"。张维同志不是泥沙问题专家，是搞结构的。我在视察团返京后问张维，你是不是参加论证了？他说"我没有"。当时张维并不在北京，虽然水电部领导邀请，他还是未能参加。只因为他是科协副主席，他们不管他事实上有没有参加论证，把他写进报告，发给我们政协委员看。

林华：葛洲坝两条输电线，一条向上海，一条向万县。这完全是宣传，电视、报纸不知宣传了多少次！搞来搞去国家钱白花。葛洲坝往上海的 50 万伏输电线，已于去年建成，11 个亿下去了，无电可送，因为葛洲坝装机容置 270 万千瓦，保证出力只有它的 1/4。湖北省长说：要送，只有停湖北的电。向万县的输电线，也由于无电可送，知难而不建了。

所谓三峡能向华东送电，也是一个谎言。三峡装机一共 1768 万千瓦，保证出力 400 多万千瓦。华中本身到 2000 年，就要用两亿多度电，两亿到两亿五，用电 3500 万 KW，华中已经用光了，怎么还能千里迢迢送到上海？毫无道理。但他们的论证，已经把华东地区每度电加收两分钱预算在三峡投资内，你拿了人家这个钱，将来还不了账。这一点"长办"也是知道的，当前无非是要达到宣传的目的，说假话。

再一个谎言，是所谓对"南水北调"有好处。许多领导同志对此寄予很大希望。到底对"南水北调"有没有好处？在一次会议上，罗西北同志直截了当问他们，他们回答不出，最后还是承认"没多大用"。解决"南水北调"问题，大坝起码要 200 米以上，这是五十年代 230 米方案所提出的。后来大坝降到 160 米、175 米，高程根本不够，没有一点可能，但他们还是这样说，完全是欺人之谈了！

1985 年我们考察三峡，在宜昌，李伯宁介绍说：荆江大堤，千疮百孔，不修三峡水库，来了水不得了！算算损失的钱，修三峡早就够了。我们从宜昌到武汉坐的是汽车，当时正是汛期，我们特地看了"危在旦夕"的荆江大堤。奇怪的是大堤上几乎空无一人，根本没有抢修防护的景象。荆州市一位水利技术员出身的副专员说，我在大堤上工作二十年，谁说"千疮百孔"？完全有办法嘛！我们从这里发现，为了让上面同意上三峡，有人不说实话，在夸大长江灾情。

我们建国以来经济建设种种失误的重要原因之一，是说假话成风。我们总是讲，毛主席搞了大跃进。老实讲，这与给毛主席提供原始材料的人也有很大关系，送了那么多假材料，吹热风！现在还有人讲，三峡，小平同志支持的。你光给领导同志送一面之词，你让他如何做出正确判断？所以我们这一些政协的老同志要发表意见。几十年，对于那套虚假的东西我们也深受其害，我们不能再说假话！

长江流域开发应当有一个总体发展战略。我们主张"先支后干"——首先在开发支流上下功夫。

周培源：去年 11 月，我向领导同志报告了我对三峡问题的意见。紫阳同志批示："告周老，报告中所提出的问题都是应该认真重视的，一定要充分论证，根据可能和必要，慎重决策。"这里面指出了，"可能"是一个问题，是否"必要"又是一个问题。

但是，"长办"考虑三峡的指导思想，是不说"该上不该上"，只说"如何上"。他们的论证，就是抱住一个"上"字。"长办"30多年的工作，就是围绕"如何上"。而所谓"该上不该上"，指的是，除三峡外，我们要考虑全长江流域的开发问题。

你要中央作决定，总要有比较方案，不能只有一个"上"的方案。

最近，九三学社和云南、四川、贵州、广西四省提出了开发长江要"先支后干"的意见。这就涉及了三峡有无"必要"的问题。如果开发了上游支流，发电、防洪、泥沙等问题都解决了，那上三峡还有多大的必要？这是大问题。

长办的同志说："我们也很重视上游。"我说，"你们的确也做了不少工作，但没有当重点来考虑。"

林华：我们认为，无论从防洪还是发电的角度看，都应当首先大力开发长江支流。

1984年以来，我们9次调查长江。其中对长江支流的调查，包括1987年去贵州乌江流域，1988年去云南澜沧江中下游地区，今年还将考察川西雅砻江、大渡河、金沙江、岷江，四条河流。仅乌江、澜沧江地区，可开发的水电就有3400万KW，这些水电站都比三峡好。中国并不是因为缺电就非要修三峡不可！真正搞水电，条件好的地点很多，淹没少，工程小，时间短。我们几年来在考察中看到，各河流所在省开发长江支流的积极性都比较高，愿意挤出地方财政进行开发，不像三峡库区，愿意上马，却要中央掏钱。云南是穷省，拿出了三个亿；贵州省把前期工作的钱都拿了。只要和地方的利益结合起来，地方的积极性就高。另外，一条河流的梯级开发比单一开发，投资少20～30%，时间也短，上面控制了，下游的工程就小多了。

（雷树萱插话：为什么葛洲坝花那么多钱？就是本来想搞了葛洲坝，装备起来去上三峡。因此葛洲坝48亿投资，有8个亿是

55

施工机械。有人说，搞了一支强大的"海军"，一支强大的"装甲兵"，——从日本进口了大采沙船，这种船只有在长江可以用。搞了那么多大翻斗车，也只有在长江截流用。现在工程完了，两个亿算是折旧了，6个亿的设备烂在那里，从1970年到现在，快20年了。浪费不得了！）

林华：上游先开发，可以促进上游地区资源的开发和工农业发展。可以促进少数民族地区的发展，增加"造血机能"，彻底脱贫致富。也可以改善上游地区生态环境。

由国家论证变为部门论证是错误的，"三峡之争"反映的实质是要不要科学要不要民主。

林华：关于三峡论证，1985年由计委主持、科委协助，但是在1986年6月之后交给了水电部，由国家论证变成了部门论证，对此，许多同志有意见。在水电部内部，有些领导说，"三峡方案不可替代！"也就是说，三峡该上不该上是不容讨论的，只能论证"如何上"的问题。这就是主管部门自我论证自我决策的弊病所在。像三峡这样的重大工程，影响到经济、政治、军事的大局，技术问题的比重最多只占到30%，而且技术问题要服从于经济、社会的全局。所以应当由综合部门进行全面论证。

周培源：由国家论证变为部门论证是错误的。主持论证的都是水电部的几位领导，部门内部的不同意见怎么能反映出来？

林华：看来，科学和民主还有一个过程。要实现"五四"运动提出的"科学、民主"的口号，真是难而又难。几千年的封建，影响太深。

"三峡"问题的出现，和我们长期以来的工业建设指导思想有关，和体制改革有关。当年，斯大林在苏联处于重重包围的情况下，大力抓重工业是对的。我们解放初期，上156个大型项目、全国保鞍钢，也有当时的道理。但不能总用这种集全国力量去干一件事的办法。现在也有人在论证会上提出来"全国支援三峡"，这到底会起什么作用？后果会怎样？老是这样干，胃口越来越大，不顾国情，不讲效益，说到底这还是旧体制下的旧方法。所以我说经济体制不改革，政治体制不改革，现代化实现不了。

周培源：关于三峡的争论，实质上是要不要科学，要不要民主，要不要决策民主化的问题。不是公说公有理，婆说婆有理，大家都不讲算了。错误的东西就是要否定，否则，留下的是后患。

开发长江上游支流，这个建议应当尽快采纳。三峡问题不能举棋不定，久拖不决。拖下去，受损失最大的是万县与涪陵两个地区。这两个地区有 1400 万人，因为等着淹地移民，国家和省不能投资搞建设，那个地区贫苦人民还相当多。

但是，上游发电的电能很多，能够开发的，比三峡多得多。四川没有煤，能源奇缺，他们希望中央赶快决定三峡问题——上不上由中央定，但上游的开发要马上进行，不能再耽误了！

林华：我们国家在反右、大跃进以后，受害已经很深。文革，政治上更充满假话。三峡问题要解决，只有增加透明度，讲民主，讲科学。

民主要靠争取，不会一个早上就会自动到来。

"科学的春天"，也要靠我们不懈的努力才会到来。

对不同意见应平等对待允许争论

孙越崎答张爱平问

孙越崎：浙江绍兴人，95 岁。早年考取北洋大学矿冶系，因参加"五四"学生运动被校方开除。后转到蔡元培主持下的北京大学矿科毕业。开办过数座煤矿、油矿。抗日战争胜利后担任国民政府资源委员会副委员长、委员长，政府经济部长。解放初期，任政务院财经委员会计划局副局长，主管基本建设。曾被选为民革中央副主席，现为全国政协常委、经济委员会三峡专题组组长，民革中央监察委员会主席。

问：孙老，您作为矿冶专家，什么时候开始研究三峡问题的？

答：抗战时，我在四川开办了四个煤矿，对三峡的状况比较了解。当时，已有人提出在三峡建大坝，作为资源委员会委员长，我也不能不关注此事。

问：据说孙中山先生 70 年前曾有过在三峡建坝的设想？

答：是的，孙中山先生在民国建国大纲、十年计划中就提出过在三峡建坝，利用水利。我主持资源委员会工作时曾请美国的高坝权威专家萨凡奇前来研究三峡开发方案。那时的想法是建在宜昌，离葛洲坝一二公里处的南津关。

1984 年，我担任第六届全国政协经济建设组组长，三峡工程作为超世界规模的巨型工程，自然是经济建设中的最大课题。我看了很多有关长江流域和三峡工程的材料，请教了很多专家，活到老学到老嘛。做事一定要调查。1985 年，我和政协及三峡工程调查组的七位专家一起从四川都江堰顺流而下，对长江中下游进行了 38 天的调查。我们到处看、问、听、记、乘船，坐汽车，很危险的地方也去了。那年我 92 岁，也不觉得累。回来后，我在政协会上做了调查报告，先后写过四次论文。

问：见到千家驹等几人在报上发表的文章中都曾提到由您牵头，1988 年 6 月在政协会上就三峡工程所拟的提案，这个提案有什么实际效果吗？还是属于"说了也白说"一类？

答：那是我和其他 9 位先生一起搞的。前一段宣传媒介大事宣传水电部主持的三峡工程论证情况。我们认为目前的论证方式有问题，难以达到真正贯彻民主化和科学化的要求。我在三峡工程论证领导小组的扩大会上两次做了长篇发言，其他几位委员也发表了意见。但是对于这些不同意见，在上报的简报中没有得到反映，只说某某某发了言。在各专题的讨论中，虽有些专家提出过不同意见，也未被采纳，都按多数通过各个论证报告。这种组织形式，只能代表水电部"一家之言"。我们建议关系到整个国民经济战略部署具有重大影响的三峡工程，仍请国家计委和科委主持，交由比较超脱的单位如中国国际工程咨询公司，组织更为广泛的各方面专家，重新进行全面论证，并请中国人民银行、建设银行等单位参加，真正贯彻决策民主化和科学化，方能取得实事求是的结论。

提案交上去了，结果呢，没有下文，真是"说了也白说"。我很赞同公开报道三峡工程的论证情况，但是不赞成只报道主张早上三峡工程的一面之词。对不同意见应平等对待，要在国内报刊上发表不同意见，容许争论。

问：依您的意见，三峡工程该如何？

（孙越崎先生虽已近百岁，白发稀疏，仍是精神矍铄，思路清晰。他展开一张白纸，几笔草就一张长江流向图，并不加思索地标上各种名称、数据，如数家珍。）

答：我认为三峡工程近期不宜上，首先要抓紧完成本世纪内可以提高长江防洪、发电、航运能力的各项规模较小而见效快的工程。

就建三峡大坝的目标而论，有人说是为了防洪，其实它并不能解决防洪问题。三峡两岸都是峡谷，建大坝只能是峡谷型水库。由于移民的限制，不可能采用蓄水位很高的方案，目前考虑的 150～180 米方案防洪库容都较小，挡不住大洪水，对下游洪水泛滥起不了什么作用。按主管部门的设想，在三峡筑坝把原本由中游洞庭湖和荆江分洪区的蓄洪任务转移给上游四川来承担，以保中下游防洪。我认为，这种"舍上保下"的计划是"以邻为壑"。中下游有 1800 多公里，全长 6000 多公里长江的其余部分都在上游，上游要不要管？在三峡建坝将进一步壅高水位，给四川已经很大的洪灾（如 1981 年）造成更严重的灾难。至于中下游，因为长江洪水来源主要有四：川江、湖南四水、汉江和赣江。三峡工程受地理条件限制，仅能控制上游川江部分洪水，对中下游各支流的洪水无能为力。

1931 年和 1954 年，四川无大水，而武汉、南京地区发生特大洪灾；1870 年四川暴发大禹治水四千年来最大的洪水，1981 年也特别大，而武汉是大晴天。我举的这两种洪水类型，有年份，有数字，都是实际情况，这个分析总是科学的嘛，是历史实践嘛！实践是检验真理的唯一标准。

问：您看怎样才能达到防洪的目的？

答：长江的防洪必须纳入其流域的总体来综合治理，而非任一单项措施所能奏效的。所谓"三峡工程是不可替代的唯一方案"的说法，是缺乏科学性的。三峡工程要花上千亿元（甚至更多）的投资，淹没耕地 35 万亩，柑桔地 7 万多亩，迁移 100 多万人，但对长江的防洪作用有限，可见，不是"优选"的结果。

有的人提议建三峡大坝，是假防洪之名行发电之实。防洪搞不好是要死很多人的，因此，说为了防洪容易被人接受，特别是遭过洪灾的部门领导，对洪灾心有余悸，一听就同意。

问：发电据说是三峡工程三大效益之一，是否已进行过充分的科学论证？

答：按主管部门的设想，三峡水电站装机容量为 1300～1768 万千瓦，年发电量可达 677～840 亿度，供电华中、华东和川东。目前世界最大的巴西与巴拉圭在巴拉那河所建伊泰普水电站，装机容最不过 1260 万千瓦，年发电量 710 亿度。三峡水电站的确堪称世界之最。但是，三峡水电站应放在全国电力系统中进行优

60

化比较，才能判定其是否优越。我主张，发展电力要先支流后干流，要水火结合，因地制宜。如果在华中、华东、长江上游许多支流上，陆续兴建规模较小的水火电站，从开工到发电只需 4 年，至多 8 年，与三峡工程至少需十几年后才能发电相比，不仅投入小，工期短，产出快，可以及时赶上本世纪末翻两番目标对电力的要求，且利于全国工农业生产的均衡发展。三峡大坝比葛洲坝高得多，工程复杂得多。葛洲坝费时 18 年，而三峡只订了 17 年，不现实。三峡即使很快上马，也要到下世纪初才能发电，远水解不了近渴，而且造成物资积压。因此，从电力需要的总体安排看，急于上三峡工程也是不妥当的。

问：建三峡大坝还有一说是为航运。这方面您有何看法？

答：长江在长度上，仅次于尼罗河和亚马孙河，居世界第三位，水量也是第三。它是我国最大、最重要的通航河道，是沟通西南、华中、华东经济的大动脉，是川、云、贵对外交通的主要出口。如果出了问题，不仅会影响经济发展的全局，还将贻害子孙万代。多年来，长江上游滥砍、滥伐、滥开荒的后果是水土严重流失，近年来长江的泥沙明显增多，含沙量有从世界第五位向第三位发展之势。在川江上筑高坝必然会有大量泥沙进入三峡库区，泥沙的淤积将严重影响航运的畅通，或降低发电的效益。可以说，泥沙问题是三峡工程成败的关键之一。这方面我们有过深刻的教训——黄河三门峡水库泥沙处理失策，损失严重。然而时至今日，对三峡水库泥沙淤积碍航问题如何解决，尚未"做出负责的结论和明确的回答"。尽管主管部门设想的五级连续大型船闸和 11500 吨重提升 100 多米高的升船机确是超世界水平，但是否有把握确保航运畅通？

问：您在谈防洪问题时提到了移民，它在我们这个人口众多的国家是个大事，对不对？

答：对。三峡工程成败的另一关键是移民问题。三峡库区要淹没 13 个市县，移民 100 多万。百万移民，迁向何处？主管部门提出：后靠。但我们实地考察的结果是：后面多是陡坡和壁立石山，要安置百余万人非常困难。

泥沙、移民等问题没有真正解决，匆忙上三峡工程，对于真正的科学工作者来说，就是渎职。

问：从宏观决策的把握上，您认为应遵循哪些原则为好？

答：根据联系实际、实事求是、结合国情、先易后难的精神，我在上面防洪、发电、航运三个方面都提出了近期应当先抓的工程。主张统一规划，全面发展，适当分工，分期进行。我以为，工程投资规模必须同国力相适应。在目前国家压缩基本建设规模的情况下，集中几百亿元兴建三峡工程，工期长，效率低，势必要挤掉其它更紧要的工程。如果近期要建的较小工程和三峡工程同时上马，国力、物力、财力能否承受？是否会因此导致建设规模极度膨胀，以致影响国民经济的稳定发展？这是不能不认真考虑的。

决策上的失误使我们一再付出巨额学费。仅以葛洲坝为例，如此巨大的工程，当时只凭武汉军区和湖北省革委会所报的几页报告就匆匆上马。当时所报工程造价 13.5 亿元，预计三年半发电，5 年竣工。结果却是耗资 48 亿多元，11 年始发电，18 年才竣工。如果我们在宏观决策上仍不搞民主化，科学化，那么，这类学费必然还要继续缴付，我们还要接受大自然的惩罚。

遗憾的是，就目前的三峡论证组织方式，难以实现真正的民主化和科学化。我希望仍由国家计委、科委来主持这一对国民经济有重大影响的三峡工程论证工作，组织更为广泛的各方面专家真正本着民主、科学的精神，把原水电部长江流域规划办公室所主张的三峡工程快上和全国政协原经济建设组所建议的先支流后干流两种意见重新进行全面论证，以期求得实事求是的结论。

问：您对三峡工程还有什么想法？

答：我本着"长期共存，互相监督，肝胆相照，荣辱与共"的方针，并响应"知情出力"争取做共产党的诤友的号召，以 95 岁老人，一颗赤子之心，坦率直言。我是真心希望党好，国家好，子孙万代好。

三峡工程总投资概算打的埋伏太大

乔培新答李树喜问

乔培新：77 岁，长期从事金融战线领导工作，1981 年从中国人民银行副行长职务离退，现为中国金融学会会长，政协全国委员会委员。

问：您一直在金融战线担任领导工作，从什么时候起又关注三峡工程并对之感兴趣呢？

答：这有一个过程。对长江三峡工程我原本不了解，也谈不上有什么看法或是什么派。1984 年六届政协经济建设组开始了解研究三峡工程，1985 年 5 月，我同孙越崎等几位委员去三峡做了实地调查。了解到的情况越多，思考得也越多，不知不觉成了一个"持不同意见者"或叫坚决的反对派。

问：我注意到了你们 8 位政协委员所写的题为"长江三峡工程害大于利"的文章。在此之后，有关方面提出了"建比不建好，早建比晚建有利"的论证。请问，可否就您熟悉的投资问题，对这个论证加以评论。

答：关于投资数目，我看是两种算法两本账。专题论证组从一开头就有一个偏向，总是说少不说多。原先计算工程总投资 159 亿元人民币，今天计算变为 361 亿元，实际上，这里面还是打了埋伏。

问：主要的埋伏是什么呢？

答：计算的总投资中，有些项目是现在可以算得清的，如大坝基建等费用；有些项目实际是今天无法准确测算的，是个未知数。这未知数部分却是一个相当可观的数目。应该将能测算的和不确定的投资加在一起才能算出总的投资额。再则，论证完全撇开了通货膨胀因素。

问：那么，已经测算得比较清楚的投资是多少呢？

63

长江、长江（一本被禁的书）
——记者访谈录

答：按照 1985 年"长江规划办公室"（以下简称"长办"）概算数，建设银行投资调查部当年曾做了严密测算：枢纽工程的投资为 124 亿元，输变电工程投资为 49 亿元，水库淹没补偿费为 110 亿元，加上那一年物价指数增长的 25 亿元，总数为 308 亿元。按照"长办"提出的借款和还本付息时间，以国家规定的年利 10.8% 计算，利息总额超过投资总额，为 458 亿元，两项相加，即为 766 亿元。

问：这已经是原概算投资数的 4 倍了吧？

答：何止如此！这是按"长办"设想的算法算的，如果按我们和建设银行的算法，用钱最少的方案投资合计也得 307 亿元，加上 33 年内还清的贷款利息，全部工程总投资是 1078 亿元，这已经是原概算的 6 倍了！

问：那么，尚未可知的要花钱的数目究竟有多大呢？

答：这叫测算不清楚的部分，共有 8 项：

1. 三峡电站调峰受航运限制，为保证稳定用电，还要建设相应规模的火电厂配合供电。当然，火电厂不一定紧靠三峡地区，但作为三峡的配合设置，投资也要国家负担；

2. 洪水来时，（蓄水 150 米～170 米之间）尚需临时移民 30 万人，还需淹掉大批工厂、房屋，这些费用也要国家开支；

3. 还需一笔抗震投资；

4. 水库建成后，库区上游的泥沙淤积，下游清水下泄冲刷堤岸引起河道变化，都需要投资整治；

5. 买国外发电机组，价格的确定及变动，也是个难以估算的因素；

6. 预算的工期偏短，延长工期部分要增加投资，也是不小的数目。

……总之，能测算的和不能准确算出的投资加在一起，才是全部投资，国家拿不出这笔钱，工程就造不起来。

问：我国从 1988 年夏季以来，通货膨胀已经表面化。物价指数明显上涨，用民间的话说"人民币越来越毛"，这对三峡工程投资预算将会产生怎样的影响？

答：最新论证中计算总投资 361 亿元，是按 1986 年末的价格计算的。假定 1989 年开工，自然应该加上 1987 和 1988 两年物价上涨幅度，而这两年物价上涨，是人所共见的。回避这一现实，咬定 361 亿，这违反了常识。

问：据说，国家对三峡工程贷款实行优惠，年利率是 9.36%，防洪与航运投资豁免本息，并将葛洲坝电厂的收入用作三峡建设投资，这样是否能省下一笔钱？

答：姑且按照优惠利率年率 9.36% 计算，我列一个表给你看看是多少钱。从这个表中，你可以看到物价上涨指数对投资额的影响。

	物价上涨	贷款利率	每度电还款	贷款还期（年）	贷款本利总和
投资 361 亿元	0	9.36 %	0.1 元	25 年	787.1 亿元
	4%		0.12 元	32 年	1574.6 亿元
	6%		0.17 元	30 年	2024.4 亿元
	8%		0.22 元	28 年	2313.9 亿元
	10%		0.27 元	30 年	3203.3 亿元

问：乔老，您这个算法把物价上涨指数最高限定为 10%，显然是保守的。

答：你说得对，但我这里强调的是，贷款利率太低，这个数字不可能！我们现在基本建设投资的利率是 16%，让我们按这个数字再算一遍。这是另一张表：

	物价上涨	贷款利率	每度电还款	贷款还期（年）	贷款本利总和
投资 361 亿元	0	16 %	0.16 元	38 年	2861 亿元
	4%		0.25 元	31 年	2939 亿元
	6%		0.30 元	33 年	3961 亿元
	8%		0.35 元	36 年	5767 亿元
	10%		0.45 元	32 年	5843 亿元

这样算下来，投资贷款本息已经超过了 5000 亿元人民币。

问：能否按照现在物价实际上涨指数算一笔帐呢？据国家物

价局统计，1988年民用建筑产业价格上涨指数已达18.1%了。

答：从物价上涨趋势看，降下来有不少困难，但我们还是相信中央的整顿、治理措施，相信1989年物价上涨指数会明显低于1988年。因此，我的算法中，物价上涨指数不超过10%。实际上，这不是我一个人的算法，是建设银行的习惯算法。不管怎么样，5000亿打不住，这比论证者的361亿多10倍以上……

问：如果三峡工程一定要上马，从经济上来说，会造成怎样的后果？

答：国家建设规模的大小必须与财力物力相适应，能否适应关系到经济能否稳定，关系到财政收支与银行信贷收支是否能瞻前顾后保持平衡。就我国的经济财政状况来说，硬上三峡工程，通货膨胀势必更加恶化。

问：能否就财政情况作些具体分析。

答：财政已经有了几年赤字，银行票子发得已经很多了，财政形势十分严峻。正因为如此，党中央、国务院决定治理经济环境，整顿经济秩序，目的是想抑制通货膨胀。现在已经开工的基本建设工程投资达4200亿，想压下哪一块都很不容易。在这种情况下，要上三峡工程，势必多发票子。

问：听说有一半资金靠自筹解决。

答：说准备将葛洲坝电站的收入等作为投资，算是自筹。但按中国的现行体制，你那部分不交财政，财政哪有钱给你，一个算盘上的珠子，拨来拨去还不都是国家的一笔钱么。这种所谓的"自筹"，没有减轻国家的财政负担，所以也就没有实际意义。我向中国人民银行和建设银行都作了了解。他们都说，财政没有钱，银行也没有钱，现在通货膨胀严重，就保值储蓄来说，年利率已超过20%。而贷款利率只16%，这要银行补贴；如果贷款利率只是9.36%，那银行亏空更大。没有别的办法，只好开动机器发票子，那就是物价、工资及工程投资的轮番上涨，恶性循环，后果是不堪设想的！

问：在国际上像这样的情况有前车之鉴么？

答：远的不说，讲一点最近几年巴西的情况。巴西军政府要搞一个伊泰普水电站，投资计划是 180 亿美元，数额浩大，国内资金不足，于是举借外债，陷入了高额通货膨胀的困境，通货膨胀率达到三位数，1980 年为 110.2%，1984 年达 223.8%，1987 年达 365.95%。没办法，1987 年 6 月 12 日，萨尔内政府只好宣布大力削减公共开支，停建、缓建一批大型工程，包括伊泰普水电站第三机组……

问：我参加过人大、政协会议采访，听到一些关于三峡工程的争论情况。有一种意见说：把三峡工程投资讲得那么大，是给三峡工程制造混乱，您对此有何评论？

答：（激愤地）这话对我们说来倒是一个极大的提醒：究竟是谁制造混乱？我认为要把一项投资上千亿元、10 多年中没有收入的工程挤入国家计划，无疑是给国民经济造成混乱！我国通货膨胀已到了人民不能忍受、国力难于负担的地步，如果再加上三峡工程建设，不待建设就会破坏安定团结，破坏改革的继续进行，还可能闹出大事来。我记得周总理 1972 年 11 月 8 日说过一句话："长江出乱子，不是一个人的事，是整个国家、整个党的问题。"

问：三峡工程已成为中外瞩目的一个热点，关于它的争论还在持续，您能谈谈在这个问题上决策的民主与集中吗？

答：我们国家的政治民主化是有进步的。但围绕三峡工程的论争反映了一种偏向——不够民主。只许表示赞同的意见，而给反对意见的申述设置种种阻碍。决策在表面上有民主程序，实则不是那么回事。去年政协会议期间，人民日报向我约稿，我谈的便是对三峡工程的意见，稿子安排了说是第二天见报，但报社突然接到上面通知，说不发表，只好作罢。对于重大的问题，对于无可回避、世人瞩目的问题，在报纸上公开发表意见、进行讨论为什么不可以呢？

我抱定"国家兴亡匹夫有责"的信条，本着科学态度考虑三峡问题，老实说，我起草的一篇关于三峡工程害大于利的文章，整整写了两年，还是 8 个人反复讨论的成果。我们要对国家、人民负责，对子孙后代负责。总而言之要说真话。我们与论证组结论的分歧也在这个根本问题上。

斩断了黄金水道
还能再挖一条长江吗？

彭德同方向明、李伟中谈

76 岁的前交通部副部长彭德离休后，没有寄情于盘腿打坐心静如水以求延年益寿。他找到了一件带劲的活儿充实自己的生活：反对三峡工程仓促上马。

彭老一度十分引人注目。在 1985 年的全国政协会议上，他挺身而出，力陈三峡工程仓促上马的可忧后果，但他没有成为新闻人物，因为当时舆论界不予报道。

最近，彭老看到报纸上披露：三峡工程论证已告一段落，多数人主张尽快上马。他上火了。

这位原交通部顾问、全国政协委员。关注三峡工程更侧重于对长江航运未来的影响。谈起这，他的话，如长江流水，滔滔不绝。

三峡工程会导致泥沙碍航

中国的长江联结着华东、华中、西南三大经济区，是一条运输大动脉，年货运量占全国内河水运的 76%，被世界誉为"黄金水道。"

彭老说，据初步估算，长江的运力抵得上 14 条铁路。因此，长江的开发和利用应以航运为主，而不是以发电第一。

周总理生前曾强调，"如果因修大坝影响了长江航运，就要把坝炸掉！"

目前，三峡工程有两套设计方案。按照设计方案所说，如果采用蓄水位 150 米的方案，可以提高从坝址到万县的 300 公里长航道的水位，使航运得以改善；如果采用蓄水位 185 米的方案，直至重庆的航道都有可能得以改善。

然而，彭老却持相反态度。他最担心的是，三峡工程会导致泥沙碍航。

长江的长度在世界河流中排行老三，年径流量也是老三，年输沙量暂居第四位。可由于沿岸林区滥砍滥伐，森林复盖率下降与植被破坏，近6年来输沙量已达6.8亿吨/年。大有跃居世界第三位之势。

在一条输沙量如此大的河流上，拦腰建坝，如何解决泥沙淤积，堪称世界难题。1980年，美国专家团首席代表汉迪赛德实地考察三峡后，曾提出一串疑问，他认为最棘手的问题就是建坝后如何排沙。世界银行三峡工程专家组在1986年6月的报告中指出：泥沙问题是三峡工程最重要的问题之一。其他国际专家组均持同样看法。

中国的部分专家将长江泥沙比作三峡工程的癌症，一旦发现迟了，就难以应付。于是，他们奔走呼吁：不要只看建坝之利，不察淤沙之害。库中泥沙排不掉，淤塞航道，势必碍航。

不少专家认为，如果采用蓄水位150米方案，那么距坝址300公里以外，有一个回水变动区，这里是库区内泥沙最易大量淤积的场所。当库水位下降时，航运条件只能比现在更糟。如果采用蓄水位185米方案，回水变动区将移到重庆港附近和嘉陵江口，其后果更不堪设想。

在天然情况下，汛期泥沙淤积航道，汛后江水冲沙大体上可以冲淤平衡。但建库后，汛期淤积将增大，而汛后要蓄水发电，破坏了"天然走沙水"的条件，冲沙减弱，泥沙会逐年淤高。据估算，水库建成后50年，就要淤掉库容100亿立方米。当库水位下降时，浅滩处处，船队要做旱地行。

世界上，印度河和尼罗河是多沙河，所建大水库都没有通航任务。而通航河，如多瑙河与莱茵河，一则泥沙少，二则先在上游建水库拦沙。如今世界上最大的水电站，巴西伊泰普水电站所在的巴拉那河年输沙量仅为0.45亿吨，不足长江的1/10。

国外尚找不到这样的先例：一座大水电站建在一条泥沙既多、又要通航的江河上。在国内倒有不少反面的例子可资借鉴。丹江口、西津、黄龙滩等水库都发生了泥沙碍航的情况，甚至导致了重大的翻船事故。

三峡工程上马后，泥沙淤积将给航运带来无法预测的后果。

人能胜天吗？

我们对彭老的采访必然要涉及这个问题。彭老说，一些专家绞尽脑汁，憋出了几招，企图用河道的整治、挖掘和水库调度等措施解决泥沙碍航问题。但这不过是人们的一厢情愿而已。

据一些专家测算：要把泥沙挖掉，需花回天之力。而靠水库调度，蓄清排浑、冲走泥沙更是个未知数。

有关资料表明：刘家峡水库库容 57 亿立方米，运行 17 年已经淤掉 10 亿立方米。原水电部决定采用蓄清排浑的办法清沙，但这只能调动坝后两公里内的泥沙，再往远处就调不动了。而三峡工程的泥沙淤积处按蓄水位 150 米的方案计算离坝址也有 300 公里之遥，要靠水库调度泥沙，无异于痴人说梦。

三门峡水库，蓄水仅仅两年沙淤已至潼关，虽进行了艰巨的改建工程，沙患至今未除。而三峡水库的泥沙处理要比三门峡的难度大得多。三门峡多是细沙，而三峡是细沙、粗沙和卵石胶结在一起，更难冲刷。

主张三峡工程立即上马的专家热衷于模型上的实验，他们认为这一难题解决有望。反对仓促上马的专家指出，模型与实际情况误差甚大，不足为凭。两派各持己见。但即使主上派的专家也不能不心有余悸：三峡不会成为三门峡第二吗？

改善长江航运根本不需要上三峡工程

不仅是泥沙问题，随着研究的深入，许多有关航运的具体难题已纷纷露出端倪。

过船设备问题，过船设施的设计、制造和施工以及使用，都必须是超世界水平的。

建设工期问题，三峡工程工期预计近 20 年，大坝施工期间，航运如何保证？码头建设要适应初期和后期的运行水位，如何建设，要花多少钱？

葛洲坝问题：三峡与葛洲坝之间，因三峡水电站调峰会产生不稳定流，造成水流紊乱，会对行船构成经常性威胁。另外，由于三峡水库拦沙，清水下泄，使葛洲坝下游河床刷深，降低水位，导致船闸门槛水深不足。

坝高问题：如果采用蓄水位 150 米的方案，重庆附近的 80 公里仍是天然河道，根本没有改善。如果采用蓄水位 185 米的方案，水库淹没地区损失过大，势必增加工程投资和水库移民。

三峡工程在数不清的具体细节方面，都隐藏着影响航运的难题，主上派的专家们也拿不出令人信服的解决办法，既然如此，不上三峡工程，长江航运是否就无法改变现状呢？

彭老认为，改善航运根本不需要上三峡工程。解放后 30 年，经过疏浚治理，已把年运量提高到 500 万吨，花了一亿投资。如果再炸险滩疏河道、建码头，略加整治，运量便可以达到 1500 万吨，甚至 3000 万吨。而且只需花三峡工程投资的零头。

即使出于防洪和发电考虑必须上马，也应先开发治理上游支流，拒沙于三峡库门之外，减少泥沙流入三峡水库。

遗憾的是，尽管有不少专家与彭老所见略同，但他们的意见并未得到足够的重视。

在三峡工程问题上应多讲点民主，少来点"一言堂"

三峡工程凝聚着几代中国领袖的宏愿。早在彭老刚学跑时，孙中山先生便提出在三峡上建大坝的伟大设想。新中国成立不久，毛泽东就三峡工程又写下了石破天惊的诗句："更立西江石壁，截断巫山云雨，高峡出平湖。神女应无恙，当惊世界殊。"

领袖勾勒的蓝图曾使无数刚刚站立起来的中国人振奋不已。在"超英赶美"的时代，三峡工程迎合了一种自大心理——外国有的，我们要有；外国没有的，我们也要有。于是，三峡工程的勘察设计在锣鼓喧天的"大跃进"声中全面铺开。

三十年弹指一挥间，每当中国经济形势稍一好转，主其事者便迫不及待地催促中央批准三峡工程上马。这个被国际上称为"万里长城第二"的工程，搅动了多少颗浮躁的心。

与此同时，一种阴郁的气氛始终笼罩在三峡工程的论证上。彭老回忆说，一些人未等工程的许多问题研究清楚，就打定主意，千方百计要把工程催上马，持不同意见者大多被调出三峡工程规划设计部门，其中有的还被上纲上线，扣上种种吓人的不实罪名。报刊上出现的也是一边倒的报道，"一家百鸣"取代了

"百家争鸣"。

彭老还说：为什么三峡工程论证了 30 年，还是婆说婆的理，公说公的理？关键在于一些人捂着问题，在焦点问题上，两派针锋相对充分论争不够，理不辩能自明么？

提起 1985 年全国政协会议上的事，彭老感慨万千。在 1984 年国务院召开的一次会议上，主上派占了上风，中央领导也表示支持，大有"山雨欲来"之势。1985 年全国政协会议上，交通部的几位委员不谋而合，都想说说三峡工程，但当时大家心存顾虑，担心中央已经定了，讲了又有什么用。

在第一组的会议上，我按捺不住提出，三峡工程尚未论证清楚，急于开工有很大风险，建议暂缓上马。我的意见获得了小组 72 名成员一致拥护，大家推荐我到大会上讲。有的同志还鼓励我说，"你去讲，开除党籍我们保你。"那时我已经没有什么职务，也没有什么官可罢了，便在大会上挑明了自己的观点。后来，杨静仁同志转达了国务院的意见，说这个工程还未定案，将请全国的专家继续论证。大家对中央的这个态度颇感满意。

这次会议给彭老留下一个深刻印象："民主是必要的，尤其是在重大问题的决策上，更应该多一点民主，少一点一言堂、拍脑袋。"

二次大战中，美国科学家研制出原子弹，寄希望于它能加速世界和平的到来。科学家们太天真了，其后他们在日本看到的是原子弹给人类带来的无情毁灭。于是，爱因斯坦与百名科学家联名上书总统，呼吁停止生产原子弹。但白宫出于维持世界霸主地位的考虑，没予理睬，原子弹越来越多，后有氢弹，又有中子弹。政治战胜了科学，人类又添上了一个致命的威胁：核战争。

在新中国水利史上，科学家败在政治需要和民众热情脚下的例子并非寥寥。

彭老说，今天，人们回过味来，三门峡工程是一大失误。可在当年，它却是一条衡量一个人政治立场的标准：双手赞成者，就是拥护党的总路线；反对上马者就是反党。一些仗义执言的专家蒙受了政治轰炸，被划为右派。结果，三门峡工程被迫几次炸毁改建，移民几迁几返，国库里的银子哗哗地抛进了黄河。

彭老又说，葛洲坝实际上是三峡工程的演习。七十年代初，一些人由于看到上三峡工程有困难，便违反开发次序，仓促上马了下游的葛洲坝工程，想以此促进三峡工程上马。由于未作好规划设计就贸然开工，投资一再追加，工期延长达 18 年之久。不仅如此，如今工程还留下了不少令人担忧的后患。

彭老最后语气沉重地说，三峡工程真要上去就下不来了。建成后，真的出了预料不到的大乱子，那时，我们这一代人也许都不在了，用不着负责了，可子孙后代怎么办？！

三峡工程一旦斩断了黄金水道，炸坝也难恢复原航道，中国人还能另挖一条长江吗？

三峡工程移民和淹没土地将是生产力的大破坏

王兴让答陈鹰问

王兴让：曾任商业部副部长，现为全国政协委员。

问：三峡工程能否建设的问题已经争论了几十年，可是从来没有在报刊上公开讨论过。即使去年结束的最后一次论证，也只是对论证结果作了一个简单的、带倾向性的报道。据说有关部门和有些领导同志，不主张对这一工程是否上马的问题进行公开讨论，您是否觉得应将这一关系到全国人民利益的大事交全国人民讨论？

答：我对这个问题的态度是很明确的：不论中央怎样决定，三峡工程是上马还是不上马，目前公开讨论这个问题都是有意义的，十分必要的。这是因为：

第一、党报已经发表了倾向于三峡工程上马的报道，这就在社会上造成了一个三峡工程即将上马或可能上马的气氛。

第二、这么一件大事，论证了若干年，争论了若干年，已经不再是一个工程技术问题，而是牵涉到中国共产党能否充分考虑各种不同意见，进行科学化、民主化决策的问题。它不仅仅是一个工程能否上马的问题，而是决策要经过什么程序（是公开的、民主的，还是封闭的、主观的）的问题。

第三、今天讨论这一问题，还与中国共产党的许多重大决策相联系，涉及到党中央对治理经济环境，整顿经济秩序，全面深化改革是否真有决心的问题。人们有理由怀疑：若动员如此大的人力、财力上三峡，还能治理好经济环境吗？

第四、大批专家对三峡工程已经作了大量的研究工作，是有成果的，而且各自都提出了看法。在这一基础上，接受社会的讨论和评价，对研究的深入是有帮助的。

从以上几个方面看，我认为公开讨论三峡工程问题，符合中共所坚持的"双百"方针和人民的要求。

问：目前有一种观点：国家现在没有钱，三峡工程近期上不了马，所以公开讨论是没有意义的。

答：没有钱当然上不了马，难道有了钱就应该上吗？我们所要讨论的问题的核心是：即使有了钱，该不该这么花？

问：那么，对于最近的这次三峡工程论证，您是如何评价的呢？

答：我认为，国务院决定对三峡工程重新论证，是完全必要的。无此决定，工程就会匆匆上马，那样造成的损失将是不堪设想的。但是，这次由原水电部领导的论证工作，不是论证三峡工程要不要上，能不能上的问题。而是在要"早上三峡"，"三峡工程不可替代"的前提下进行论证。所以论证的内容只是在什么位置上修坝，修多高的坝等等。说穿了，是在就三峡论三峡，就大坝论大坝，就干流论干流。这样的论证是片面的和随意的，因而是不科学、不真实的，不能为国务院提供全面的、可靠的、决策依据。

问：三峡工程的移民数量将达 110 万～130 万人，这在全世界水利工程的建设中都是从未有过的。移民问题不仅是一个技术和经济问题，而且是一个重大的社会问题。在关于移民工作的论证中，主张三峡工程上马的人认为，安置 110 万移民，花 110 亿人民币即可解决，还可以使移民生活有所改善；而且越早决定，花钱越少；越晚决定，花钱越多。您认为这种意见的可行性如何？

答：移民问题和淹没问题是联系在一起的。从某种角度上谈，应把二者放在一起来考虑。这里有几个比较：

第一、三峡工程要淹没 43 万亩土地，十几个城镇，这些城镇和土地的工农业生产能力将被全部消灭。即使不把生产力的发展计算在内，每年的损失将是多少？100 年损失多少？三峡工程仅移民一项费用，按最保守的估计也得 110 亿元。如果不修三峡，100 年内能发生几次水灾？能淹几次江汉平原？大不了淹个一两次，每次损失十来个亿。而且，如将三峡工程费用的极小一部分用于中下游防洪工程，即可防止水灾的发生。

第二、如果将三峡工程所需要的移民费用，用在长江上游的支流分散修建中小型水库，其蓄水量和发电量都要比三峡工程多出几倍，且收效要快得多，淹没的土地和毁灭的生产力要小得多。在三峡工程的论证中根本没有进行这种比较。为什么不对这一问题进行比较研究，而是死盯住三峡工程本身？这是一个指导思想和思维方法的问题。这种指导思想和思维方法不可能产生正确的比较和结论。

第三、关于三峡地区的发展问题，按照某些同志的看法，不修三峡工程，该地区就不能发展。30多年了，有些人只等着三峡工程上马，不让该地区的经济发展，以便减少移民赔偿数额。这种指导思想是很可笑的，已经造成了难以计算的损失。现在之所以要讨论这一问题，就是因为三峡工程不上，也不让该地区发展，阻碍和耽误了流域的开发。过去阻碍和耽误了30多年，现在还要继续阻碍和耽误。有的同志说得好：三峡工程可能成为历史的丰碑，也可能成为灾难的见证。现在看来，在它尚未动工之前就已经造成了无形的灾难和难以计量的损失了。

问：根据以往的情况，水库移民不仅是一项巨大的经济损失和最复杂的工作，而且会留下长期难以解决的后遗症。这种后遗症对经济发展造成的损失和对社会安定造成的影响是难以用经济统计数字计量的。三峡工程的移民是否也会留下后遗症？

答：全国水库的移民几乎没有一处无后遗症的。造成这种后遗症的主要原因在于：我们关于移民的基本指导方针是受害者不受益，受益者不受害；以牺牲农业，损害农民造益于工业。三峡工程的移民指导方针仍是如此。它所造成的移民后遗症，将使以前的任何工程都成为"小巫见大巫"。

三峡工程防洪效益有限

陆钦侃答陈可雄问

陆钦侃：75 岁，全国政协经济委员会委员。1936 年浙江大学土木系毕业，供职于国民党政府的资源委员会属下。后来获得过美国科罗拉多大学水利硕士学位。解放后一直从事水电规划事业，原任水电部规划局处长、副总工程师。1988 年他是拒绝在三峡工程论证可行性研究报告上签名的十个专家之一。

问：听说您在国民党时代就被派到美国去，研究设计了第一个三峡工程的方案？

答：那是因为 1944 年美国水利权威萨凡奇博士到中国考察，提出了"扬子江开发计划"，指仿照美国 TVA（田纳西河流域）模式搞一个三峡工程。当时萨凡奇写了一个报告给国民党政府，国民党政府很感兴趣，于是 1946 年由当时钱昌照任主任的资源委员会派遣 50 名人员，去美国丹佛研修、设计方案，我在其中。同时国内着手搞勘测。我还记得在那个三峡工程方案里定的是蓄水位 200 米，发电一千多万千瓦。但搞了一年后，就搞不下去了。

问：为什么搞不下去了呢？

答：那时国民党兵败如山倒，政局动荡，美国原许诺投资，后来不干了。我们 50 人中撤回国内的只有 30 多人，有 10 几个不愿意回来了。

问：解放后关于三峡工程上不上马的问题曾有过几次争论，当时您采取何种立场？

答：1955 至 1957 年，我曾作为水电部代表，在长江流域规划办公室工作两年，负责水和水力计算，因此对长江防洪发电作过一番研究。认为三峡工程投资太大，周期太长，一些技术问题也

77

没搞清楚，以暂不上为宜。那时候毛主席已畅游长江，写了"高峡出平湖"的诗句，"长办"主任林一山与水电部副部长李锐在报刊上撰文公开争论。后来，1959 年李锐在"庐山会议"上倒了霉，他在水电部挨批判时多了一条罪状，那就是反对毛主席要搞的"三峡工程"。他属下凡是持相同观点的共产党员，都划入了"李锐反党小集团"内。 我因为不是党员才幸免。

1959 年成都会议后，因为搞"大跃进"，"三峡工程"又紧锣密鼓，叫得很响了。中央调集了一万名科研人员，到武汉研究如何上马。那时我有点怕了，不敢再反了，就跟着搞规划。后来国家遇上困难时期，才作罢。"文革"十年也是几上几不上。粉碎"四人帮"之后的 1979 年提出了要"大干快上"，"长办"向中央领导人汇报了上三峡工程的计划。据说当时的总理华国锋和其他几位副总理都点头了，但赵紫阳作为四川省委第一书记有保留，他说：上三峡工程要淹这么多地，迁移这么多人，四川各方面还没有过关，吃不消。

问：在去年第 8 次三峡工程论证会上，您为什么拒绝在论证报告书上签名？毕竟 400 名专家绝大多数都签了名啊！

答：当时分 14 个专题论证，我参加的是防洪专题组。我没有签字，因为据我研究三峡工程建起来后防洪效益有限。

问：不会吧，就一般人的想法，防洪效益正是三峡工程上马的关键和价值所在。

答：是的，从五、六十年代起，主张三峡工程上马的理由始终是"防洪第一"。但最近已从这一提法上退下来了，改为 "防洪、发电、航运并重，综合利用"，防洪"第一"提不起来了，因为三峡工程实际上解决不了多大问题。

问：但报告书上明明写着，"三峡工程的防洪作用是不可替代的"，"能有效控制中下游洪水的主要来源"，"只有兴建三峡工程才能有效地解决长江的防洪问题"啊！

答：我们可以就建国后实际发生的长江洪水的三种类型作些

分析：第一种是 1954 年全流域性的大洪水；第二种是 1981 年上游很大而中下游不大的洪水；第三种是上游不大而中下游较大的洪水。

1954 年的洪水，是近百年实测水文记录中最大的，主讯期七、八两个月长江干支流洪水总量为 4587 亿立方米，超过堤防泄量的超额洪水量为 1032 亿立方米，当时实际受灾人口 1888 万人，受灾农田 4755 万亩，损失是很严重的。但经过 30 多年来长江堤防多次的加固加高和按 1980 年确定的长江中下游平原防洪规划方案实现后，长江泄量扩大，再遇 1954 年那样的洪水时，超额洪水量可减至一半。兴建三峡工程，仅能控制上游川江的洪水，对中下游的湘资沅澧和汉江赣江等众多支流不能控制。按"防洪"报告上所说的，它对 1954 年大洪水 500 亿立米所需分蓄洪量，仅能替代城陵矶以上的一部分，长江中下游仍需分蓄洪 300～400 亿立方米；仅能减少分蓄洪区淹没的农田 177～327 万亩，中下游还要受淹 670～820 万亩。而且对"头上顶着一盆水"的武汉市，既不能降低洪水位，也不能减少其附近的蓄洪量，对下游江西、安徽更是无能为力了。

再说第二种 1981 年长江上游发生的严重水灾，在重庆寸滩实测洪峰流量达 85700 立方米/秒，至宜昌因江槽储蓄而降为 70800 立方米/秒，中下游没有洪灾，因此对这种类型洪水没有必要兴建三峡工程拦洪。相反，工程建起后蓄洪拦沙，回水曲线将壅高重庆本已很高的洪水位，会加剧四川的洪灾。

第三种仅中下游发生的洪水我看不言自明，无须细说了。

所以，从总体上说三峡工程的防洪作用是有限的。

问：但"长办"和论证报告中说，如果历史上的"1870 年洪水重现，荆江南北两岸堤防都将溃口"。并假设"以荆江北岸（中段）盐卡溃口为例分析"，"将死亡 50 万人"，作为三峡工程非建不可的理由。对此，您以为如何呢？

答：据许多洪痕石刻调查到的最高洪水位，1870 年是长江上游发生的比 1981 年更大的洪水，但又据当时汉口已有的海关水尺实测记录，该年最高洪水位为 27.36～27.55 米，比 1954 年低 2 米多，在 120 年间也仅排第 6 位，可见该年中下游的洪水并不大。另据调查当时情况，洪水首先向南冲开松滋口，大量泄入洞庭湖，当时很薄弱的荆口大堤在监利以上并未溃决。现在松滋口已有现成分洪道，荆江大堤已大大加固加高，一百多年前的 1870 年洪水尚未冲垮它，在条件已大大改善的今天怎么会突然溃堤，造成几十万、上百万人的死亡呢？而且，根据频率曲线，1870 年洪水为 2500 年一遇。以此来确证三峡工程应上马，我看理由太不充足。

问：您是否从根本上反对三峡工程上马？

答：不是的。我主要想说明三峡工程的防洪作用，并不像有些同志设想的那么重大，需要给予客观的评估；对由此而来的经济效益的测算，也应当实事求是地论证。上三峡工程需要一个合适的时机。

问：那么，什么时候才是合适的时机呢？

答：乐观一点说，5 年至 10 年以后。就是待国民经济进一步好转，工程的科学技术问题进一步弄清楚。长江的大洪水 5 年或 10 年就会发生一次，目前防洪的正确途径是加固加高堤防，搞好分蓄洪区的安全设施，陆续兴建支流水库，加强流域上的水土保持，以逐步提高长江的防洪能力。

问：如果三峡工程立即上马您主要的担心是什么？

答：首先它将在资金上挤掉国内其它所有重要的水利工程。从 1984 年以来，因为要上三峡工程，已挤掉了四川的二滩（装机 300 万千瓦）、湖南的五强溪（120 万千瓦）、隔河岩（120 万千瓦）等；目前已设计规划好的大渡河瀑布沟（300 万千瓦）、构皮滩（200 万千瓦）、红水河的龙滩（400 万千瓦）、乌江的盆水（120 万千瓦）等工程，也有统统被挤掉的危险。毛主席是说过"高峡出平湖"，但 1969 年他还说过："武汉头上顶盆水，有什么好处呢?""要研究四川境内长江支流的应用。"有人经常喜欢引用前者,对后者为什么避而不谈呢?

问:如果三峡工程由国家另立投资,是不是就可以搞呢?

答:根本不可能另立投资。本世纪内尚余的十来年,所有能源、交通、原材料工业及教育、科研等各行各业,都缺资金和经费,国家哪能拿得出这一大笔钱呢?你想想看,整个三峡工程预算达 1000 亿元,施工期 20 年,要迁移 113 万相当于欧洲一个国家的人口,这可能会形成一个重大的经济的、环境的、社会的和政治的问题,对这个时期的整个国计民生也必然会产生影响。而且一旦上马,就下不来了,因此决策要慎而又慎。

问:这些观点您过去力陈过吗?

答:在政协和水利电力部扩大会议上我几次呼吁过。就在去年我没有签字的下一个论证会议上,我因为要比较详尽地说出意见,前一晚加夜班先写出发言稿,但第二天没等我说完,主持人便以时间超过打铃叫我下去。后来还是钱正英出来打圆场,说陆钦侃不仅代表他自己,还代表不能出席会的孙越崎老人,算双份,让他下午再讲吧。所以我在下午发言首先说了一句:"很感谢老部长让我吃小灶。"

问:可是外界对三峡工程的不同意见很少听到。

答:新闻界对讨论三峡工程的报道不公正。一方面赞成上马的消息见诸于各报刊;另一方面我们送给报社的稿件都被退回不用。因此容易给人民群众造成错觉。1988 年政协开会,我和 5 名委员联名拟了一个提案,说"关于三峡工程上马的两种不同意见,应平等地都见报"。后来中宣部答复是:"不宜在报上公开辩论"。我不明白,党的十三大关于政治体制改革中说,"重大事情要让人民群众知道","要增加透明度",像三峡工程这样动一牵万的大事,为什么不能公开讨论,让人民群众了解并参与判断呢?

　　问：听说 2 月 20 日将在北京举行三峡工程第 10 次论证会，然后就要递送报告给国务院审查通过。对此，您有何想法？

　　答：届时我们仍要向国务院领导申说我们的不同意见。在政协，有的委员说，再不听，我们要上街游行、宣传。我已经七十多岁，没有几年好活了，儿女们也劝我算了，但我很赞同北大教授黄文西的话："我们不要为子孙后代留一座愚蠢的纪念碑。"

　　问：有人发誓说："看不到三峡工程的兴建，将死不瞑目。"而您作为三峡工程的第一代设计者，如生前看不到它的兴建，您难道不感到遗憾吗？

　　答：我不遗憾。因为凡事要从全局出发，要从进入 2000 年的国家整体利益出发。

三峡工程引起的生态环境破坏
贻害无穷

侯学煜答朱剑虹问

问：据报道，在三峡工程的生态环境专题论证报告上，您没有签字，是吗？

答：是的，我没有签字，我认为，从生态环境和资源的角度看，三峡大坝弊大于利，不能修建。

问：那份报告不也得出"生态环境弊大于利"的结论吗？

答：虽然结论是弊大于利，但它提出了许多对策，认为这样可以克服弊病。对此，我不能同意，我认为所提的一些对策是不解决问题的。

问：侯先生，也许因为您是生态专家，所以过于强调它的严重性了？

答：实际上，在三峡工程论证中，生态环境和资源的损失不是强调得多了，而是基本上没有被考虑。过去几十年来，不论中外，对于水利工程的决策，大多只是就工程论工程，就水利论水利。往往只考虑水坝会带来什么好处，而很少想到水坝可能给人民带来的祸害和灾难，更谈不上考虑水利工程对库区本身以及对整个流域的生态环境和资源的影响啦！

问：它的严重性仅仅是理论上的，还是在实践中已带来某些灾难性后果？

答：众所周知，三门峡水库在建成 20 年内就淤掉 40%。由于事前缺乏生态环境的论证，泥沙淤积，不仅使工程几经起伏，建了炸，炸了再建，还曾一度威胁到关中平原和西安市的工农业生产和安全。最近英国出了一本书，书名是《大型水坝对社会及环境的影响》。对全世界 23 个国家的 31 个水坝对生态环境和社会的冲击进行了分析，结论证明大部分都给当地人民带来了许多灾害。书里有大量的实例分析，如阿斯旺高坝、田纳西工程等等。这本书我国正在翻译，出版后会对三峡工程论证有所启发。

问：我们再回到三峡大坝上来，据说如果真的修建，它将是继长城之后世界上最大的水电工程，那么，它对生态环境的影响也将是空前的。其影响到底如何？

答：三峡工程淹没范围包括 19 个县、淹没耕地 40 余万亩，都是沿河平原各县最肥沃的第四纪冲积土地带。其中，被淹柑桔园 7.39 万亩。以每亩柑桔产 2000 斤，一元一斤的价格来计算，除去投入，每亩净值 1500 元；淹没后每年至少损失一亿多元，10 年就是 10 多亿。其余农田种有四川特产的榨菜、药材及粮食，也将遭受巨大损失。

问：能不能开垦新的农田、新的柑桔园？有一种观点认为，开垦新的梯田，栽种新的柑桔林，足以弥补三峡所有的损失。

答：说这种话是不负责任的！肥沃的土地被淹了，剩下的是土层浅薄的山坡地和裸石。如果在陡坡上修筑梯田，不仅缺乏土壤物质的来源，而且在当地多雨的情况下，很容易被冲毁。植物的生长要考虑多方面的综合因素，土、水、气候……

问：据报纸登载，有的研究人员认为，三峡建坝后，库区周围的气候变化不大，冬天温度将升高，夏天温度则降低，湿度加大，等等，总之，气候变化将有利于农业。确实如此吗？

答：这是一面之辞。不要忘记，水面可以调节温度，海拔也可以影响温度。水库气温虽然比建库前可提高 0.4 ℃，但气温随着海拔升高而降低，水坝如增高到 180 米，库岸所增高的气温即被海拔升高所抵消。三峡一带柑桔主产区在库区东部，东部秭归以北海拔 275 米的兴山年绝对最低气温就有-9.3° C 的记录，这个温度足以冻伤或冻死柑桔。如果把柑桔推广到海拔 600 米地区，冻死的危险更大。所以，有人提出的库区在海拔 600 米以下发展柑桔，振兴被淹各县经济的建议是值得怀疑的。从生态学角度看，山坡上缺乏发展柑桔所需要的适宜气候和土壤。

问：土地资源损失了，但建坝后形成的新的水面资源，可以养鱼等等，在经济效益上能不能互相替代呢？

答：不能替代。水和土是两回事，肥沃的耕地淹掉了不可能补救。养鱼是可以的，但建坝本来就破坏了原有的渔场，另外，我国湖泊养鱼产量还很低，目前还只是一个研究中的课题。

不仅土地资源不能恢复，自然风景资源和文化资源的损失也无可挽回。

世界著名的大峡谷，美国有一个，非洲有一个，我都去过。我看中国的三峡最美丽。峡谷区山峦重迭，险滩急湾，峭壁白浪，山水相映，充满神奇色彩。还有小三峡，奇峰飞瀑，悬岩古道，是另一处气象万千的自然景观。这些世界独一无二的自然景观吸引着世人。三峡及其周围地区还是我国 5000 年历史的文化宝库，有著名的大溪文化遗迹，有战国至东汉、明清的古墓群各十多处，以及其它许多古迹。这些文化古迹大多分布在海拔 180 米以下。此外，三峡地质剖面完整，列为世界型剖面之一，是地质科学研究的重要资料。一旦建坝，都被淹没。三峡库区是我国重点古迹山水风景名胜区，如果自然景观和文化资源被淹没，给我国旅游业带来的经济损失是难以估计的。

问：不是有人提出文物古迹可以迁移重建吗？

答：还说可以搞陈列馆呢！即使能搬迁，失去了原来的风貌，其意义和价值大减。比如古墓是 5000 年文化的遗迹，陈列馆的模型能看出什么？

问：所以说这些风景和文物古迹都值得保存？

答：一定要保存！

问：您刚才曾提到建坝破坏原有的渔场？

答：长江中游自重庆到洞庭湖的城陵矶江段，是我国青、草、鲢、鳙四大家鱼的繁殖区之一，其中一部分在库区的江段内。三峡工程建成后，由于水库的调蓄，坝下的涨水过程发生显著变化，使家鱼所要求的涨水条件不易得到满足，因而繁殖受到抑制。繁殖所要求的不低于 18°C 的水温条件，也因水库下泄水的温度而降低，复温滞后。坝高 180 米方案因水温降低，家鱼繁殖期将推迟 20 天左右。此外，建坝后引起的江段河床变化，导致鱼苗来源减少，结果将降低四大家鱼的总产量。

长江中珍贵水兽和鱼种的生存也受影响。白暨豚、白鲟、胭脂鱼、中华鲟都是世界上珍贵稀有的生物物种，目前它们已处于濒危状态，所以被列为国家第一类保护动物。这些水生动物的产卵场多在上游，生活成长多在中下游，建坝后，其生育栖息的生态环境大变，熟悉和生长受到了阻碍，从而将导致种群减少。例如，由于建坝，白鲟和胭脂鱼将不能游到上游繁殖。白暨豚主要生活在长江中下游弯曲河段，建坝后水流的变化将使其失去栖息的生态环境。建筑葛洲坝后，已有中华鲟死亡坝下的事情发生。

此外，建坝后导致的河口水质营养成分和水文的变化，将对河口及邻近海域经济鱼类产生不利的影响。如：原来生长在半咸水中的凤尾鱼、银鱼、白虾等有可能减产或消失，沿长江回游到河口育肥的鲥鱼，因水质营养贫乏而减产，等等。甚至连舟山渔场的位置和渔产量也都有变化的可能。

问：从地质环境来看，三峡工程有哪些影响？

答：库区是崩塌、滑坡、泥石流的多发地区，沿江两岸共有滑坡、崩塌 214 处，大型滑坡主要分布于库区的腹部万县到秭归一带两岸。1985 年 6 月发生的新滩滑坡，使 200 万立方米的滑坡物质坠入长江，占据江面宽度 100 米，激起的涌浪高 36 米，将对岸的一座仓库卷入江中，机动船和木船共 77 只受损，死亡近 10 人。建坝蓄水后因水的浸泡软化作用和浮力作用，将使滑坡稳定性减弱，促使老滑坡复活，尤其该地山区暴雨来临时，在地面又无植被保护的情况下，更易触发滑坡、崩塌。另外，从库区的地质构造等条件看，库区存在着诱发性地震的可能。一旦发生，大规模的滑坡和岩崩，对大坝将会产生威胁，有可能会堵塞长江。如果长江这条黄金水道的航运不通，我们这代人所犯的错误，就难以补救了。

问：还有哪些严重的影响？

答：工矿业的损失巨大。三峡大坝 180 米方案将淹没工厂 624

个，其中包括重庆的 6 个大型工厂。目前那里的工厂企业已形成一个复杂的生产系统，企业之间协作配套十分密切。在受淹企业迁建期间，必然会影响相关企业的效益。水库还要淹掉一些矿区，矿产资源的潜在性损失难以估计。

另外，我还担心开发性移民会带来不良后果。所谓开发性移民，就是把被淹的农业和工业后退到库区的山坡上去。这种方法比过去造水库只给移民搬家费的办法是可取的，但它也带来一系列不良后果。

第一是工业引起的污染。建库后直接淹没了煤矿、磷矿等有害物质将进入水底，山上新建工厂的污水处理和排放比平原复杂，以上污染物有可能通过食物链转移到人体。三峡地区环境闭塞、风速慢、雾日多、湿度大，工业烟尘、汽车废气等极易造成空气污染，产生酸雨等危害。

第二是农业引起的水土冲刷。现在库区沿岸森林覆盖率是5%，草坡占 30～40%，陆地生态系统非常脆弱。建坝后，沿江两岸人口密集，势必要扩大坡地毁林开荒，陡坡种植，随之土壤侵蚀贫瘠化的现象加重，泥石流、滑坡、旱涝灾害也日益严重。山上的梯田因易被暴雨冲毁，可能形成愈垦愈穷，愈穷愈垦的恶性循环，从而加大对环境的压力。

问：有人认为，通过搞好移民安置规划及城乡建设规划，可以达到新的生态平衡。

答：我看是新的破坏，不是新的平衡。

规划要有一定的自然条件作为依据，"人定胜天"是不可能的。我讲的"天"是指自然规律。比如说，中国人绝大多数住在东部，西部人烟稀少。那么为什么不能通过规划把人往西部移呢？自然条件不允许嘛。不讲自然条件，规划不会得出有利于人民的实际后果，只是纸上谈兵。

问：您认为三峡工程是否会对生态环境产生一些积极影响？

答：当然，水力发电干净，比火电污染少，比核电危险小。但水电不一定非在三峡搞，可以在上游搞嘛！

问：您所分析的种种损失都是无法弥补，不可挽回的吗？

答：具体情况具体分析。有的不能弥补，像土地资源、风景资源、文化资源等，绝对不能弥补。有的可以弥补，还需要进行试验。有的即使能弥补也不经济。

对生态环境和资源的影响，有的可能在短期内发生，有的可能长期才能见到；有些影响可以算出经济账，另一些可能无法用金钱计算。前边我们没有把三峡工程对河口的危害全面论述，像三峡建库后引起长江口盐水入侵的长度和强度的变化对工农业的影响、对河口土地资源的影响，对三角洲海岸的影响等，这些影响的程度如何、经济代价多大，一时是很难算清楚的。

问：有一种观点认为，三峡工程经济效益很高，生态环境上付出点代价是必然的，您怎样评价这一观点？

答：离开生态环境，工程效益从何谈起？

生态效益和经济效益是互相联系互相制约的。生态环境好，生态效益好，经济效益必然高，两者不可分割。环境遭到破坏，生态效益不好，哪怕赚到再多的钱，还得再花出去，最后还是人民受损失。对一个工程进行经济评价应该是有入有出，只讲发电能收益多少多少，而不讲生态、资源等损失要支出多少，这是片面的，不科学的。

问：您的意思是，想用牺牲生态效益来换取经济效益是不可能的？

答：对。三峡工程不是主要有三个目的吗？防洪、发电、航运。三个目的能不能实现，是和生态条件联系在一起的。就拿一个问题来说明吧：长江上游解放以来由于毁林开荒，水土流失严重，现在西南森林覆盖率已由五十年代的 40%～50%下降到 10%左右，四川盆地内仅剩 4%，有的地方甚至只有 1%。四川每年流入三峡的泥沙量在七十年代为 5.1 亿吨，八十年代初实测已高达 6.8 亿吨。所以严重的水土流失会造成水库严重的泥沙淤积，再加上滑坡、崩塌、泥石流及陡坡开垦等引起的水土流失，三峡工程的泥沙淤积不仅要影响发电、航运、防洪功能的发挥，更严重的是，这将威胁到水库的寿命。1980 年投产发电的长江支流的乌江水电站，由于水土流失严重，4 年时间坝底淤积就达到了原设计50 年淤积的标准。那么三峡水库究竟多少年就会报废呢？这实在是最令人耽心的问题！

生态与生存密切相关，不讲生态环境，一切都是暂时的。所以说，生态效益和经济效益不是对立的，而是统一的。

问：那么是否可以说，我们几十年来论证水利工程的方法和角度应该有所改变呢？

答：对。生态问题是一个宏观问题，对生态环境和资源进行系统的研究论证是一个复杂的、深远的战略性问题，也是论证三峡工程的一个大前提。

近年来，国外由于事前忽视生态环境和资源问题，一些大型水库工程被迫停建或缩建的事例也不少。如巴西原计划在亚马逊河上修建而尚未动工的 25 座水坝全部停建；澳大利亚 1983 年取消了在塔曼斯尼的富兰克林河上修建水坝的计划，印度赛伦特水坝在施工已经 8 年、耗资已 300 万美元之后，印度政府 1980 年决定停建。还有该国原拟修建的特里水库，因需移民 5 万人，淹没古老城镇，并要砍伐森林从而有可能诱发滑坡，加以有严重的淤积等问题，工程计划遭到群众的反对而停建。

问：不过有人认为，我们的价值观与西方的不一样……

答：这种人实际上是回避生态环境问题的，只不过绕了个弯子。

问：去参加 14 个专题论证的 412 位专家中，只有 10 位没有在论证报告上签字，其中包括您，对这一比例您有何想法？

答：当初请我参加三峡论证，是为了表示有持不同意见的人参加论证，起了点缀作用，其实还有许多对有关问题真正有研究、有见识的同志应该参加这项工作而没能参加。不管怎样，既然参加了，我又是研究生态问题的，有看法就要讲，要对国家负责，对子孙后代负责。一个人可以说错话，但不可以说假话。我讲的是真心话，对不对自有公论，也有待历史实践的检验。据我所知，有一部分专家并不同意那些报告，但出于种种原因签了字。

问：这"种种原因"是什么？

答：很复杂。例如，有的是领导把工作做到家里了，你好意思不签吗？有的被告知"中央已经定了"，你能唱对台戏吗？等等，不一一列举了。

问：即使有这些原因存在，您还是坚持自己的意见吗？

答：是的。我认为从对生态环境和资源的影响来看，三峡工程不是早上或晚上的问题、坝高多少的问题，而是根本要不要上的问题。

追求发电效益并非是合理的选择

罗西北同吴锦才谈

罗西北：现年 62 岁，是全国政协委员、中国国际工程咨询公司副董事长。他搞了一辈子水电：1954 年在北京水电勘测设计院任主任工程师，1956 年任成都水电勘测设计院总工程师，1964 年建刘家峡水电站时，他是负责施工的总工程师，1976 年他带着队伍进行了龙羊峡水电站的设计施工，1977 年底回到北京后历任水利水电规划设计院的总工程师、院长等职。

他搞了一辈子的水力发电，电该是他热衷的话题。可是在谈到三峡工程那发电量以几百亿度计的庞大前景的时候，他反而不大谈电力本身了。他首先让我弄清一个问题：发电是干什么用的？

这就是罗西北眼里的发电方向问题。请他谈三峡，他就谈，但谈的只是一种思路、一种角度。现在审议上报的三峡工程论证报告中，发电是相当重要的一个效益问题。因为航运之利再大、防洪之利再巨，它们都只是微利或者是对大弊的减省。投入几百亿之巨资，要收回该有的利，唯有依赖发电卖钱。

罗西北对此持审慎态度。他不否认发电的效益。按已出的论证报告，三峡工程可以提供多达 840 亿度的年发电量，这不是一个小数。然而罗西北提出了一个问题：三峡的发电量到底要流向何处？服务于谁？

这位水电专家集中地谈了他对三峡工程的电力效益的看法。他认为现行方案是将三峡电力引向华东、华中，以节省为发展华东经济而耗费的巨量煤炭，但这个方案未必是最合理的选择。

罗西北提出的意见是要以发电为龙头，开展能源与矿产结合的优势，尽快地缩小东西部经济发展的差距。现在设想到 2015 年华东地区需用电 9000 至 10000 亿度，三峡之电可以从中作些弥补。但是华东为什么如此耗电？罗西北就此指出， 原因就在于我国宏观经济布局极不合理，大量的高耗能企业被集中在华东那些缺少资源的沿海地带上，成了一个个虎视眈眈的"电老虎"。因此，我们现在不能够孤立地往三峡投资以谋发电之利。为什么不能调整东西部的产业结构？为什么不能按就近用电的经济规律看待三峡工程？为什么不能用东西部的产业调整减缓上三峡工程的迫切性？

罗西北认为上三峡工程的迫切性主要来源于传统的经济习惯。哪里缺电了，就往哪里送。这时往往不再去考虑发电之外的其他效益。要淹土地、要移民，要花巨额投资要影响生态环境，要造成泥沙淤积，要影响航运，这一系列的综合利弊对发电效益不可能不产生影响。

罗西北认为，国家应该在三峡工程的论证中注意到西部经济发展。以三峡的 840 亿度电，实际上满足不了华东在 2015 年出现的 9000 至 10000 亿度电的巨大胃口。而为华东以及华中的经济建设投入巨资建造三峡工程，这种设计显得过于偏爱华东了，对华东等局部区域的倾斜太过了。这样势必拉大东西部的差距，最终还要影响到整个国家的经济发展水平。国家决策部门显然不能如此着眼。

罗西北的设想是，现在赶快将高耗能的企业往西部地区分布，以利用这里丰富的矿藏和能源条件。可以使西部崛起一批耗能企业，经济效益当然要高于千里迢迢往东部送电。而这样对华东的高耗能企业作一点限制也是有利的，因为按分工合作这里可以分布大量的高技术企业，外向型企业，创造高附加体的企业，从而在全国的宏观经济盘子上对东西部发展进行必要的调节。经过调整，可以按西部经济发展情况进行合理的规划，在长江上建设规模合理的水电工程，这样，三峡工程的建设就不那么迫切了。这样，也不是非上三峡工程不可了。

罗西北认为对中国经济发展有重大长远影响的三峡工程不宜急着上。尽管它上了以后会有各种好的效益，但未必就是最合理的选择。他认为现行方案按传统的预测方式计算出大量的数字，仍有很大的盲目性。而且有了数字也不一定表明已将问题研究透了。他还提及葛洲坝工程的一个教训，希望在三峡工程的研究中引起注意。他认为葛洲坝是最蹩扭的一个发电站，发电的调节最次，电能质量也差。因为它这里正常发电按装机容量是 270 万度，枯水期只能发七八十万度，洪水期时发一百七八十万度，特大洪水时还要作好可能停机的准备。就这样差的调节性能，算下来它的投资在建设的那个阶段也还是相对较高的，为它集中的 48 亿元投资影响了七十年代全国其它的水电站建设。说到底，葛洲坝工程的建设在程序上就是错误的，按正确的程序它应该在三峡工程建成之后才可动手开工，但却在七十年代被当作三峡的准备工程，当作三峡工程的一个实践。而且迄今在报道中人们只能听到对葛洲坝工程的赞扬，反映实际情况的科学的评价反而无声无息。搞三峡工程的论证，一定要注意到效益与损失是并存的。

治理长江应"先支后干"

陈明绍答刚建问

陈明绍：1914 年生于广东大埔，1936 年毕业于清华大学土木系，先后在北京大学工学院等大学任教授。五十年代初担任过北京市都市规划委员会副主任、市卫生工程局副局长、上下水道工程局局长等职务。现为北京工业大学副校长、北京市人大常委会副主任、九三学社中央副主席。

问：据我所知，您原来也是水利工作者，甚至在搞水工模型试验方面还可以称得上是我国第一代。一般来讲，以这样的经历和感情，应该对水利工程的大上快上抱有莫大的热忱，可是您却是反对三峡工程尽快上马的人物之一。这里面的初始动因是什么？

答：我对水利工程确实很有感情。目前我国水利工作的成就给我很大的鼓舞，我也希望水利工作能引起更大的重视，争取更多的投入。我国水能资源特别丰富，有 60 万兆瓦，数量在世界上是数一数二的，但迄今开发还不到 5%。作为水利工作者就是要大力宣传，呼吁水电早上快上。人称"黄金水道"的长江，如果发挥全部作用，应该能顶上 14 条铁路的运量，但目前还顶不上两条，岂不是太少了吗？因此，凡是有利于水利开发的主张，我都赞成。这是我的基本立场。

至于长江的治理和开发，究竟是建三峡工程，还是要其他方案？这就需要认真研究，而不是感情或热情所能替代的了。

问：抛开具体方案不谈，那么您认为围绕三峡工程的争论是否应该划定几条原则？否则公谈公有理，婆谈婆有理，结果仍然会莫衷一是。

答：原则是必要的。这原则不是谁主观臆想出来的，而是按照社会大系统工程的一般原则而拟定的，此外恐怕还要加上我国传统哲理的有关原则。这倒不是我特别偏爱文化传统，而是传统中确有些哲理是长盛不衰的。具体来说，我以为建水利工程有四条原则需要遵守。

一、先易后难。作任何工作，首先要分清难易，应该先易后难。毛泽东"先打分散孤立之敌，后打集中强大之敌"的论断，以及依此而进行的大小战役是运用我国传统哲理的范例。同理，对于一个流域的水利工程，也应该先修容易开发的较小工程，然后再去啃那难弄的特大工程。

二、先上游后下游。中国传统中有个说法叫"正本清源"，任何事物都要从根本上考虑清楚。对河流的治理，一般来讲要从河流源头开始，上游治理好了，下游就比较好办。

三、先支后干。长江干流的洪水、泥沙、枯水航运受阻等等，都与支流息息相关。一般说，一个水库的修建就是把它上游的所有矛盾都集中到水库来。先把支流问题逐一解决，干流也就比较容易解决了。

四、先面后线。流域面上的沟沟壑壑的水土保持工作都做到了家，河流线上的治理也就迎刃而解了。

问：除了这些原则外，您在全国政协会议上的发言还把这工程提到政治高度，这里面的依据是什么？

答：我认为任何重大工程都要从政治高度来考虑，三峡工程尤其是这样。这是因为，三峡工程的科学技术问题，诸如泥沙问题、诱发地震、库区塌坡的水体冲击波引起的堤身的安全问题、国防安全有效措施问题等等，都有争论，至今拿不出一个切实可行的解决办法；经济上只计算发电、防洪、航运的效益，而对库区淹没的经济损失考虑不周全；此外，生态环境问题、移民问题，淹没大量工矿及十几座县城所造成的社会冲击波问题，都估计不足。这些问题都是了不得的大问题，不充分论证、谨慎行事，这其中的任何一个问题都会酿成政治问题。

从长江在我国人民生产、生活中所处的重要位置看，同样是个重大的政治问题。长江上游有"天府之国"四川，中游有收成好能使"天下足"的两湖，下游有"鱼米之乡"苏皖赣，河口为对外经济交往的窗口上海市。长江流域人口 3 亿 9 千多万，占全国的 38.8%，土地面积占 19%，国民经济总产值占 40%，人均国民总产值最高，是国土开发的主轴，

因此长江是中华民族的心脏、命脉。长江上游还聚居着急待脱贫的少数民族。在这样敏感的地区动手术而且是大手术，都要牵涉到政治问题，绝不能轻率从事。

问：那么从工程角度看，长江现况究竟如何？

答：首先是洪涝灾害严重。长江洪涝表现为受害面积大，淹没时间长，出现频率高。更为突出的是长江上游支流修建水库很少，没有用现代化水利技术对其进行控制，就这一点来说它在世界上可算是最差的一条江。解放后近 40 年，经水利工作者的努力，国境内从北到南，七大河流，都可以防御几十年甚至百年一遇的大洪水，而长江只能防不到 10 年一遇的洪水。这与一些同志的思想方法有关，认为只要三峡工程上去才万事大吉，却忘记了合理布局，放松了对整个流域的控制。这不能不说是策略上的失误。

其次是上游生态环境急剧恶化，水土流失加大，由此造成河流含沙量也急剧增加。此外由于森林破坏，气候也跟着变坏。可以说，长江这条宝贵的江及其流域，每况愈下，已到了非解决不可的地步。

问：这正是三峡上马派们提出的上马理由啊！要动大手术、要根治长江，除了上三峡工程外，别的方案似乎无济于事。

答：不。我的主张是，长江非治理不可，但三峡工程以缓上为宜。我觉得比较可行的方案是云、贵、川、广西四省加上重庆市提出的"建立长江上游生态保护和资源开发区"的工程。它的主要内容我这里不谈，只想谈其中一点，即用长江上游的向家坝、溪罗渡水电站代替三峡工程。经过充分论证，向家坝、溪罗渡水电站与三峡工程 175 米方案比较，搬迁人口少得多，总投资省得多，而净投资回收期、生态效益却优于三峡工程，年发电量和有效库容则同三峡相近。除此之外，如果把长江上游的金沙江、雅砻江、大渡河、嘉陵江、乌江等五大支流已进行过可行性

研究的 27 个大中型梯级电站（不是全部梯级）进行比较，也都比三峡工程优越。

问：早在 1985 年，您在担任九三学社中央工程技术委员会主任时，就组织过三峡工程座谈会，并将座谈会内容整理成"治理长江要先支后干"的报告报送有关部门，前不久您又在政协会议上发言，重新提出这样的主张。作为民主党派的负责人，这种精神是很让人钦佩的。

答：我虽然是一名工程技术人员，但从来不是一个"不闻天下事，只读圣贤书"的书生。早在求学时代，我就是学生会骨干，后来当了教师，仍然十分关心政治。虽然关心政治、直言不讳也给我带来了灾难。如 1957 年给我的结论是"反党反社会主义"，并被解除了所有的行政和党派职务，下放到工地劳动。但是我却不想改掉关心政治这个"坏毛病"。三峡工程，既然我有看法，有不同意见，我就应该说出来，为有关部门决策提供一个方向的依据。事实上，我觉得这几年的空气好多了，我们九三学社中央提出的关于三峡问题的建议书，受到了有关部门的重视，也得到不少政协委员的拥护。当然，民主化进程也还应该加快，我愿意为此贡献一点力量。

国际舆论反对三峡工程上马

田方、林发棠同张胜友谈

71 岁的国家计委咨询小组成员、国家计委计划经济研究所原副所长田方是研究移民问题的专家，早在延安当新闻记者时他就对这一问题表现出浓厚的兴趣，对此造诣颇深。

63 岁的国家计委计划经济研究所研究员林发棠则是长期研究生产力布局（煤、电、油、运输统筹宏观规划）的学者。两位专家的研究不谋而合，走到一起，曾共同主编了：《中国生产力的合理布局》、《中国人口迁移》、《中国移民史略》、《国外人口迁移》等专著。他们说，两人的研究课题，自然而然要关注起争论多年的三峡建坝工程。

田方、林发棠两位正直的学者经过多年周密的考察和科学的研究，旗帜鲜明地提出反对早上快上三峡工程的意见。他们先后合作编撰了由周培源作《序》、王淦昌写评介文章的《论三峡工程的宏观决策》和《再论三峡工程的宏观决策》两书，为此，曾几度受到主管部门领导的干扰，不同意书籍的出版发行。两位学者以追求科学捍卫真理的勇气始终坚持了自己的观点。

记者走访他们时，他们搬出一大摞书刊剪报，详尽介绍起国外舆论反对三峡工程上马的概况。

田方首先介绍说，三峡工程之浩大，为全球空前之未见，工程完成后，也将成为世界最大之水力发电中心。因此，我国三峡建坝的决策公布后，海外人士称从大陆传来"惊天动地"之消息，美国各大英、中文报纸纷纷著文评论。纽约大学政治系教授美籍华人熊玢，1986 年 1 月 28 日率先在华语报纸《中报》上撰文指出："建坝将使三峡一百哩流域两岸之村镇沦为水泽，近百万之人口被强迫迁移，饱尝颠沛流离弃乡背井之苦。整个区域之环境生态条件，居民之卫生保障及社会秩序，均将遭受被动。其可能造成之损害及相应而生之后果，均将为绝大未知数。"熊先生还以极痛惜的笔墨忠告道："三峡据长江之天险，白云青峰，峭壁急湍，远眺似无路，蜿蜒又一滩，是我国疆土之天赋，诗人之画境，兵家之圣地，历史之凭证。如在美国，这等国家宝藏会被指定为国家公园，以供万世享用。而今筹划要移山倒江，改弦更辙，用英文来说，形同扮演'上帝'之神奇；用中文来说，酷似与齐天大圣孙悟空比美。牵涉如此之广，在美国如有类似情况，政府决无法一意孤行，一定要举行公听会，邀请专家及各行业、各团体参加意见。尤其是民间关切环境保护之团体，一定会首先被邀请的……政府决策人极应持'如临深渊'之态度。"

1986 年 5 月 26 日至 6 月 10 日，世界银行组成三峡工程专家组，对长江三峡进行了实地查勘。专家组成员包括有：加拿大的 D·坎贝尔，伊泰普两国委员会巴西的 J·科特里姆，美陆军工程师团的 L·杜沙，美国国际资源管理组织的 U·格雷比尔，美国路易斯安那州大学的 A·霍赫斯坦，奥地利岩石力学专家 L·缪勒，伊泰普工程专家组长巴西的 F·利拉，美国泥沙专家 J·F·肯尼迪，美国垦务局的 B·M·莫伊斯，以及我国水利电力专家共 11 人。在他们提出的查勘报告中，对地质、泥沙、防洪、航运、水工和施工、电力系统和经济分析、环境影响等七大问题，均表示了很多质疑。

林发棠介绍说，来自加拿大专家、学者的反对意见也是很强烈的。国际著名地理学家、加拿大马尼托巴大学斯密尔教授于 1987 年 8 月曾专门给我国《世界能源导报》寄来一篇短文，题为：《为什么不应建三峡大坝》。斯密尔指出："问题的核心是工程的规模太大，大坝和 1300 万千瓦的水电站所需投资和高技术人力都是创记录的。花大力气去完成一项可能造成许多后患，而且无法重新调整的项目，是很不利的。"斯密尔教授还举出意大利瓦依昂大坝于 1963 年发生大滑坡导致下游死亡 2600 人的严重史实，指出在三峡水库内也可能发生大范围的滑坡。他认为：

"分散建设多座较小的水电站是较好的战略。而集中大量财力人力资源建设特大型工程，最终的长期环境影响，将使简单计算的经济效益变成为整个社会的损失。"

加拿大《世界日报》1986年5月还刊发了题为《长江上游自然生态日渐恶化，兴建三峡水坝无异火上加油》的文章，一针见血地指出："长江上游的自然生态环境没有大的改善，位于长江中游的西陵峡仓促建起大水坝，诱发灾害的可能性就较高；灾害一旦发生，后果是不堪设想的；这是关乎数千万甚至上亿人民的居住和生命安全的大事……三峡历史古迹失而不可复得，这是兴建三峡水坝的另一大弊端。屈原故里秭归将沉于江底，张飞庙、孔明碑、粉壁庙将会消失。白帝城因高于水位可勉强留下，但景观必将失色。这是十分可惜的事。"该报还在另一篇文章里援引四个美国环境团体组成的同盟所写的一封信说："从环境与社会角度来看，这将是人类有史以来所建过最具灾难性的水坝。"

田方接着介绍说，还在更早些的时候，1980年3月，美国田纳西流域管理局（TVA）主席S·D·弗里曼率领一个24人的代表团，成员包括有陆军工程师团司令莫里斯中将、水与动力资源局局长希金森等，他们在中国作了为期三周的考察之后，弗里曼回到美国后对同事们宣称："我认为，我们的代表团成功地扼杀了长江上那座700英尺的高坝，那里的一些工程师过去与这个工程恋爱了20年。"弗里曼还说，这个坝"将会淹没像（美国）大峡谷那样美丽的地方，并要迁移200万人口"，"我们帮了中国高级领导一个大忙"。工程师团司令莫里斯则说："这个坝对航运是个灾难，它好比是把每一个只须到一楼的人都要送到摩天大楼的顶层上去一样。"他在对中国领导人作最后概述时指出：从航运角度出发，建一个坝，设置六级船闸，提升高度200米，这一计划是很值得怀疑的，因为防洪规划是不适当的。同时，这也意味着"把过多的鸡蛋放进一个篮子里。"莫里斯的最后一句话指的是把急需的2500万千瓦发电能力放在一处，由之而产生的国家安全问题。

美国爱莫莱大学物理系教授冯平观著文算了一笔极须国人深思、极有启示性的账：三峡大坝的建筑费估算为200亿美元，需时 20 年，在这 20 年中，大量资本被胶着，所付利息就达 400 亿美元。20 年是个功成利就的时间尺度，台湾的发达只是 20 年的事，明治维新也只 20 年，如把这 20 年投资在大坝上，能得到什么？大坝的哲学是想一口气吞下一大堆东西，这是空想家的美梦，务实者的魔魇。从前的大跃进、土法炼钢，都是这种哲学在作祟，结局是在大张旗鼓中失败。经济发展的基本原则是每次少量投资，日久就可生利。生利可再投资，复利累进，以指数函数升级。而三峡大坝是一个不可分割的整体，违背了这个复利累进的原则。冯先生最后提出了利用两岸高山分期架设 300 条巨缆固定涡轮发电机的设想，需举债的"资本投入"仅 28 亿美元。

美国《国际日报》1988 年 12 月 6 日发表社论指出：治理长江需要很多的手段，三峡工程只是其中之一。对上游水土保持、支流的治理、支干河道的疏浚、三大湖区生态环境的维护，不仅要有工程计划，连带要有居民迁徙计划、经济发展计划、整体效益评估等，绝不能先筑好大坝，等问题出现后才逐个设法解决。例如生态环境，筑坝以前的一切评估都是靠不住的，因为没有相似的实例可供参考。

林发棠介绍说，自从 1988 年 11 月 30 日三峡工程论证领导小组公开发布"建三峡比不建好，早建比晚建有利"的消息后，香港《快报》、《经济日报》、《文汇报》、《新报》、《星岛日报》、《信报》等 10 多家主要中文报纸，以及《台湾新生报》纷纷发表社论，指出三峡工程不宜立即上马，三峡工程设计的总投资数字过分低估了，将三峡工程投资用于教育事业会更好。《经济日报》评论认为："目前还不具备这样的条件，如果硬是立即上马，本末倒置，就会有头重脚轻之弊病。"《文汇报》社论主张："纵使技术上可行，但为了全民族的利益，最少在二十世纪内，三峡工程也不应上马。"《快报》社论说，三峡工程总投资 361 亿元显然低估了，所谓开工后每年投资 10 亿元的估计尤其偏低。《新报》和《星岛日报》两报社论则均提到乔培新（中国人民银行前副行长、中国金融学会会长）等所作的投资预测，为 2939 亿元~5843 亿元，认为需投入如此巨大的数目，将来三峡工程建成后发电的收入，也无法还清贷款，因此三峡工程概算，隐藏着严重通货膨胀的祸根。《新报》社论诘问道：在一片整顿声中，内地"却欲在此工程投下数千亿元，所带来的通胀能否承受？整顿小的，却投资大的，整顿能否生效？"《星岛日报》、《信报》和《经济日报》的社论均表赞同千家驹关于将兴建三峡水坝的费用投入教育事业会更好的观点，认为与其将国家的巨额资金用于效益尚未确定或要在 20 年后才可见到的三峡工程，"还不如用于当务之急的发展中国教育事业，因为提高全民族的文化和知识水平，是中国走向现代化必不可少的条件"。《经济日报》社论干脆称：因"不可预知的灾难性失误及影响也无可估计，为子孙后代设想，三峡工程方案理应搁置"。

田方最后介绍说，据 1988 年 8 月 6 日《人民日报》海外版报道称：加拿大咨询集团论证三峡可行性可望在 9 月底提出最后报告。并说水位适当，效益可行，对环境影响不大云云。田方说："读了这则新闻以后，不禁令人十分惊讶。我国 30 年来，几百位专家、学者论证至今，尚未取得最后一致的结论；近十年来，外国众多的专家、学者，也纷纷提出各种不同的意见，怎么加拿大一个咨询集团在短短的两年时间内，就能得出如此肯定的全面性结论呢？"他还告诉记者，不久前他收到一位香港友人来函转告：1988 年 6 月 9 日至 11 日，在美国旧金山召开的国际河流网络会议上，曾有包括印尼、马来西亚、荷兰、印度、加拿大、美国、澳大利亚、联邦德国、巴西等国 30 位专家联名要求我国政府公布加拿大人咨询集团对三峡工程论证的可行性报告。因为，各国专家们认为，这个结论性的论证报告的可靠性究竟如何，必须经受住公众舆论的评价和公开答复各项质疑。

军事之忧

高坝：悬顶之剑

杨浪

　　一种新的威慑以及报复战略，很可能是随着罗纳得·里根的卸任而诞生的：

　　1988 年 12 月 22 日，里根对北非沙漠深处的那座利比亚化学工厂发出威胁，"若不采取积极措施，美国不排除对工厂发动袭击的可能。"

　　真正的"袭击"至今也没有发生。只有 1 月 4 日发生在锡比克湾上空一次不大的空中格斗，它的效果是增加了美国对利比亚的这种"威胁感"。威胁所造成的影响却是深远的。

　　12 月下旬起，利比亚全国进入战时状态，首都的黎波里街上到处是掩体和枪炮。

　　1 月 7 日，利比亚匆忙组织外国记者参观传说中的化学工厂，试图为自己"辩诬"。

　　圣诞节前后，大批的黎波里居民逃离首都。西方通讯社分析说，居民迁移的原因是试图逃避战争后化学品泄漏的影响。毕竟，这间争议中的化学武器工厂离首都只有 96 公里。

　　与此同时，美国与西德等国的外交交涉、西德、英国、日本等国有关大公司试图摆脱干系的活动至今未平。

　　这次不大也不小的国际纠纷，随着里根的卸任将渐趋平静。然而，我国一位年轻的军事分析家评论说，87 岁的里根已经成功地对卡扎菲进行了一次"心理轰炸"。

　　其实舒尔茨在 1 月 5 日已经把话说得很清楚了："美国有意让卡扎菲不舒服"。

针对化学工厂的一次电视讲话，弄得世界震动，造成利比亚全国混乱。仔细研究这一事件的我国军事分析家赋予这种"军事"威胁一个新的名词："定点威慑"。

在国际从总体上走向缓和，但局部冲突和危机不断；在大范围突防兵器和精确制导武器飞速发展的今天，这种新出现的战略威慑方式有着不可低估的力量。

问题在于，我国是否需要或者是否具有这种威慑能力，同时我国是否容易受制于这种威慑——这应当是我们从军事角度观察和论证三峡工程建设所始终围绕的一个焦点。

悬剑之刃

已有不只一位专家指出了三峡工程对于国防的这种威胁。

四川省政协调查组在一份报告中认为，战争"是决定三峡工程能不能上的一个关键"。他们认为"战争一旦爆发，三峡大坝必然成为首要目标，大坝倘被摧毁，中下游大城市顿成泽国，后果是不堪设想的。"（《科学报》1986 年 6 月 14 日）

主张三峡工程上马的一派意见则认为，"现代战争有征候可察，且三峡工程建有大泄量的底孔，可以预警放水，在最多七天内将水库降至防洪限制水位；即使发生溃坝，由于下游南津关峡谷底宽仅二三百米，对突泄洪水起约束作用，还可保护上游围堰及大坝底部，使下游流量增加不多，影响范围仅为局部性灾难，远非波及整个中下游。"（着重号为笔者所加）所以有关战争袭击导致灾难问题"不成为三峡工程的制约因素"。（《人民日报海外版》1988 年 11 月 28 日）

如何判断战争导致溃坝的可能，成为目前争论的唯一焦点。尽管三峡工程于战争的影响决非仅此一点，我们仍可以从这里进入分析。

1、关于"现代战争"征候及其对策。

在军事学术研究中，对于战争征候历来并无一致的意见。

国家之间、主要国家集团之间的战争（世界大战、主要地区间冲突）一般有征候可寻。如朝鲜战争、中印边界、中越边境冲突，从边境摩擦、矛盾激化、兵力集结、战场对峙，一般总有十天至一个月以上的准备过程。从这个意义上，战争的预先征候是明显的。

但是，未来战争样式很可能与以往战争发生很大的不同。政治家一方面要维护国家利益和地区级战略利益，另一方面尽可能避免全面战争对国家经济的大规模摧毁。因此，"外科手术式打击"、"单一目标突击"已经成为一种被经常使用的战争样式。1985 年美空军对利比亚首都的长距离突袭以及上一年以色列对伊拉克核设施的两次成功突击便是明证。

从这个意义上讲的未来"现代战争"，很可能根本无征候可寻。另一方面，即使有远期战争预警，但敌国何时发动突袭，突袭浅近还是深远目标，战略还是战役目标，是很难有具体征候可寻的。

实际上，一旦发现"战争征候"，高坝将最有可能给总参谋部乃至政治家造成一个左右为难的局面。要么因泄水而影响整个国民经济，在实际战争打击之前造成"全民动员"的态势；要么不泄水而可能造成轰炸溃坝后的全面危局。这一点我们在后面还将详细论及。

2、关于溃坝只能造成"局部性灾难"

对于溃坝后果的分析是水库建设论证所必须的。在这一方面，军事上的分析与水利建设部门的分析很可能不尽一致。

从历史上看，溃坝所造成的灾难从直接效果上看可能是"局部"，但是间接致灾却是全局性的。

1938 年花园口溃坝，致灾面积远及安徽、苏北，而花园口决口并未从军事上挡住日军南下，造成了当时国民党政府的政治上的极大被动。蒋介石作为致人民涂炭的"千古罪人"的恶名传及今日。

1954 年为了抵御荆江洪水所进行的开闸分洪，尽管力求将灾难控制在最小范围，仍造成致灾人口 1900 万，死亡 3 万余人，京广铁路中断 100 天。

1975 年，蓄水量仅 4.9 亿立方米的河南板桥水库溃坝，造成驻马店等一市四县被淹，死亡逾万，京广铁路中断 18 天。

据军事部门分析，蓄水 23 亿立方米的葛洲坝水库如发生溃坝，湖北境内长江中游两岸将造成灾难性后果，武汉市危在旦夕，造成京广铁路中断至少要两个月。

可以想见，一旦坝高 185 米，蓄水 157 亿立方米的三峡水库发生溃坝，其所造成的影响是绝非以"局部灾难"可以形容的。

从军事的角度看，任何"局部"都是整体的组成部分之一，而三峡在地理上所处的那个"局部"，恰恰是国防整体中一个十分敏感和十分关键的部位。一旦发生溃坝，在空间上和时间上都将对整体发生重大的辐射状影响，形成"灾场效应"。

"灾场效应"之一：有生力量损失

众所周知，中原历来是兵家必争之地。在和平条件下，中原亦是最主要的屯兵之所。

根据英国伦敦战略研究所《1988—1989 年度军事力量对比》报告之中国部分，在我华中、华南、华东三个大军区，驻有陆军 10 个集团军、2 个装甲师、28 个步兵师、3 个空降师，这部分兵力占我陆军空降师的 100%，集团军的 45%，步兵师的 38%，装甲师的 20%。

中原屯兵，是我战略预备和战略机动的力量所在。然而三峡筑坝，使它们在兵戈相见之前，却受到三峡溃坝的巨大挟制。处在高坝下游的战略预备队如为溃洪所吞噬，其所造成的后果是如何设想也不为过的。

溃坝所造成的不仅是军事力量的损失，包括战略核打击力量在内的国防科研力量、后备兵员力量、钢铁、兵器工业、交通等准军事力量所受到的损失，也将是战时国力所不堪承受的。

"灾场效应"之二：交通、能源中断

在历史上，溃坝对京广铁路所造成的威胁已如上述。有军事分析家指出，设想三峡溃坝，则京广铁路不是计算中断时日，而是计算重建周期的问题。

由于我国交通尚不发达，线路不尽合理，即使我战略预备队不受或少受损失，但由于京广线暂时中断，由于襄渝线与长江平行而首先致灾，由于缺乏公路迂回线路以及空运能力不足，在战

争条件下我战略预备队的南北向、东西向机动都将受到重大影响。

如果我们"乐观"地估计：由于提前发现战争征候，在 7 天内（附带说一点"常识性"问题：现代战略武器发射到命中的时间是以分、秒计，而不是以"天"计；导弹命中精度在 7 米至 150 米之间）泄水至预警水位，然后将发生的是，由于水位降低，势能降低，华中、华东、华南供电大幅度减少。因此，为应付"预警"而迅速开动起来的战时经济马达转速骤减；反过来，为应付"征候"的防御战争的能力在 7 天至一个月内同步大幅度降低，起码降低到 1988 年中国工业企业"开三停四"的状态。

"灾场效应"之三："内卫"任务增加

战争征候——三峡泄水——能源紧缺——生产生活用电紧张，这样一系列的过程，势必造成社会心理的不稳定，在未准备应付战争突袭的内地军事力量，势必又要分散一部分精力去从事维护军事生产、动员预备兵员、保持社会安定的任务。

"灾场效应"之四：装备与兵器的角逐

一旦发生战略预备力量的不足与受制，战时工业经济的短缺，最后，从军事上，我们不得不考虑一个我们最不愿发生的情况：国土内陆作战。尽管这一点远未提上今天的议事日程，但我们仍应指出：

由于三峡水库在我国腹地（而不是周边地区）造成的一片总面积逾 1000 平方公里的宽广水域，这一新的地理态势，势必给战役兵力的隐蔽和机动，给战区和战场工程建设，给部队克服宽广水面障碍的能力——带来一系列新的情况和问题。

届时解决这一系列问题的核心，全在于装备与兵器的角逐。正是在这一点上，即使下个世纪，我军也是很难占有优势的。

悬剑之刃是锋利的。溃坝所造成的远不止是"二三百米的峡底对洪水的约束"，而是整体的、全局性的灾难。

悬剑之危

在战争对溃坝，溃坝对战争做了如上一番推演之后，从逻辑

上，我们就该进入下一个迄今基本上未被人论及的问题，这就是
"和平时期"高坝对于国防的潜在影响，也就是对未出现灾害的
情况估价。

1、关于"安全态"与"险度"的概念

二战后40多年来，美苏从全球利益出发，先后提出、变更自
己的国防和威慑战略。仅以美国为例就经历了杜鲁门的"遏制战
略"，艾森豪威尔的"大规模报复战略"，肯尼迪——约翰逊政
府的"灵活反应战略"，尼克松政府的"现实威慑战略"以及里
根政府的"发展了的灵活反应战略"。

制订国家军事战略的出发点，就是对国家安全利益的一种估
计。具体说，就是遏制以及消弭对国家利益的"危险态"，通过
战略目标的制订和部署，使国家进入一种"安全态"。

人类对于生态平衡、人口发展、能源紧缺等诸多问题的关
心，皆源自这种对生存"安全态"的关心，如果这种"安全态"
遭到破坏，"险态"就会增加。一切对人类发展的追求皆建立在
这种生存安全的基础之上。

从这个意义上，笔者认为，迄今为止，相对于三峡工程对未
来国民经济发展的作用（发展观），我们对这一工程对国家安全
（生存）所带来的影响，考虑是不够的。

溃坝对于战争所造成的灾难性影响已如上述。而导致这一威
胁的并不唯战争。

已有专家论及超大型水库对诱发地震的可能，这种可能已有
国内外诸多前案可寻。还有专家论及水库诱发滑坡，造成涌浪，
危及大坝的可能，这种可能也有葛洲坝建坝后的多次滑坡以及最
近三峡燕子岩崩崖威胁为证。据悉，另有卫星照片发现，三峡上
游山体上有一巨石，已在近年内发现明显位移，一旦巨石下落，
撞击下游大坝，亦将造成重大危险。

诸多已经、和尚未意识到的危险是现实存在的。这里可以借
用航空工程学上一个著名的定理"墨菲定理"："凡有可能出现
人为差错的地方，迟早要出现差错。"这种"差错"又将随着时
间的推延而增加其发生的几率。有如阿波罗11号成功地登上了月

球，然而 8 年后的"挑战者号"却因一个小小的橡皮垫圈，导致空中解体。

生活中的"危险态"是可以计量的，这就是"险度"。

春运期间的铁路运输"险度"就比平时大；汛期江河下游的"险度"就比上游大；大型水库溃坝就比中小型水库溃坝的"险度"大。实际上，我们的生产、生活都在无形中为"险度"所调节、制约。为了防止不期然的"雷击"，和降低"险度"，大量"避雷针"式的投入是必不可少的。

2、国防"避雷针"

现在，新的问题出现了：

一旦三峡筑坝，长江中下游所有人民和财产的头顶就放置了规模巨大的"一盆水"（1984 年北京大汛，报刊上便有人疾呼北京头上"官厅"、"密云"两大盆水，并因此而大修堤堰），即便我们假设这个"盆"的质地牢固，但至少顶盆的动作也须小心翼翼，同时我们还要准备"避雷针"一类的各种防范措施。

在国防建设上，这些措施起码需包括：

（1）调整和变更战略预备队部署。其调整原则须围绕可能的溃坝，使兵力、装备集结在尽可能少受损失的位置上。鉴于溃坝将导致的交通中断，在部署上还须考虑将战略预备队分做南北两个集团，以便发生战争和灾难时部队向相反方向的迅速机动和规避。

（2）围绕新要点进行部署。高坝筑成后，长江上游和中、下游将以船闸为界形成两段水道，考虑到今后数十年乃至上百年后的经济发展，以船闸为轴心，势必形成决不亚于武汉的华中腹地沟通南北东西的关键枢纽，为确保国家经济枢纽安全，必将作为新的战略要点进行大规模兵力、兵器部署。

（3）新的战场建设和装备研究。为达到上述目的还须考虑新的战场工程建设，战略迂回道路构筑，有效利用和克服宽广水面障碍的装备研究。

为了避免在国际争端和冲突中因高坝而受制于人，从国家安全的利益上，还必须考虑：

（4）切实建立和发展远程精确打击的常规兵器。提高这类兵器的突防能力和打击能力，以形成相应的威慑手段。

（5）加速发展远程预警系统。以缩短预警时间，提高经受"第一次打击"的能力。

为切实保障国家生存利益，减少和消弭"悬剑之危"，上述部署必须与三峡工程建设同步进行，其中、近期投资最保守的估计也在 100 亿元之上。

这是一笔从未被想见和列入的投资。

这是一笔目前国力显然难以承受的投资。

谁执利剑？

或许有人出于侥幸或是别的什么心理，不愿看见或是不愿承认这样一种现实。因为"25 年至 50 年内外"打不了世界大战。

对此只需提出两个问题：

花数百亿元建设的大坝难道仅为了 50 年？此问题一。

1975 年越军攻克西贡之际，谁会想到不到 4 年后发生的那样一场中越之战？此问题二。

——沉默？

历史永远不会沉默。国家（如果世界上还有国家的话）关系之间的最高准则永远不是道德，而是利益。

或许我们到这里可以离开严肃的思考而转入一小段颇具文学幻想色彩的故事。

——2040 年，迄今整整 50 年之后。

185 米的高坝雄居于中华腹地。

它提供的强大动力带动和促进了大陆半月形沿海地区经济的飞速发展。

有着 13 亿人口但人均资源居世界末位的中国深感资源的重要。

在沿海大陆架的某一点，与 A 国发生小规模冲突。

在扩大的海上冲突中，我海军力量取得优势并一举获得周围岛礁、海域的实际开发权利。

A 国与 A 国所依托的地区集团发出冲突升级的威胁。鉴于国内巨大的人口和劳动力压力，海上资源的利益以至民族荣誉，使我不可能不在冲突中保持强硬立场。

国内少数"缓和"议论被占压倒优势的"强硬"舆论所淹没。

2040 年 12 月 22 日（52 年前里根发出对利比亚威胁的同一天），一直支持 A 国的 C 国总参谋长在新闻发布会上声称，正"切实考虑"对我进行"定点突袭"，突袭"将使用常规武器"，目标是"三峡大坝"。与此同时，军事对抗姿态加剧。

世界战争史上最大规模的"定点威慑"战例开始了。"预警"！"战争征候"！

十天之后，2041 年元旦刚过，三峡蓄水降至防洪水位。华中、华南、华东大批工厂因三峡供电锐减而能源紧张、开工不足。

迅速机动、集结的军队加剧了交通的紧张。居民供应开始短缺，人心浮动。

随着紧张状态的持续，先是宜昌附近，后是长江中游、荆江、汉江、湘江流域居民开始无组织迁徙，以图躲避可能的灾害。

缺电、少米、人心浮动造成半个中国处于半瘫痪状态。面对日益严竣的政治和现实压力，政治家与军事家们一直紧张地讨论对策。

在不可能将战争从"常规"扩展到核打击级别的情况下，此时的最优选择："对等威慑"。

然而，缺乏真正有效的远程常规打击兵器；而且，更重要的是，在 C 国、A 国乃至世界范围内，根本没有可与三峡大坝所"对等"的目标！

此时的中等选择："以时间换取空间"。

强化国家机器和和行政机关的组织、整合能力，最大效率地调遣资源、稳定人心，在时间的推移中，寻找和利用保全国家荣誉和民族利益、缓和紧张局势的国际因素。

2041 年夏，夏汛将近，B 国正准备出面调停，三峡水库重新开始蓄水，人心趋向稳定。

正在此时，C 国总统再一次发出"打击三峡"的同样威胁……

国内再一次动荡。动荡中的《中原时报》发表一篇引起广泛注意的社论，题目比较长：

《50 年前，前辈们花几百亿给我们留下的"大包袱"》

……

——今天，1989 年 2 月 4 日，这篇社论作者的"前辈"，正在这里撰写这篇题为《高坝：悬顶之剑》的文章。作者用以下一段话结束了"谁执利剑？"这一章：

从国防利益上看，我们准备用 300 亿元铸就的三峡这柄悬顶之剑，剑柄并不把在我们的手中。正如"水利"也有可能化为"水害"，在我们用这剑的一面锋刃劈山开路的同时，也可能用这剑的另一面割断民族生存的命脉，中断民族发展的进程。

起码，我们很有可能花几百亿元，向未来的敌国奉送一种巨大的千百亿元也难以"赎回"的战略主动权！

谁铸利剑？

三峡工程——一个伟大的梦。

无论是孙中山，还是毛泽东，都曾把目光投向这里。

三峡工程，也可能是一柄利剑，悬在中华民族的心脏。

无论是老将军，还是"小参谋"，也将这剑悬在心中。

在这次采访中，我接触了不少军人。

我惊讶地发现，战争对于三峡工程的影响，三峡工程对于国防建设的影响，这样关乎民族命运的一个重要问题，除了象征性地"征求军方意见"，竟迄今未有过真正充分和系统的研究论证。

那位担任过志愿军工程兵司令的老将军，曾亲自指挥部队克服美军飞机轰炸水坝所造成的破坏。他问我："这么大的事，怎么没人问问我们呢？"

那位曾在军区作战机关直接负责大型工程项目，并评估其对军事影响的年轻军官也告诉我："你是找我了解这方面问题的第一个人。"他，为我系统提供了许多极有价值的思想。

"战争"，"这是决定三峡能不能上的一个关键。"早在

1986 年就有专家提到了这样的论点。

然而，就在不久前结束的三峡工程论证中，尽管有 412 位专家，有学部委员，教授、副教授，研究员、副研究员，有高级工程师，却没有司令员、军长，没有战略分析家、情报分析家，没有参谋、参谋长和高级军事教员。

在这次论证中，专家们分 14 个专题进行了大量研究，内容包括地质、水文、泥沙、移民、生态环境、枢纽建设、防洪、发电、航运、资金、施工乃至机电设备，却唯独没有一个军事及国防问题的专题！

这不能不说是一个令人遗憾的重大缺陷。

所幸，今天毕竟只是一座纸面上的高坝，一柄想象中的利剑。

"上兵伐谋"。军事斗争的最高策略是防患于未然！

如果真要铸"剑"，请不要忘记应当持有它并将卫护它的人——军人！

最后的引述或许不是多余的：

"达摩克利斯（Damocles），希腊神话中叙拉古暴君迪·奥尼修斯的宠信，常说帝王多福，于是迪奥尼修斯请他赴宴，让他坐在自己的宝座上，并用一根马鬃将一把利剑悬在他的头上，使他知道帝王的忧患。后来 '达摩克利斯剑' 一词，便成了 '大祸临头' 的同义语。"（《辞海》2376 页）

我们会为下个世纪的同胞在头顶悬一柄利剑吗？

注：本文采写中曾得到谭善和将军、胥光义将军及齐长明上尉、王小建中校、王江上尉的大力帮助。

经济学家之见识

三峡工程缓建、资金用于教育

千家驹（全国政协委员民盟中央副主席）

正当我国面临明显的通货膨胀，物价不断上涨的严峻局面，中央号召治理经济环境，整顿经济秩序，大力压缩基本建设规模，压缩社会集团购买力的时候，新华社记者却一再放出空气，称三峡工程论证会基本结束，论证会大多数专家认为三峡工程可以上马，而且迟上不如早上，慢上不如快上。新华社的记者文章"三峡工程来龙去脉"竟不惜一而再，再而三，而四而五而六地宣传这一论点，密锣紧鼓，好像三峡工程在最近期内非上不可似的，这使我们十分纳罕，究竟它的目的是什么？三峡工程要上马，是真的还是假的？

如果这是真的，那么我们就不能不怀疑中央提出的压缩基建投资还算数不算数。因为三峡工程一上马，投资不是几十亿，而是几百几千亿。当然这几百亿、几千亿不是一年支出，而是分若干年支出的，但是三峡工程的经济效益也不是三年五年就能取得的，而是要在二十年、三十年之后才能得到。

三峡工程的总投资是多少呢？据有关专家组按 1986 年物价计算为 360 亿元，但 1987 年、88 年物价明显上涨，即令按 1988 年底价格指数计算（假定 1989 年上马），据我的朋友、前中国人民银行副行长、中国金融学会会长乔培新同志的估算，加上利息，起码是 5 千亿元，为原水电部投资概算的 14 倍。很明显，这样的投资估算是一个"钓鱼工程"，使你上马之后，欲罢不能，不得不一再追加。最后建成也许在一万亿元以上。这个包袱如果背上了，我们的所谓"压缩基本建设规模"在十年二十年内都会变成一句空话。

超级工程耗资万亿

古人云："一将功成万骨枯"。三峡建成万工停，中国经济将永远翻不了身。中国人民尚未受三峡工程效益之赐，先将索我于枯鱼之肆了。以中国目前的财力与物力，要上这么一座超世界水平的巨型工程，只要中国领导人还保持清醒的头脑，在最近十年以至本世纪之内，简直是不可想象的。

况且，上不上三峡工程，这不仅是一个技术问题，而且也关系到政治问题，同时又是一个宏观经济的战略问题。即令在技术上三峡工程是完全可行的，但是其中有许多不可知的因素，是我们目前无法论证的。例如，我们能保证二十一世纪之内，世界决不会爆发战争吗？参加论证会的 400 名专家谁能保证？又如，我们能保证最近一百年之内，三峡地区决不会诱发地震吗？以目前中国以至世界的科学水平，能保证某一地区一、二百年之内都不会发生地震，怕为时尚早吧！其余如生态平衡问题，泥沙淤积问题，参加这次论证会的专家如侯学煜先生，陆钦侃先生都认为不能解决，后果十分严重。无奈水利部的主管当局根本听不进去，以致作出了早上快上的结论。

资金应投资教育

再从经济战略的角度考虑，上三峡工程也是得不偿失的。如果国家有这么一笔大资金建设三峡工程，为什么不拿这笔钱来投资教育事业，以提高全民族的素质。义务教育法已经公布五年多了，始终是一纸空文，未能兑现。

文盲不断增加，"读书无用论"正在抬头，小学教师没有人肯干，学校危房没有钱修理，学生没有教室，没有桌椅板凳的局面尚未改变，而竟能拿出几百亿来上超世界水的巨型工程，这好比一个大家庭"儿啼饥而妻号寒"，但为了光宗耀祖，竟订购了一具楠木棺材存放起来，其愚不可及，不也类乎此吗？

再说，为了利用水利资源，为了解决能源不足的问题，我们为什么不先开发长江的上游和支流，在支流上建筑小规模的小水坝，不仅投资少，收效快，而且可以促进我国现代化的早日实现，为什么非要急上三峡工程不可呢？

所以即令三峡工程有一千条理由，一万条理由可以上马，应该上马，我们认为从当前中国经济形势看，在本世纪内也不宜上马，应该缓上而不是急上，迟上而不是早上。我希望力主工程快上者，为子孙万世，为国家的前途，民族的前途深长思之，切不可草率从事。

如果新华社记者的文章仅仅是为制造舆论，制造空气，而并不代表中央领导的意图，那么，中央领导应该表态，说明即使论证会基本结束，三峡工程在本世纪内决不会上马，这才是安定人心，治理；整顿经济环境的好办法。否则将使人怀疑所谓"压缩基本建设投资"，只是压缩"小的"，以便上"大的"。

水库退役后的状况和后果为何不见论证

茅于轼（中国社会科学院研究员《中国经济评论》主编）

从 1979 年起，我开始注意我国的能源建设。总的印象是，我们的决策出现了许多严重问题。如天然气资源还未落实，就敷设管线；还有提出北煤南运；再有就是把本来烧煤的锅炉改成烧油，后来油紧张又改烧煤，变来变去，造成很大损失。在这种体制下，我认为很难作出正确的决策。通观三峡工程的决策过程，我对已给出的结论不抱希望，因为决策是以权力的大小作为依据。

解放以来我们的基本建设一直是超规模，经济效益一直很低，一个基本原因就是，决策人用的是国家的钱而不是自己的钱，而这类决策最突出的特点就是不关心效益。我想问赞成三峡工程上马的同志一句话，你们愿意不愿意用自己的钱去买 20 年的债券以支援三峡工程上马？这里所涉及的一个根本问题是投资体制的问题，我认为这个问题至今设有解决。

我的伯父茅以升修钱塘江大桥时，当时浙江省建设厅厅长说，钱我来搞，人随你用，但有一点，桥修不好，你我都得跳钱塘江。我们建设这么多年，出过多少大漏子？有谁感到过内疚？在决策体制、投资体制都还没有达到起码的正常标准时，就全面为三峡这种超巨型工程作出决策，我认为是一个近乎滑稽的事。

那么，三峡工程的论证会，几百名专家对工程又要负什么责任呢？也没有规定有什么责任。在谁都不负任何责任的情况下，作出的论证并根据这个论证来作决策，真是太危险了。

另外，还有一个问题不大清楚，似乎双方的论证都没有涉及到：任何一个工程都是有寿命的。对于三峡这种人类少有的工程，就算服役的时候种种问题都考虑到了，退役以后呢？大家知道埃及的阿斯旺大坝产生了许多问题。三峡呢？为什么不见论证它寿命结束时的状况和后果？目前核电站在全世界前途不妙，为什么，就是因为其退役后这块地方永远不可使用了。再比如三峡的景观，现在看来它的价值不及发电，但再过几十年呢？也许到那时几十亿度电很容易获得，也许电已为其他能源替代，可三峡不会再有，失去的就永远失去了。判断的标准是有时代性的。

再有一个就是恐怖问题，这个问题现在中国还没有，以后会不会有？如果恐怖分子选中三峡大坝作为他的威慑手段，该届政府不知要怎么埋怨那届花了钱，给歹徒造成优势的班子呢！

上游的水土保持，我算了一下，可摊到每平方米 10～20 元钱。这就很可观了。栽树见效快，积累起来，水土、气候、用材等方面都有好处。

当前的经济和体制条件难以支撑三峡工程

吴稼祥（中共中央办公厅调研室研究人员）

　　一项浩大的工程应否上马，不仅要考察或评估它在科学技术和经济效益方面的可行性，还应当考察它的社会、经济和政治环境。我以为，在我国改革正处于吃紧关头，全国呼唤宽松环境的条件下，立即着手巨大的三峡工程，不仅超过当前社会经济和政治环境的承受能力，而且有悖于十三届三中全会要达到的治理经济环境的政策目标。

　　首先，在新旧体制交替阶段，我们缺乏动员大规模资源用于一项巨大工程的有效手段。旧体制的弊端很多，但至少有一个长处：要做成一件事，无论它多么艰巨也能做到；要达到一个单项目标，无论多么高远，也可以实现。因为旧体制高度集中，可以排除任何障碍集中使用资源，而且不管代价。这种体制的特点就是有人概括的：卫星可以上天，马桶天天漏水；导弹过剩而鸡蛋短缺。现在的情况有了重大变化，动员资源的行政手段的有效性大大降低了，而这项一时难以赢利而又前途未卜的工程，又不能有效地运用市场手段，从而有可能使它成为一个永远剃不完的"胡子工程"。因为决定工程进度的是木桶原理，是最短的那块"木板"，只要瓶颈因素一出现，整个工程都会停顿。而要消除瓶颈，如果不能调拨，就必须更多地花费本来就短缺的资金，从而以一种短缺替代另一种短缺，以致短缺绵绵无绝期。我们本来想在祖国大地上留下光荣的标记，却有可能留下不能痊愈的伤疤。

　　其次，工程一上马就会严重扩大现在就存在的总供给与总需求之间的缺口，使"瓶颈"更窄，使货币龙头失控。从当前或数年时间看，三峡工程是巨大的无供给需求，而且它所需求的大多是当前的"瓶颈"资源，比如能源、原材料。同时还会加剧交通

119

紧张状况。现在各方面的需求都绷得很紧，三峡的无供给需求如何满足？当然主要靠国家投资。在不能投入更多实物的情况下，增加投资就等于增加货币投放量，从而使通货更加膨胀，拉动物价更快上涨。也许有人会说，三峡工程一旦建成，就能提供更多的电力供给。即使是这样，那也是远水不解近渴。谁都知道这几年是我国改革和建设的关键阶段，要小心避免出现大的波折，在重大决策上要慎之又慎，绝不能人为地增加紧张因素不稳定因素，给自己带来难题。我担心在三峡工程能提供电力产品之前，我国目前的经济条件能否支撑得往。

第三，在旧规新约都难起作用，各种漏洞不胜枚举的条件下，浩大的国家工程无疑将成为一只注不满的漏桶。已往的事实说明，国家每办一件事，往往总要养肥一批人。办的事越大，养肥的人就越多。报载，在亚运会工地周围出现了一个黑色侵吞包围圈。这还是在首都北京，而且指的是圈外人的非法偷窃。如果在天高"皇帝"远的三峡，包围圈也许更加可观。至于圈内人的合法或半合法或貌似合法的种种侵占和享用，又有谁说得清。古代是兵马未动，粮草先行。我们现在有些人是"兵马"未动，享受先行。即使在大兴安岭火灾现场，争级别待遇的事情也屡屡成为内幕新闻。谁敢说这样一个浩大工程加上建省的可能性，没有让相当一部分人看到了安排提拔干部的美好前景？像现在这样漏洞百出，管理跟不上的环境条件，三峡工程很难使自己不成为国家投资填不满的无底洞。

第四，担心三峡工程触发的不稳定因素（包括大规模移民和涨价）与业已存在和即将到来的某些不稳定因素发生共振，使社会出现危机。我特别要提到我国从 1990 年开始就要步入偿还国内外债务的高峰期，到那时，我国的资金状况将空前紧张，再背上一个巨大工程的包袱，其后果现在难以设想。

就接触到的三峡工程论证材料看，我以上点到的几个因素，要么很少涉及，要么根本未予考虑，这不能不说是论证工作的重要疏漏。类似这样的疏漏，有关专家已经指出不少，比如对三峡地区将被水淹没的文物价值的判断，就失之短视等等。单就这些情况看，三峡工程也应当缓建，似需要对它进行多学科的更加广泛的论证。如果一定要上，有关论证者和负责人要拿出让人民放心的个人保证。

我们现在尚无能力开发长江资源

姜洪（国际关系学院副教授）

我认为有个角度需要强调：国民经济中生产要素经济效益的评估。我们对此研究太少。从整个宏观的要素配置角度来说，账好像还没有认真算过。以往我们过多考虑的是技术是否可行，需要多少钱，偏重在工程行进过程中需要多少钱，特别是政府出多少钱。其实，我们应考虑的是工程设计中所有配置要素的机会成本。这些要素用于这项建设之后，实际损害了它们的其它用途，那些用途折算出是多少钱，这同政府角度和有形支出不同。按照目前的测算，经过 20 年的连续投资之后，三峡水电站可建成，尔后每年可发 840 亿度电，可折算成 4000 万吨标准煤。同时这需要淹没 40 万亩耕地。这里我们就要算几笔账：（1）4000 万吨标准煤和 40 万亩耕地每年生产出的粮食的价格比。可以用三种价格来作比较，一种是按国内计划调拨价；一种是按国内市场价，譬如按目前的每吨煤 180 多元，每斤大米 2 元多来计算；第三种是按国际市场的价格来计算。在这三种中，最有意义的是第二种，最无意义的是第一种。（2）还要计算矿山的价格与耕地的价格并作比较。这与前一种比较既有联系，又有独立的意义。因为矿山和耕地比煤与粮食更接近自然状态，更不可再生，是更基本的资源，它们的价格更长远地反映着稀缺的程度。粮食会因一年、两年的气候等原因，而有大幅度变动，但耕地的价格却是相对稳定的（从公开的意义上我国的土地不许买卖，因此，似乎不存在价格，但在实际经济运动中如中外合资就可以看出地价的存在）。（3）为将土地资源转换成能源资源，需要付出的代价。这其中包括直接投资，即修水电工程的钱，还要包括间接投资，即移民安置费等等。将这些费用加上它们的利息，然后再加到测算出来的标准煤上，然后再减去煤的平均运输费，才是标准煤的真实成本。这是最起码的经济学家的算法，如果这样的账都没有算，实际上就应当说这三峡工程的论证，没有经济学家参加。即使是这样算，还都是较简单的测算。

说得稍远些，40 年来我们经济建设的一个值得深思的教训是，我们把凡是不由政府支出的有形的钱，都不算钱。这就造成了我们现在日子越过越不好过的状态。对自然资源不付费就以为都是无偿的，这个错误比较严重，如水是白用的，初级产品的价格是低廉的，这反映了一个思路：对自然资源稀缺认识不足。就整个人类来说，这一个多世纪以来对稀缺认识也不足。工业开发愈演愈烈，造成生态严重失衡，能源危机、水资源危机……接连不断。

七十年代，罗马俱乐部的一个报告说，到 2010 年~2020 年，整个地球资源将枯竭了。尽管这个结论现在已被否定，但这样的思路很重要，地球上的资源比人们想象的要少得多，那种几美元一桶石油的情况一去不复返了。

发达国家从七十年代中期以后许多国家已经注意到这个问题了。如日本，它的产业结构调整首先遵循一条：能源和自然资源的消耗要少，否则赢利也不允许发展。日本政府让企业直接面对国际市场，政府不采取保护措施，能源不给补贴。所以他们发展很快。

对中国来说，企业高耗能长期以来没有得到解决，原因就是对自然资源稀缺重视不够。

目前我国的开发度已经很深了，西南缺电，但我认为这里有发展格局上的问题。如重庆工业发展很快，对电的需求量大，但效益如何？它之所以发展快同我们的体制有关，谁发展谁得利。用了很多资源，保证了一种效益很低的运转。如大庆，如果没有大庆在七十年代的巅峰状态，"文革"本来可以早些结束。大庆廉价的石油对"文革"起了强心针的作用。从统计表上看，"文革"中工业发展速度并不慢，除了水份以外石油是一个因素。现在也如此，电确实缺，但是不合格的高密度的加工业的发展强化了这一点，使工业发展效益很低。当前的这种用很大力量保证的高增长，对我们的益处并不大。如果用更严格的办法筛选，有很多企业就不应该继续存在。

引伸些讲，我们把黄河搞成现在这个样子是因为长久以来人口高密集的压力，造成上游砍伐过度，对河流的利用超过了河本身的能力。所以，黄河的状况才愈来愈坏。

或许有人会说，水力发电，没有涉及什么不可再生性资源啊。这是不对的，首先由于修电站而淹没和占用的土地是不可再生性资源。另外由于修水电改变的生态、自然环境也是不可再生性资源，都属于对资源的极度开发。

对长江的资源来说，要像周总理对十三陵的保护所提出的：给下一代多留点东西。十三陵的地宫里是有不少东西，但依我们现在的能力，把它开发出来就是毁了它。长江有很好的资源，但我们现在到没到一定要开发它的时候？我们现在对是否有能力用好长江，尚无把握，所以我认为对整个自然资源开发上应持谨慎态度。即使有困难，我们也不能在没有能力的情况下动用宝库来解决困难。再过几十年，我们的子孙利用长江会比我们好。

我认为另一个需要纠正的看法是，到底政府在经济发展中的作用是什么？对中国目前的改革来说最主要的是保证新体制的完成，在发展问题上不能上大项目，因为在改革过程中，国家手中要控制相当一部分改革的风险基金。如今年的抢购，这在改革中随时都可能出现，这就需要相当一笔钱来解决。如果把钱都用于上大项目，而大项目收益又很迟，远水解不了近渴，势必影响改革大业。

三峡工程应有社会学家、人类学家参与论证

景军（北京大学社会学所研究人员）

　　我们是从社会学的角度对水库移民进行研究的。刘家峡水库修建完工已经这么多年了，但移民留下的后遗症至今未能消除，从这些后遗症中，我们可以发现一系列带有规律性的问题。

　　移民由低处的自流灌溉地迁到高坡地，耕地减少、土地贫瘠、粮食不能自给。国家给予的迁移补偿在数额、发放和使用方法上都不合理，以至许多情况下不能或不能及时发到移民手中，关于长远性的补偿则根本无法兑现，造成移民生活困难，对政府存在怨气。

　　解决移民问题的积极措施之一，是通过改善他们的生产方式和生活方式，以补救他们原有的生产条件的丧失或恶化。但由于我国的经济条件和移民的文化水平和自身素质，也由于我们惯行的移民指导思想，决定了这种转变是困难的，甚至可以说是不可能的。因此，耕地的减少，生产条件的恶化与原有生产方式的保持，必然造成生活水平的下降。这种情况造成了一种贫困经济，而贫困经济又造成了一种"贫困文化"———一种依附性社会心理，移民们一谈起迁移就有怨气。这种怨气经过长时间的各种社会原因的强化，已经形成一种积怨。移民有一种吃亏感，因此，一切困难都依赖政府解决，与政府讨价还价，向国家进行报复性索取。这种"贫困文化"又严重地阻碍着移民摆脱贫困，形成了一种恶性循环。

　　另外移民新社区的矛盾也很严重，这之中有宗族矛盾、民族矛盾和宗教矛盾。

　　中国是一个礼俗社会。人们世代定居，以农为生，在血缘、地缘、宗教、民族等关系和观念方面的认同形成了一种稳定的联系。迁移将这些联系打破、重新组合，必然引发许多磨擦和矛盾，甚至导致械斗。由此所造成的消极的社会影响是很难以估量的。

　　三峡工程的移民数量比刘家峡及以前的任何水利工程的移民数量都大得多，达130万。而且迁移的不只是农民，还有约40%的城镇人口；淹没的不光是乡村，还有十几个城镇，其工业要全部捣毁。这不但损失巨大，而且其复杂性是事先难以预料和难以把握的。更何况，经过经济体制改革，城镇和乡村的经济利益关系和利益形态已发生了巨大变化，既不是全民所有制，也不是集体所有制和家户所有制，而是形成了社区所有制形态。在这种情况下，迁移政策制定的依据就不可能是行政手段，而应是一种谐调的契约关系。但迄今为止，关于三峡工程移民政策的设想，仍然是以行政手段为主，这只能带来灾难。

　　三峡工程移民数量如此之大，已经远不是一个单纯的经济和工程技术课题，而是一个重大的社会课题。因此，不能只由经济学家、工程专家来论证。应该有社会学家、人类学家等来共同参与论证。而在三峡工程论证中，却根本没有考虑到这一点。决策者习惯于从经济功利出发，而不善于从社会的全方位考虑问题，这从一个方面说明了决策层的素质，也反映出我们国家的文明程度。

　　前不久，被世界银行聘用的一位美国社会学家麦克尔·撒尼尔，在与北京大学社会学所副所长马戎谈到中国水利工程时，对没有社会学家参加论证感到惊奇。他说，在当代世界水利工程和大型农业工程的论证中，把有没有足够比例的社会学家参加可行性研究，作为一个工程是否合格的标志。对于大型水利工程是否作为一个重大社会问题来研究，实际上是把人民摆在什么位置上的问题。麦克尔·撒尼尔的一部有关的著作，其书名就叫做《把人民放在第一位》。我们也希望在三峡工程的论证中，也能做到把人民放在第一位。

后记

戴晴

可以看出，这本书是在仓促之间编成的。其推动力是 1988 年 11 月底传出来的消息：三峡工程论证领导小组已原则通过了 14 个专题的论证报告，

"长办"将据此编制整个工程的可行性报告，此报告将在 1989 年春交国务院审定，如果获得通过，按"早建"方案，这举世瞩目的工程将于 1989 年开工，若考虑到具体困难，则"假定早建方案"定在 1992 年；再不成，上晚建方案"，2001 年。

长江就要被拦腰截断了。

这事与我们有关系么——普通百姓、普通记者、普通的、各种专业的学者教授，和已经不在责任位置上的干部们？

答案似乎是否定的：谁懂得更多，你，还是 412 位专家。

答案似乎又是肯定的：中国经 40 年"和平建设"而成今天这种样子，在多次的重大错误决策面前，本该有人说个不，却是一片岑寂。人们互相耳语的，往往是：上边已经定了，别吭气了。30 年前这样，20 年前这样，今天还是这样。每个人都在心里问，却没有人愿意明说：科学决策还是权力决策？

三峡工程是一个奇特的例外，正如历史其实总是特定人物的特定行为构成：如果没有李锐，长江可能早已不是今天我们看到的样子。这是一场历时 30 年之久的争论。"上马"派说，没见过论证这么久还不行动的；"下马"派说，唯其这么久还行动不了，已经说明不可行了。就某一决策层次而言，李锐单枪匹马地支撑了差不多 30 年。今天确切知道的是，1959 年"长办"内部反对三峡工程上马的工程师们，几乎都打成右派；1959 年南方 8 省水电规划设计院院长，都成了"李锐反党集团"成员。

1985 年，在有了无产阶级文化大革命和十一届三中全会之后，老先生们站了出来。孙越崎以他 93 岁高龄，率领平均年龄 70 岁以上的政协经济建设组考察团，喊出了第一声"不"；1988

长江、长江（一本被禁的书）
——后记/戴晴

年，"依旧在位"——这在今天中国是个最怪异的现象，在位时该讲的话，离位后才讲——的周培源再度率队去三峡考察，在"论证"的最关键时刻，直接以个人名义上书中国共产党总书记。令人不解的是，以他们的身份、地位以及所议问题之重大与急迫，本应出现在全国各大报正版上的言论，却并不见系统发表，只在几份专业性报刊上零星闪现。

这时候，记者们站出来了。他们来自新华社、人民日报，解放军报、中国青年报、中国文化报、光明日报，却无一是接受本报的派遣——他们只代表他们自己，所依据的只是自己的判断。这是一批读者们不但记住了名字，还记住了他们一篇篇佳作的正处在盛期的记者——恰如官员们的"在位"——他们没有瞬息的犹豫。在位，该说的也得说。

经济学家们处在最苛刻的工作状态。如果本书的组织者，不要说有两年半的工作时间和充足的专款，只要两周，他们的阵容将更加可观，他们的论述将更加令人信服。

直到 1 月 23 日大家才聚在一起，记者们、编辑们、学者们，老先生们。这临时凑起的一批人决定，一定要赶在国务院审议决定前，让反对派的声音发出去。以什么形式发？时间太紧，最佳的考虑是报纸，但想不出这样一张报；或许可以在刊物上发？问了不下七、八家，都答应考虑，最后都以很站得住的理由回绝了；只剩下出书，此时距应当见到书的最后时刻已不足一个月，中间还夹着一个春节，而书籍今天在中国的出版印刷周期，一般为六个月到两年。

就算不考虑出书时间，这本集报纸上不能发表之大成的书谁肯出呢？内容无疑不是娱乐性，赔钱不说，政治责任谁担？

贵州人民出版社同意接受出版，授权该社副编审、编过《传统与变革丛书》与《山坳上的中国》的许医农在京审报责编。

只有两天留给封面设计。刚从医院出来的三联书店高级美编马少展答应赶出来。她并且郑重声称：作这事，是为了帮助你们，决不取报酬。

谁能把书出的又快又好呢？有人。中国什么能人没有呢？今天读者诸君看到的这本书从发稿到打包只用了 15 天。

最后一个问题，没有钱。印这本书，再加上种种活动开销，需人民币两万元。两万元，没人拿得出么？当然不是。大厂家登一页广告就要用掉这个数。但我们不能连累人家，特别在生意有没有得做，常常取决于各种莫名其妙的非市场因素的今天。

只剩下最后一个办法，先东挪西借把书印出来，然后义卖。义卖不知起自何时，也不知是国粹还是舶来品，但有一点可以肯定，义卖本购者所付出的，远不止他应允的那个数。现在可以敬告诸位的是，开始在学者与作家当中预征以来，我还不曾遭到拒绝，包括一些我并不十分熟识的和有意对他抛洒过不敬之辞的人。倘若义卖所得仍难于支付全部开销，一位经营饭店的女士愿最后补足。她并不富裕。她的不算长的前半生受尽了可被常人称为"灭顶之灾"的戕害，她从容地挺过来了，依然以善良与侠义对待需要帮助的人。

长江只有一条。我们已经对她做下不少蠢事，更愚蠢的错误不可以再犯。她属于中国人，属于"大中国人"，属于全世界。年前，诗人北岛写道：我不相信……

今天，我也要说：我不相信……

我不相信中国人永远不肯用自己的头脑思维，

我不相信中国人永远不敢用自己的笔说话，

我不相信道义会在压迫下泯灭，

我不相信，当我们的共和国已经面对着一个开放的世界的时候，"言论自由"会是一纸空文。

谨记。

戴晴

1989.2.8.

三峡啊

九O夏 李锐

《长江、长江》续篇

三峡啊（《长江·长江》续篇）

赤子之言/黄万里

遗嘱

黄万里

万里老朽手所书

敏儿、沈英，夫爱妻妹：

　　治江原是国家大事，《蓄》、《拦》、《疏》，及《挖》四策中，各段仍应以堤防《拦》为主，为主。

　　汉口段力求堤固。堤临水面宜打钢板桩，背水面宜以石砌，以策万全。盼注意，注意。

万里遗嘱
2001-8-8

133

三峡啊（《长江、长江》续篇）
——赤子之言/黄万里

三峡高坝永不可修

——戴晴访清华大学教授黄万里

黄万里：清华大学水利系教授，1911 年生，上海浦东川沙人，1932 年毕业于唐山交通大学。毕业后曾担任桥梁工程师，两年后赴美国进修，曾就读于康乃尔大学（获硕士学位）、爱荷华大学、伊力诺伊大学，是该校获得工程博士学位的第一名中国人。曾在北美大陆驱车 45000 英里，考察密西西比水利工程，并在 TVA（田纳西流域管理局）工作。1937 年回国，任经济委员会水利技正。半年后，日本侵华战争爆发，赴四川水利局，任工程师、测量队长。步行 3000 公里，查勘岷江、乌江、嘉陵江，直到抗战胜利。1947 年，任甘肃水利局长。1949 年，任东北水利总局顾问。1951 年，到唐山交大母校任教，两年后，转清华大学水利系，任教授至今。

问：众所周知，您是 1957 年三门峡工程论证时唯一的一位主张"大坝根本不可修建"的反对者。目前在对三峡工程的论证上，您又是唯一持这一主张的专家。请问您是不是一概反对在大自然赐予我们的河流上建坝？

答：不是的。作为水利工程师，我至今也不否认以适当的工程，在治理河流防止洪灾的同时，应充分利用水流灌溉、航运、发电的潜能。但是，大型水利工程的设计，不能只盯住工程本身，而要有自然科学和人文科学的眼光和胸襟，设计者本人也应具有一定的水文、地质、地貌常识。具体到黄河和长江，我坚持认为，凡在干流的淤积河段上修坝，是绝对不可以的。比如三门峡和三峡。

问：什么叫淤积河段？黄河的淤积段不是在下游的冲积平原，也就是俗称的"黄泛区"吗？三门峡不能算是淤积河段吧？

答：三门峡情况复杂，它从孟津以上，也是冲刷的，只有在三门峡那个地方，河底凸起一片基岩，所谓"三门"，历史上有名的秦国和晋国打仗，就是在那个地方，这是黄河中游冲刷段里边插进的一个淤积段，是一个极特殊的地貌。1957 年的时候，大家都不去细究，修水利的工程师也不懂这个道理，以为只要上游水土保持做好，黄河就不会有泥沙冲下来了。论证三门峡的时候，只有我一个人主张根本不修，另有一位温工程师主张修小一点的低坝。后来大家坚持，我只好建议坝体下面的施工洞留着不要堵。这是因为黄河主要是泥沙，而泥沙中的一部分是可以排出去的。留洞排沙的意见本来是全体同意的，但后来还是按照苏联专家的意见把洞堵死了，造成两年之后上游淤积和后来的改建。

问：长江三峡河段的淤积类型与黄河有什么不同吗？凡是淤积河段都不能筑坝吗？

答：长江流域在重庆以上，是四川盆地，因气候关系，雨量充沛。这些水份在被地面植被充分吸收之后，尚有多余，势必向地势低洼处倾泻，这就是盆地中的千万条溪流和它们汇聚而成的长江上游支流。几十万年以来，它们一直在冲刷地层构造质，对地层挖、掏、侵蚀，河道不断在挖深，形成了四川盆地以下直到宜昌的美丽的河流峡谷。火成岩石子和风化而成的泥砂随水流而下，流域地貌决定了刷下来的石子和风化泥砂全通过重庆、宜昌落到东部大陆架，沿着斜面铺下去，滑到几公里深的海底。后来的泥沙覆在上边，经过几十万年，形成了富庶的三江冲积平原，养活了那里 5 亿人口。这就是为什么四川盆地从来没有淤过。长江在宜昌以上各支流及重庆以上干流是属于减坡的河段（degraded reach），造床质全是砾卵石夹粗沙，大水的时候往下冲，且只有三峡这一条路出去。大坝造起来，一下堵死，石头是一块都出不去的。

但并不是冲刷段一概不能建坝，如大渡河上的龚嘴水库就很好。大渡河虽流域小，但水量大。龚嘴坝修了 16 年之后，被河水冲下来的石头淤满。虽然水库的防洪容量失掉，但不必炸坝，照样发电。所以，上游山区，河流没有航道的需要，又不会损失耕地，你修你的好了，淤就淤。不过德国人考虑得更多一点，他们只修小坝，坝下都留一个大洞，将来把石子送出去。这些坝，大部分都是好的，可以发电，可以调节洪水，还可以灌溉。

目前的争论是这些石头究竟有还是没有？是不是在向下游移动？"长办"把可跃可悬的泥沙作为底沙，而假定河床卵石固定不动——在这样的假设之下所作的动床模型试验，是没有意义的。根据水文地理学基本原理（地貌地质形成原理），可以分析出：这一面积上的石头都要下来，而且数量可观。这是基本知识，我就是从这里推断的。更况且我本人在 1940 年代当过两年测量队长，亲眼见过河中的石头在动。

问：这些随流而下的石子和砂砾可以测出么？其构成和数量随什么而变？

答：在上游是测得到的。比方说，龚嘴水库运作 16 年之后堵起来，就可以算出大渡河在此之上每年平均冲下的石子有多少。都江堰已经测出来每年 200 万方。各个支流加起来，就是冲到三峡段的总量。原则上，淤积河段不能加，因为中间会停下来；冲刷河段可以加，可以从上游小流域的实测资料按流域面积比例综合起来，推算出宜昌的卵石年输移量。按我的估算，大约为一亿吨/年。

问：那么多技术人员研究了几十年，难道一直没有从水文地貌角度考虑问题？

答：这正是我们人类自以为有了一些小技能之后，面对河流山川所经历的教训。80 多年以前，一位美国工程师说过，筑坝这种事，决策人要有两种本领，一是懂水利工程，知道造坝条件、水流条件；二是要懂得自然地理、水文地貌，知道大坝修成之后对环境的作用。只有两方面都懂得的人才可以主持策划对江河大动干戈的工程。基于此，他正式向美国政府提出报告。这就是为什么美国修造 TVA 的时候，不再倚重只会修坝的工程专家萨凡奇，而启用了以前曾经在俄亥俄迈阿密河作防洪、灌溉等综合流域规划的摩根（Arthur E. Morgan）。摩根又邀了一位爱荷华大学的教授伍德沃德（S. M. Woodward），他们都是科学家。那时候，研究水文地理的人对水电工程师不满意，说他们常犯错误；而具体作工程的人也对科学家不满，说他们不能解决实际问题。那时还没有一个人两方面都学。

我是 1934 年到美国的，以一名有了两年实践经验的铁路桥梁工程师的身份，先在康乃尔大学，后到爱荷华大学和伊力诺伊工程学院，攻读天文、气象、地貌，在这个基础之上才能看清楚该不该建坝和在哪里建。水利工程师并不一定要成为水文地理专家，但有了这个基础，问题就看得大、看得全面了。也就是说，任何工程都有总体的考虑和具体的实施，必须先有前者才能谈得上干下面的。

问：但在三峡工程的论证过程中，也启用了不少具有世界声誉的科学家，他们的学养难道对工程的技术关键没有起到作用？

答：不应该让科学家"下放"到技术层面来判断具体的工程问题，应该让工程技术人员知道如何使用科学界的研究成果。让一名水文地貌科学家去决定一个水利工程的坝址，是过于难为他了；但要求一名水利工程师懂得必须的水文地貌，不算苛求。科学家应该在自己的范畴里，按照自己的理论走向，对自然界最根本的问题和运行规律提出见解。至于应用，是工程师领悟了他的理论之后，就具体操作找出办法。我过去当右派的时候有一句出名的"言论"，讲的就是这二者的关系。毛泽东四十年代不是提出"理论联系实际"吗，说光背诵条文没有用，山沟里的马列主义才能解决中国的实际问题。五十年代，针对一批不学无术者，在这一"教导"之下，把"实际"搬出来为自己理论上的无知作挡箭牌，我说，"没有不联系实际的理论，只有提高不到理论的实际"。35 年过去了，对长江泥沙的见解和估算，还是这个问题。

问：长江三峡段有那么多峡谷，坝址偏偏选在三斗坪，不会仅仅为了将来 2 公里长的大坝的雄伟壮观吧？

答：任何水利工程，从经济的观点出发，都希望坝体越短越好，否则为什么常在峡谷筑坝呢——这叫做充分利用峡谷效用。现在，在三斗坪筑坝，像是把峡谷效用倒着用：坝前只有 500 到 1000 米，坝倒有 2000 米长，2 公里的坝拖着一条 600 公里的长辫子。这种水库，从来没有见过。之所以选在这里，"长办"不愿明讲，其实是出于不得已，因为三峡段只有三斗坪江底是火成花岗岩。但他们忘记了，岩基之上还有 30 多米深的石子，施工的时候须全部掏掉，凭空增加对蓄水完全不起作用的 35 米大坝，不经济之极。再加上百万移民。一个工程，光移民就占总预算的 1/3，没听说过。我算了一下，几个因素加起来，在这里建坝发电的成本是同样功能的电站的 7 倍！真可谓荒谬设计第一，不经济第一。你看乌江电站，窄窄的河道上一个拱坝，洪水从上面泛过去，电厂在坝的肚子里，三个功能合一。还有北京的官厅水库，坝体只有 100 米宽，上边一个大肚子。当然这个大肚子现在已经淤掉了一半，防洪效益差不多全都失掉了，但它已经效命 40 年了。

问：如果按照现在通过的 175 米方案，开始蓄水后多久上游就会出事？

答：就淤塞而言，长江和黄河不同。目前黄河的淤头已经越过长安到了咸阳，只有遇到上游陡处，爬不上去了才会停止。长江的冲刷段是陡的，本来淤积上不去。但是，当水流变缓，卵石停在重庆，就像是在那里新修了一个坝，淤积于是成为可能。除非你把重庆段河床放低，让它像广阔无际的大海一样，但这谁能办到？当然这淤积向上爬爬不远，爬到平衡坡降与陡坡相交时，就会停止。但已经抬高了江津、合川洪水位，使那里泛滥频繁。应该说损害的不过四川 1/5 的面积，但就这 1/5，已经了不得了。

最严重的问题是，从蓄水开始，不出 10 年，重庆港就会堵塞。为了上游航运，只有炸掉大坝。但两边高峡，炸掉的东西从哪儿走？只有运到平坦的地方去扔，这花费就太大了。东边土地淹没、西边河川江津破坏、沟通外界的航运交通堵塞，平白受这么大的损失，四川人不闹才怪。你一定知道清末的保路运动，正是地方利益受到损害，才诱发了辛亥革命。

问：但目前正在积极推进的三峡工程有可能中止么？可行性方案作了那么些年，准备工作也作了不少，这时候停止，是不是意味着以前的努力全部白费？

答：我的观点和很多人不一样，他们有的说早一点、晚一点，或者考虑国家经济实力，我则认为凡是淤积的河段，根本不能修坝；冲刷的河段是可以的，但必须不是航道，没有土地淹没的。长江三峡段，黄金水道，两边有 50 万亩农田，100 多万人口，还是淤积河段，在这里修坝，这个玩笑是开不得的。不幸的是，这番道理，就是在我们学校，向我的学生讲，也未必能被接受。因为已经做了那么久，又拿了人家的钱，总要想方设法为自己的工作辩护。三峡工程我以前没有想过，以为绝对不会有人蠢到会去修它。到了 1986 年，开始讨论了，我才在《科技导报》上谈了我的见解，正式宣布了绝对不能修的观点。自那时起，我一直希望公开辩论，把道理讲明。孙中山可以倡议，毛泽东可以作诗，我们技术人员是负有责任的，但至今没有得到过一次机会。

三峡工程现在还没有正式开工，坝还没有修，已经动的只是小意思。百姓做了一些迁移，高处种了一些树，造了一些桥，没有什么害处。就算将来三峡工程不修了，这一部分也不算完全损失掉。当然，早一天停，少一天损失。

1994 年

三峡啊（《长江、长江》续篇）
——赤子之言/黄万里

致江泽民总书记等的三封信

黄万里

一、

中国共产党政治局常委会江泽民总书记、诸位委员：

庆祝十四大会胜利成功，预祝诸位胜利，领导我国社会主义建设。在此，作为一个无党派科技工作者，愿竭诚地、负责地、郑重地提出下列水利方面的意见，请予审核批复：

一、长江三峡高坝是根本不可修建的，不是什么早修晚修的问题、国家财政问题；不单是生态的问题、防洪效果的问题、经济开发程序的问题、或国防的问题；而主要是自然地理环境中河床演变的问题和经济价值的问题中所存在的客观条件根本不许可一个尊重科学民主的政府举办这一祸国殃民的工程。它若修建，终将被迫炸掉。川汉保路事件引起辛亥革命实为前车之鉴。公布的论证报告错误百出，必须重新审查、建议悬崖勒马、立即停止一切筹备工作；请用书面或集会方式，分专题公开讨论，不难得出正确的结论。同时筹建赣江及湘资水等电站，以应东南能源之迫需。附送《长江三峡高坝永不可修的原由简释》，内容四点如次：

1. 在长江上游，影响河床演变的造床质是砾卵石，不是泥沙，修坝后将一颗也排不出去，十年内就可堵塞重庆港，并向上游继续延伸，汛期淹没江津合川一带。现报告假定卵石不动，以泥沙作模型试验，是错误的。

2. 中国水资源最为丰富，时空分布也合适，在全球为第一，不是张光斗说的第六。中国所缺的是在供水足够地区的耕田。水库完成后淹地 50 万亩，将来更多，用来换取电力，实不可取。详见附文《论降水、川流与水资源的关系》。

3. 三峡工程经济可行性是根本不成立的，它比山区大中型电站每千瓦投资要贵两三倍。报告中的经济核算方法是错误的。18年内只支付、无产出，也无以解决当前缺电问题。

4. 三峡水库对于长江中下游防洪虽有些帮助，但效果不大。蓄清排浑的代价是使排洪工程加大、守堤防汛期加长，而所利用的电能大减，得不偿失。长江防洪迫在眉睫，应速浚治。

回忆 1957 年黄河三门峡会上唯我一人反对建坝，因其造床质为泥沙，故退一步许可改为留洞排沙。今长江上游造床质为卵石，三峡高坝势必毁败大量坝田，又是我一人摇臂高呼决不可建。请三思吾言！

二、长江中下游汛期迫需防洪，建议治理策略如下。

1. 中游除堤防外要加强疏浚，床沙排向两岸洼地，任其淤高，不禁止围湖造地。各大支流筑坝拦洪蓄水，亦以防旱。

2. 在扬州开一分流道，近路出海，加陡坡降一倍，以刷深中游江槽。同时在下游束水攻沙，增补田亩。分流道逐渐加大，江北清水增多，南通七县变成江南。

3. 下游加多分流量，太湖区域全面疏浚，挖泥肥田；洪水宜导出吴淞江及浏河，勿入太浦河，免淹上海市区。

三、黄河乃是全世界最优的利河，今人把它看作害河，实为我水利学者的耻辱。它水少沙多，历史上南北漫流形成廿五万平方公里的黄淮海平原，全球最大的三角洲。两堤经逐步加高成为悬河，却提供了一条自流淤灌的总干渠，足以解除华北平原当今的缺水缺肥，并恢复南北大运河。应分送水沙入南北现存各流派：运河、马颊河、徒骇河、贾鲁河、涡河等，再从而淤灌田地，并改良三千万亩沙荒地。各分流闸槛要低设，以刷深河槽，增加过洪能力，于是河治。大堤不再须加高，改成高速公路。黄淮海平原得以整体开发，可增加支持半亿人口。详见《论黄淮海河的治理与淮北平原的整体开发》，其主要措施如下：

1. 打开南北大堤约廿道闸口，低槛分流刷深河槽，北岸分流年 200 亿方水，南岸 100 亿方。首先打开人民胜利渠闸，引水天津；随后再开运河南北闸。各派取复式断面，固定住低水岸边。

2. 停止小浪底坝工，改修三门峡坝，恢复其设计功能，并刷深黄渭河槽，确保上游农田。

3. 停止南水北调东线工程，江水只可抽到里下河地区。该工程抽水 70 米水头，经济上不可行；将来恢复大运河，黄水南北分流，该工程将大部拆除。该工程是错误的。

4. 整治南北大运河，今线下移到黑龙港。

5. 整修南北大堤及原运河高地成为三条高速公路。

附三文。顺致敬意。

黄万里 清华大学

1992 年 11 月 14 日

二、

中国共产党政治局常委会江泽民总书记、诸位委员：

1992 年 11 月 14 日曾函陈长江三峡大坝决不可修等水利方面的意见，附文简释有关技术问题，未见批复。而总理已赴汉口开始筹备施工。在此我愿再度郑重地、负责地警告：修建此坝是祸国殃民的，请速决策停工，否则坝成蓄水后定将酿成大祸。此坝蓄水后不出十年，卵石夹沙随水而下将堵塞重庆港；江津北碚随着惨遭洪灾，其害将几十倍于 1983 年安康汉水骤涨 21 米、淹毙全城人民的洪灾。最终被迫炸坝，而两岸直壁百米，石碴连同历年沉积的卵石还须船运出峡，向下游开圹之地倾倒。航运将中断一两年。不知将如何向人民交代。

论经济效益，此坝每千瓦造价三四倍于一般大中型坝，其经济可行性并不成立。对比五年工期的大中型坝，设此坝施工期 1995 年至 2010 年、连续 15 年，按 1986 年物价，每年 20 亿元中浪费达 13 亿元，等于每年抛扔大海 400 万吨粮食。此举远比美国胡佛总统 1931 年只一次沉粮于海以示众，还要壮烈。完工后十年内陆续回收发电效益 781 亿元，未必能抵偿炸坝运碴、断航、及淹没损失。

详情请阅前送的《简释》。据说三峡问题规定不准公开争辩。此事关系重大，愿向诸公当面解说。单谈卵石塞港问题只需一小时。若再淡经济问题，则外加半小时，质询时间在外。担保讲得诸公都明白。

原来流域水利规划必须具备治河（包括防洪）、航道、灌溉、发电、供水等各种工程知识；并曾亲历其勘测、设计、施工、运行的经验；此外还需要气象、地貌、地质、水文以及工程经济的知识；还须能对数学、力学方法和概率统计方法运算自如。这些要比一般土木工程的知识广阔和深邃多了。概括地说，水利规划要求工程和自然地理学术兼备于一身，前贤有言在先。

技术人员中最早提出修建三峡大坝的美国专家萨凡奇只是专长于造坝和略晓坝址地质的土木工程师。但是 1932 年美国罗斯福总统创立田纳西流域专区 TVA 时就未聘用他，而专任具有流域规划经验的 Arthur E. Morgan 领导和 Sherman M. Woodward 教授为顾问。这些外国专家我所熟知，曾在其下层工作过。一个甲子 60 年过去了，我国涌现出成千上万位水利专家，但仍未闻有兼通工程和水文地理者在水利机关领导规划。于是出现了这个截断长江的高坝计划，实际上不作可行性研究就该被否定。

希望党的经济建设科学化、民主化要策切实贯彻下去。切勿规定经济建设可行性由行政当局事先决定。例如黄委主任王化云曾对总工程师交代："这个坝（小浪底坝）你先按 6 亿元设计请款"；又如万里副总理带了张光斗视察引黄济青导水工程后，就由计委批准施工，结果耗资十亿元，每年还须大量费用抽水，其费大于在青岛煮海取水年一亿立方米。对于与众不同意见的建议从不答复，甚至控制学术刊物不准刊登合理的异议，附送两案件请审阅后转交中央纪委。

顺致，敬意！

黄万里

1993 年 2 月 14 日

清华大学九公寓 35 号，电话 xxxxxxx

三、

中国共产党政治局常委会江泽民总书记、诸位委员：

前曾两次劝告切勿修建长江三峡高坝，首次 1992 年 11 月 14 日，附送两文，第二次 1993 年 2 月 14 日，附文请阅后转交中纪委。现在另再送上《长江三峡高坝永不可修》河床演变问题论证一文，请予审批，并请连同前文发交有关机关，安排会议公开讨论。

凡峡谷河流若原不通航，支流两岸又少田地，像大渡河龚咀那样，是可以拦河筑坝、利用水力发电的。尽管 16 年来这水库已积满卵石夹沙，失掉了调节洪水的能力，仍能利用自然水流的落差发电。但长江三峡却不是这样，这是黄金水道的上段，四条巨川排泄着侵蚀性盆地上的大量卵石进入峡谷，在水库蓄水后，这些卵石和泥沙就会堵塞住重庆港，上延抬高洪水位、淹没田地。那里水源丰富，生活着一亿多人口，缺少的正是耕地。凡是这样的地貌，决不可拦河筑坝。所以长江三峡根本不可修高坝，永远不可修高坝。当年孙中山提出这一设想后，可惜没有一个学者能作出科学的解释，至今也只我一人，说明这是不可行的。随后也就不会有美国萨凡奇的建议，也不会有一群工程师涌向美国学习筑坝的经验，其实这些技术还停留在幼稚可笑的阶段。更不会向加拿大乞取可行性研究经费，更不会有党代会、人代会和半个世纪的讨论。这些都是科技低落的后果，虽不单是我国，但今准备施工了，领头的"专家"应负刑事之责。

论经济效益，此坝每千瓦实际造价之高，可以打破世界记录。且不论摊派到发电的静态经济成本按 1986 年物价 300 亿元是否属实，并缩短工期为 15 年，投资逐年平均分配，到完工时实际投入为 666.45 亿元（见"简释"文）。但是审核的报告竟按开工时的成本计算，若也按 15 年工期，则仅 159.54 亿元。这样，缩小了造价成为 1/4，即隐瞒了实价的 3/4。这样，经济可行性自然就成立了。这一错误，凡建设领导都该懂得而负责。

所以长江三峡高坝不仅因其破坏航运和农业环境而不可修建，而且其本身价值也不成立。三峡电站 20 年内只有工费支出，没有电费收入，国家财力不堪负担。理应从速修江西湖南山区所有大中型电站，以供应东南各省电能燃眉之需。

作为共和国一个公民、由国家培养成的、从事了 60 年水利工作者，眼看着国家和以百万头颅换来的坚强党组织误入陷阱，自觉有责任忠告，也应依宪法"对于任何国家机关和国家工作人员有提出批评和建议的权利，对于任何国家机关和国家工作人员的违法失职行为有向有关国家机关提出申诉、控告或者检举的权利"。凡对技术复杂的问题例应公开讨论，岂可即下结论，申称"一定要上"，犯有欺国之罪，向监察部举报外，也对总书记等对我两次警告未予批答，深为诧异。未知曾否考虑按宪法"对于公民的申诉、控告或者检举，有关国家机关必须查清事实、负责处理"，这一条发交有关机关处理。当年黄河三门峡修筑前争辩，只我一人反对修筑。现在虽有许多人反对修建长江三峡坝，但又只我一人从根本上彻底反对，申称是对国家经济不利。可能诸公相信群众多数，我个人仍希望公开争辩。

未见批答，工程已准备进行，难望轮台有悔诏，只得将此案披露中外，或可拯救这一灾难于万一。

顺祝，

进步健康！

黄万里

1993 年 6 月 14 日

清华大学九公寓 35 号

附一：

致中纪委、监察部的一封信

中纪委、监察部合署举报中心：

兹举报国务院在长江三峡高坝修建问题上，置本检举人黄万里劝阻的说理于不顾，违背宪法"对于公民的申诉、控告或者检举，有关国家机关必须查清事实，负责处理"的规定。虽此坝业经人大通过由国务院定期动工修建，但国务院不能卸却核定该坝修建可行性成立的责任。请监察部举报中心查明处理。

按举报人黄万里曾于 1992 年 11 月 14 日、1993 年 2 月 14 日及 6 月 14 日连续三次向中国共产党政治局常委会江泽民总书记与诸位委员、包括国务院领导，说明建成三峡大坝将于几年内堵塞重庆港、断绝黄金水道上段；并抬高洪水位，淹没江津合川一带耕地；终将被迫炸掉。祸国殃民，莫此为甚。

凡建造高坝于河道中一般都有五种相互独立的问题，其可行性均须考查，是否一一成立。三峡高坝经检举人研究，明显地皆不成立。当今尚无一条以卵石为造床质的通航河道、两岸饶有耕地者修建高坝，长江三峡高坝实为创举，他年足为世界水利工程提供一反面教育。这五个问题的可行性分析如下。

三峡啊（《长江、长江》续篇）
——赤子之言/黄万里

　　第一个问题是造坝后对于河道和流域的生态环境影响。生态影响中受到破坏的情况业经广泛讨论，年前且有法国所在的世界生态组织法庭公开裁判，三峡高坝之修建为不法，我国缺席不理，法国认错。环境问题已如上述，断航祸国、淹地殃民，决不可取。这一首要问题若在孙中山提出这设想后就有人阐明，则以后所有活动——勘测、规划、各种可行性研究、设计等待皆可免除。

　　第二个问题是大坝和航船上下的工程技术问题，因为工程巨大，将打破世界记录，经多方研究，总是可能做到。据此，英雄主义也因此抬头。实则因决定用混凝土重力坝，浇注时期长达一二十年，又必选择最佳基础花岗岩所在的三斗坪，其地卵石覆盖层 35 米，坝长 1,998 米，而后面的水库宽度只有 500 至 1000 米，致使工程浩大，而蓄水量却不大，淹没损失又綦大。说明现定工程只考虑了坚固性，却忽略了经济合理性，论技术，虽可修建稳妥，工程却不合理。

　　第三个问题是社会影响或社会效益的合理性和可行性。这就是因库区淹没 50 多万亩所招来的迁移人民 130 万人和十几个城市问题。现在进行的建设性移民措施，比以往的办法好得多了。预算移民费用竟占工程费之半，亦即全部预算的三分之一，已够多了。但是实际上恐仍不够，移民向山区显然很难容纳全部，仍不得不有几十万人移往域外远地，这就困难了。所以这个问题可能使造坝可行性不成立。

　　第四个问题是工程经济可行性是否成立，也就是按本工程的价值对比回收是否值得修建。按照三峡工程论证领导小组 1990 年 7 月的报告，28 页："贷款偿还期及投资回收期都是 20.6 年，即竣工后的次年即可还清贷款，收回投资。这是其他水、火电站做不到的。"确实如此，这是世界奇闻！原来计算中偿还所贷之款指的是开工时所筹集的资金，而不是竣工时的投资本利总数。后者通过 20.6 年要扩大约四倍之巨，亦即报告中的投资总额比实际需要化费的缩小成为 1/4，于是"其他水、火电站做不到"。实际上本工程经济可行性根本不成立，也就是根本不值得实施的。

　　况且从全国动力经济考虑：17 年施工期间只有大量工费支出，除少数先装置的电机外，无电力和资金回收。不像在川、黔山区建造百万千瓦以下大中型水电站，例如乌江渡电站五年即可完成，单价成本低廉，只及三峡电站的 1/4，同期内早就回收投资。所以三峡建坝对于全国动力经济都是极不合算的。

　　第五个问题是三峡建坝对于国防安全的考虑。这已有张爱萍将军权威性的论据，兹摘录 93 年 8 月 16 日 '报刊文摘' 所载 "就三峡如何应付核战争一文张爱萍来函澄清史实" 中一段："……三斗坪大坝的防空问题。经从空中、两岸陆地和江面勘测后，并与长办共同研究，结论是：一般防空无问题，但对核导弹轰炸，则无有效办法。一旦被炸，江水将一泻千里，直下南京，包括洞庭湖、鄱阳湖两岸当遭灭顶之灾。惟有在遭敌导弹袭击之前放水，但危险性大，因为我们无法测知敌人何时进行核导弹袭击。……" 可见考虑国防安全，三峡建坝不可行。

由此可见，三峡建高坝在上述五方面皆不可行。详细解释见举报人黄万里所写上述三信及附送两文：《长江三峡高坝永不可修的原由简释》及《"长江三峡高坝永不可修"河床演变问题论证》，信中还提供了长江黄河的治理策略所不同于当今者，一概未见有只字回答。

请举报中心敦促国务院重新审查此案，公布此信与前送三信，公开集会争辩，或指定刊物书面讨论，使大众明辨是非。根据讨论结果，就可决定是否洽当修建此坝。

若一意如此进行修建，终将因发现卵石在葛洲坝上游沉积量已达几亿吨；或移民实在困难，耗费极巨，无法推动；或领导觉悟此坝成本太大，不如百万千瓦中大型水电站成本低、收效早；或国家拨款困难，不能如期进行等等原故而被迫中途停工，则损失已数十亿元矣。

前列各种错误，总的最后审核者应负技术的责任，因其反科学的严重性，应请依法处理。凡审核人员须能通晓水利各部门学术与有关的水文地理学纯科学知识；在工作经历上须曾亲历河道测量勘查、工程施工、设计、规划；在分析技能上须精通数学力学法与总体数理统计法；其他工程经济与工程材料乃是土木工学必备的常识。如此才能对工程建设在环境、技术、经济等诸方面的效应作出准确的科学化判断。前述各项错误乃是浅易的、常识性的，尚未涉及高深的问题；但是一望便知，足以贻笑国际。凡此皆应通过多方争辩，不可要求齐声雷同。这是组织讨论在行政方面的责任。

请举报中心收到此信后请复示处理办法，不胜迫切待讯。由于本案的严重性，案情的发生、举报和处理经过终将公诸世界。

附送致政治局常委前后三纸，共三篇 6 页，又附文两篇，16 页及 10 页，原送有关水资源文未送。

举报人：黄万里
1994 年 1 月 25 日
清华大学

附二：

向中纪会、监察部合署举报中心举报清华大学教授张光斗的信

中纪会、监察部合署举报中心：

兹举报清华大学教授张光斗在工程审核或设计中，冒充内行，谎言惑众，致使国家经济建设受到严重损失。下面列举严重的诸案，请依法处理。

案一，张光斗总负责审核长江三峡高坝工程之可行性，主张"一定要上"，而该工程在环境影响上、工程技术上、工程经济上等各方面，全是不可行的。他在 1992 年政协会上，竟谎称当年 1957 年水利部召开的黄河三门峡筑坝讨论会上，"我（黄万里）那时是反对修建高坝大库的，赞成设大量底孔，意见是对的。但不能说，我现在对三峡工程的意见也是对的。"事后大家理解黄河在三门峡修坝是错误的，淤毁田几十万亩，而且至今渭河淤积已上延过咸阳，南岸泛碱，洪水频繁，损害民生仍在增加。当时只有黄万里一人反对修三门峡坝，另有温善章一人主张改修低坝。张光斗则赞成修坝拦沙库内，让清水出库，见附件一，黄河水利委员会档案，黄、张的发言，又政协简报，见附件二。黄万里后来提议留全部底孔勿堵，以便他日排沙。当时则人人赞成，包括张光斗，却不是"少数人"。现在张却在政协发言，竟冒充在黄河三门峡问题上自己属于准确的少数派，自己在长江三峡大坝问题似乎也该是对的。实际上他根本不懂三峡因环境影响，卵石将堵塞重庆港而不能造坝；也不懂工程经济核算原理，此坝根本不值得建造；而妄加审核通过。谎言惑众，道德败坏。

案二，按水资源是指人类可以利用的自然水量，包括对农业的有效雨量和从外地引用的水量。在我国最为丰富，时空分布也最合适。而张光斗于 1989 年写文《关于水资源问题及其解决途径》，竟把河中剩余的出海流量作为水资源，其中不包括有效雨量，却包括淹死人的洪水量。我国只有占全球 7%的耕地，养活了全球 22%的人口，为世所称颂。而张光斗却说我国水资源贫乏，沦为全球第六，而把前苏联、加拿大等有大量弃水入北冰洋的居榜首。这一错误严重地影响到国土相对于水资源的利用。为此，我举报人黄万里曾在《自然资源》学报上写文说明川流和水资源的不同概念，以免水利规划错误所造成的损失。

最恶劣的是，开始个个刊物欢迎，忽然一天同时拒载，也不予解

释。这些刊物是《水文》，水利部办；《自然资源》学报，科学院办；清华大学出版社，清华大学办。检举人怀疑张光斗在科技界组织有一条黑线，指使刊物拒登反对自己错误科技成果的意见。特举报请查明处理。

案三，黄河本来缺水，张光斗却随同当时的副总理万里核准调用东营水每年一亿吨到 200 公里外的青岛市，中途兼顾些城乡饮用水。投资 10 亿元，每年还须耗费大量动力抽高水逾百米。每吨净水比在青岛煮海水还贵，10 亿元可造三座长江大桥，完全违背工程经济。检举人黄万里事先曾向计委提供七种替代计划，每种工费均在一亿元以下，计委置不答，仍采用这技术错误投资浪费的"条子工程"。1992 年黄河曾在济南断流。青岛年雨量 800mm，不该向黄河上游 300mm 处争水。凡此，张光斗应负技术的责任，请查明处理。

案四，张光斗五十、六十年代在清华水利系负责工程设计院的技术领导。实际上他并无能力和经验具体领导技术工作，听任教师自行工作，致使承包的工程设计大多浪费极大。例如密云坝身设计过高，水库容量过大，浪费很大。大坝卵石堆砌，设计不当，造成坍坝。又如四川灌县渔子溪长输水道发电工程不在山头设置前池，却在河溪里设水库，致使 10 多公里长输水道设计流率倍增，因此不能用简便的山坡引水渠，而不得不用昂贵的隧道，其单价又倍增。结果土木工程造价浪费四倍之钜。这些例子说明他在负责的设计中从不致力于尽量减省投入、增多产出。

案五，前国民党资源委员会孙越崎是张光斗的老上级，知张底细甚详。1988 年在全国政协选举常委的会上当张面登台演说，揭发张光斗解放后造谣撞骗，在《新青年》杂志上自称曾拒绝台湾、美国聘任要职，为新政府隐藏工程设计图纸等立功；又窃取原资源委员会的科技文稿为已有，对外发表等无耻行为。孙老至今忿恨在心，政协有案可查。

从上列各案可知，张光斗道德败坏，学术低劣；既不懂环境工程，又不解工程经济；谎言惑众，他负责的工程设计审核错误百出，使国家遭到严重损失。按错误的工程技术，浪费了生产中的劳动力，形成<u>负生产力</u>。也就是把人民从各方面有效劳动所收得的生产成果，在错误的工程里白白埋葬了。况且他采用了谎言欺匿的手段，不懂装懂，诬骗上级与群众。这些罪行，使国家遭受的损害，远比营私贪污者大千百万倍，故务必查明严惩。当今合署举报中心强调惩治贪污罪犯，自属必要。原进而明解，全国贪污犯所造成的国家总损失尚不及张光斗一人的错误技术所殃成的损失为大也。幸明察而详加调查，依法处理。

举报人：黄万里

1994 年 1 月 25 日

清华大学

附三：

致朱镕基总理、李岚清副总理等的一封信

朱镕基总理、李岚清副总理等：

　　附文指出治理黄河及长江的不同意见，呈请审查处理。

清华大学黄万里　九公寓 11 号　电话：xxxxxx

2000 年 4 月

　　自从 1957 年 6 月水利部召开对黄河三门峡坝苏联设计征求意见的大会以来，已有 43 年了。当时有 70 位专家出席，大多同意苏联设计，只有笔者一人根本反对修此坝，并指出此坝修后将淤没田地城市的惨状。争辩七天无效后笔者退而提出：若一定修建此坝，则建议勿堵塞六个排水洞，以便将来可以设闸排沙，此点全体同意通过。但当施工时苏联专家坚持按原设计堵死六洞。

　　1962 年坝成，1964 年潼关以上淹地几十万亩，迁移居民 29 万人前往宁夏高地。此后被迫打开施工排水洞，一切如笔者 1957 年 6 月 10 日至 17 日在大会上所预言。现在潼关已淤高 5 米，渭河 3 米，移民达 70 万人，灾情仍在扩大，详见附文之一。

　　43 年来《黄河志》和《中国水利》皆未登载 1957 年会上争辩的实况。而 1997 年在全国政治协商会上讨论长江三峡高坝修建问题时，有一位科学院和工程院院士竟大言不惭地说：1957 年讨论三门峡坝时只有他一人正确地反对修三门峡坝；如今他赞成修长江三峡坝也是正确的。他以为 1957 年他发言赞成修黄河三门峡坝，并批判黄万里的反对修坝，事过 40 年人们早就忘了，庶不知当他在政协的发言和 40 年前的发言稿仍在群众手中，经录送中央纪委等有关机关和群众，他气得落泪。这种行为在早年国民党员中是很多的，被群众称为党棍，但在今力行素质教育的盛世实所罕见，其劣迹业已传到国外大学。建议按"教育法"和"高等教育法"弹劾其职务，以明国法的严肃。

　　在他拦洪储沙治理黄河的策略指导下，黄河虽未泛滥，但潼关以上

耕地损失太大，人民迁移痛苦万分，与时俱增。明知黄河断流，他还主张引黄济青，8 亿元不足，将突破 10 亿元，可以建造三座长江大桥。明知长江三峡没有火成岩地基可修混凝土高坝，他还主张在三斗坪修 2000 多米长的大坝，把三峡埋在水库里，创造历史上坝工的大笑话。月支高薪，不知浪费国家多少投资。三峡坝有四大工程本身的错误，还有两大生态环境的错误，不知床沙输的是卵石，而按悬移的泥沙一般处理。凡此治黄治江的规划全是错误的。须知工程计划的根本性错误所造成的损失远比贪污之数为大。按国家大宪前者罪行也按刑事处分，但新宪法里这条取消了。这是国家对两院院士的宽恕。

江河治理意见详见附六册[1]。

[1]：信中所附六册未收入。

钱正英应负的责任是推卸不了的！

——黄万里等关于三峡工程的备忘录

　　《中国水利报》和《中国水利》月刊发表了中国工程院院士、全国政协副主席、水利（电力）部老部长钱正英 1999 年 9 月 24 日在水利部机关欢庆新中国成立 50 周年大会题为"解放思想，实事求是，迎接二十一世纪对水利的挑战"的长篇讲话，引起了广大读者的关注。其中第三节"经验与教训"部分约占全文的一半篇幅，主要论及关于黄河三门峡和长江三峡等有关问题。经详细拜读，并查找有关史料，发觉其问题的奥秘，在于她意欲借机推卸其在主持三峡工程论证中所不容推卸的历史责任。

　　人们很难想象，《关于兴建长江三峡工程的决议》从 1992 年 4 月全国人大七届五次会议通过至今即将 8 年，举世瞩目的超大型三峡工程轰轰烈烈正式开工兴建也已 5 年多，而原来主持三峡工程论证的钱部长，却忧心忡忡地提出：三峡工程"人大也算是通过了，现在也开工了，但是从我个人思想上讲，我对自己主持的论证到现在还没有做最后的结论。……我感觉到后还是要经过实践的检验。当时论证中认为有两个问题是担心的，一个是泥沙问题，一个是移民问题，现在我还加上一个库区污染问题，我认为这三个问题仍然值得非常重视。"还说："三峡的论证虽然是结束了，三峡工程虽然是开工了，对论证究竟行不行，还要经过长期的实践考验。"我们不禁要问钱部长，在 1990 年国务院三峡工程论证汇报会上，在 1992 年提请全国人大审议三峡工程时，你何不"实事求是"地交代这些情况？而让中央领导和全国人大代表们在片面宣传的形势下同意三峡工程上马，出了问题你该负何责？钱正英部长还说："对来自反面的意见应给予充分的重视。"

　　今天我们不得不郑重指出的是，早在 13 年以前的 1987 年和 11 年以前的 1989 年，我们几人作为持不同意见者会同众多专家、学者，曾就有关三峡工程的综合论证和专题论证，先后合作编著出版了《论三峡工程的宏观决策》和《再论三峡工程的宏观决策》，对有关三峡工程的诸多重大问题（包括钱正英部长担心的泥沙、移民和库区污染问题），都作过深入透彻的调查研究和具体建议。但当时主持论证的钱部长对此采取了什么态度呢？当第一本书将问世之时，有消息传来，说"有关主持论证的领导，不满意你们出这本书，不同意公开发行这本书；主管论证部门宁愿出资收买全部（3100 册）新书，也不准让新华书店公开发售。"这是通过当时的李鹏代总理给国家计委领导对我们所施加的巨大压力。当然这是难于令人容忍的。经过我们据理力争，名正言顺地进行了合理的申辩后，这本书总算于 1987 年 11 月与广大读者见面了。此书出版发行后，舆论界、学术界反映之热烈出乎意料。首都各大报刊纷纷发表书评，并冲破层层封锁，发表了众多的"反方意见"。在第二本书《再论三峡工程的宏观决策》出版后不久的 1989 年 9 月，三峡工程论证领导小组办公室两位主管，又写信给国家计委党委说《长江、长江》"是一本宣扬资产阶级自由化的书，是一本反对四项基本原则的书，是一本为动乱与暴乱制造舆论的书。你单位林华、田方同志参加了这一活动。现将'有关材料'送上，供你单位清查和考察干部时参考。"好在国家计委党委领导相当客观地处理了这个问题。这封信虽则并非钱部长亲自撰写，但却反应了在她直接领导下的三峡工程论证领导小组内，竟有人企图使用以政治棍子整人的伎俩。而并不像钱部长今天所说的那样"有问题是客观存在的，不要怕别人提出问题，就怕别人看到问题不提……。如果有彻底的唯物主义态度，就不怕人家提问题，问题早提有好处，可以避免错误。"按照钱部长今天所说的，那么，十多年以前在三峡论证过程中针对钱部长现在所担心的三个问题提出的正确意见，不仅未被采纳，反而被横遭诬陷打击。彻底的唯物主义者，今天对此该如何正确看待呢？历史有时候真会对人开玩笑。

1992 年 3 月 17 日上海《文汇报》以整版篇幅详细刊登该报记者对《钱正英的访谈录——三峡工程的前前后后》，这是全国人大七届五次会议通过"三峡工程决议案"的前夕，钱部长成竹在胸，满怀信心地对记者侃侃而谈。在结束访谈时并激动地说："啊呀！我跟你讲，我经手的大大小小水库也数不清了，但修一个水库就挨一次骂。这一次，我开始接受三峡论证任务时，家里孩子都反对，说：'你干啥呀？ 你做了那么些工程也可以了，再搞一个给大家骂的事情？万一搞得不好还得坐班房，杀你的头不足以谢天下。'"钱部长对那时这种慷慨悲歌与豪言壮语，今天又该作何感想！？现在，我们拟分别就钱部长提出的黄河三门峡和长江三峡等主要有关问题作以下商榷。

一、关于如何正确吸取三门峡工程改建的经验教训问题

在提到 1955 年黄河规划要建"三门峡高坝大库，全部拦蓄黄河泥沙，从而把黄河一劳永逸地变为地下河"时，钱部长说："挖私心来讲，我们自己内部有一个小算盘，那时水电和水利是分开的，水电是电力部，水利是水利部，三门峡这个项目马上就要上，为了争取三门峡的领导权，就是三门峡归水利部主管，还是归电力部主管，我们的调子也高了，都赞成搞三门峡了。当然也有认识上的问题，尽管有些怀疑，但是大家都相信，所以也相信了。"就是说，为了争取三门峡建设的领导权，尽管还有怀疑也就相信了。1956 年在审查三门峡高坝大库的初步设计时，水电总局技术员温善章提出低坝滞洪排沙方案；清华大学教授黄万里提出坝底留有容量相当大的泄水洞以备刷沙出库；曾参加黄河规划的水文水利专家叶永毅提出初期利用底孔排沙的运用方式等，都未被采纳。看来，钱部长对于"争取领导权"是非常积极的，但是，对于工程建设中的重大不同意见，并不是像今天那样的"彻底唯物主义者"。

三门峡工程于 1957 年 4 月开工，1960 年大坝建成，在堵塞导流底孔开始蓄水后，就发现库区泥沙淤积迅速向上游延伸，甚至威胁到西安市的安全。经陕西省强烈反映，水利电力部于 1962 年和 1963 年召开了两次三门峡问题座谈会，没有取得一致意见。周恩来总理于 1964 年召开治黄会议，听取各种不同意见，经反复研究，下决心对三门峡工程进行改建，由高坝大水库蓄洪拦沙改为低水位滞洪排沙。周总理还说："底孔排沙过去有人曾经提出过，他是刚从学校毕业不久的学生（指温善章），当时会议

上把他批评得很厉害。要登报声明，他对了，我们错了，给他恢复名誉。"随即对三门峡工程进行改建，在岸边开挖两条大隧洞和利用四条发电引水钢管，进行泄洪排沙。但因隧洞进口和发电引水钢管的位置较高，泄洪排沙能力不足，洪水期水库水位难以下降，库区泥沙仍在继续淤积。于是又进行第二次改建，将已被堵塞的位置较低的导流底孔，在水下非常艰难的条件下再行打开，以尽量增加低水位时的泄洪排沙能力；同时降低发电进水口，以便在低水位下发电。这样才使水库水位得以下降，进行有效的泄洪排沙。三门峡工程自改建以来，经过降低水位畅泄，至今潼关以下峡谷库区经冲刷趋于冲淤平衡；但在三门峡大坝上游114公里的潼关卡口，曾被淤高 5 米左右，迄今尚未冲掉，形成二级坝；潼关以上还在继续淤积，遗留问题尚未解决。

从三门峡工程的实践可明显看出，水库泥沙淤积起来很容易，但在水库上段淤积后再要想冲掉就很难。长江三峡的泥沙虽然没有黄河多，但也不少，居世界第三位。而且长江上游的泥沙比黄河下游的泥沙粗，还有沙砾卵石，更加易淤难冲。在水库上段淤积后再想冲刷掉将更加困难。黄河三门峡工程是我国水利水电建设中一个严重的规划决策上的失误，对水库泥沙淤积和淹没损失移民问题太不重视，事前不听取不同意见，在兴建后又被迫反复改建，浪费了大量资金，给库区人民造成很大困难。原设计水库水位 335 米时估算的移民数为 21.9 万人，现在包括库区塌岸和高水位迁移后返迁人口，共达 56 万人。而其结果既解决不了黄河下游的防洪和泥沙淤积问题，还要因此兴建耗资几百亿元的小浪底工程；对上游则增加了泥沙淤积和洪涝灾害，经验教训甚为深刻。规模巨大的长江三峡工程，水库泥沙淤积还将影响重庆港的航运，水库淹没移民更多，库区污染问题更为严重，理应认真吸取三门峡失误的经验教训，以免重蹈覆辙，再犯更大的错误。遗憾的是，在三峡工程论证时，曾对三门峡提出降低水库水位排沙方案，经周总理指出"他对了，我们错了"的温善章未被邀请参加；他所提出《对三峡正常蓄水位的建议》（载《能源政策研究》1996 年第 1 期），建议三峡采用正常蓄水位 160 米，坝顶高程 165 米方案，泥沙淤积可不影响重庆市区，还可减少移民 50 万人，也未予理睬。三峡工程论证时邀请了清华大学好几位老教授，就是没有邀请对三门峡工程曾提过正确意见的黄万里教授。曾对黄河泥沙有深入研究的水科院泥沙研究所前所长方宗岱，也没有让他参加泥沙专家组，他在防洪专家组提出的泥沙淤积将威胁重庆市防洪安全的意见也未被重视。以上情况显然是与中共中央、国务院（1986）15 号文对三峡工程论证所要求的"广泛组织各方面的专家"，"广泛征求意见"相违背的，也是不利于吸取黄河三门峡工程改建的经验教训的。尤其令人遗憾的是，那时的钱部长竟是今天钱部长的反面，今天所说的漂亮的话，也洗刷不了那时极力"压制不同意见的责任"。

二、关于如何正确看待"文革"前对三峡工程的态度问题

钱正英部长为了表示她一贯正确，所以特别强调说："我个人的观点，长江规划肯定要以三峡工程为主体，但是我在'文革'以前一直不主张上马，认为那个时候没有条件。"实际情况究竟如何？

1958 年 2 月末 3 月初，周恩来总理带队到三峡考察，在船上听取各有关方面意见。当时明显有两种对立的意见：一方是林一山，主张长江流域首要任务为防洪，首先要在长江干流上建三峡大水库；另一方是李锐，主张要根据经济技术条件先支流后干流。有记录在案的钱部长的发言，则是明显支持林一山而反对李锐的。她说："我过去是支持林一山同志的"，"这次林一山同志提出的报告也是对的"；"李锐同志提出争论的意见，我认为是属于一棍子打死"，"今天李锐同志刚才的批评，仍有些过分的地方"。钱部长所支持林一山的主要观点是"不首先肯定三峡，干支流关系是很难正确肯定的。"在这次查勘三峡后，中央成都会议 1958 年 3 月 25 日通过的《关于三峡水利枢纽和长江流域规划的意见》中，在"三峡工程是长江规划的主体"后面，加了一句"但是要防止在规划中集中一点，不及其他和主体代替一切的思想。"这是对片面强调三峡工程的明确批评。在 1958 年中央成都会议上，通过了 30 多个有关"大跃进"、总路线的决定和文件，三峡工程没有赶上这个大浪潮。接着就是"反右倾"、

三年灾害、调整巩固，在"文革"前才都不谈三峡了。

三、关于如何认识三峡工程论证中的重大问题

1982 年 9 月，党的十二大提出二十年工农业总产值翻两番，考虑要上三峡工程，但规模太大，移民太多，难以兴建。在小平同志的授意下，万里副总理等中央和有关部委的领导，当时任水利电力部副部长的李鹏等，于 10 月 7~8 日赴宜昌查勘三峡，听取"长办"关于三峡工程情况的汇报。回北京后初步提出正常蓄水位 150 米的低坝方案。11 月 24 日国家计委向小平、耀邦、紫阳、万里、依林等领导同志汇报《关于二十年工农业总产值翻两番问题》时，谈到准备兴建三峡工程，小平同志说："我赞成搞低坝方案。看准了就下决心，不要动摇。""长办"在过去研究三峡工程各种高低蓄水位方案的基础上，于 1983 年 3 月编制完成的《三峡水利枢纽正常蓄水位 150 米可行性报告》，坝顶高程 165 米，利用超蓄水位至 160.7 米，可防御百年一遇洪水保护荆江大堤的安全。装机容量 1300 万千瓦，年发电量 650 亿千瓦时，水库移民 33.3 万人。

1983 年 5 月由国家计委召开三峡工程可行性研究报告审查会议，领导小组有国务院副总理姚依林、国家计委副主任宋平及有关部委领导包括钱正英、林一山等 16 人，邀请参加审查的各有关方面的代表和专家约 350 多人。经过审查讨论，取得了基本一致的意见。宋平同志在总结发言中说：领导小组按照多数同志的意见拟向国务院建议批准 150 米正常蓄水位、165 米坝顶高程的方案。后来，水利电力部由钱部长签发于 1984 年 2 月 15 日以（84）水电计字第 61 号文报国家计委并报国务院《建议立即着手兴建长江三峡水利枢纽工程的报告》，列出了"长办"研究过的正常蓄水位 150 米、160 米、170 米、180 米、200 米等各种方案，经部党组讨论提出了几种意见：第一种意见是正常蓄水位应定在 180 米以上；第二种意见是在 150 米基础上作适当调整，将大坝加高 10 米，将来如移民顺利，可抬高蓄水位至 160 米；第三种意见是在前两种意见中取一个中间方案，即正常蓄水位定在 170 米左右。并说"一致认为，三峡正常蓄水位的选择，涉及

面广，影响深远，事关重大，是国家的一项重要战略布局，不是在一个部范围内可以看得清楚的，必需由中央纵观全局、权衡利弊作出决策。"

　　1984 年 4 月 5 日国务院以（84）国函字第 57 号文原则批准《长江三峡工程可行性研究报告》，并指示："三峡工程按正常蓄水位 150 米，坝顶高程 175 米设计"（即同意水利电力部 2 月 15 日报告中所提第 2 种意见）。重庆市 1984 年 10 月提出不同意见后，1985 年 2 月中央、国务院决定由国家计委牵头，国家科委协助，组织有关方面进行关于三峡工程水位方案的论证工作。1985 年及 1986 年上半年，国家计委和国家科委组织了全国各有关部门（特别是水利电力部）的设计研究单位、高等院校的专家们，成立了三峡工程综合评价组，对三峡工程进行了系统的综合评价研究，先后于 1985 年 9 月和 12 月召开了规模较大的三峡工程综合评价专题论证会和经济评价讨论会。钱部长说："后到 1986 年几经周折，决定要我组织重新论证。"不知为何几经周折和经过什么样的周折，中央和国务院又要求水利电力部重新论证三峡工程，而不要国家计委和国家科委继续组织论证了？同时，水利电力部的领导不知为什么又改变了 1984 年 2 月 15 日报告中所说"三峡正常蓄水位的选择，不是在一个部范围内可以看得清楚的，必需由中央纵观全局，权衡利弊作出决策"的态度，而从国家计委和国家科委手中接过三峡工程论证这个领导权！？钱部长领导三峡工程论证于 1989 年结束，但"到现在还没有做最后的结论"，她担心的三个问题的事实究竟如何？现分述如下：

（一）泥沙淤积问题

　　1984 年 10 月 26 日国务院常务会议上李鹏就提出："泥沙淤积是否会影响重庆航运的问题，要做出负责的结论，有了明确的回答，工程才能正式开工。"1985 年 5 月 8 日国务院三峡工程筹备领导小组第三次（扩大）会议上李鹏又说："党中央和国务院一些领导同志关心这个问题（泥沙淤积碍航问题），要作出认真负责的回答，而且要经得起历史的考验。三峡能不能上马和开工，取决于这个问题能否得到妥善的解决。"而在三峡工程已经开工 5 年多的今天，主持论证的钱部长却说"还没有做最后的结论"，"还是要经过实践的检验。"

1971 年 6 月 23 日周总理在听取葛洲坝工程汇报时严肃指出："长江是一条大河流，不能出乱子。如果航运中断了，坝是要拆的，那就是大罪。那和黄河不一样，黄河不通航。" 1972 年 11 月 9 日周总理又说："长江上如果出问题，砍头也不行，这是国际影响问题，要载入党史的问题。"查这两次谈话记录，钱部长都是在场的。时至今日当不至无动于衷！？在三峡工程论证时，明知"低水位方案（150、160 米）水库淹没损失和移民及工程投资都较小；泥沙淤积问题较清楚，解决措施较有把握；工程效益也都有相当规模。高水位方案（170、180 米）水库淹没损失和移民数量大；泥沙淤积已不同程度的影响重庆市区、港区和嘉陵江口"。不少参加论证的老水利水电专家，如施嘉炀、张昌龄、覃修典、李鹗鼎、罗西北、黄元镇、陆钦侃、何格高、张启舜等都提出采用较低方案的意见。而领导小组为何就是不听这些专家的忠告，却坚持较高的 175 米方案？再者，北京水科院泥沙研究所于 1988 年 7 月所作《1954 年大水三峡 175 米方案对重庆港区影响的试验研究》，结果显示，重庆港区主河槽基本被淤死，再经两年冲刷已难以冲开的严重碍航情况，已说明 175 米高方案泥沙淤积问题的严重性。难道非要在三峡水库真正酿成巨大祸害才行吗？

（二）移民与环境问题

关于水库移民与环境问题，中国科学院三峡工程生态与环境科研领导小组 1985 年所作《三峡工程不同蓄水位对生态与环境影响的初步论证报告》的结论说："三峡大坝兴建后对生态与环境的影响是多方面的，综合衡量，180 米方案所带来不利影响要大些，问题要复杂些，也较难于对付，而 150 米方案较为稳妥些"。三峡工程论证时所邀请的生态与环境专家组顾问侯学煜、马世骏和专家陈国阶，以及特邀顾问孙越崎和中国科学院副院长周培源等，都曾指出三峡库区大量移民和淹地，是超过了本地区环境容量许可的。而三峡工程论证的结论，却认为"库区移民环境容量研究结果表明，淹没涉及的各县（市）都有潜在容量，移民都可以在本县（市）范围内统筹安排解决。"

然而，近几年的移民工作实践则恰恰相反，并已充分证明"三峡库区农村土地容量严重不足，必需进行外迁。"并已不得不作出安排 12.5 万人迁到 11 个省市的决定，势将大大增加移民难度和移民费用，也不利于移民迁出区和移民迁入地的社会稳定与安定团结。

（三）库区污染问题

1992 年全国人大审议三峡工程时，重庆市人大代表强烈反映，三峡蓄水位 175 米，淹及重庆市区所有排水口，污水排放的流速降低，岸边污染物浓度升高，环境污染严重。51 位人大代表联名提出的《请求专题研究与评价三峡工程对重庆市的经济与环境影响的议案》，不应没有交代。今年"两会"期间，四川、重庆许多代表、委员谈起对三峡库区严重的水污染无不非常激动。全国人大代表，重庆大学资源综合利用工程研究中心主任陈万志说，必须在成库前整治沿江城镇污水和垃圾污染，防患于未然。全国人大代表，四川省环境保护局党组书记朱天开说，我们不能让长江变成第二条黄河，不能让长江成为像海河、淮河那样污染严重的河流。全国政协委员，高级工程师姚峻谈到长江上游水质污染严重状况时说，据统计，四川省、重庆市年污水排放量达 30 多亿吨，而年生活污水处理能力不到 4 亿吨，加上长江干流上十多万艘船舶的油污、生活污水都排放江中，使长江水质不断恶化。同样威胁长江水质的还有上游的水土流失和沿岸堆积固体废弃物。报纸报道的标题是："长江快变成下水道了！"

如按三峡初期蓄水位 156 米，则上述泥沙淤积、水库移民、库区污染等困难问题都能得到缓解。与高蓄水位 175 米相比所差防洪、发电、航运效益，都可从支流水库得到补偿。在三峡论证中是否还存在中央成都会议所批评的"在规划中集中一点不及其他和以主体代替一切的思想"？

四、关于长江防洪的指导思想和责任问题

1998 年长江刚遭受大洪灾,而钱部长在这长篇讲话却避而不谈长江的防洪问题,显然是不应该的。查水利部于 1980 年 7 月 30 日由钱正英签发上报国务院的(80)水办字第 80 号文《关于长江中下游近十年防洪部署的报告》,对长江中下游作出了近十年(1980~1990)防洪部署,主要为:培修巩固堤防,尽快做到长江干流防御水位比 1954 年实际高水位略有抬高,以扩大洪水泄量;落实分蓄洪措施,安排超额洪水。

上述长江中下游近十年防洪部署应在 1990 年完成,但因实施不力,完成很差。1987 年 8 月 7 日水利电力部又由钱部长签发了(87)水电计字第 313 号文向国务院上报了《关于长江中下游近十年防洪部署执行情况的报告》,要求推迟至 1995 年完成此项任务。但是到 1998 年大洪水来临时此项任务仍未完成。究竟是什么原因?在三峡工程论证期间,不少专家强烈呼吁先做好长江中下游防洪工程,再兴建三峡工程,作为水利部长是怎么想的?是否存在"等待三峡工程和有了三峡工程就万事大吉的思想"在作祟?很值得深思。

1980 年所定长江中下游防洪部署,以防御 1954 年大洪水为标准。1998 年长江中下游洪水比 1954 年小,如能按照所部署的培修加固堤防和落实分蓄洪措施,完全可以安全渡过这次洪水,不会那样被动而酿成那样巨大的水灾损失。由于对培修巩固堤防不重视,1998 年洪水时长江中下游堤防出现各类险情 73825 处,经广大军民奋力抢险,还造成淹没耕地 354 万亩,受害人口 231 万人,死亡 1526 人,倒塌房屋 212 万间。如果长江中下游防洪部署能如期完成的话,本应可大大减少灾害,此岂不值得反思吗?李锐在《谈 1998 年长江洪水问题》一文中提出:"我在 1982 年 3 月向中央领导同志写的一份意见书中谈到,水利部门的防洪指导思想,多年来存在以下问题:(1)江河防洪标准要求过高;(2)重工程措施,轻水土保持;(3)重水库蓄洪,轻湖泊洼地分洪、滞洪;(4)重蓄轻排,重水库轻堤防与河道整治;(5)重防洪轻除涝。"李锐在意见书的末尾,还具体建议"水利工作应

回顾历史，认真总结经验教训，切莫护短，这样才能实事求是，走上正道。"

我们很同意李锐的建议，50 年来，新中国的水利工作特别是大江大河大湖的治理工作究竟取得了什么样宝贵的经验教训，实在需要进行一番认真的总结。这样的总结，理应是集体的，即使是个人的回顾，也应当是全面、公正、客观的，决不容许借口总结经验教训，而掩饰、逃避个人的责任。这样攸关若干万人民生命财产的国家大事，并不是个人坐班房、砍脑袋的私事。作为长期主管水利部门的老部长确实应当认真总结经验教训了。三峡工程如果不考虑初期蓄水位 156 米运行而封堵底孔，就提高到 175 米高水位。那么，问题的严重性将导致后患无穷。为了对子孙后代切实负责，主管当局的确应予充分重视并予解决。

张广钦 黄万里 金永堂 金绍绸 田方 林发棠
2000 年 3 月 8 日

吁请长江三峡大坝即日停工！此坝决不可修！

黄万里

  大坝已经开工年余了。假使有朝一日真的完成，水库蓄水，壅高到重庆，一百万平方公里的四川盆地上的卵石和泥沙，每年冲刷下来路过重庆，据"长办"水文局说，用当今世间最好的各种仪器参加比测，每年只有27.7万吨。另据方宗岱按寸滩——北碚十朱沱历年冲淤统计，则得出1956年冲1.12亿吨，57年冲0.79亿吨，58年冲0.30亿吨，59年冲0.19亿吨，60年淤0.50亿吨，61年淤1.26亿吨，62年冲0.25亿吨，63年淤0.20亿吨，64年淤0.64亿吨……总之，其数量级或冲或淤总是几千万吨，和前列27.7万吨相差百倍之钜。年冲刷或沉积量已达几千万吨，那么再加上或减掉来量或去量，每年路过重庆的还应更大于沉积的或冲刷的几千万吨，未来的重庆深水港受得了吗？

  再看葛洲坝上游6公里内测量的年冲淤量：1981年淤1.09亿吨，82年淤0.312亿吨，83年淤0.248亿吨，84年冲0.217亿吨，85年淤0.529亿吨……其数量级年年也都是几千万吨。理应再加上冲出27个排沙洞的，才是总的来沙量，则其量将再成倍增加。这里体积可用水下尺度实测（hydrographic survey）也能辩别清楚沉积的绝大部分是卵石，27个排沙洞在大水下理应冲走全部沉沙。作者在四川盆地各支流小水时目睹河中卵石磊磊，很少有粗沙，大水更不用说泥沙全部悬起，成为悬沙。所谓河槽中的沉积量应大部为卵石。

  对于每年几千万吨的卵石沉积，再加上前面更大量的泥沙沉积，自将堵塞水库上游末端的重庆港。若来"817"[1]那么大的洪水，则其量更大。次年下来的沙石将陆续向上游延伸，抬高合川及江津的水位，祸害也大。正像周故总理说的，阻塞黄金水道，那就只能炸掉大坝。

  但是人们总不会舍得这样做的，我们可像三门峡那样，大大降低蓄水位，放大泄水能力，改在万县设港，加建一条铁路通重庆。但这样也解救不了卵石沉积上延合川及江津，又丧失了大坝防洪能力。那时人民将怎样看待我们？怎样看待吾政治组织和技术组织？我们都是大学毕业的，都是由 30 个农民培养，把我们每个人培养起来的。我作为一个泥沙运动的教师，作为水文学的主讲教授，最觉惭愧得无地自容！

一个大坝的建造，须通过五方面检查其可行性，上面说的是"环境影响"，或更广阔一些的"生态环境影响"（Ecologic Environment Impact）。另外四方面是技术、经济、社会（如移民）及国防。三峡大坝在这四方面其可行性也不能成立。反对修此坝的人很多，却都是专对这四方面的。认为从最根本的环境影响不可行，或认为根本上此坝毋冗考虑修建，也即自从孙中山提出此问后，认为应该根本予以否定，随后的许多费钱费力的工作全不该做的，则唯我一人。因为后来美国垦务局萨凡奇也热衷于此，美国政府又拿出技术力量相助设计，作者我就成为全球唯一从环境作用上彻底反对建造三峡大坝的人了。人们说我狂妄自大，称世上只我一人这样反对。为此我不得不详细解说，希望同志们细读《水力发电学报》上的三篇文章：1993 年第 3 期，1994 年第 2 期，1995 年第 1 期。这里对于三峡坝工的环境影响有详细的讨论和争辩，涉及学术上的一些基础问题。希望批评讨论，以明是非。不可因我们拿了研究费，就像律师那样替业主辩护。

当我们共同理解了环境影响使此坝决不可修之后，其他技术问题尚多，现计划极不经济合理，资金不足，移民困难，就应共同申请即日停工。移居工程仍可发展利用；河中已有工程应尽量改修成只用动能发电，不阻碍江底卵石流。这将是一奇妙的创新设计。请大家讨论。

附七言古诗《哭长江三峡大坝开工》

生在江头吞海口，心犹三峡坝已久。
东来云气满巴蜀，西仰江流溉畦亩。
衍溢淫浸殖生物，含泥润溽滩涂厚。
江南江北仓廪是，溪沟遍通九州阜。

巨舶远洋直驶汉，千吨汽艇万渝走。

湘资沅澧云贵川，坡陡能丰足称首。

纵遇漏天蛟龙虐，长堤千里差堪负。

环球巨浸一何多，此水优游世罕有。

三峡谷深流亦丰，招来造坝建奇功。

拦洪发电再添航，诏谓人间第一工。

孰料此江床满石，火成鹅卵逐流中。

巫山着意云雨促，江水亡情沙石冲。

库尾落沉渝港塞，延伸溢岸泛涛洪。

楚王愁看移民苦，浅鲧争功催众从。

庶散哀儒不晓机，再三抗疏议陈穷。

但闻猛虎哀声哭，怅望轮台悔诏空。

1995 年 3 月 8 日

[1]：指 1981 年 7 月四川洪水。可参阅本书 174 页内容。

附一：

再次吁请将正在修建的长江三峡大坝即日停工，此坝永不可修

黄万里 1996 年 3 月

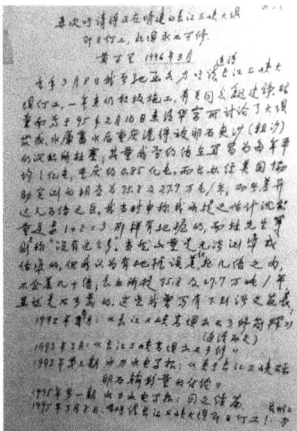

　　去年 3 月 8 日我曾驰函各方，吁请速将长江三峡大坝停工，一年来仍积极施工。有关同志魏廷铮、林秉南等於 95 年 2 月 10 日来清华寓所讨论了大坝筑成、水库蓄水后重庆港将被卵石夹沙（粗沙）的沉积所堵塞；其量我曾约估在宜昌为每年平均 1 亿吨，重庆约 0.85 亿吨。而长办经美国协助实测的相应为 75.8 及 27.7 万吨/年，两者差异达几百倍之巨。我当时申称我所提之估计沉积量是像 1+2=3 那样有把握的，而林先生等则只称"没有这么多"。当然此量是无法测准或估准的，但我认为有把握误差仅在几倍之

165

内，不会差几十倍；长办所提 75.8 及 27.7 万吨/年，显然是不可靠的。这些我曾写有下列诸文发表：

1992 年 9 月《长江三峡高坝永不可修简释》（连续两文）

1993 年 3 月《长江三峡高坝永不可修》

1993 年，第三期水利水电学报《关于长江三峡砾卵石输移量的讨论》

1995 年，第一期水力水电学报，同文续篇

1995 年 3 月 8 日《吁请长江三峡大坝几日停工！此坝决不可修！》

另外在杂志上载有几篇说明长江三峡高坝是根本不可修的。这些不是许多反对修的人从工程本身（infrastructure）分析的四方面——科学技术、工程经济、社会影响和国防安全的可行性不成立，而指出该坝不可修；我所提出的是另外一个在大坝及水库范围以外的环境影响（environmental impact）问题，需要对整个流域，重庆以上的 850 多万平方公里及宜昌以下冲积平原，作整体的运筹，（System engineering 俗误译为"系统工程"）或"宏观调控"。这一根本性的问题上可行性不成立，就彻底否定了这高坝的修建，修了也将被迫炸掉。所以它是祸国殃民的。希望读者细细审核上列各文，展开评论。

这大坝整体运筹方面的错误发生在下列几方面：（1）把 35 米床沙（卵石）的部分运移作为底沙的运移，认为只有表面一两层卵石会同时移动，下面覆盖层里的卵石不会同时被推移的。误认为这些表层卵石的推移率是可能用美国精妙的仪器测出来的，对于上述 75.8 和 27.7 万吨/年测得的结果深信不疑。（2）把实为砾卵石夹粗沙的河床质认为是泥沙，据以作理论上根本未成立的河床演变试验，而利用其结果。（3）不学习长江亿万年地质演变过程，认为山头大量砾卵石移到重庆会变成泥沙。（4）不理解四川盆地和高原全处于切割过程，全部沙石皆出夔门。

经过争辩，人们似已无法否认，筑大坝蓄水后重庆将平均沉积每年几千万吨卵石。我们并不要求准确的数据，只是这每年几千万吨还是平均数，来一个大洪水像"817"那样，那年输沙石量就有 2 亿吨左右。只要有一千万吨/年卵石堵塞重庆港就极难及时清除，以维护航道了。

清除不了，沉积卵石年年向上游及各支流漫延，将抬高合川、江津及其上游的冲积平原耕地，一次洪水就可淹死几十万人，十多倍于汉水南岸安康"837"的洪灾。安康县虽立于低洼地，但城内房屋总不至于修在洪水位之下。怎可能那年洪水暴涨，安康以上流域五日（83 年 7 月 27 日至 31 日）累计降雨量只有 166.6 毫米，住一楼的人未淹毙者奔上二

楼，再奔三楼，最高爬上四楼顶的人还是淹死！原来汉水安康下游约二百公里的丹江口大坝已修有多年，安康河槽内卵石早已堆高，而其下游石梯一带为一峡谷直壁，宽只有 180 米。河床既高，峡谷又窄，洪水位抬高十余米是自然的。事先没有料到卵石沉积会发生在坝上游二百公里，于是酿成如此大灾，甚至死亡人数大于汉水下游 1931 年一夜淹死的人数。如此我们已有前车之鉴：长江宜昌相应汉水丹江口，重庆相应安康，丹江坝所造成的汉水水库末端安康相应宜昌三峡坝所造成的长江水库末端重庆。**两河造床质皆为砾卵石，它们停止在水库末端水平流缓之处而沉积成堆。两处集水面积差几十倍，所以沉积量和灾害程度也将相应加多。**

让我们再从大渡河龚嘴坝的例子来分析：这水库容量 3.5 亿m³，集水面积 76,000m²，经过 16 年已淤满。水库蓄水能力虽大减，但仍可藉自然流发电。试想，假使大渡河龚嘴以上原来可以通航大船，**库末两岸并有大量冲击平原造成的耕地，我们会建造龚嘴坝吗？**

这两个例子——丹江安康和大渡河龚嘴可以帮助我们理解单从拦河坝和库区内工程本身的分析可行性是不够的，必须还从生态环境大处着想，以决定大坝是否可建。安康之灾是人为的，兴安岭森林火灾主要是天灾，人为失慎在其次。乃安康水灾未经公开分析讨论，以取得经验，似应补课。

去年美国克林顿总统通过向笔者咨询后复函赞许，并停止和我国合作研究，闻国务院已责成国内有关行政和研究机关再研究这个卵石输移造成的环境问题，并认为在四川盆地和高原的山头拦截水石流可以减少运移过重庆的泥石流。这仍是错误的，因为砾卵石是全面漫布在盆地和高原的，拦截的山区砾石减少了，而出来的清水仍将挟够沙石，沉积在重庆，所以三峡高坝还是不可修，永远不可修！这是自然条件的限制，造成后也只得炸掉。

当然，工程属于经济问题，经济集中为政治问题。但该不该修坝的出发点却属于技术问题。凡忠于国事之士（即知识分子）理应尽力学习、研究，尽其所知奉告或劝告执政者，使其少犯或不犯决策中的技术错误。按国初宪法规定，凡严重的技术错误应按刑事处理。笔者受国家教育国内外前后 19 年，70 年来边工作、边学习、边研究，未敢懈怠。凡今兼通水利工程及水文地理学（内含水文气象、水文地貌、水文地质诸学）者世间甚少，我若知而不言，真是愧对祖国。幸垂察焉。

三峡啊（《长江、长江》续篇）
——赤子之言/黄万里

附二：

三次吁请将修建中的长江三峡高坝停工，此坝祸国殃民，永不可修！

黄万里　1996年10月10日

　　从1992年11月起作者曾三次函陈中国共产党政治局常委会江泽民总书记和各位常委，长江三峡高坝是永远修不得的，坝成蓄水后长江及其支流中的卵石将堵塞重庆港，阻碍船行；并将抬高洪水位，淹没其上游几十万方公里田地，将淹毙几十万不及逃避的人民。坝开工后我又两次吁请停工，并列陈本流域内造成（灾）害的先例。特别是安康"837"洪害的经过：

　　汉水丹江口筑坝后，安康下游仅一公里汉水河槽便堵塞了卵石，83年7月一次大雨，5天里各地陆续共降雨按不同时地加起来，只有166mm，洪水位抬高19.5m，上游安康城及过江大桥被淹。附照片三张示退水后枯水时河槽被淹的情况。这次安康淹死有的人说几千人，有的说几万人。政府自应详细了解，李总理据载亲去视察过，但此次暴雨洪灾损失迄未公布，作为天灾，行政上、技术上无人负责。这说明政府执法不严。假使政府公布"837"淤槽洪灾，并分析其成灾详情，用整体筹法对汉江全流域分析，可知这是河槽淤高了所酿成的，并非洪水流率太大抬高水位所酿成。假使大家知此详情，长江三峡以上流域面积比汉江大十几倍，也许会接受教训，懂得三峡大坝永不可修。这些在"第二次呼吁停工"的文中说明过。

　　现在许多负责同志来访讨论，我又应美国总统克林登询问，当即告以己见：此坝不可修，修后蓄水必将导致重庆港堵塞而酿成大灾。美总统十天内即复函嘉许，美治水局长撰文也认为此坝不可修，并即停止和我国协作，美加各国决不投资修建。当局似乎已承认三峡高坝修后将对全流域的生态环境影响不利，开始筹建各大干支流的拦沙坝，以拦截山头卵石下来。但此举对于免除重庆洪水冲下卵石堵塞港口，是无效的。因为长江三峡以上各干支流河槽内及山头、地面上全部堆积有大量卵石，详见1995年第一期水力水电学报第三期《关于长江三峡砾卵石输移量的讨论》。此举只能减少全流域从山头下来的部分卵石流，但在许多山头拦沙坝以下诺大的流域仍在洪水下会输出大量砾卵石堵塞重庆港。三峡大坝必须停修，若继续修筑，终必将被迫炸掉，以畅洪流！

　　为今之计，最好立即停工，不必为此觉难堪。世界上高坝修建中途停工的有近十个。特别是和外商签订制造水轮机、发电机等条约切勿进行。将来势必毁约，打官司必欠理而失败。

　　较次之计是降低坝高，使不淹没万县，通航较深段也以万县替代重庆。同时必须设计过坝洪水流率维持自然流下的输沙石能力。这样沙石能照平时样排出，而无堵塞之患。这种设计稍需高深技术，但总是可能的。

　　必须即日停工，因为每天的建设工程费用是白费的。据报去年 1995 年工程费用达 800 多亿元，合每天开支 2 亿多元。早停工一天就可省二亿多元，足修一个中小型水电工程。清华大学资产总共约 450 亿元，其中固定资产（real estate）约 150 亿元，仪表、器械等设备则达 300 亿元。可见去年一年的建坝开支可建设两个清华大学。建造三峡大坝对国家的经济损失竟如此巨大，值得每个爱国人士痛心，并进而深思。

　　以往大家不懂修坝后对于全流域的整体筹划 System engineering 中必须考虑的生态环境影响（environmental ecological impact）如此巨大，必须首先考虑其可行性是否成立，如果这方面像三峡工程这样，根本不成立，就根本毋须再研究工程本部（Infrastructure）的四种可行性分析。（在三峡工程上这四种可行性也都不能通过，见第一次我向政治局 1993 年的报告）。连协助我们的美国垦务局的工程师们、以及全世界技术人员也都不懂。近年来有四个电视录像的通讯社包括路透社等记者前来吾家询问，并请我解释对长江三峡工程和克林顿总统的意见，并当时录像，已陆续在全球各国（除吾国外）电视广播。大多工程师都不赞成我见，只有少数人同意。月初来了几位日本水利方面教授访问，其中有位新泻大学教授大熊孝，据记者田野礼子称：因他在日本也以反对修某高坝出名而被提外号为"日本黄万里"云。可见反对修高坝因其不良效果业已在全球普遍承认。但人们反对的是任何高坝，而我提出的是通不过环境影响可行性的高坝。为此，全世界记者和高级工程师、教授来访详讯者已有十余人。

　　据此，全世界公意：不修高坝，修前必须考虑生态环境影响，已被普遍接受，仅是近几年的事。我们若即停工，原非可羞之举。

　　理解水利工程规划原理，必须从学习水文学着手，这是我接受故黄委总工程师许介忱、讳心武先生 1933 年的训导。水文学的基础是气象学、气候学、地貌学和地质学等，地貌学在 1950 年代后才脱离地质学而独自成立。推算水沙流的方法，在确定性方面是数学力学之运用于水力

三峡啊（《长江、长江》续篇）
——赤子之言/黄万里

学计算，在偶然性方面是数学统计学。前者只是定性的，后者则须定量，比较艰难。但是，只有懂得这些学科的内容，才算水利工程学入门。许先生并告：1931 年江河大洪水后，水利工程学会调查全国水利工作者的技能，没有一个人答称娴习水文学者。这点希望水利工作者和教师们多予注意。

我作为一个水利工作者，60 余年来受国家教养 19 年，退休后仍受国家和党的教养已 10 年。曾四次肚皮内动大手术，耗资巨万，皆由国家人民负担，乃能生为迄今。80 多岁能多次动大手术而无恙，至今能向全球提出反对高坝建设的原则，岂非天意乎？

论长江三峡修建高坝的可行性

黄万里

　　在有关方面作出修建长江三峡高坝的决策前，笔者曾三次上书中央，建议勿修此坝；筑坝开始后，又曾三次上书，建议停工。多年来也曾一再请求，希望中央责成工程当局公开讨论三峡工程的可行性，可惜始终未被接纳。因此，只能在学报上展开技术性争论。美国总统曾来函咨询此事，我在致答时说明了此坝永不可修之理由，承其回函表示同意并致谢。各国有四个通讯社先后对我作了录相采访，除我国外已在世界各国的电视节目中播出。

　　长江三峡大坝不可修，首先是因为建坝工程本身的可行性研究结果不成立；其次是因为三峡大坝对生态环境有严重损害，一旦建坝蓄水后，将使金沙江和四川境内长江上游河槽中的砾卵石和部份悬沙在长江重庆段沉积下来，形成水下堆石坝，堵塞重庆港，其壅水将淹没合川、江津等城镇。

　　指导拦河坝工程的基础学科是土木工程中的建筑结构和水力学，水利工程规划涉及治河原理，其基础学科则是水文学。水文学始于 1930 年，是适应研究水资源利用和洪水定量的要求而发展起来的，其基础是水文地理学（包括水文气象学、水文地貌学和水文地质学）和水文计算学。中国管理水利工程的决策者中，很多人习惯于从单纯土木工程的观点来看待洪水控制和治河方法，他们不懂水文学却轻视或排斥水文研究的结论，显然有很大的片面性。笔者虽毕生治水文之学，至年愈古稀，犹恐才疏学浅，唯虑尚在门外，居常孜孜学习，亦曾将对三峡工程后果的学术研究结论写成"关于长江三峡砾卵石输移量的讨论"一文，刊载于1993 年、1994 年及 1995 年的《水利水电学报》上，求教于世之学者。现再择其要简述之。

三峡啊（《长江·长江》续篇）
——赤子之言/黄万里

1、三峡大坝工程本身的可行性问题

所谓的工程本身（Infrastructure）包括大坝的全部工程，以及对上游库区及下游泄流河槽进行保护的必要工程，而不包括保护上游和下游环境所必须的工程。修建三峡大坝的目的是防洪、水力发电、改善航运、附带供水灌溉，还不可避免地包括治河工程。治河有四大基本方法，即蓄（拦河蓄水）、塞（筑堤防洪）、浚（浚深河槽）、疏（溢洪疏流），修建三峡大坝属第一种方法。

既然三峡工程是一个多目标治河工程，其设计规划就必须同时考虑到各种目标的综合效果，还应比较上述四大治河方法的效果，然后据以估计工程规模，以便以最小成本产生最大效果。讨论大型水利工程的设计规划，要根据工程的诸多目标，分别分析科技、经济、社会影响和国防这四种可行性。这四种可行性是相互独立的，只有当每种可行性都成立时，才能进而研究如何按最小成本达到最大效果的方案。没有起码的可行性研究，是不应当动工建设的。

那么，三峡工程的这四种可行性究竟如何呢？

在科技的可行性方面，三峡地段之所以会被选为建坝地点，主要是考虑到这里的峡谷只有 500 至 1,000 米宽，在此修建高坝，可用较短的坝长形成容积极大的水库，再加上长江水流丰富，发电、通航的效益颇大，连建筑工程专家萨凡奇也表示赞同。但是，选择坝址时除了要考虑峡谷宽度外，还必须考虑坝基条件，因为修建高坝必须要有坚固的河床基础。在整个三峡河段中，只有在三斗坪附近（即现在的建坝位置）才找得到适合建坝的火成岩河床基础；可三斗坪河段河道宽度大，在此建坝则坝宽达到 1,980 米，比在三峡峡谷地段建坝的可能宽度长一倍多，失去了理想的峡谷出大库的优点。

由于受坝基条件的限制，只能在三斗坪建坝，这样工程的经济可行性就很差。由于在三斗坪河段的坝体宽度大，不仅大大增加了混凝土需要量，而且把施工周期拖长到 17 年之久。据此按复利核算成本的结果是，每 7 年投资的本利合计就会翻一番，显然这是极不经济的。为了掩盖这一结果，计委等有关部门竟规定，使用静态的不计利息的方法来核算成本，使设计方案中的成本明显减小了。这样做就谈不上可靠的经济可行性分析了。

至于社会影响的可行性分析方面，由于三峡工程要淹没田地百万亩，移民百万之多，对这个大难题，其实有关部门并未找到可行的解决办法。在国防可行性方面，有个明显的防空问题无法解决，以前张爱萍将军曾专门作过分析，向周前总理报告过，请求暂缓考虑筑坝。由此可见，三峡工程的四种可行性分析结论都不过关，因此，国内有许多人提出意见，反对修建三峡高坝。

2、三峡工程对上游河床环境的可能影响

如果说工程本身的可行性问题是众所周知的，很多人都批评工程的可行性不佳，那么三峡工程对上游生态环境的影响，则是一个大家比较生疏而又至关重要的问题。

如果建成三峡高坝并蓄水后，长江重庆段水位将变得十分平缓，从上游金沙江和四川巴蜀盆地各江中运移进长江的砾卵石河床料（bed forming materials）将形成水下堆石坝，同时水中悬沙也会更多地沉积下来，结果不仅将堵塞重庆港、断绝航道，而且会在洪水到来时抬高水位，壅及上游合川、江津一带，淹没低洼地区，危及数十万人口的安全，其后果可能十倍于1983年7月底陕西安康汉水泛滥造成的惨绝人寰之灾情。

拦河筑坝是治河规划中的一种措施，坝本身的设计规划必须符合流域治理的全面规划。拦河坝会调节水流、改变自然的河床演变特征，使河中水流率（俗称流量）和沙石的输移率不断改变。河道中运移的沙石又分为漂流水中的悬沙和在河槽里移动的床沙（bed load），床沙包括砾卵石、粗沙等。悬沙输移不直接影响河床的演变，而床沙的输移则会改变河床。

流域内的治河规划必然受到流域地质地貌条件的制约。长江上游大面积地层的岩基由页岩和沙岩组成，前者风化后成泥、后者风化后成沙，它们在暴雨后被地面迳流冲刷到江中成为悬沙。两亿年前，大片岩基又被砾卵石全面覆盖，砾卵石铺满了山头和大小溪沟。此后，雨水年复一年地陆续把砾卵石冲入江中，成为

床沙，即河床料。河床料作为河床演变的主体，是治河的对象。

在大江里，悬沙的输移尚可观测到，而床沙厚达 30 至 40 米，其输移率是无法实测的；在一二级支流里，床沙仅一两米厚，但当床沙整体同时移动时，其输移率也不易观测；只有在岩基横穿河槽的情形下（即船工所称的"石龙过江"），才可能观测到浅层砾卵石的移动。例如，在岷江上游的都江堰断面上，人们用铁丝网多次兜住卵石而测到砾卵石的输移率。

笔者通过分析流域整体运筹与江河治理的原理，得出了以下结论：若干干流及支流的源头没有大片耕地，造床料又不是卵石而是泥沙，可以在干流上拦河筑坝；凡是江河干流的上游汇水流域属于有大范围耕地的冲刷区，而其支流的造床料为砾卵石者，则不宜在干流上拦河筑坝，长江干流恰好属于这种情况。

四川盆地和金沙江流域广袤达百万平方公里，人口约一亿，全流域铺满卵石，卵石上的冲积土壤厚不及一米，卵石输移率和输移量都很大，而又难以挖除。1981 年 7 月四川洪水一次冲入长江干流的卵石即达二亿吨。所以，按照水文地貌学的常识判断，即可知道在长江中游断然不可修高坝拦江，此乃定论。

面对这一问题，支持修建三峡工程的人们抱着一个幻想，即三峡高坝蓄水后或许不至于造成堆石坝而酿成灾害。我们可以看一下 1983 年 7 月长江的大支流汉水在陕西安康造成的洪灾，这是一个足可警示世人的先例。

汉水南岸的安康县地势低洼，其下游约 200 公里为丹江口水库。1969 年丹江口水库完工后，安康以下的河槽就被卵石逐渐淤高。安康下游石梯一带有一峡谷直壁，宽仅 150 至 200 米，峡谷既窄，河床又已淤高，则洪水到来时，水位自然会抬高。

1983 年 7 月，汉水安康段的洪水量并未达历史最高水平，但汉水的水位涨势却异常凶猛。恰在此时，上游的石泉水库蓄水过量，不得不开闸放水，进一步抬高了汉水安康段的水位。结果，在极短时间内汉水安康段的水位就上涨了 19.4 米，高出安康城堤约 1.5 米，从 7 月 31 日 18 时开始，洪水破城而入，2 个小时内就淹没全城，许多住在一楼的人爬上三楼、四楼，但仍被没顶淹死。据灾后向当地查询，谓此次洪灾使民众淹死达数千人。

　　安康以上的汉水流域面积仅 38,700 平方公里，已修有四个大坝，似乎可以拦住大部卵石和泥沙，唯因下游丹江口大坝和石梯峡谷之阻，使卵石沉积河槽，从而抬高洪水水位酿成灾害。可以想象得到，长江三峡建坝后，重庆段可能遭到的洪灾将数十倍于安康之灾。

　　笔者提出上述问题之后，长江流域规划办公室（即"长办"）水文局等不少单位的专家对此表示了不同看法，对其中主要的看法有必要加以回答。

　　首先，关于重庆港淤塞问题，大家都同意，若有大量砾卵石河床料沉积在重庆港，就会造成灾害。争论之处在于，究竟有没有这种可能。主张建设三峡工程的"长办"的人们认为，根据他们的推移质输沙量测验，长江重庆段通过的砾卵石只有每年 27.7 万吨，宜昌段为每年 75.8 万吨，数量极少，可以忽略不计，只考虑悬沙的问题就可以了。

　　但是，这一测验结果似乎不可靠。因为，仅以长江的支流岷江为例，其集水面积仅 23,000 平方公里，在都江堰地段实测的砾卵石年输移量就有 200 万吨之多。众所周知，整个四川盆地都是冲刷性、减坡型地形，泥沙和卵石的年输移统计量是从上游向下游沿程递增的，而且宜昌的长江流域面积达一百万平方公里，是岷江流域的 40 多倍。在上游的一个支流就测到每年 200 万吨的砾卵石输移量，怎么可能到了干流的下游河段，整个干流的砾卵石年输移量反而减少到几十万吨呢？

　　也有人通过实验证实，卵石在长途推移过程中会磨成细小的沙粒、在河床里悬浮而成为泥沙，因此不足为虑。但笔者在长江沿岸长期实地测量时却发现，在四川盆地的长江上游段，河中运移的卵石如拳头大小，直径约 40 厘米，而在其下游的合川滩地上，卵石却大得像两只手掌合起来那样（50x100x30 立方厘米），为什么下游的卵石反而比上游大呢？其原因在于地质变化，原来，两亿年前长江是由东向西流向地中海的，直到青藏高原被抬高后，长江才反过来成为今日的由西向东出海。这在长江专刊上有详尽的叙述。因此，在重庆至三峡段的河道中，卵石的体积可能比在上游河道还要大很多，其危害也会相当严重。

当卵石运移的可能危害越来越明显时，有人又提出了妙计，认为可以在各大支流的源头筑坝拦住卵石，不让卵石出谷，这样，重庆段就不会出现水下堆石坝了。孰不知，整个金沙江流域和四川盆地的地表全面地铺满了砾卵石，只要有暴雨，它们就会在河槽里被冲成砾卵石河床料，只在河流的源头筑坝挡石是无效的。另外，页岩、沙岩化成的悬沙也会在重庆港沉积下来，相助堆石坝之堆高。

"长办"估计的悬移泥沙输移量年平均达 7 亿吨，床沙卵石输移量为一亿吨；而笔者运用统计方法所估算的结果，却因人们不承认应用数理统计方法的合理性，而被拒绝接纳。许多人其实不了解，在大江里是无法实测出多层同时移动着的卵石的输移率的，他们采用从每平方公里的卵石量累积起来约略方法，其误差是非常大的。但是，即使长江中的卵石输移量只及"长办"估计的十分之一，那么每年也会有 1,000 万吨卵石堆在重庆段，如此庞大的卵石堆积量，恐怕很难在枯水期挖净，所以，因卵石不断堆积而造成上游洪水泛滥成灾，就仍然在所难免。

3、关于修改三峡高坝设计的建议

如今三峡工程木已成舟，我之所以仍然公开争辩，是希望能改变设计、降低坝高，使四川盆地免遭水灾，而又令已成工程尽量发挥其最大可能的作用。我建议将坝高降低到以不淹没万县甚至奉节为度，同时建议在大坝上另加隧洞或排水道，使砾卵石、泥沙能畅通出库，并恢复郝穴等出口，将沙石也输往江北洼地，抬高两岸田地，并确保汉口。

原刊于《当代中国研究》
1998年 第4期/总第63期

176

独立历史调查记者的文字/戴晴

《长江、长江》成书经过

戴晴

由生活在大陆的中国人发出的反对三峡工程兴建的声音，自八十年代中第五次上马高潮迫近时，大约只公开或半公开吼出来过三次。

一次是至今列为机密的全国政协经济建设组关于三峡工程问题的调查报告——《三峡工程近期不能上》；再一个是湖南人民出版社出版的两本专业性很强的书：《论三峡工程的宏观决策》和《再论三峡工程的宏观决策》；第三次就是我们那本薄薄的、由 92 岁的前中央政府资源委员会委员长孙越崎老题写书名，十多名北京大报记者联手采写的《长江、长江》了。

大陆新闻本从属于宣传；而宣传，自毛泽东创造性地发展出"枪杆子、笔杆子，干革命靠这两杆子"这一原理之后，就牢牢地掌握在党的手里了——这已是常识。令海内外所有爱国者百思不得其解的是，你可以牢牢掌握"只要光辉灿烂的共产主义而不要腐朽衰败的资本主义"；你可以牢牢掌握"党和她的领导历来伟大光荣正确"；你可以牢牢掌握"昨天是唇齿相依的战友，今天是犯我边疆的死敌，明天是亲密的贸易伙伴"……这些，老百姓心里都有数，不说就是了。但假若仅仅是学术问题，而且并不是牵涉到人心、人性、平等、自由等等恼人的人文科学、社会科学问题，而是一项工程，一项生怕您中共一不小心，会像嬴政杨广一样干件亡党亡国的大傻事的工程，对这种论证，"牢牢掌握"的人还是不让，真有点岂有此理了。

这项工程提出，已经近 70 年。到了八十年代末，正第六次向"立即开工"逼进。如果说以前的些微反对之声早已一次次被政治运动封杀了的话，到了改革开放意兴正浓的彼时，又有人站出来了，这就是著名的由孙越崎带队的全国政协经济建设组所做的为时 38 天的调查。平均年龄 72 岁、一个个全是德高望重的老先生们带着满肚子意见和建议风尘仆仆地回来了，却没有一家综合性的、发行量比较大的报纸对他们的见解做一点哪怕是最基本的公正客观报道。

不巧的是，该组的副组长是我母亲的老友，是我曾经跟在屁股后边喊叔叔的人。"牢牢掌握"既然不肯，他只好请她发话把女儿调去采访他们。

我的母亲从不对我要求什么。一旦她打来电话，并且称我为"戴晴"，准是她那备受磨难却依然勇气十足的共产主义信念又发动了。我到政协礼堂去了。他们正式的调查汇报正要在那里做出。我以为找错了地方，因为，诺大的政协一层会议厅只在前几排正中坐了不到 100 名听众。我径直走过去坐在一旁。作为会议主持人的林华叔叔看见了我，在他的开场白里加了一句："今天的大会有光明日报记者到场！"话音一落，听众突然鼓起掌来——这真让我大吃一惊。跑新闻的同行都知道，对于各大会议，当记者的能想办法混进去，占个有利位置，不被赶出来就很好了。什么时候享受过如此礼遇？当然后来我才明白这恰是有意封锁的结果。

我那时对三峡工程一无所知，仅凭一名工科生的基本常识，觉得他们讲的不无道理。但我仅仅就职于一家报社，既不掌握版面，也无采访派遣权。我能做的，只是回报社找到总编室主任，问他如此重大的事为什么不派记者。他说上边有"精神"。了解大陆政治运作的人都明白，对"精神"这种事，权力核心之外的人只有干瞪眼的份儿。我能做的也就是对他讲了我的见解，请他以后在对工程作正面报道时"悠着点"。他什么都清楚，而且以后也确实尽量做了。

我们的这一努力，在声势浩大的"正面"推进中，当然微乎其微。

这次只是"奉母命"。我依旧忙自己的事，不认为我的工作与三峡工程有什么特别的关系，直到1988年秋。

那时，香港文化界正忙着欢迎分别代表海峡两岸的两颗良心在彼地相会，我在被邀之列。第二次让我惊异的是，在大陆不见有多少普通人关注的三峡工程，在香港各报的版面上，却是如火如荼，这很让我这个北京人觉得自己对于大事的漠然，真是丢人。但我依旧不知道我能为三峡做什么。如果没有新结交的香港友人在我开完会回北京之后，依旧不依不饶，不停地将有关三峡报道的剪报源源寄来，弄得我火烧火燎，坐卧不宁，但依旧没能做什么。我只盼与此工程有关的我的同业，如各报的科学版呀、时事新闻刊物呀等等能有点作为，但报面上，还是只见官调高唱。

那条消息终于出来了——也是在港报上见到：如果一切顺利，按早建方案，三峡工程"将于1989年开工"！

再忙，再不懂，再无直接工作关系，也不再能构成一个有着起码良心的中国报人坐视不问的理由。我狠狠心，开始"管闲事"了。

现在有不少中外报刊把我称作"环境人士"，真是惭愧得很。当然，对这一崇高事业心仪已久，但我们在1988年底到1989年初在三峡工程上所做的，其实仅仅本着记者的敬业心，为大陆在有关国计民生的决策程序上，做一点对有限言论自由的推进。

邓小平说过：国家政治生活民主化，更广泛地听取人民群众的意见。这样就可以避免犯大的错误；有了小的错误，也能及时总结纠正。

赵紫阳说过：重大情况让人民知道，重大问题经人民讨论。

即使处在权威决策的专制体制下，也总算有根令箭可捏了吧！于是我们所做的第一件事是把专家们在学术上的见解转译为普通百姓能听得明白的话；第二件事是找个地方把它发出去。

第一件事不难。我虽然不能一个人在这么短的时间内采访拒绝在三峡工程《可行性论证报告》上签字的10名专家，但改革开放已 10 年，相当一批优秀的记者已经摆脱只听命于自己的上司，心甘情愿作喉舌的心态。我们可以合作，我们齐动手，可以在一周内推出 10 篇访谈录，但发表在哪里呢？

对控制最严的报纸，本不敢作任何奢想，但那时《世界经济导报》还没有停刊，或许有可能发一期专号？我与张伟国很认真地筹划了一番，不幸被上海本部否掉了——这是同仁间的不同意见，没有官方插手。

报纸不行，刊物呢？《瞭望》之属是一点希望都没有的，据称思想解放的是《新观察》，但他们几期已涨稿，能不能发个增刊？不行，因为必须上报特批，不但时间来不及，也肯定批不下来。《自然辩证法杂志》呢？科学院主管，但新任院长据说属绝对"多一事不如少一事"忠厚长者。《群言》？《华人世界》……记得还问了好几家，全部理由充足地婉拒，共产党真是伟大得滴水不漏。

我那时差不多快气疯了，忽然想起一份新创刊不久而且一直向我索稿的山东杂志《科技企业家》。立刻联系，编辑部非常兴奋，马上派人来京参加我们正在进行中的经济学家座谈，敲定三天后，即旧历大年初一那天，他们再派人来京取稿。为赶排赶印，来人不出车站立刻搭回头车返济南。而且，他们不但不要我们的钱，还愿支付一点我们在北京的活动开支。

真是喜出望外！

我送他们下楼，走到楼梯口，那编辑停了步，欲言又止。我的心快停跳了。一再追问，方知他们还须我们的帮助——能否想办法得到国家科协的同意。因为，按照"牢牢掌握"，这是他们主管的主管的主管。我硬着头皮说了声"没问题"，心想周培源老是前科协主席，一本科学杂志按照现领袖的较新指示发一期利国利民的专辑，难道还做不了主不成？没想到事情办到这一步还是翻了船。原来，这家刊物的在京联络主管，不敢只请示科协前主席而忽略刚刚到任的现主席，也就是大名鼎鼎的科学家兼爱国政治家、中共的新鲜血液钱学森先生。

钱先生的答复是："戴晴什么人？她插手的事我们不要理。"

钱主席不愿沾我的边，这心情我太理解了。但他说不知我何许人，似乎显得有点矫情。因为，就在不过两三年前，我还作为故属（他当七机部副部长时我是该部技术员，文化革命时曾是他所靠近的那一派的干员），对他作过一次专门拜望。就如每次与伟人所作的聪明睿智之谈一样，有着一位钢琴家夫人，并且常常在琴声中思考科学与政治问题的钱老，问我最喜欢贝多芬的第几交响乐。我那时正傻呼呼地在文化界生拼硬撞，于是说"第五"。钱先生脸上展现出天堂般的微笑：

"不，第九。这是他最高的成就——人与人之间的谅解、和洽与友爱。"

我茅塞顿开。不幸到 1989 年方知，这精神只在老贝的音乐中，哪怕听者不但领略深透还爱得要命。

我们对独立意见的采访呢——只剩下出书这条路。

问了北京的几家，包括有眼光、有胸怀，不时赔钱出好书的几位，和只要能赚钱什么都出的几位，都被婉拒。绝望之中，就如上苍主使一般，突然接到一个电话，贵州人民出版社的许医农！四十年代末即参加了"革命"的许大姐是全国最有见解、最肯为作品与作者做出个人牺牲的资深编辑，当时正代表贵州社在京组织另一套书稿。至为关键的是——"牢牢掌握"终于也有了一个小砂眼儿、小漏洞——她有权在出版社审批的同时给我们一个书号。

开印。

这就是那本《长江长江》了。文化界、新闻界（包括外国、港台驻京记者）义买筹资、出版界朋友义务帮忙，终于赶在政协、人大开会之前发行，直送委员们下榻的宾馆小卖部！我们印了 5 千册，贵州社随即加印 5 万册，沿长江发行。但他们只卖了两万本，"平暴"即发生。剩下 3 万，作为"为动乱与暴乱作舆论准备"，奉旨销毁。三联书店紧接着出了港版，更名为《三峡工程是否应兴建》。1991 年，上马之风又起，台北新地社印了台版，用原书名。

与官方主办的声势浩大的"正面报道"相比，我们的努力也许小得可怜。无论将来宏伟壮丽的大坝将滔滔江水拦腰截住时，

三峡啊（《长江、长江》续篇）
——独立历史调查记者的文字/戴晴

有人在觥筹交错之际讲讲这蚍蜉撼树的小插曲，还是几十年之后
工程师们为重庆朝天门码头的淤沙伤透了脑筋，而跌足长叹"早
就有人说过"，都已无关紧要。我们只是一批敬业的新闻从业
者，我们尽力在需要的时候作了我们该做的事。

写于 1991 年

四年以来(1989-1993)

戴晴

(一)

1986 年以来，以全国政协经济委员会为主的要求 "对三峡工程谨慎行事" 的呼声相当强烈，1989 年 1 月 23 日，国务院副总理兼三峡工程审查委员会主任姚依林，在全国政协第七届常委第四次会议上代表国务院说：

目前五年内根本不可能上三峡工程，所以现在可不必花费很大精力去讨论它。三峡工程已经讨论、论证多时了，拥护上马的人有很多充足的理由，而反对上马的人也有很多充足的理由。既然目前不可能上，可不必费很多精力来争论了。如果将来要做决定时，当然还要进行充分的讨论，且需交付全国人大审议。

由于这番话是在全国政协常委会这样的小范围说的，虽然香港的报纸发表了，国内知道的人并不多，积极主上和持保留态度的双方都积极地行动着。

2 月 27 日到 3 月 7 日，三峡工程论证领导小组第十次（扩大）会议，审议并且原则通过长办提出的《三峡工程可行性报告》。全国政协委员覃修典、吴京、康岱莎、陈绍明、林华、胥光义、阳含照、陆钦侃、俞思瀛、罗西北、赵维纲、乔培新、孙越崎等在大会发言，提出不同意见。王兴让提出书面发言。

几乎同时，2 月 28 日，贵州人民出版社在北京欧美同学会召开新闻发布会，发行戴晴主编、首都六家新闻机构著名记者采写的《长江长江——三峡工程论争集》，向全社会推出 1988 年底周培源、孙越崎等致中共中央的信，及 12 位著名专家被采访时的独立见解。这本书尽一切努力快快推出的主要目的是抢在即将召开的 "两会"（全国人大七届二次会议和全国政协七届二次会议）前，让代表和委员们知道对三峡工程不同意见的存在。

在 3 月的会议上，徐采栋等 272 位全国人大代表联名上书：

《建议把三峡工程推迟到二十一世纪，优先开发上游及其支流》。这则占代表总数十分之一的提案竟然没有例行收入《提案汇编》。全国政协也有 300 人次 18 个提案，对兴建三峡工程提出不同意见，要求进一步论证。也在这个月，田方、林发棠主编的《再论三峡工程的宏观决策》出版，这是湖南科学技术出版社自 1987 年所出《论三峡工程的宏观决策》之后的又一本反对意见集。大会秘书处不肯接受这本书。两位主编用自己的稿费买了几百本，一一送到代表房间。在两会开会期间，姚依林再度在国务院召开的记者招待会（4 月 3 日）重申：

三峡工程现在有争论，主张建三峡工程的人是有道理的，反对上三峡工程的人也是有道理的，因此这个问题还需要经过详细的论证。我认为，三峡工程在今后五年之内是上不去的。在现在治理整顿期间的计划以及将来的八五计划都不会有大规模上三峡工程的计划。因此现在不必花很大的精力去争论。将来如果要上三峡工程，肯定是要经过人大批准的，所以我建议现在这个问题不必继续讨论。

这一段话，《人民日报》第二天就见报了。

差不多就在同时（4 月中到 5 月底），四川省、中国国土经济学研究会、中国水力发电工程学会、能源研究会、水利经济研究会等机构，不愿仅仅拘泥在三峡工程上与不上的争论上。他们开始以促进上游支流水电开发的方式，抵制和延缓干流灾难工程。这就是四川三江（金沙江、雅砻江、大渡河）水电综合考查，并出版《论开发长江上游》。这项工作以及与之相类的大西南综合考查非常有成效地一直持续到今天。

（二）

就在这一年的 6 月，北京发生了镇压"暴乱"事件。7 月，《长江、长江》主编戴晴被捕，"长办"向新闻出版总署打报告，要求查禁《长江、长江》；9 月，该书以"为动乱和暴乱作舆论准备"被查封，3 万余册在贵阳焚烧。借助政治事件压制三峡工程上的不同意见，并未仅仅局限在新闻出版领域。据今天所能得到的确实材料，也在 9 月间，三峡工程论证领导小组二人写信给国家计委党委，说《长江、长江》"是一本宣扬资产阶级自由化的书，是一本反对四项基本原则的书，是一本为动乱与暴乱制造舆论的书。你单位林华、田方同志参加了这一活动。现将有关材料送上，供你单位清查和考查干部时参考。"这本书的采访者和作者，包括对这本书作了报道的记者，几乎全部受到审查和处分。

反对的声音已不可能发出了。

（三）

虽然国务院的基本态度是"五年之内上不了，不要花很大精力去争论"，三峡工程论证领导小组的工作并没有停止。

1990 年 7 月，国务院召开三峡工程论证汇报会，钱正英、潘家铮汇报论证情况。在这次会上，"早上快上"意见依然占上风；持反对意见的人，也有机会发表见解，数量上约占 1/ 3。姚依林在汇报会结束时的讲话认为："三峡工程何时上马，应由国家综合部门进行宏观经济的系统分析，根据国力情况，在审查可行性报告时确定"。他特别强调了"当前要继续抓紧 1980 年平原防洪方案的各项工程和非工程的建设。"李鹏这时候的态度是："三峡工程上马不上马、什么时候上马，我认为既有技术上的可行与否问题，更重要的是在经济上是否可行，国力是否能承担。"在这次会议上，决定成立国务院三峡工程审查委员会。当时一般人的理解，国务院的态度是持中的。在这次会上，98 岁的孙越崎老人再次做了口头发言和 3 万字的书面发言，力陈弊害。这时，中国国内政治气氛已不似一年前峻苛，民主党派的刊物如《群言》，开始发表孙越崎、侯学煜、杨纪珂、陆钦侃、林华、钱伟长等人的文章。

（四）

这种比较平和的，稍有一点讨论气氛的形势惹恼了两位"老首长"： 83 岁的国家副主席湖南人王震和 75 岁的原湖北省一把手王任重。经过上马派负责人的筹划，著名的"二王推动三峡工程早上快上十专家新春座谈会"在广州召开。座谈会《纪要》发表在新华社的《国内动态清样》上。虽然今天已然故去的这两个老人并不直接主管三峡工程，《纪要》颇具权威且旗帜鲜明：

三峡工程争取 1992 年下半年开工，力争本世纪末、下世纪初发挥效益，2010 年全部完成。

上马派大受鼓舞，作为主管医药、卫生、体育的政协副主席钱正英，在 4 月间的政协会议期间对中外记者提问的答复腔调同姚一林大相径庭："三峡工程建比不建好，早建比晚建好！"这是公开同国务院唱反调。她之所以敢于越权下这样的定论，当然是借来了东风——二王，特别是王震副主席所给予的支持。据传，王震在广州的时候还放出了这样的话："李锐反对三峡工程，湖南人里的败类，现行反革命！"这评语没有写进《纪要》，只口口相传到了北京。李锐倒也坦然，这个经过无数大风大浪的人，哪里在乎这些疯言疯语。

虽然北京的周培源、林华，四川的张广钦、杨尚明、邓明聪、徐尚志等人在这期间一直以最缓和的方式（只提"缓上"）致信最高决策者，详陈利害；虽然三峡工程审查委员会中工程规模组的召集人对规模提出了新见解，"早上快上"这时似乎已成定局。

1991 年 8 月，国务院三峡工程审查委员会通过了对三峡工程可行性报告的审查意见，认为：若资金筹措及时，1993 年开始施工准备，1996 年正式开工是可行的，建议国务院及早决策。

（五）

在上马派看来，下边的事情就是十拿九稳地获得人大通过了。他们谨奉毛泽东教导，"不打无把握之仗，不打无准备之仗"，为使方方面面的头面人物都表态支持，从 1991 年 10 月到 1992 年 3 月，花费千万元，组织各界高层人士赴三峡"考查"，包括：

以王光英为首的全国政协三峡工程考查团，27 人，历时 12 天；

以陈慕华为首的全国人大常委会三峡工程考察组，25 人，历时 12 天；

全国省长三峡工程考查团，47 人，

李铁映率队的教、科、文、卫、体考查团，140 多人；

由中共中央宣传部出面组织的全国 50 家新闻单位记者考查团，上百人；

……

先后 6 个月，共 20 多批，约计 3500 人。归来之后无不对三峡工程交口称赞。陈慕华在人大七届 23 次会上对此行的总结可以算得上是一个代表。她说："考查团的成员一致认为，三峡工程对四化建设是必要的，技术上是可行的，经济上是合理的，建比不建好，早建比晚建有利，建议国务院尽早提交全国人民代表大会审议。"

由于这次行动对人员的挑选严格，有"资产阶级自由化倾向"是一律不得参与的；加上对考查者的"纪律要求"，只有几则"花絮"流传到民间：

1）人大常委黄顺兴是农业和环境专家，一年大部份时间在下面转，对三峡工程一向非常关注。这回人大常委考查组团竟没有通知他。黄老非常生气，前往质问。得到的答复是："我们认为你身体不好，一定不会去的。"

2）教育界的考查团规定，每个重点大学选派三人，一名学生、一名教师、一名校领导。考查归来后，"要按照教委统一下发的提纲，向本校全体教职员工宣传三峡工程的伟大"。

3）也是这个团。旅行当中某次宴会，带队李铁映深入群众，几十桌的大宴一桌桌祝酒。某位团员见领队如此平易近人，斗胆进言："三峡工程已获国务院通过，说明利大于弊。但是世上的事，总是有利有弊，最好让大家把弊说透，也好防患于未然。"李铁映沉思良久，最后开言道："只有逃到国外的六四精英才反对三峡工程！"

4）记者团。一名记者问一位随团作讲解的"长办"技术专家："泥沙究竟有没有解决办法？将来坝前、库尾淤死怎么办？"这位十几年来一直对三峡工程作规划的工程师的回答是：

"我想后代比我们聪明，他们一定有办法解决。"

与此同时，在统一号令之下，全国几乎无一家报纸怠懈，包括《光明日报》，以整版篇幅摘发三峡工程开发总公司编写的长江三峡工程问答，开始"舆论导向"。《人民日报》在两个月内，以头版通栏的位置，连发泰斗级人物重头文章。作为中共中央的机关报，这种规模，就连对日作战、反右、大跃进当中都少见。它们是：

> 12 月 14 日沈鸿　　《对论证报告的意见》
> 12 月 16 日黄毅诚　　《从发电效益看三峡工程》
> 12 月 21 日张光斗　　《宜早日兴建》
> 12 月 23 日陶子良　　《专家组构成分析》
> 12 月 29 日陶述曾　　《解除心腹之患》
> 1 月 4 日陈邦柱　　《湖南人盼三峡工程》
> 1 月 11 日郭树言　　《兴建三峡工程是湖北人民的愿望》
> 1 月 15 日严铠　　《从生态与环境角度看三峡工程》
> 1 月 26 日沈根才　　《从"煤、电、运"看三峡工程》
> 2 月 16 日莫文祥等　　《早开工》
> 2 月 20 日刘国光　　《兴建三峡工程是我国国力能够承受的》

其中经济学家刘国光"能够承受"这一观点，与他在 1989 年 2 月论证领导小组第十次会议上，及 1990 年 7 月国务院论证汇报会上的发言（无力承受）恰成南辕北辙，只不知这转变是怎么发生的。

（六）

这一舆论攻势真正的目标，实际上是 1992 年 1 月 17～18 日召开的国务院常务副总理办公会议、2 月 20～21 日举行的政治局常委扩大会议、以及 3 月 20 日至 4 月 3 日全国人大的审议。准备了十多年的三峡工程可行性报告的审查意见将在这里审议，党和国家的最高领导将亲自聆听汇报，并直接提出问题、发表指示。这儿才是真正的决策地。

这次办公会"同意兴建三峡工程"，但提出"要与其他大型水利工程，如淮河治理、太湖治理、黄河小浪底、南水北调协调，在计划中统筹安排"。朱镕基特别提到"国民经济及水利工程诸项目平衡问题"，姚依林认为"国家应通盘考虑"。

这话一点都不错，遗憾的是，他们对水利部只着迷于三峡，置其他于敷衍的程度没估计足。没有切实的督导，这番话就算白说了。半年之后，淮河及太湖流域由于错误的水利政策和防洪规划未能贯彻实施，造成巨大灾难。水利部的人这时候不提这次办公会关于统筹安排的告诫，反而再度借机鼓吹三峡工程。

一个月后，举行政治局常委扩大会议。钱正英、杨振怀作汇报。

钱正英审时度势，知道国家能源紧缺，大谈三峡工程的发电效益。但这次听汇报的几位已不同于毛泽东，主管文化的李瑞环居然对工程的防洪、移民、泥沙等方面都能提出问题，还特别指出不可以"宣传一面倒"。姚依林不再持1989年时的说法，同意上。但提醒他们"要纳入计划，留有余地"；乔石也指出"宣传一面倒"的问题，强调"要允许不同意见发表"；他最担心的是水电部门的人头脑发热，把"移民简单化"；薄一波也同意上，但他认为"要做大量工作"，特别提出要对4人作好解释：李锐、周培源、孙越崎、千家驹。

杨振怀接着汇报投资问题。他提出"以葛洲坝的收入抵三峡工程投资，再辅以提高电价、发公债等措施"。对此，李鹏明白告诉他，葛洲坝的发电收入是"国家的钱"，不是水利部的，也不是三峡工程的。这位大管家还特别申明，银行账面上的钱，并不意味着就是"可调用资金"。杨尚昆对三峡工程所持的立场比较稳妥。他觉得这样的大工程究竟何日上，还要研究。他也认为宣传有问题。作为军人，他考虑的侧重面是战争防御，并且说，在这样的准备程度就开工，"军科院有意见"。

万里一反他1985年软科学会议以来给人的稳重、明智的印象，只表态赞成"早上"。宋平那时虽然主管人事，毕竟在工业部门工作过，一下抓住了技术问题的要害。他认为三峡工程的"泥沙模型只定性，定量还不行"。至于何日上马，一定要"纳入计划，通盘考虑"。丁关根觉得三峡这样的大工程"必需有一个强有力的领导班子"，目前这个班子怎么样？他未作评价。

最后，李鹏作总结，谈到中国的"十年规划"，他认为"主要是三峡和浦东"。"班长江泽民"劝大家"不要再争了"。他说他"收到国外不少反对意见。问题是财政困难，有钱就上，省长会议担心三峡工程挤各省项目"。他再次提出"不要给不同意见的人扣政治帽子"。

一个月后，举行政治局常委扩大会议。讨论中批评了"宣传一面倒"的问题，强调"要允许不同意见发表"；不要把"移民简单化"。会议还注意到了"泥沙模型只定性，定量还不行"。至于何日上马，一定要"纳入计划，通盘考虑"；而且"必需有一个强有力的领导班子"。

最后的意见是，"不要再争了"。"问题是财政困难，有钱就上，省长会议担心三峡工程挤各省项目"；"不要给不同意见的人扣政治帽子"。

（七）

3 月 20 日，全国七届人大五次会议和全国政协七届五次会议开幕。

这期间，除了各报以大篇幅争相报道三峡工程之外，军事博物馆布置了一个大型的三峡工程展览，连年迈的专家们都被派去作讲解员。水利电力出版社发给每名代表和委员一套 8 册印制精美的《三峡工程小丛书》（这套丛书是如此之精美，以至连内页都使用道林纸，这是毛泽东、邓小平的书都没有的规格）。因为要付诸表决，而代表中的 90% 都不懂水利工程，曾要求大会提供对工程的反面意见，未予理睬。用他们的话说是："三峡工程的命运，原来掌握在大多数不懂三峡工程的人的手里"。一位香港代表将香港《当代月刊》最近一期所发表 4 人（周培源、薛葆鼎、李锐、段念慈）文章，复印 200 份带进会场；也有代表把中美合作出版的《科技导报》1992 年第 1、2、3 期（里边有持不同意见的文章）加印 500 份送到会议；黄顺兴甚至复印了几本《长江、长江》，倒也没遇到特别的干涉。

3 月 20 日，《国务院关于提请审议兴建长江三峡工程的议案》下发到代表手中。4 月 3 日表决。

政协会议期间，20 名委员提出涉及三峡工程的大会发言，267 人次提出有关三峡工程的提案 30 件。其中不同意见：

冯振伍等 4 人：对三峡工程应慎之又慎。

苗永淼等 2 人：对于三峡工程的上马应采取慎重态度较为稳妥。

刘昆水等 10 人：兴建三峡工程对重庆的影响和必须预先解决的问题。

程裕淇等 22 人：进一步加强长江三峡工程水库及上游的水土保持工作和库区稳定的勘查研究。

马玉槐等 3 人：加快长江中上游防护林建设的建议。

陆钦侃等 9 人：建议布置三峡水库遇特大洪水蓄洪拦沙时对库尾影响的泥沙模型试验。

刘邦瑞等 6 人：关于把金沙江水电基地建设列入国家八五计划和十年规划的建议。

依惯例，会议期间，总书记要对共产党员代表讲话，统一思想。江泽民也这样做了。在他的这次讲话里，关于三峡工程，他没有像 1987 年那样，要求党员一致投三峡工程的赞同票。与此相对映的是，人大委员长万里过去虽然也曾提出过"还可以提不同意见"，表决的前三天在主席团二次会议上就三峡工程专门说的却是："这项工程巨大，牵涉面广。国务院对此一直非常慎重，组织了各方面的专家进行了 40 多年的论证。论证的结论是兴建三峡工程效益显著，利大于弊。既然如此，就不应再议而不决了。"

邹家华于 3 月 21 日作关于提请审议三峡工程的说明。在他的说明中，没有上与不上方案的比较，没有上干流还是上支流方案的比较，甚至没有高坝和低坝方案的比较，只陈述 175 米方案的优越。

会上，台湾代表，常委黄顺兴要求大会发言，不准。他愤然退出。举着代表证说：这是最后一次。

4 月 3 日，会议对关于兴建三峡工程的决议案进行表决，1767

票赞成，177 票反对， 664 票弃权，另有 25 人未按表决器。决议案获得通过。这是一份根据四川重庆组代表的意见修改了的决议案，加进了这样一句："对于已经发现了的问题，要继续研究，妥善解决"。

副总理邹家华对议案作出说明时，特别强调："在今后的工作中，对可能出现的各种困难和问题，应有充分的估计和足够的重视，谨慎从事，认真对待，听取各方面的意见，使三峡工程建设更加稳妥和可靠。"这些话，后来成了反对派要求政府不得有违人大决议的依据。

人大会议期间提出的问题概括有：优化设计、移民规划、对上下游的影响、集资方案、建设及管理体制、长江综合治理。

（八）

未见对上述问题组织调查研究，对提问者也未给出具体答复，三峡工程以前所未有的速度加紧进行。

《人大决议》将三峡工程列入十年规划而不是"八五计划"，但水利部门却在"准备工程开工"和"主体工程开工"上玩了个花样：三峡工程在 1992 年就已经有大批工人和施工机械进入工地进行准备工程；1993 年国家列入投资 20 亿元，说明八五计划内已经开工。

1993 年 1 月 2 日，国务院发文，成立三峡工程开发总公司。文件虽称"这是一个自负盈亏、自主经营的经济实体，是三峡工程的业主，全面负责三峡工程的建设和经营"，一直未见对"业主"、"自负盈亏"等作出具体解释，目前这家"总公司"花钱，依然只靠"国家投资"。

总公司下设三峡工程建设委员会和移民开发局。作为三峡工程的高层次决策机构，该委员会由李鹏亲任主任委员，除国务院副总理邹家华、国务委员陈俊生任副主任委员外，专门将原湖北省长郭树言调任国家计委副主任，与四川的肖秧、水利部的李伯宁联袂任副主任委员。

总公司的总经理为前水电工程师、水利部副部长、能源部副部长陆佑楣。这人气魄很大，该总公司还没有得到正式批准，他已在鼓励下属"大胆地干，即使干错了，理所当然由我负责"。按过去的老思路将技术性工程推到政治性工程的高度，以促其早上快上的口号，也出自此人之口："将大江截流时刻表提前一年，与香港回归祖国年度同步，让1997年成为双庆之年！"

时至4月底，郭树言宣布：国务院决定为三峡工程投资￥20.2亿，用于施工前的准备，包括：防护工程、导流工程的一期围堰及施工现场的水、电、交通准备。预计正式开工日期为1994年底。

5月25日，工程初步设计由专家审查通过，张光斗等17名专家在审查结论上签字。在这个结论里，三峡工程的静态投资已从￥360亿（1986年）、￥570亿（1990年）变为￥751亿；按大大压缩了的通货膨胀率和银行贷款利率，动态投资达￥2240亿。具体数据见附录。

6月1日，移民开发局负责人李伯宁正式宣布，历时8年的移民试点工作已经结束，开始进入有计划搬迁阶段，国家将在本年度"计划安排移民资金5亿元"。据称，1993年计划移民两万人，但一忽儿强调就地安置，斥海外传媒报道的远迁"纯属造谣"；一忽儿又说要"中美合资"把三峡移民迁到"鱼贝虾蟹丰盈肥美，瓜果桃李甜醇鲜艳"的山东威海（均见新华社电讯）。与1992年春天完全一面倒的"宣传攻势"相比较，大陆的报面上仅散见三峡工程的移民工作不尽人意的报道。

对三峡工程持不同意见的人更为零落。他们当中有的过世；有的因年龄关系已完全退出社会活动；有的被从原来的位置上，如中共中央顾问委员会、全国政协等除名，已难以任何方式从事组织工作；有的思想发生了转变，认为"党决定了的事，就不要再说三道四，要保持晚节"。年轻的一批，为在目前中国的政治经济形势下立足，并求得发展，大部分决定不再在三峡工程的论争上扮演仗义执言的角色。

笔者决定将原来仅局限于三峡工程争议的《长江、长江》一书扩展为全面谈共产党建政以来水利建设的得失的系列丛书共十本，并寻找机会出版英文版、繁体汉字版和简体汉字版：

《长江 长江—1》 论争集

《长江 长江—2》 如此水库

《长江 长江—3》 水库移民

《长江 长江—4》 三峡工程与上下游

《长江 长江—5》 重新算帐

《长江 长江—6》 无可挽回的损失

《长江 长江—7》 替代方案

《长江 长江—8》 民主论证？

《长江 长江—9》 在三峡筑坝为哪般——加拿大七公司的阴招儿

《长江 长江—10》 世界灾难大坝

其中（9）、（10）两册分别为"Damming The Three Gorges"（Earthscan Publicatio ns Limited, Canada）和"The Damned"（The Bodley Head, London）的中译本。

1993 年 4 月，笔者因对长江三峡的保护获美国加州古德曼环境奖（Goldman Environmental Prize），宣布将 6 万美元奖金全部捐出，用于大陆环境保护。国内严密封锁这一消息。在华盛顿举行的获奖新闻发布会上，中国驻美大使馆科技参赞潘某愤然退席。

在 1993 年举行的八届人大和八届政协会议上，三峡工程几乎不再被提起。仅台湾代表刘采品致信新当选委员长，要求"维护法律尊严，按照上届大会的决议认真研究解决三峡工程问题"。在此期间，李锐再度上书共产党总书记江泽民，要求最后听一次不同意见；黄万里、陆钦侃、田方、林发棠，笔者也分别致信、致电人大和有关部门。

（九）

在国内，上与不上的力量对比是如此悬殊，最后起决定作用的，已不再是理性判断，而是有没有本事筹到钱。三峡工程的资金来源有哪些呢？

按照国务院三峡工程审查委员会秘书长杨溢的提法，三峡工程可能的资金来源共有九方面。时至 1993 年 6 月底，它们的进展为：

（1）葛洲坝电费：1992年底决定葛洲坝电厂上交国家利润全部投入三峡工程，每年2亿元，20年40亿元；1993年4月又改为将该厂进行股份制企业改造，发行B股在美国上市；

（2）三峡工程建成发电后的收入：此项尚未投入运作；

（3）国家财政专项拨款：未见宣布；

（4）预算内基本建设投资：粗估自1986年重新论证以来，国家已投入近10亿，1993年为20.2亿（全国电价每千瓦时加收3厘）。

（5）银行贷款：未见宣布；

（6）外资：据三峡工程建设委员会称，外资将以招标承包方式引进，用于：①分施工工程；②部分配套基建工程；③购买部分设备，包括68万千瓦水轮发电机组，50万伏高压直流变电设备；④顾问和咨询服务；⑤环境等问题的补充调查。目前表示有兴趣参与的国家：美国、加拿大、日本、瑞士、法国、新加坡、台湾、香港。

（7）预售用电权（相当于卖部分股份）：此项尚未投入运作；

（8）发行建设债券；

三峡证券公司经中国人民银行批准成立（宜昌市），注册资金1.5～3亿元，包销三峡地区企业债券、股票；承办工程证券发行、兑付和交易。预计向湖北省内金融机构和大中企业招股，第一期5000万元；

（9）水电建设基金：未见宣布。

此外，早上快上派又在力促国务院就三峡工程给当地"政策"，以利于资金筹集，包括：

1、建议将宜昌市、万县市、涪陵市列为沿江对外经济开发城市；

2、移民搬迁的库区县、市，实行沿海经济特区各项优惠政策；

3、区外到库区兴办企业，享受"三资"企业待遇。

截至1993年中，与三峡工程直接发生业务关系、并已向外界宣布的外国企业有：

泰国正大集团——宜昌猪鸡饲料厂（17亿元）、宜昌房地产

日本重型机械制造会社

台湾营建事业协会（理事长黄太平）

香港永善集团

南韩三焕企业

美国 Merry Linch

秘密接触和协定，外界尚不得而知。

<h3 style="text-align:center">（十）</h3>

1993年6月，据传由李鹏亲自批准的超级诈骗集团长城投资公司案发，经手人中国人民银行行长李贵鲜去职，全国开始金融检查、整顿，中共中央发文，坚决压缩不必要的项目。

1993年7月，散居家中颐养天年的"反对早上快上三峡工程老人"再度聚首，分析三峡工程形势，决定以《会议纪要》的方式再度公开提出自己的见解。

附录

三峡工程初步设计的一些情况

(1993年5月26日专家审查通过)

一、建设工期

暂按从1993年开始施工准备起算(实际上1992年就开始了)；

第2年(1994年)开始坝基开挖(实际上主体工程开工)；

第3年(1995年)4季度开始浇筑混凝土(才算主体工程开工)；

第5年(1997年)大江截流，利用明渠通航，次年临时船闸通航；

第13年(2003年)明渠截流，围堰蓄水到135米，开始发电，船闸升船机通航；

第15年(2007年)初期蓄水位156米，暂定维持6年，观测泥沙淤积；

第17年(2009年)所有26台水轮发电机组安装完毕；

第21年(2013年)提高至正常蓄水位175米，进入正常运行。

二、投资估算

（一）静态投资与过去比较

①论证报告1986年价格361.1亿元（其中枢纽工程187.67亿＋移民费用110.61亿＋输变电62.82亿）。

②可行性研究1990年价格570亿元（同上项目298＋185＋87）。

③初步设计1992年价格751亿元（同上项目383＋237＋131）。

（二）考虑资金利息和物价上涨

①静态投资1992年价格，不考虑利息和物价上涨，751亿元（开始发电前382亿元）。

②考虑70％投资按年利率8.28％，增加建设期利息后1170亿元（开始发电前530亿元）。

③再考虑物价年上涨率6％后，建设期20年共需资金2240亿元（开始发电前816亿元）。

（三）资金来源

①葛洲坝发电收入，目前上网电价3.9分／KW.h，自1993年开始每年提高1分，至1996年达8分，建设期共可集资142亿元（三峡发电前71亿元）。

②三峡工程建设基金，国务院总理办公会议决定，国家物价局1992年发文规定，从全国电网费中征收每KW.h3厘钱作为三峡工程建设基金，建设期共可集资400亿元（三峡发电前223亿元）。

③三峡工程自身发电收入，建设期可发电5079亿KW.h，按1992年上网电价19.4分／KW.h，售电利润548亿元，加上折旧还贷86亿元，减免税还贷32亿元，合计666亿元，考虑电价年上涨率6％，达1696亿元。

④国外贷款，利用外资进口施工设备和4台水轮发电机组，直流输电换流设备及升船机主要设备15.9亿美元，合86亿元（发电前7亿元）。

⑤国内银行贷款，三峡发电前153亿元，考虑物价上涨率6％，达455亿元。

⑥发行三峡工程建设债券（发电前2年发行）20亿元，考虑年上涨6％，合40亿元。

以上合计20年共筹资1476亿元（其中发电前529亿元）。

考虑物价年上涨率6％，2819亿元（其中发电前815亿元）。

三、水库淹没及移民

（一）淹地，1991~1992 年调查 175 米淹没线下，旱地比 1985 年调查数减少，但水田从 11.07 万亩增至 12.86 万亩，柑桔地由 7.44 万亩增至 10.04 万亩。

（二）工厂，新调查 1602 厂，固定资产原值 22.77 万亿元；比过去调查的 657 厂，8.19 亿元增加很多。

（三）移民，1991 年调查淹没线以下 84.46 万人，比 1985 年调查 72.55 万人增长了 16.4%，比预测增长率大。

（四）水库淹没处理及移民安置另编初步设计，尚未提出；所作投资估算"仅供工程经济评价用。"原计算工程建成时总移民数 113.2 万人将增加至多少，尚未提出。总移民补偿费将达多少，需待移民初步设计报告才有确切数字。

向钱正英请教

戴晴

　　她今年 70 岁，是中国世纪性的三峡工程拉锯战主上的一方当之无愧的关键与核心人物。或许这样说还不够，应该是大陆山河数十年来水利事业关键与核心人物之一——包括它的成就与灾难。

　　先是主管华东水利，继而英姿勃发地进京，出任水利（水利水电）部副部长与部长，随后，在最关键的时刻，成了名头乍看之下虽不起眼，权力却十分了得的水电部三峡工程论证领导小组负责人。在这个位置上，钱女士真可谓殚精竭虑，直到那份必将载入史册的兴建三峡工程的《决议》终于险获人大通过，而执行这一决议的机构——国务院三峡工程建设委员会——终于成立起来之后，仍然位居"顾问"。所以，在所有的人的心目中，"三峡工程早上快上"最有力的推动者与带头人，永远是她，特别在精神上。

　　像所有因为年龄关系不得不"退下来"的前中共干员一样，钱女士眼下是一个叫做"全国政协"的机构的副主席。这机构与1949 年春夏之交的时候可是大不一样了。那个在北平筹备召开，由毛泽东任主席，李济深、陈叔同等任副主席的**政治协商会议**已成历史遗迹。如今这个"会议"已不再有实在的权，不再费神制定什么《法》，它是"革命的统一战线组织"，是共产党的助手，为团结民主党派、海外侨胞，"长期共存、互相监督"而设。可不知从什么时候起，一批"余热"炙人，且官瘾笃定还没有过足的共干，也纷纷或被"安排"、或好不容易挤进该会。钱正英正是顺乎这一历史潮流，于 1988 年 65 岁、卸去水利电力部部长衔的时候，在已故的前主席李先念的关心与斡旋之下，就任该"会议"副主席。目前，她在公开场合露面的时候，用的就是这副行头。

有趣的是，1988 年她到会时，不知出于什么考虑，这位除了革命之外，差不多干了一辈子水利工程的行家，竟然分工主管医药、卫生、体育。虽然体育特别是医药卫生工作在今天的中国真是重要得不得了，可 6 年来确实未见钱副主席在这个领域有什么建树。她依旧以"余热"在忙跟过去毫无二致的事体，更具体地讲，是在主持力促三峡工程早上快上。对这一雄心壮志的表达，她已有过不少豪言壮语，如 1983 年李锐对她说：

"三峡问题，我们什么时候再谈一谈，好吗？"

她的回答是：

"我准备 70 岁坐牢！"

最新的著名言论虽然没有太多新意，也是掷地有声。她的孩子们说：

"你干啥呀？你做了那么些工程也可以了，再搞一个给大家骂的事情？万一搞得不好还得坐班房，杀你的头不足以谢天下！"对这类评议，她的回答是：

"三峡工程不上我死不瞑目！"

1993 年的气势更不寻常，那时《三峡工程议案》已获人大通过，正在日夜赶工以造成不可逆转之势。在一次会议上，她面含微笑地问："反对派怎么还不投降啊？！"不知这"投降"二字此处当作何解。

周培源说："我们很关心，我们不放心"；李锐说："心所谓危，不敢不言"；陆钦侃提醒："长江防洪最重要的是加固加高堤防和做好分洪蓄洪区的安全建设"；黄万里、田方、林发棠不过一次次给主管国事的诸位写信，希望严格执行上届人大的决议，慎重考虑三峡工程的上马；至于 100 岁的孙越崎老，只因为来访的晚辈问起，才道道过去发生的事。三峡工程花的既然是人民的钱，动的是中华大地的土，身为中国人，怎么就不能说道说道？

虽然钱副主席终生景仰的毛泽东曾说过："反动派不投降，就叫它灭亡"，不幸中国人所信服的依然是"以理服人"，而不是"以势压人"。在此，仅就一些平头百姓颇怀疑虑、颇多不解、并且一旦开工之后绝对躲不开的问题，提出来就教于钱副主席。

（一）论证

1）在 1992 年 3 月 17 日《文汇报》发表的《三峡工程的前前后后——钱正英访谈录》中，谈到 1986 年，你是怎么主持三峡工程重新论证的。你对记者说，"我开始也没有想到重新论证由我主持"。这真让人大吃一惊，因为几乎所有关心三峡工程的人都记得，这项投资大、工期长、涉及面广、科学技术水准要求高的大型综合性工程，理所当然地本应交国家科委和国家计委组织论证，而且国务院确实已经这样做了。那时，你怎么找到国家科委主任宋健，通过怎样一场争论将这"权"要到手里，曾给人留下深刻印象。不知这一节你是完全记反了，还是为将来推卸宏观论证失误的责任而有意作如是说。

2）1986 年由你主持组织的三峡工程论证领导小组，有正副组长 10 人（后扩大为 12 人），全部由原水利电力部的正副部长、正副总工程师，和"长办"、三峡开发总公司筹建处、三峡地区经济开发办公室等积极主张"早上快上"的人士组成。对于治理长江很重要的航运、地质地震、生态环境、机电设备、财政经济等部门，却都无领导人参加。尽管邀请了有关部门专家 412 名，但在所组成的 12 个专家组中，10 个组长由原来水利电力部所属单位的领导担任，其余 4 个专家组，也有原水利电力部派任的副组长。所有的讨论审议各专题论证报告和可行性研究报告的论证领导（扩大）会议，都只有领导小组成员、正副组长、顾问及特邀顾问参加，绝大部分一般专家没有机会发表意见。这种组织形式的领导权，是否完全控制在以你为首的原水利电力部领导手中？这是贯彻了中央和国务院 1986 年文"要注意吸收有不同观点的专家参加，发扬技术民主，充分展开讨论，得出有科学根据的结论意见"吗？

3）在全国人大审议三峡工程前的几个月内，新闻媒介收到许多专家学者对三峡工程各种看法的文稿。当这些文稿送水利水电部审查时，为什么只让发表附和你们意图早上快上的一面之词，而不许不同意见发表？在人大会议期间，只发给人大代表你们的宣传材料，为什么不把论证过程中内部的和外面专家学者提出的不同意见也发给代表们？请问这种做法，符合"百家争鸣"的方针吗？给人大代表"兼听则明"的条件了吗？贯彻民主化、科学化的精神了吗？

（二）防洪

1）钱副主席接受采访时说，三峡工程"首先是长江的防洪"。请问此处"长江"是指长江全流域还仅仅指长江中游。作为水利部长，想来钱副主席不会忘记 1981 年川江大水，请问三峡工程建成后，除了抬高上游洪水位，进一步加重川江地区水灾威胁之外，还有何效益？你也一定不会忘记 1990 年苏皖浙大水，对于这类位于下游尚未注入干流、在支流河道区就已经泛滥成灾的洪水，三峡工程救得了么？

2）说到中游，三峡工程仅能控制上游的洪水，库容也仅为长江年流量的 1/20，能说有了三峡工程两湖地区防洪就高枕无忧了么？1954 年洪涝受灾农田达 4755 万亩，三峡工程建成后，据推算仅可减少洪水淹没损失 177～327 万亩。这难道就算是解决了百年一遇的洪涝灾害了？

3）对于上游来的特大洪水，比如你特别强调的 1870 年的那次，当年荆江大堤并没有溃决；如今荆江大堤已多次加高加固，怎么倒变成了"今后若再过这样大的洪水，南北大堤都存在着溃决的危险，将导致 10 万人死亡"，并以此作为兴建三峡工程的"王牌"。另一方面，当年重庆朝天门的洪水位 197.6 米，三峡工程建成后，会把这一水位抬高到 200 米以上，高出 1981 年四川洪灾 7 米。这些，都不做交代，不是为了中游而宁愿牺牲上游吗？

（三）泥沙

1）长江泥沙的成分你是不是很清楚？上游川江干支流的造床质究竟是砾卵石夹粗沙，还是与黄河一样的可悬可跃的泥沙？如果承认是前者，请问卵石床沙移动么？移动机理是什么？底沙移动么？移动底沙量可测么？在这些全都存在的情况下，只作假定河床卵石不动的河工动床模型试验，并以此作为对未来三峡水库淤积情况的预测，究竟是在骗自己，还是在骗别人？

2）众所周知，长江今日已成了悬移质泥沙居世界第四位的河流，水文专家组报告竟然在承认"近几十年来长江上游山丘区因滥伐森林、毁林毁草、陡坡开荒以及筑路、开矿等人为的原因，加剧水土流失的现象非常严重"的情形下，得出"长江泥沙没有增加的趋势"的结论。这种结论能服人么？ 你敢使用么？

3）40多年来，全国已建成水库大约已有1/4基本淤死，这情形钱副主席不会不知道。三峡工程呢？三峡水库的寿命究竟是多少年，时至今日，未见公布。你们是不是仍相信可以"以有限的库容对无限的泥沙"？当大量卵石、粗沙堆积在重庆附近河床，你打算怎么办？重庆港区的航运和川江流域的防洪，就那么不值一顾？美丽的长江在她的中段隆起而濒于淤死，只一句"早说过后代比我们聪明，他们能解决"就交差了事？

4）关于水库的运用方式。为减少库区淤塞，你们打算采取"蓄清排浑"，即在每年6～9月长江汛期降低水库水位，将夹带泥沙的洪水尽量排到库外。先不说你特别担忧的洞庭湖淤积如何靠这种运用方式解决，只说三峡工程本身：你一再强调防洪，大洪水挟带泥砂滚滚而来，你究竟拦还是下泄？况且，库内水流速改变之后，沙，特别是距闸门百公里以上的库尾的沙，排得动吗？"蓄清排浑"不是什么新主意，在三门峡用过，在刘家峡、盐锅峡、清龙峡也用过，全是在舍弃了发电、航运、灌溉、包括防洪目标之后。三峡工程的这些目标都可以舍弃么？暴雨期间不须拦水了？ 航运水位不必保障了？那还有什么防洪航运效益，还造这工程干什么？就算到了淤积告警那天，这些目标都不得不舍弃的时候，你又有什么把握"排浑"这种运用方式在又长又深的三峡水库会成功呢？

（四）航运

据称，三峡工程将改善长江航运，使年运量达5000万吨，并使万吨船队直驶重庆——这是你们给出的该工程四大优势之一，也是当年游说邓小平，使他同意这一工程的最主要的理由。请问：

1）世界上有哪条多沙河流，建了高坝大库还能上下通航？美国科罗拉多的胡佛，埃及尼罗河的阿斯旺，都属于多沙河流上的高坝大库，为什么都只在库区内行船？密西西比河是航运大河，为什么只在上游建梯级坝，中下游都不建坝？多瑙河、莱茵河、伏尔加河水量都很大，泥沙也少，为什么在干流也都没有大坝？是不是他们对水能资源都无动于衷？都不懂你们最爱说的那句振奋人心的顺口溜"江水日夜向下流，流的都是煤和油"？

2）长江的支流汉江原来是一条通航河道，你还记得吧？自从你主持兴建丹江口水库后，"水库回水变动区已发生航槽变位，原航槽趋向衰亡，新航槽多险礁，不便航行；较宽的'大肚子'；'沙坡'和'铁板沙'碍航，致使船只搁浅、打横、倾覆、停航"。这些，你不会不知道吧？那么长江？受到国民敬仰的周恩来前总理1971年所说的："长江是一条大河流，不能出乱子，如果航运中断了，坝是要拆的，那就是大罪。"这话，你还记得吗？

3）目前，长江航运下水年通过能力是1000万吨，据长江航运管理局的计划安排，依据实际国情，采用分期航道整治，第一期到2000年时，可达1800万吨/年；第二期2015年，达3000万吨/年；第三期2030年，在整治的基础上配合上游干支流水库调节，即可达到三峡工程远景通航同行目标5000万吨/年。所需投资分别为5亿、12.27亿和16.13亿，共计33.4亿，这还不足三峡工程的1/10，钱副主席不会算不出吧？

4）三峡大坝建成后，虽说理论上达到了年航运量5000万吨，但有着极为严格的限定，即只有在"全年通航、全部大船（20% 3千吨级，80%万吨级）满载、无故障"的理想状况下才行。请问，实际操作能达到吗？此外，船闸闸门的开启、关闭、密封等技术的要求是十分高的。三峡工程五级船闸10个闸门串联，发生故障的概率是多少？将这些因素加起来，三峡工程究竟是利航还是碍航？三峡工程的决策者，每说到航运，只笼统讲万吨船队直驶重庆，从不提闸门限制，不提通航的年内保证率、年际保证率和保证的年限，不提故障，不提长达20年施工期间的航运损失，算不算是美言哗众？

（五）发电

1）三峡工程的发电效益，半个世纪来、特别在今天，成了决策者早上快上的主要依据。不仅因为长江可开发利用的水资源极为丰富，更因为目前华中、华南一带电能奇缺。可惜这电要到十多年后才有希望见到。钱副主席不会不知道，今天中国经济发展是不会坐等三峡工程供电的，沿海诸省正与长江支流及澜沧江流域联合开发工期短、移民少、简便易行的中、小型电站，见到"三峡工程不可替代"这一神话，正在为人们的实践所打破，钱副主席有什么感受？

2）三峡水电站装机容量 1768 万千瓦，保证出力仅 499 万千瓦，这不是一种浪费吗？为保证枯水期调峰送电，弄得从三峡到葛洲坝之间的水量忽大忽小，影响船只安全运行。请问，牺牲"黄金水道"来取得效益如此之低的电能，值得吗？

（六）移民

1）时至今日，国外所建大水库不少，未见有移民超过 12万；国内所建三座移民超过 30 万人的大水库，遗留问题至今没有解决。三峡工程移民逾百万，移民费将占去总预算的近 1/3，这对设计一项工程是合理的吗？

2）三峡工程蓄水位 175 米方案，到底有多少移民？原计划1989 年开工，2008 年移民完毕，规划动迁 113 万。现开工和完成时间都推迟了，考虑到人口自然增长等因素，将动迁多少人？ 三峡坝顶高为 185 米，当须动用 175 至 185 米之间的"超蓄"库容时，那些临时跑水的 20 万人，算不算移民？水库运行若干年后，泥沙淤积河床抬高，新的洪水线下的人，算不算移民？都算起来，还是 113 万么？

3）按你们给出的数字，工程将投入移民费 185 亿，计每人1.6 万。就算操作过程中没有一点贪污浪费（这几乎是不可能的），考虑到国家对移民补偿项目扩大、补偿标准提高和物价上涨率，考虑到 1984～1988 四年间全国水库平均补偿费已提高四成，最保守的估算，也须每人 2 万（金沙江上游地处偏远的二滩水库1990 年的标准是人均 3.6 万）。请问钱副主席，为保证包括占半数以上的城镇居民在内的移民"至少获得他们以前的生活标准"，这 185 亿能打住么？如果打不住而硬干，怎么保证不会出现如你所说变成"关键性的经济甚至政治问题"？

4）1949 年以来，大陆水利工程移民已逾千万，不知你在升迁之余，有没有想到这些无辜百姓数代人遭受的折磨与苦难。三峡工程一项就强迫迁移百万，你就那么心安理得？今日库区的百姓，已不同于当年你一个命令让搬就搬，今后可能出现的局面，你心里有数吗？

（七）经费

1）三峡工程投资按静态计算，也就是不考虑银行贷款利率、通货膨胀和归还期诸因素的一种算法。请问如今世界上有哪一个大工程可以不考虑这三个因素，特别当施工工期长达 20 年的时候？据悉决策班子在钱副主席领导下进行工程财务评价时曾算过这笔账。尽管计算时种种因素估计得很不完全，动态投资已经比静态投资大出了好几倍。为什么在提交全国人大审议时，不将这个数字一并公布？

2）目前三峡工程所需款项主要靠国家预算内基本建设投资，这是谁都明白的一个事实，也是钱副主席几十年来到处建坝用钱的唯一的方式。不幸中共 14 大之后，提出向市场经济转化。作为中共一员的钱副主席，是不是应身体力行，努力以新的观念对三峡工程作经济评价；还是依着老思路、老手段，甚至不惜放出"1997 双喜临门"这种政治挂帅的老招数，来挤压政府主管给钱，而不惜拖体制转换的后腿？

3）据称，三峡工程资金的一个重要来源是葛洲坝电费收入。也就是说，将葛洲坝发电利润无偿划拨三峡工程开发公司使用。请问，第一，葛洲坝工程工期 18 年，"静态"投资 48 亿（按动态计算已逾百亿），这笔欠国家的债怎么办？第二，全国其他河流，如黄河、大渡河、红水河等，是否也可以把已建水电站的发电利润划归为同一条河流的新建工程投资？关于三峡水电站自身发电收入，据说是只要一开始产出，就立刻投入工程本身。钱副主席可能还记得，参加论证的财政部代表曾正式提出意见，认为三峡工程的收入即使归还贷款之后，再投入用于三峡建设，都是"目前的财政制度不允许的"。中国的财政制度，独独对三峡工程没有约束力吗？

4）据宣称，自 1993 年起，将从全国电网的电费中每度加价 3 厘钱，作为三峡工程建设基金，不问你是三峡工程的受益区还是受害区，也不问你同意还是反对这个工程，更不说明这笔款是向用电户借，还是强征。这种做法，钱副主席认为对中国政治经济形势的稳定，会起什么作用？

5）三峡工程总预算打埋伏的程度和不断追加的速度，钱副主席自己说说，是不是也已属世界第一？这笔投资，1988 年是 360 亿；1990 年是 570 亿；据最新公布的数字，已到 750 亿（静态估算）；而在压低了物价上涨指数和银行贷款利率之后的动态估算，已达 2200 亿。这个数目，恐怕也还是打不住吧？正当中国需要保持国民经济持续稳定发展的关键时期，正当近期建设所需资金还很紧张的时候，三峡工程的这种超量投入和资金积压，会不会对国家的经济、政治和社会稳定产生冲击？

（八）环境

1）中国科学院《三峡工程生态与环境研究报告》的结论是："综合的系统评价，利弊相抵后，总结果仍明显地弊大于利"。你是否承认这是一个与工程没有直接利益关系的权威机构的结论？在这样的评估之下还要硬上，究竟出于什么用心？你是否知道，一个工程可以不对它所造成的环境破坏负责的时代已成过去；你们寄予莫大希望的世界银行，已经绝对不敢给对环境造成破坏的项目随意贷款？

2）长江三峡段，本已严重过度开发。移民的上移后靠，环境容量是否允许？大量垦殖新地，包括违法在 25° 以上的坡地上开垦，会造成什么后果，你心中有数吗？你知不知道夹江美丽的陡峰的森林覆盖率已下降到 5%，而这 5% 也还是以草坡为主？明知如此还要硬干，从而造成该地区进一步的水土流失，责任在谁？

3）三峡工程规划中，有没有考虑过将来库区饮用水的水质会因为沿江排污未得到彻底治理、已开垦的矿床的淹没、库内水网养鱼而受到的威胁？对这个将影响数千万人生存的大问题，怎么不见具体措施？

4）坝体设计可抗 7 级地震，可见承认水库有诱发地震的可能。那么，库区居民的生命和安宁呢？对他们的房屋和别的建筑物的地震级别有没有考虑？对地震触发的滑坡与崩塌有什么预防措施？

最后想要向钱副主席请教的是三峡水库的寿命——100 年、80 年、60 年、还是 30 年？当它的寿命在不过几十年间已经结束，还怎么实现你的"防千年一遇或者百年一遇的洪水"的理想？万吨船队还可以驶入重庆港吗？发电出力还剩多少？当水库日渐淤积，已经如黄河三门峡大坝一样造成灾害的时候，你是炸坝呢还是掏沙？砂石混凝土废料又怎么运出？

长江抚育中华民族已逾有千年。当人自以为越来越"聪明"，越来越"能干"以后，长江已经不堪其掠。但是，时至今日，倒还没有谁将她一举毁掉。或许，钱副主席有意以此青史留名？请掂掇。

1993 年

如此民主决策

——采访黄顺兴

黄顺兴：农业及环境保护专家，1923 年生，台湾樟化人。 1942 年毕业于日本农业高等学校畜牧专业，1964 至 1969 年任民选县长，自 1972 至 1980 年任民选立法委员。1980 年创办《生活与环境》月刊。曾任中华人民共和国第七届全国人大常委会委员。1992 年在七届人大第五次会议上，要求发言表达对三峡工程的不同意见，遭到阻挠，愤而退席。1993 年辞去全国人大常委会委员职务。

主要著作：

环球之旅

历史的证言

台湾农业的前途

看大陆（1990）

走不完的路

北京见闻录（1993）

问：作为农业专家和环境保护学者，您 1985 年转道日本回来的时候，是否注意到大陆生态环境所面临的危机？是否了解三峡工程对环境的危害？

答：几乎 40 年，台湾民众对大陆情况处于消息关闭和封锁状态。对大陆的情况，老实讲是不清楚的。我记得当时所得到的消息只是两个极端：一面是国民党的反共宣传——赤匪青面獠牙、百姓水深火热；一面是来自左倾激进青年的暗道传闻——人类理想的社会，美妙的人间天堂。没有人提到环境问题。正如当年台湾，在只求经济发展的过程中，大部分人对于环境根本没有想到，就算想到了也不敢说，不敢指出单纯追求增长的行为对环境所造成的必然的破坏。后来，到美国参加一个芝加哥东亚学术中心主办的环境研讨会，遇到留美台湾教授林俊义，他向我谈到大陆这方面的问题好像很严重，这是 1985 年 7、8 月间。我感到心焦，引起想亲自到大陆看看的念头。农业和环境保护原是我的本行，所以一回来，立刻看出了问题。

问：就居住而言，大陆离您很遥远，森林消失、河流干涸，对您本人的日常生活并没有直接影响，为什么这个问题让您那么关切？

答：环境问题是人类的问题，地球的问题，不仅仅属于哪个地区哪个国家，它是没有国境的。更何况我是中国人，大陆是我的祖国的一部分，无论离开多久，总是息息相通。

问：记得您刚回来，喘息甫定，就开始了到各处的考察。什么时候开始关注三峡工程的？

答：不多久吧。那时论证已经开始，人代会和政协会都在争论上还是不上的问题，我为了弄清真相，就开始收集资料。

问：您当时的感觉是什么？是不是觉得这是一个为中国人民争光的伟大豪迈的工程？

答：正因为这种空泛的"伟大"、"豪迈"，才越发糟糕。所谓"大"，不管是非洲的阿斯旺坝，还是美洲的密西西比河工程，凡事涉地球上的大河大川，都不可轻举妄动。它们是地球的动脉，一条河川从形成、固定、到维持，要历经几亿年。中国人口如此密集，核电站也好、河流上的大坝工程也好，一旦为害，非同小可。对这类"大"动作，我原则上根本反对。一个国家，经济要发展，这谁都知道。但发展经济，第一，是不是非要那么多的电能？第二，有没有替代方案。第三，就算无可替代，也必须把对环境、对人类的局限放在第一位考虑。三峡工程当然也不能脱离这三层考虑。

问：作为人民代表大会常务委员会的委员，对于您迫切关注的问题，有关各个专业部门，包括人大机关、水利部门、长江流域规划办公室等，有没有提供条件，帮您进一步了解和调查研究？据说在开会前曾经有一个"人大常委三峡工程考查团"。您对三峡工程的关注人所共知，您有没有参加这次考察？

答：我在事前根本不知道人大常委决定作这样一个考察。直到他们从三峡回来，向报界发表完全支持三峡工程早上快上，我才从电视上看到。我问几位一直关心这一工程的常委，都说并没有得到通知。我于是马上打电话问秘书处这是怎么回事。他们怎么说呢？他们说，我们猜想你身体不好，就没有通知你。我说你怎么知道？！他吱吱唔唔讲不出来。后来我听说，去的人是经过挑选的，多数是外行，自然不会提出反对意见。

问：到了开会的时候呢，即 1992 年那次人大，那可是将通过三峡工程《决议案》列入程序的。这回总应该协助您了解全面情况了吧？

答：不但没有，还制造重重阻碍，连最基本的论证资料也不肯提供。本来，大陆几十年来上马的工程不下千百万，小至啤酒厂，大至核能发电站，也有投资几十亿上百亿的，都不曾如此郑重"通过"，为什么偏偏把三峡工程拿到全国人民代表大会来表决？这本身就有问题。到了会上，发现为达到通过的目的，他们想方设法。我找到秘书处，问他，你们准备的成套的力促上马的"正面材料"看到了，有没有另一方面的意见？我两面都想了解。他说台湾团有一份，只能借用，不能给你。我说：你们做正面推动性宣传，花那么大的气力，每位代表光材料就几公斤；而不同意见，只薄薄的几小册，怎么就不能发给每人一套？三峡工程的决议案要在大会上表决，不了解全面情况，怎么发表意见？也许有人愿意放弃权利，我不，我要我的一份，你想办法给我找来。我知道意见提归提，他们完全可能不理睬。所以，开会之前，我就在家中将 10 本负面材料复印好几份，发给希望知道全面情况的代表，如在南京天文台工作的台湾代表刘彩品等。不过到后来在会上，秘书组还是给了我一份反对方意见，说"黄老，这是特别给你的。"我说"我不要特别，了解全面情况是每个代表的基本权利。"

问：没有文字资料，不同的声音有没有可能听到呢，比如请持有不同意见的专家到会介绍？

答：到小组来说明的，有水利部和长江办的那一伙人，当然全是促进派，哪有持不同意见的？台湾团提问的代表不多，反对意见也有，比如上海港务局副局长范增盛代表就提到，一旦三峡水坝建成后，由于生态变化，长江口一带的积砂问题会很严重；还有三峡船只过闸时间拖长等等问题。南京天文台刘彩品代表也提到了科学论证资料不足，论争不予公开和预算不符合事实等问题。我将所读过的论证资料加以综合后，加上我自己的见解，向他们提出质疑，包括工程预算 570 亿的问题。我诘问：为什么不计利息？若计入，总数是多少？另外，流砂疏导和淤积估算不清楚，为什么不能采纳替代方案？水库寿命、地震、战争、天灾人祸发生时的对策，以及稀有物种灭绝、历史文物淹没，这些问题，我都曾在小组会上提问。对此，他们全都推给长江办主任作答。有的根本答不出来，如预算、筹款渠道等问题；有的答非所问，只将他们的提案重复一遍了事；有的干脆明说不敢作答。

问：在这样的情况下还想获得大会通过吗？但像您这样提问并且付诸实际行动的，在代表中不占多数吧？

答：是这样。在小组讨论阶段，我尽量和别的代表联系，动员起一切可能的因素，想让尽量多的代表在表决前知道不同的意见。不同意见材料，大会不下发，我想，那我就个别送吧。没想到送也送不成，因为大会封锁，不同地区的代表之间不准直接交往，材料只能送到所在团的秘书处。但一到那里，就如泥牛入海，对方根本不可能收到。

问：这真是出乎人们的意料之外。因为，尽管邓小平说过，"为避免犯错误，应更广泛地听取人民群众的意见"；赵紫阳在位的时候说得更明确："重大的问题须经人民讨论"。抽象的"人民"毕竟好糊弄，但这是全国人民代表大会啊。这时候，您对于以合法手段，使大部分代表知道实际存在的对于三峡工程的不同意见，已不抱任何希望了吧？

答：要是从前，确实也就是这样了。但在我刚当常委的头两年，曾通过人大常委秘书局，提出过好多意见，包括在第二次常委会上提出的允许记者进入大会会场采访。那次我说："人大号称最高权力机关，类似现代国家的国会，国会怎么可以不许记者进会采访？国会讨论的情况怎么可以不马上传播出去与大众见面？外面的意见怎么可以不迅速返回来？如果这些都没有，怎么能具代表性？要建立这样一个循环，媒体上的记者是少不了的。世界上无论那个国家，包括独裁的蒋介石政府都有，为什么人民民主的共和国反而没有？"那时是赵紫阳主事，他是主张人民代表机构透明化的。万里那时也开明，意见就是由他转达的。后来，好了，从第三次，开放了记者室，挑选了五、六个吧，副总编之类。休息的时候，一个记者走到我的座位边，他问可不可以和我谈一谈。我问是不是采访，能不能报道？他说不能，虽然有几家报纸可以派员列席（不是采访），发稿还是大会统一。我说，如果这样，我没有必要和你谈，咱们只做朋友好不好。他说，我和你谈的，虽然不能公开发表，但我可以写《内参》。我问《内参》是什么，他说那可重要了，头头们看的，别人想看都看不到。我说："我是人民，人民是最高的，为人民服务，重要的是外参，而不是内参。对不起，我不接受这种采访。"

问：您的这个建议后来发生了巨大的社会影响。后来又有过别的建议吗？

答：那就是 1989 年通过的《议事规则》了。全国人大本来没有大会发言这一项，我提出，不管小组讨论怎么样，大会是全体代表沟通的最后一个机会，这个权利不可被剥夺。记得那时我一再坚持，有几位委员也明白表态赞同。那年赵紫阳还没有下台，最后终于通过了。

问：这个《议事规则》在以后的大会上起作用了吧，比如1992 年 3 月那次表决三峡工提案的时候。那一次，您是怎么运作的？

答：人大《议事规则》第 54 条规定：想在大会上发言的代表，须事前向大会秘书处登记，大会主席即应安排发言。临时动念者，经大会主席许可始得发言。代表第一次发言时间 10 分钟；第二次 5 分钟。你一定已经注意到了，这条规定是很具体的，只要代表事先登记，大会主席就得安排，不得拒绝，只有临时要求发言者，主席才有回旋权力。我那次既然已经决心在大会上发言，3 月 31 日便向大会秘书处登记了。按照规定，对于能否发言，根本无需怀疑。尽管如此，我还是做了最坏的打算，准备好重要的材料赴会。

问：在会上一切进展顺利吗？

答：那天，我看第一案、第二案已经过了，下面就是三峡工程的表决，就开始喷药——你知道我是有病的人，胸腔里装着心脏起搏器，情绪激动是很危险的，提前三分钟喷，可管半小时。果然，表决开始，我登记了的发言没有被安排。我在座位上举起手，要求即席发言，但主席不予理睬。我还是站了起来，下定决心发表自己的意见。这时，突然听到台湾记者喊："没有声音了！没有声音了！"一开始我还没有反应过来，后来才明白，原来整个会议大厅的音响系统，一刹那间通通切断，就只剩下主席面前的一个麦克风还工作。你堂堂一个人大，怎么敢这样——将电源关闭，动用技术手段来压制代表行使权利。我决定退席抗议，离开座位，走到休息厅。记者围上来，我事先虽然没有料想到关闭扩音器这一粗暴作法，毕竟有所准备，于是当场把材料散发给他们，同时对他们做了补充说明，等于开了一次记者招待会。

问：究竟为什么呢？您不就是从为国家、为民众的角度，提醒政府动手干这么大的工程要慎重吗？

答：我也想不通。一届政府，一个代表国家最高权力的人民代表大会，而且还在全国、全世界的瞩目之下，为封锁一个代表的发言，怎么到了不惜公然违宪的程度。我想，可能有那么一批人，已经头脑发热到三峡工程非通过不行、就怕我的发言给这通过造成哪怕一点点干扰的程度。我又想，动机如果纯正，为了国家人民，听听大家意见，有什么不可以呢？没有必要这样嘛！更况且，学者们提到的不过是方方面面的技术问题，你如果在这方面有把握，为什么不敢让人家说呢？

问：问题就在这里了：恐怕即使在技术上，他们也是没有把握的。

答：没有把握又要强行通过，目的是什么呢，不就是要把责任推给全国吗——这是你人大通过了的！为什么要推？没有把握。这几桩事情都是连带的。不过话又说回来，这责任你推得掉吗？我们每一个人、每一桩事，都是要向历史交代的。

问：后来，听说您在激愤之中作了一个决定？

答：对，就在外边休息厅。记者们围上来，有人提问，他说："这人大常委，你明年还想干吗？"我说："怎么干！？我现在就不想干了！"话一出口，突然想到他是话中有话呀，反问他："你是哪家报社？"他不讲。我估计是新华社的。

问：您自己当众这样宣布，对有些人说来真可谓正中下怀，但真正底层百姓大家觉得特别可惜。当时是不是气话？

答：不是气话，我早就不想干了，本来已辞了好几次。

问：您是只是觉得这次中共做得太过分了，还是对这个制度从根本上失望了？

答：就我个人而言，我是灰心了。凭我一个人，就是再干 50 年，还是这样。我个人再努力，碰来碰去，全碰在体制问题上，而这样的问题，不是一个人的努力解决得了的。我觉得不该再在这里耽误下去。我今年 70 岁，也该从公务生活上退下来了。本想等到满届，也就是今年，再顺理成章地退。现在提前说出去，也并不仅仅是气愤。

问：现在《关于三峡工程的决议》已经通过，据报纸宣传，正拼命赶工。您对三峡工程前景有什么估计呢？

答：中国的环境形势非常危险，三峡工程不过其中一个，比这严重的工程都在推进、发展、恶化，再不紧急着手补救，将来后悔就晚了。中国最大的问题是人口负担过重，从这里衍生出来的许多问题和灾祸，让你一时无法收拾。更严重的是，人口多的同时，素质越来越低：而有什么样的人民就有什么样的政府，这样的人民就产生了政府官员贪污、腐败。再有，体制是关键。没有法制，没有监督，会将中华民族置于死地。

至于三峡工程，不知你有没有注意到，现在出现了一个小小的变化：我看到 6 月份《人民日报》一篇报道，对三斗坪移民的采访；还有《都市青年报》一篇《三峡移民资金变成招待费》，披露不少问题。又如三峡工程中的一项工程，据说全年应拨款 8000 万，到了 6 月底，才到位 1000 万，成了"粮秣未到，兵马已先行"，仗怎么打？按理，他们既然冒天下大不韪开工，无论大肆吹嘘，还是印钞票，应该是全力支援才对，但在李鹏病了之后，这两种情形出现了，依我看不是偶然的。舆论控制如此严密，也知道全世界有那么多华人在反对，一直紧紧盯着，消息怎么会"漏"出来？列入计划而钱不到位，究竟是故意还是不得已？我看这是一个很重要的信息，也许正意味着权力机构内部的某种变化。另一条，你有没有注意到，本来要对外发行三峡债券，又停下来了。行不通的原因何在？债券一旦出售，所有的债权人都有权了解他所付了钱的那桩事的全面情况，这时，想要捂住反对的声音就更困难了。而有了这个声音，民众就更不敢去买，成了恶性循环。台湾的一些只要有钱赚，什么都不顾的公司，想插进来，考虑到反对的声音，有些踌躇，包括我的直接告诫："罪恶的钱不要赚，更不要说还赚不到"。筹钱的渠道不畅，起码可以阻挡它一段时间，我们就更有时间将一切讲明。所以，你问对这一工程的前瞻如何，我的回答是，或许还有一线希望。如果当政者比较明智、比较实事求是；管财经的人，不冒险，你拆你的烂污，我却要顾到我这一届的政绩，不擦你的屁股，这样，1000 万，不死不活，让你干，舆论越来越不利于你，到时候停顿，还来得及。如果三峡工程的不拨款和真实消息的走漏，是这一个圈圈中的一环的话，最终将这一灾难制止，我看还是有希望的。

1993 年

三峡文物古迹告急

——访中国历史博物馆馆长俞伟超

俞伟超：考古学家，楚文化及秦汉史研究学者。1933 年生，江苏江阴人，1954 年北京大学历史系考古专业毕业，1961 年获该校该系硕士，先后任教于北京大学历史系、考古系。现任中国考古学会常务理事，中国博物馆学会常务理事，楚文化研究会理事长，中国历史博物馆馆长。

主要考古发掘成果：

湖北黄陂盘龙城（商代）

陕西周原召陈村（西周）

青海循化苏志村（卡约文化）

湖北沙市周良玉桥（新石器—战国）

湖北江陵纪南城（战国郢都）

湖北宜昌县朝天嘴（新石器）

主要著作：

《三门峡漕运遗迹》（1959）

《先秦两汉考古学论集》（1985）

《中国古代公社制度的考察》（1989）

问：大家都知道，长江三峡一带有大量文化遗存，三峡工程对珍贵文物古迹的淹没令人心焦。在对这项工程进行论证的 412 位专家中，没有社会学家、没有文化人类学家，也没有考古学家——这简直匪夷所思。现在这项工程实际上已经正式开工了，文物古迹怎么办呢？

答：论证的时候是没有考古学家在场，但在今年年初，三建委（长江三峡建设委员会）办公室和国家文物局还是指定了两个单位承担三峡水库区的文物保护规划的制定工作。一个是我们中国历史博物馆，一个是中国文物研究所。地面以下的古迹由我们来做，地上的古迹由他们负责。成立规划小组，让我当组长。从去年 11 月起，开始安排规划的调查工作，动员了全国 28 个学术单位投入。目前，对三峡淹没地区地上地下的文物古迹，我们大致都有了数。先由这 20 几个单位分别制定本单位的考查规划，然后再归成一个总的，形成文字，明年 6 月交给长委会。

问："大致都有了数"指的什么？难道过去没数么，或是有了新发现、新认识？

答：这几十年，一直是国家文物部门拨点钱，搞些发掘，设些管理所，作些修缮，着几个干部管理起来，适当地维修一下，卖点门票。几十年来苦苦撑持，还不错。现在情况紧急了，不能再有先放放，等有了余力再好好做的想法。

现在有了明确认识的，地上，属于世界级的文物的，在三峡地区，明白知道一处：白鹤梁石鱼枯水题刻，时间是唐朝中晚期之后。再一处是重庆朝天门下边的灵石，也是枯水题刻，比白鹤梁还要早。枯水题刻这类古迹是世界上没有的，《全唐文》等书收录的记载，最早的是从东汉到晋，以后还有许多唐代的。再一处是云阳张飞庙附近的龙脊石，也是枯水题刻。大家议论得比较多的屈原祠，这其实是现代建筑，八十年代才建，但表达了群众的感情。此外，张飞庙是清代的，很完整。还有涪陵的石宝寨，建筑不是很古，明清时候的塔，但风景太好了，是三峡最美的一处。这些，随着工程的进展，将全部淹掉。最突出的还有一处：在巫山县大宁河上游的大昌镇明清民居一条街，这是三峡里边最好、最集中的一批民居，朴素古老，非常好，我们希望拆迁保护。

问：地面以下的呢？

答：现在，有几个极重要的线索弄清楚了。以前做了二、三十年工作，直到通过去年 11 月以来的调查，才最后明确了几个重要的认识：

①我们都知道大溪文化，这是 5000~6000 年以前的新石器时代文明，最初发现地点就在巫山县。一、二十年以来，我们一直希望知道大溪文化西限在什么地方，也就是说，再往西是什么文

化？始终不明确。这次搞清楚了，西限就是巫山县的大溪。你到过三峡，应该记得，大溪一带比较平坦，再往西就是瞿塘峡。瞿塘峡很短也很陡，里边住不了什么人。一出瞿塘峡，就是另外一个文化。这一文化现在还没有名称，准备明、后年给它命名。这样，把三峡中新石器时代各时期文化分布的关系弄清楚了。

另外，搞旧石器时期的，在三峡里边找到了好几十个地点，几万年以前旧石器时代中晚期的遗址，准确数字还没有报上来，超过历年累计，这都是过去一直不清楚的。现在，已经比较清楚知道，三峡里边旧石器的中晚期有很多遗存疑存，甚至找到了当时旧石器制作地点。到了五、六千年以前的农业文化和捕捞文化，直至江汉平原，是一个文化体系；瞿塘峡以西则和川东甚至川北的文化是一个体系；找到了这两大文化的界限。这是极难得的。

②另一个重要之点是所谓巴蜀文化。过去一直以为，三峡就只是巴文化。从七十年代晚期以来，开始重视，湖北做得比较多，主要在西陵峡一带，到了巫峡往上，就了解得很不够。特别是它的中心在什么地方，过去曾找了 100 多处，有的是很小的遗址。但一个文化总有中心，但在什么地方？现在找到了：一处是在巫山大宁河上游的河边，叫双堰塘，相当于早期巴人的遗址，有 10 万平方米，其大无比。最奇怪的是，这遗址在河滩地上，而当地的水位常有很大变化，过去我们无论如何不会相信会在这里，虽然就在它的附近，在离双堰塘只有五、六公里的地方，出过很大的、相当于商代的 80 多公分高的大铜尊，跟四川三星堆的铜器一模一样。现在基本可以确定，双堰塘是青铜时代巴文化的一个中心。

第二，在云阳李家坝找到一处也是早期巴文化遗址，5 万平方米。约在 4000 年前，和中原文化相比，相当于夏代前后。巴人早期遗址很多，就在西陵峡里。再晚一点，相当于商代的时候，中心迁移到了巫峡一带，到了四川境内。现在见到三处最大的遗址：除上述的双堰塘外，一处便是云阳李家坝；还有一处巴人的中心是忠县井沟遗址群；再往晚，是涪陵的小田溪遗址，相当于战国末到秦朝前后，已发现了巴人王族的墓地。

按书上记载,巴人起源在五落钟离山,在长江支流清江流域。通过这一次的调查,三峡巴人文化的重要地点都清楚了,它的中心现在也找到了,就是从巫山到云阳一带:巴人从湖北省长阳的清江流域起源,后来中心向西迁移。原因很简单,因为那时湖北境内的楚人已经发达起来,她再往东进,不行了,被逼着往西退,以捕鱼打猎为生。

问:它们是不是属于国家级文物保护单位?

答:白鹤梁早已是。其他的,因为直到这一次才彻底弄清,正准备报批。考古学界的通识,一个文化最初的发现地本身就应该保护,像保护国家级文物一样。

40多年来,国家级的文物保护单位共发布了三批,第四批正在考虑之中。三峡区域的这四、五处,国务院还没有最后批。目前的困难是,批过之后,你就得保护。如果考虑到保护不了,连我都建议,干脆别批了。你批成国家级,明天就淹掉,何必?当然工作我们会照样做。

问:这么珍贵的遗迹,只有淹掉这一个前景?那"国家级保护"岂不成了一句空话? "工作照样做",怎么做?

答:我来告诉你怎么做。我们自去年11月开始制定规划。定规划是需要经费的,跟三建委谈了多次,答应给1000万,但到现在为止,长委只拨给我们200万。28个单位,同时在三峡开展工作,最多同一天200多专业人员同时作业。比如中国科学院的古脊椎与古人类动物研究所,一次下到三峡40多人,是1949年建所以来最大规模的一次野外作业,而我总共才给他们30万元,雇船、雇人,怎么够?有的大学老师下去,只能住6块钱一天的旅馆,工作非常困难。但几个月下来,20几个单位的调查基本上已经做完了,人家是自己垫钱做的,现在向我要钱,我只好以个人名义签字向故宫借了200万,其实这钱长委是有的,我不明白为什么就是不给我们。

问:据我所知,三峡工程库区文物保护是没有专门拨款的。如果非要用,就从移民费里挤。只不知这是不是大型水利工程的通例？

答：国际惯例，文物保护占总投资的 3%～5%。八十年代中期，加拿大的专家曾和他们一同工作过，就有这样的说法。当时总的预算是 570 亿，国家文物局按这个比例作了一个估算，大约 17 亿多，长委也承认这个提法是有根据的。两年前，全国人大通过建设三峡水库时，工程总预算已经到了 1200 亿，按惯例，文物保护应是 40 到 50 亿。

问：这笔钱得到确认了么？

答：最近的情况，口头传达给我们了：整个移民经费 400 亿，这 400 亿划拨给湖北、四川两个省来管。整个文物调查、保护、迁移都在里面了。而且口头上讲，文物保护费用，不能再考虑什么比例，顶多 4～5 个亿，以后十几年，就是这些钱，还要签合同，签了合同才可以给你钱。到现在，保护规划制定是靠借钱来作的。

问：400 亿里拿出 4～5 个亿，只是 1%到 1.25%，你们的工作怎么铺开呢？要知道，阿斯旺水库的一处神庙迁移，就用了 4000 万美金。

答：我是非常希望呼吁这个事情。最近我们在北京开了一个会，请一些没有直接投入三峡工作的专家也一起来听听汇报，想办法。整个数字是 1000 多处，现在只能选做，看有多少钱。当然也还有一个问题：即使有了钱，在这么短的时间里，也组织不起有足够专业知识的人来承担这种工作。

比如双堰塘，10 万平方米做多少年？按照常规，以现有的人力和财力，要好几十年。但我们只能在 10 年中作出来，因为 10 年之后就淹掉了。上百年的工作，逼得我们在 10 年里完成，需要用更集中的人力、更充裕的经费，还要有比较现代化的手段。就说双堰塘和李家坝这些遗址，我和地球物理所商量，明年以后首先搞物探，我看过德国人对许多遗址，例如特洛伊古城，不动地面，利用物探，街道都探测出来了。把古代城址分布大致清楚了，就可以有选择有目的地发掘——我们应该这样，否则做不过来。

问：假设物探结果出来了，将最珍贵的东西挖掘和迁移，不要白白淹掉，时间来得及吗？

答：绝对不够，我们只能牺牲，不可能全部发掘。没有一个国家的考古力量敢于承担 10 年里边做这样大面积的工作，只能争取损失减到比较小的限度。这还仅仅是一处，类似双鄢塘这样的遗址有多少？光巴人的就有一百几十处。楚人活动范围最西的点是云阳，这是楚文化的边缘，所以云阳的楚文化遗址是非挖不可的。不仅仅因为楚文化重要，这是它最西的遗址，作为定点的，你必须做它。现在都找到了，和书中的记载一模一样：位置、规模……怎么能白白淹掉？

问：这是地下发掘保存，地上的呢，立刻着手没有问题吧？

答：古建方面共有三个的重点项目：白鹤梁、石宝寨、张飞庙。如果只有 5 个亿，白鹤梁的保护是完全没有办法的。白鹤梁不可能迁，若还想看到，只有建一个水下博物馆。这还是李铁映同志在进餐当中提出来的。如果现在不肯花钱，它将永无天日。再过一百年再到水库下面去建，投资要大得多。现在已经委托天津大学做方案设计。

最早的枯水题刻，朝天门灵石，这是世界级文物，也已经从文献资料上查到了。关键的难度在于，它是在航道上，要潜水作业，必须停止航运，动一下，就是钱。初步估算，要建白鹤梁的水下博物馆，需一个亿左右。

对于古建筑的保护，有两种办法，一是修一个围坝，围起来。这时要考虑的是，该址会不会滑坡，还有水的浸蚀。实在不能就地保护，就迁走。把一个塔迁到新址，技术上没问题，建筑是原物，但相同的风光山水，是不可能再现的了。

问：民俗方面呢？专家们一般把它称作"古代文明的活化石"。

答：就算没有三峡工程，民俗的保存已岌岌可危。就说大昌镇，那些民居为私人所有，没有当作文物，想拆想卖，私人的事。仅仅一年，破坏速度极快。其实如果政府有钱，最简单的办法，我先把你买下来……

问：光买下一条街恐怕不够，他们的活动，也应作民俗记录吧？

答：这你就太学究气。对于长江建设部门，文物保护，你有了物我才保护，民俗我不管。记录可以，属于科学研究、文化建设，地方政府出钱，我只承担淹没破坏的部分。

问：这个道理说不通：你的水库工程淹没了我的家乡，改变了当地居民的生态环境文化环境……

答：他会说：那是我淹掉的么？你不是物，怎么要我承担？我也承认该保护，可以，你地方政府从文化活动里开支。

问：我们中国政府一直持这样的态度么？1949 年以来在这块遍地文物的土地上修了那么多水利工程。

答：五十年代，我曾经从事三门峡工程的文物保护。当时也调动了几十个单位，黄委会、水利部明确表态，你要多少钱给多少钱。经费没有问题。记得当时配合基建挖墓葬，我负责的一个工地，每月经费开支 9000 元，每张单据我签字，不必讨价还价，这笔钱在三门峡总预算里是有比例有位置的。这是由于，第一，当时体制上学苏联，如此对待文物，是大型水利工程的国际惯例。第二，五十年代，国家的领导人，从毛到周，到郭沫若，对于把文化遗产的保护放在什么位置，是有认识的。

今天，修这么大的一个水利工程，我不说水利部门完全没有认识到，只是份量太轻。说句带点情绪的话，我的感觉，现在似乎是，我就是有了钱也不给你，拖到最后你做不了了，我也就不必付了。我敢当面给他提出来：你是不是打的这个主意！？

问：古代文明实际属于全人类，若非框限在中华文明，也属于全体中国人。如果钱上有困难，能不能争取海外的力量的合作，包括台港，和别的住在外边的中国人？

答：我们专业工作者认为，可以搞些国际协作，不仅资金，人力上也可以得到一些国际支持，我们不是没有过这方面的考虑。最近，三建委办公室几次跟我们口头讲，不要外国的人，不要海外的钱。前些日子美国一家报上登了宜昌博物馆的情况，上面还来质问我们："为什么要跟外国人讲这些？"我们说，不是我们，是宜昌博物馆自己讲的。他跟我讲的是："三峡水库我们自己都建得了，文物保护我们还没有钱吗？文物保护不起，修什么三峡水库？"他说，这不是他个人的意见，而是三建委的基本态度："跟海外合作，你们别开口。你们要谨慎，没有我们的批准，你们不能谈合作问题。"

问：如果大坝方案做些修改，比如坝高从 180 米降低到 150 米，从文物保护的角度……

答：损失会减少。

问：如果工程推后，比方说，放到二十一世纪二十年代，能不能给文物工作者比较从容的时间把不能不做的抢下来？

答：那当然好，我们太高兴了。

问：其实不仅文物保护，仅从工程本身着眼，考虑到国家现在处在转型期，情势很紧张，很多人建议，就算一定要上，能不能放到二十一世纪手头宽裕一点的时候，技术成熟一点的时候……

答：因为我投入这项工作，知道一点它的情况。从我们来说，绝对希望这样。但对主管者说来，难度在于移民。开工越晚，移民越增加。现在国务院已经决定了移民费用划拨到两个省，中央不再管。之所以不敢采纳这么多合理的建议，拼命朝前赶，我猜，一个原因，再过 10 年，被迫迁移的人口要从现在的 100 万再增加几十万。那么穷，还非得干，不是没有难处。我去看过移民点，生活太困难了。新的城址，长委会都没有统筹考虑过，很多都是滑坡地。这事你全怪长委会也不合适：规划还没到，县里已经动手，大量的钱已经投了。还有各县的征地，100 万农民是个难题，当地政府都很害怕。但另一方面，真正到农民手里的钱，还不知给克扣掉多少了。

问：1992 年人大通过三峡工程议案的时候，曾有两个附加条款：一是发现问题必须解决问题才能上，二是选择适当时机上。而且，当时通过的是将三峡工程列入"十年规划"，并不是"八五计划"。现在置这几项不顾，抢着上。从文物古迹保护迁移的角度，能不能说发现了的问题，并没有得到解决，就实际上已经正式开工了？是适当时机吗？

答：仅仅从文物角度考虑，希望推迟，放慢一点，我们的时间不够。

问：你们的难处提出后，三建委有没有拿出让你们觉得满意的解决方案？

答：应该说是基本没有。目前，为了保护好三峡文物，我们先定规划。这是从 1949 年以来，我们投入力量、动员单位最多的一次：28 个学术单位，中国考古界最有力量的机构。但到现在为止，只给了我们 200 万，这是事实，是三建委办公室开了会，责成拨出 1000 万规划费都有了，他就是不给。他们说合同签了之后，我们可以分期付款。

这不过是个规划。我和国家文物局讲，缺个几十万、一百万，你别争，贴也贴了，我们保护不在这几十万、一百万，关键是把规划制定好。如钱不到位，我们定不出规划，最后时间到了，有了钱，也没有办法抢救了。最近知道的消息是给 5 个亿，如果确定是 5 亿，我们就只能根据这个数目确定做哪些事，与真正该做的比，比例相当小。

问：从事历史研究和考古 40 多年，对于今天这个局面，你有什么感受和期望？

答：我觉得，经过 40 年的积累，中国今天的考古力量已经有了比较好的基础。在这样的情况下，我们有可能把三峡的文物保护工作做好。说到愿望，作为一名考古工作者和制定保护迁移规划的负责人，第一，我希望三峡工程建设的最高领导三建委一定要把保护文物的事情落实，按照国际惯例行事。第二，政治上的问题，为了保护三峡的文物，可以争取一些国际支持。从财力到人力。我个人其实是个民族自尊心比较强的人，我不愿意在这上面损失中国的脸面。现在，世界上对人类的理解超过了从前，与50 年前比，进步太大了。今天，全世界的，特别是科学家，都已经认识到，仅仅为了本民族的利益，也不可以只注重本民族的发展。我们应该理解这一潮流，在文物保护上争取一些国际合作。这么做，不能说中国政府无能保护，恰恰说明中国政府重视。这个观念，希望主事者能转变一下。这是上对祖宗、下对子孙的大事。

问：最后想核实一个传闻。听说你已经被看做北京仅有的几个"老顽固"之一，你的紧邻——中国革命历史博物馆已经把整整一层楼租出去搞销售活动去了，你还一直顶着，坚持历史博物馆不提门票？看人家大把大把进钞票，你有没有一点心动？

答：要是非这样的话，我只能辞职。但我今天已经有点做不到了。我最近签字同意普通票价从 1 元涨到 5 元。本来我说 3 块钱我同意，5 块钱我嫌高，最后还是没有坚持住，只保住学生票价 1 块钱。我最近说，国家向老百姓收了税，要有回馈。国家博物馆就是对老百姓的回馈。

1994 年

再访俞伟超

问：上一次采访时，您曾对我讲，对三峡文物古迹保护迁移的调查规划，学者们从前年 11 月起，一直在"借贷运行"。现在三峡工程正式开工已 8 个月，这项规划进展得怎么样了？答应你们的钱到位了吗？

答：为规划所进行的三峡地区地上文物古建和地下考古的调查，从 1993 年 11 月开始部署，全国 20 多个最主要的学术单位，包括中国科学院、中国社会科学院，还有北大、清华、天大等等，都去了。我是 1994 年 3 月被正式任命为规划组长的，一上来就和三建委谈规划经费。接下来的情况你知道了，一直未给，直到去年 4 月，那时距正式开工不过半年，就在这地方，我请来了三峡建设委员会移民局，还有湖北、四川的移民局，开了几次会。到了今年的 4 月 31 号，开工已经又快半年的时候，我才和三建委移民局，外加湖北、四川两省移民局草签了一个合同。5 月上旬，规划经费已按照合同下发。

问：真是谢天谢地，看来三建委的移民主管，也就是文物抢救的主管李伯宁先生和他的继任唐章辉先生，以他们所在的位置和所担负的责任来看，终于具有了应具的人文知识，知道这桩事马虎不得了。

答：你这么看？让我来告诉你。去年 4 月开始谈经费，直到今年两会前，钱一直没有到手。今年 4 月两会（全国人民代表大会和全国政治协商会议）召开。会前，我们召集一个汇报会，向有关的学术界和一些政协委员、人大代表报告三峡文物保护规划进展情况。报告完毕，大家纷纷指责我们，有的说：这样一件重大的事情，你们竟然默默地干，为什么不敢向三建委、国务院喊得更厉害？有的说：92 年人大通过三峡工程预算的时候，怎么没有把文物保护经费计算进去 ⋯⋯

两会期间，人大一个提案，政协一个提案，新闻界也写了几份内参和公开报道，呼吁：第一，文物保护的规划经费须迅速落实；第二，这项经费数目不合理；第三，这样的事应由中央统筹安排，不要交给两个省。北京图书馆馆长任继愈，还以个人名义给邹家华写了一封信，并在人大期间口头同他谈，提出文物保护费用不能放在移民费里，应单独列项。我本人也给邹家华写了信，只谈一件事：规划经费再不落实，工作干不下去了。这样，邹有了一个批示，批给郭树言，郭再往下批。最后下了命令：限定 4 月底以前一定要落实。所以说，这笔规划费，是在大家的呼吁帮助下，在工程正式开工半年后才交到我们手里的。

问：但实际上你们的工作已经差不多快完成了吧。也就是说，现在应该已经掌握了一个必须保护迁移的大数了吧。

答：今年 8 月底至 10 月底，22 个县的规划上送；12 月底两个省的规划完成；到明年 3 月，总规划完成，共 25 本。至于究竟有多少，据我们现在调查下来，是 1270 处（见附录）。

问：问题是，现在时间已经不多了。在三峡工程分阶段水位上扬之前，有哪些是必须抢先发掘或迁移，若抢不下来一定愧对子孙、也愧对世界的呢？

答：总数加在一起——我昨天开会还说，我们给出的数字，不要太随便，宁可稍微压一点，把似是而非的去掉，400～500 个左右吧，这是没有问题必须保护的。淹没区，地上建筑，不加迁移的话，全部被毁掉；地下遗址，水一淹，基本被毁掉。所以，有 50 多处旧石器时代的遗址必须尽量发掘，因为太珍贵了，它将回答这一地区一、二十万年以来到万年以前人类的活动、分布及石器制造工艺的问题。双堰塘、李家坝等数处巴人中心遗址，也都必须全面发掘。再就是古代墓葬群，《水经注》有记载的云阳故陵楚墓，必须发掘保护起来吧。还有好多处地面文物：汉代的无铭阙、丁房阙，明代的石宝寨，巫山大昌镇和姊归新滩明清民居群，当然还有摩崖石刻，从隋到清都有。世界独一无二的白鹤梁枯水题刻，最引人瞩目，稳妥的办法是建一个水下博物馆。从技术上说，中国可以做，现在委托天津大学在做规划设计，初步估计是一个多亿，而意大利的水下博物馆大概是一个多亿美元。如果不建，以后它就处在 80～100 米的水下，再也看不见了。清代的云阳张飞庙，由于当地群众呼声高，也会迁移保护。

应该说，建国 40 多年来，文物保护积累不少经验，考古发掘与研究，已有相当实力。但中国"文物富庶区"实在太多了！地形复杂、交通闭塞的三峡地区，一直没有投入力量。这一回，经过这一年的调查规划，对这一区域内文物古迹的重要性，就算不能说彻底，也有了相当基本的认识。我认为，国家应集中最主要的经费和人力，一刀切下来，把基本的东西保住，总算留下一点东西。其余的就算淹掉，也管不了那么多了。

问：问题是这一刀切在哪里，有哪些因素在起作用。经费？我记得 1991 年水利部的长江规划委员会曾经给出过一个数字：三峡工程共淹没文物古迹 60～70 处，估计 6000 万就够了。这数字还有效么？

答：这是水利部长江规划委员会 1990 年提出的，不知道他按什么算的。1994 年 11 月，国务院开了会，文物费用从 400 亿移民费里出，估列了一个数字，3 个亿左右，这个数目是作数的。

问：不可能吧？我们上次谈到的，如果水库选址在文明发达的地方，文物保护迁移费大约是总投资的 3%到 5%。以三峡的历史积淀，有足够的资格引用这一比例。那么按照总预算的保守估计1200亿，算下来应是 40～50亿，怎么才 3 个亿？！北京的中央美术学院加上附近一些建筑迁移费就是 10 个亿！三峡 3 个亿，这不是开玩笑吗！你签字了？

答：这是白纸黑字的正式文件——在去年年底三峡工程水库移民补偿总投资测算报告中，专业项目改建、复建补偿投资中的第 10 项给出的数字。但我可以给你介绍一个情况：就在草签的前几天，我的对方是是三峡工程当局的一位负责人。我对他说，今天我们两人谈话，没有别人，你自己说，三峡工程移民费 400 亿够不够？他不说话，光笑。

我说：虽然国务院召开的会议形成了文件，但我知道 400 亿对你说来绝对不够。从 400 亿里边出 3 个亿给我，我告诉你，同样不够！不同的是，400 亿不够你不怕，因为 100 万农民会喊，而我这里死人不能喊。

他说：你看，国务院规定搞限额、做规划，这件事情我不好讲话，也没有力量讲这个话。现在是我们移民局和你们文保小组签字，这个数是限额，我不能说可以突破。

我说：我跟你讲，我们是学术界。能拿出多少钱，是政府的事，实际需要多少，我得如实告诉你。作为学术工作者，我要对我的工作负责，不能为上项目，看政府肯拿出多少钱，我就说需要多少。现在我能说的是，文保 3 个亿是绝对不够的，这个字我不能签。

他说：如果上级部门要求你必须签，你怎么办？我说很好办，我辞职，你找别人。最后他说，这样吧，我们达成一个谅解，两句话：尽量在限额里做，超出限额，可以提出。所以，我签署的合同里有"根据实际需要提出保护经费"这样的话。

问：有没有说允许超出的幅度？

答：没有，需要多少就是多少。现在有了做规划的经费，到明年初，规划的大致轮廓就能全部交出，国务院还要请其他部门的人来审核、讨论通过——我估计政府所能拨出的经费与我们的实际需要会差得比较远。我们跟长委会有一个大的有关文物保护的争执，我曾对他们三峡工程部门讲，若问我们的意见，不建不动，我们损失最小；建了动了，我尽量抢救。这不是向你争多少钱的问题，即使你的钱提供得相当充分，也只是争取多抢救个百分之一、二十的问题，大部分抢不下来。到这时候，如果工程还非得做下去，文物也要保护到一定程度，唯一的办法，就是要呼吁国际支援了。

问：问题是工程现在已经开始了。先期动手和与工程同步推进，就文物保护而言，是不是有很大区别？

答：文物发掘不是挖白薯，挖出来就行，需要科学记录、科学清理。目前的情况是，即使有了经费，也肯定不够，损失是百分之百的。我们尽可能把损失降到比较小的程度，这就是说，能抢下来的，尽量抢。最理想的，也就是目前探明的百分之一、二十吧。

问：能通过联合国教科文组织吗？埃及阿斯旺工程的文物古迹保护拆迁的国际合作，不就是通过这一机构组织实施的吗？

答：现在不能提阿斯旺，一提，三建委就说："我们和它不一样。"不知为什么，他们非常不愿谈国际支援。他们说："有关海外支援，我们没有开口，你不能开。这权在我们，三峡工程不像别处，你文物局也没有权。"目前是两个问题，一经费、二人力，从这两方面，我们都应呼吁国际支援。就算最后政府给了钱，我们要在这么短的时间完成这么大量的工作，就算把全国文物考古的人力集合起来，也没有可能。

从实际情况出发，可分两步。第一步，中国人的世界，港澳台，去年 11 月，我和国家文物局的张德勤到台湾，作为中国博物馆界代表团，他团长我副团长。他说，这部分你来讲，我说：三峡的文物保护，如果台湾的考古力量愿意来，中央研究院、台湾大学、还有台中的自然博物馆，有考古力量的，我们都接受。当然，工作经费得自己提供。出土的文物，相同的，两件以上，一家可以拿一份——这个话是正式讲的。不管怎么样，张是国家文物局局长。后来，我在香港见到许卓云先生，他的情绪很激烈，他小的时候去过三峡，他会在该地基金会呼吁一下。

问：港澳台以外的华人地区呢，比如新加坡？

答：这个话我们没有讲。我现在希望组织一个三峡文物保护基金会，可以是非政府的，根据我这些年的经历观察，工作不一定比政府做得少。对此，我希望政府方面能同意。三峡工程完工已是二十一世纪，按照人们的文化水准、道德观念来说，应该能从经济上、人力上得到一定支持。当然，人家投入了经费和人力，你要给人家一点荣誉。更何况这是对整个人类古代文化的认识，又不是国家机密，哪国学者研究都是好的，不要怀着过分狭隘的民族情绪。

除了一般意义的抢救保留，今天我们在三峡工程这个机会当中研究古代文化，我特别希望在某种意义上能够和国际接轨。今天中国人文科学方面与国际的距离，在国内，很多人的认识是不充分的，包括有些领导同志。他不知道，一个国家，不是技术发达就能自立，没有人文方面的支撑，社会治理不好，经济发展最终也会受阻。就国际范围而言，六十年代以后，古代文化的研究愈来愈深刻，包括人类学、考古学，我们必须接轨，不接轨，会越来越落后。

问：你的这个想法恐怕很难为人所接受吧？人文学科与社会学科的研究，失去它应有的地位，在中国已不是一天半天了。

答：通过对三峡文物的抢救，往前迈一步，有这个可能。举例说，古代很有名的一个文化，与今天还存活着的一个少数民族，有着血缘上的直接联系：这就是古代的巴人与今天的土家族。土家主要生活在三峡一带，湖北、四川，还有湖南都有。我希望把考古的研究跟民族、民俗学调查结合起来，对土家进行调查，做两个比较：一是文化上的比较，三四千年前的遗迹与今天的日常生活的联系比较。二是，作遗传基因 DNA 的研究。八十年代末以来，美国学者开始提出一个全新的看法，彻底颠覆了 150 年来形成的关于人类起源的概念。我们从三峡里可以挖到汉代甚至西周的巴人的墓葬，即几千年以前巴人的骨骼，与今天的土家族里活着的人作基因比较研究，将几千年来的古文化和今天依旧存活着的后裔作连续性的比较研究，正是这一学科的前沿方式。同一区域内存在着古代巴人的遗存和今天土家的情形，太特别、太珍贵了。巴文化很有名，土家也是大民族。土家是巴人的后代，还是潘光旦先生通过文献研究，在五十年代提出的。

　　再就是历史环境的考察。我已经和北京研究地理的学者联系，打算在三峡地区作一个有人类以来的历史地理环境的考察。这个考察可分两个部分进行：一是遗址部分，了解不同时代、不同文化的古代居民的生存环境；二是单独做一些自然地质构造的剖面，先是没有人的地方，然后，有人类的地方，看看发生了什么变化，及自然环境的变化与人类的活动有什么相互关系。

　　对我们几代学人说来，三峡工程淹没文物的抢救与研究，既是一个艰巨的挑战，也是一个难得的机遇和难于抵御的诱惑。

1996 年

附录

总数1271处必须保护的三峡文物

地上 442

古建筑	229（含纪念建筑，其中 7 处必保）
桥梁	65
石刻造像	117
其他	31

地下遗址 829（含墓葬群）

古生物化石	14
旧石器	52
新石器	85
巴、楚人	150（其中 3 处必全面发掘）
秦汉	442
六朝	31
隋唐	7
宋元	30
明清	18

级别

	已批准	报批中
国家级	1 处	8 处
省级	10 处	50 处

灾难性的政治工程

戴晴

三峡工程终于宣布正式开工。

几年来，不少关心中国前途和命运，对灾难性大坝也有所了解的朋友一直在问："究竟为什么？为什么政府非要上这个工程不可？他们，那些高层人物，难道什么都不知道？"

怎么会不知道？江泽民收到过多少封"友好人士"的婉劝信；杨尚昆清楚地表述过军方的担忧；乔石一再提醒宣传不可以一面倒，要允许不同意见发表，还特别担心把移民问题简单化；聪明肯学习的李瑞环对三峡工程的了解已相当细致，已分别对防洪、移民、泥沙提出疑问；主管组织人事的宋平竟然提到"泥沙模型只定性是不够的，要有定量分析"这样很专业的见解；丁关根担心的是这样超大型的工程所需的强有力的领导班子；就连李鹏也明白说国家的钱并不就是水电部的钱，银行账面上的数字，也不就等于可调用资金。更不要说省长会议已经把话放在那儿了：不能为了这一个工程而挤各省项目。

但三峡工程一直"宣传一面倒"地获得了人大的通过。又违背人大决议，将"列入十年规划"强挤入"八五计划"；还不顾专家们就移民与泥沙这两个几乎肯定要出事的方面的一再提醒；更不管文物古迹工作者的近乎绝望的吁请。抢着、赶着基础开挖，宣布了正式开工。

中国不是正在进行经济体制改革，并且打算推进政治体制改革吗？这种明摆着的说不通的事，怎么居然行得通？三峡工程得以在一片反对声中强行上马，别的都是次要的，"小平同志同意了的"，永远在最关键的时刻起到关键作用。

邓小平为什么同意？

1980年，邓小平要看看三峡，被招去陪伴的魏廷铮抓住机会报告三峡工程的好处。在他的汇报里，其实有一系列惯用的对首长的连哄带骗与报喜不报忧。

比如发电，他灌给邓大人的是"2000多万千瓦，效益很大，1100亿度，合全国上半年的全年发电量"——不提这是"装机容量"还是"实际出力"；也不说计算值是要随着水量的大小打很大的折扣的。对于丹江口水库，他说"解除水患，粮、棉、鱼连年丰收"，不提污染、不提移民。至于船闸5000万吨的通过能力，根本不解释这是要将船都换成数千吨和万吨大轮船，且在全年满载通航条件下的计算值。生态变化更敢打包票，使邓得出"听来问题也不大"的乐观结论。

但这些，并不足以构成邓的非干不可之势。直到最近他与赵紫阳就这项工程的一段对答公诸于世，才知道事情的核心所在：

这次视察之后，小平即"建议紫阳同志，由国务院召开一次三峡专业会议。"科委、建委、计委、科学院以及水利、电力等部门的专家投入工作，到了1986年，赵紫阳向他汇报：

"看了三峡后认为有三个问题：技术、经济、政治。技术和经济问题都可以解决，难办的是政治问题。一些反对的同志，并不是这个方面的专家，有的主要是对共产党有意见。如果将来人大审议时，有1/3弃权或反对，就成了政治问题。"

邓小平的回答是："上有政治问题，不上也有政治问题，不上的政治问题更大。"（《邓小平与三峡工程》1994年《炎黄春秋》第3期）

赵紫阳担心的是执政的共产党逆民意行事的危险。邓小平觉得一旦共产党下决心做什么，而在七嘴八舌（或称对绝对权力的制约意识）面前服了软，那才是大问题。这还是对内；对外，就更不能屈服于帝国主义分子了。

让中国普通百姓省出口粮，支援领袖的政治工程，什么时候是个头啊！

1995年

只有实事求是才成其为科学家

——采访郭来喜

郭来喜：地理学家 1934 年生，河南上蔡人，1956 年南京大学地理系毕业，1959～1960 年进修于莫斯科大学。曾任中国科学院国家计委地理研究所研究员、博士生导师、中国地理学会人文地理专业委员会主任、云南地理研究所的所长。云南省劳动模范，全国先进生产者。

主要著作：

论文二百多篇，散见于各种学术刊物

《贫困，人类面临的问题》1992，中国科学技术出版社

《中国黄金海岸开发研究》1994，科学出版社

问：众所周知，您是参加三峡工程论证的 412 位专家中极为难得的没有签字同意的 9 位专家中的一个。作为一名地理学家，对这一问题的关注您是从什么时候开始的？

答：参加三峡工程的论证是从 86 年开始的。那次有 50 个学会推举 100 位代表，我是中国地理学会两个代表中的一个，参加综合经济评价组，还有一位参加水库淹没损失组。应该说，我从小就对三峡有兴趣，也很希望毛主席说的"高峡出平湖"能够实现。所以，参加论证的时候抱着的是希望三峡工程能上的心愿。但是从 1986 年到 1990 年，前后亲身参加论证五年，我的感受是：对三峡工程了解得越深入，发现里面的问题越多。

问：您第一次就自己的看法发表见解是什么时候？

答：那是 1988 年 10 月 16 日在综合经济评价组的专家论证会上。这是我第一次就这个问题发言，提出"三峡工程不可不上，三峡工程不可早上"。我的论点是，作为大坝电站，三峡的位置特别好：在中国的腹地，对华中华东的水利电力有不可替代的作用。所以那时我感觉是，三峡工程上还是要上的，但工程涉及的问题实在太复杂了，土石方挖填量超过一亿立米，混凝土浇筑量 2586 万立米的大坝世界第一，70 万千瓦的单机发电机世界第一，五级船闸、外加将万吨提升 113 米的升船机世界第一，移民规模世界第一……不仅大，技术难度也很高，我一直提醒论证领导小组："话不要说得太满，技术并没有过关。"所以，我的感觉，对这事必须如周总理生前所说的"如履薄冰，如临深渊"，要谨慎又谨慎，小心又小心。不出问题则已，一旦出了问题，它的效益全完了不说，后患无穷。

问：你们那时可算是孤立的少数。但那四百多位呢？总不能说他们的签字同意没有一点道理吧？

答：我听了很多参加论证的的水利部门专家的讲话，第一，觉得他们是站在本部门、本单位的立场，而不是站在一个更高的、更广的视野来考虑问题的；第二是过分强调三峡工程的优点，而把一些难题淡化，甚至忽略不计。对于这样大的一个工程，这不是科学态度。中国建国以来，垮坝的事件出了好多次了。我是河南人，"75·8"事件（板桥垮坝事件），一个 6 亿立方米的小水库垮坝掉就是几十万人葬身鱼腹，教训太大了。三峡水库多少？220 亿立方米！要出了问题，那就不是几十万人的问题了。再一点，就是感觉三峡工程涉及的问题实在太复杂，从流域开发的模式来说，虽没有一定之规，但世界上的大河工程，多是先上后下，先支后干。比如苏联的勒拿河、鄂毕河，美国的田纳西河、科罗拉多河，都是。所以我提出"先上后下，先支后干，择优而上"的原则。

问：但不管怎么说，花上几百亿，造一座破世界记录的上千万千瓦的电站，外加防洪航运效益，确实极具诱惑力。

答：三峡工程论证时把很多问题缩小了。比如投资估算，从初期的 200 多亿、360 亿，到 89 年的 570 亿、92 年的 750 亿和 94 年的 960 亿……谁也说不准是多少。当然物价有变动，可是基建费远远超过了当初的估算，而且还有很多费用没有计入工程估算。我随便举个例子，比如现在国务院提倡对口支援，一个省支援一个县，还有很多大企业去支援库区贫困县等。云南玉溪烟厂

三峡啊（《长江、长江》续篇）
——独立历史调查记者的文字/戴晴

支援万县，几千万元投进去了；浙江的娃哈哈集团，也投进了上千万；上海支援，北京支援……这些都没有打入总预算中。我认为对一个工程如此特殊对待，与别人不处在一个平等的基础上，三峡工程和别的水电工程投入产出就没有可比性了。把别家的算得很全，自己的算得很小，很多支出又不打在里边，科学性就很差了。

问：但光看这几个钱，胸怀是不是不够宽广？作为"站起来的中国人的象征"，从孙中山到毛、邓，都希望这几个第一能够实现。

答：在某种意义上讲，我个人感觉，三峡是个政治工程而不是经济工程，所以有些话就不大好说。如果作一个政治工程，作为国家需要，振奋民族精神，鼓足干劲等等，那另当别论。但具体问题，如刚才说过的，是回避不了的。当时有一种议论，说是我们已经等了30年，耽误了30年了；甚至说耽误了70年了。我觉得这话很不科学。30多年前中国没有那么大国力，也承受不了；70年前兵荒马乱，更谈不上。就是到现在，技术问题也还是没有解决。所以话这么说，是不是有一种以势压人的意思？

问：这不是什么新鲜事。据我最近两年的调查，对三门峡工程的决策，在相当大的程度上受到政治的左右。但还是有人讲真话，科学家、工程师们……

答：在国务院最后一次召开的三峡论证会上，我有三个发言。作为一名科学工作者，我要讲自己认为应当讲的话，不可计较个人得失，也不能怕冒风险。在科学问题上，如果加进其他考虑而不再实事求是，就不成其为科学家，也对不起自己的良心。这几次讲话，招来了不少帽子，主要是李伯宁。他在中南海点了我的名字，不止我一个，还有一大堆人。

问：李本人是专家么？这类点名是不是在论证会上？

答：其实论证会，后来我才知道，都是有目的、精心安排的。1990年7月国务院开的那次，在会下，就有好几位做我的工作，希望我签字投赞成票。我知道，从水利部门讲，葛洲坝工程结束后几万工程技术人员，加上十几万家属，有一个去向安排的

238

问题，建三峡工程他们有很多设施可以利用，以安定生活。从这方面讲我也很同情他们，希望他们有好日子过。但从全国来讲，这几万人、十几万人毕竟是个小数，所以不能以此为出发点，去论证那些大话的正确性。我决定在会上发表自己的见解，并且按照规定报名大会发言。

我是7月6号报名的，稿子也早就交出去了，却给安排在7月11号。为什么？我估计这里边有名堂。后来我才知道，原来是要留出时间，组织几个人针对我的观点进行批判。

问：你肯定被打得落花流水了，起码在当时那个场合？

答：没那么容易吧。11号，我上台发言。我说，6号报名要讲的那个题目，已经有了文字稿，大家以后可以看，我就不再念了。昨天晚上一夜没有睡，出于民族责任心，把许多问题重新思考，又写了一篇，现在讲我的新观点。

问：你这不是叫人难堪吗。那预备好了的批判稿还用不用了？

答：照样用。三个专家按计划批判我原来的那篇，其中一篇叫《答郭来喜》，从机械方面，包括船闸、发电机制造；回顾从建国初期的几百千瓦到几万直到三十万千瓦发电机组制造的历史，说机械制造是有保证的。其实我知道，这个项目的攻关课题组才刚刚成立。

问：但这算不上上纲上线的点名，哪怕有隐瞒、有虚报，说的也都是技术问题。

答：你别急呀。接着就是李伯宁的了。他先表扬了一大堆人，都是赞成三峡工程的。他的观点无非是"凡赞成三峡就是爱国"，言下之意不赞成就是不爱国，也不管这些赞成的观点站得住脚站不住脚，话说得是不是出了格。比如其中一位说到"要消灭自然灾害"，我问他"自然灾害是消灭得了的吗？地震你能消灭吗？台风你能消灭吗？只能说抗灾防灾减灾。"像这样的话难道不是反科学？只因为赞成三峡工程，就把它抬那么高！另外有一个专家讲，华东又缺油又缺煤，所以必须修建三峡工程来支持它。我说华东是缺煤，但石油，不讲陆上的，海上油田就有重大发现，那是不是华东啊？这些例子他们很难驳斥我。他们毕竟是水利部门，希望上大型工程，可以理解，但是要以理服人。

李伯宁还说赞成与不赞成的两派是我人为制造的。其实赞成或不赞成，早上、缓上、不上的意见，都是客观存在的。这种讲话，大有文革中打棍子之势，我非常反感。于是，他讲过之后，我连夜又写了一个发言。这次没让我讲。我把它交给大会秘书组，说给我印出来。我在那里留给了李伯宁一句话：在爱国问题上我可以跟你开展竞赛，别看你是老革命。

问：这是第二次了。1992 年人大通过那一回，你有没有发表意见？

答：那是 1992 年 3 月 25 号。从广播里听到邹家华副总理代表国务院作了关于三峡工程的报告，我就连夜写了一封信。首先，由全国人民代表大会来通过三峡工程，从体制上讲就有问题。一个水电工程为什么要拿到人大会上来讨论？三峡工程可以人大讨论，京九南昆铁路为什么不拿来讨论？那也是几百个亿的项目。这就开了一个先例，以某种手段来对付有争议的重大经济决策。人大代表就是一届，他举手同意，以后的责任谁来负？更况且代表来自各行各业，一般都不了解情况。你让他表态，他怎么表态？尤其是大会不提供另一方面的意见，也不给出其他可供参考的方案，他们听到的只是一面之辞。

问：你的信是直接寄给大会的吗？代表们是不是像"正面材料"一样人手一份？

答：我写的信，题目叫"关于三峡工程建设的十个问题"，先是传真给委员长万里，请他转。后来又复印了若干份用特快专递分送到几十个代表团去。我在信的开头说：作为一名参加三峡工程论证多年的科技工作者，郑重而又恳切地吁请各位代表，对这项举世罕见的超大型工程，从严审查把关。可惜的是，这封信虽然发了，但是很受局限。后来知道有几个代表看到了，有位院士说，郭来喜是一个真正的科学家，敢讲真话。我提的十个问题，这几年看来还是经得起事实考验的。有些问题更严重了。

问：据我所知，和黄河上的三门峡工程一样，他们拿出的第一条理由就是中下游防洪，你的信对这个问题是不是有所触及？

答：这正是我所提到的第一个问题：如何正确评估三峡工程的防洪效益。对 1870 年型洪水而言，三峡工程 221.5 亿立方米的防洪库容，只相当于 58 小时的流量。如果上游的暴雨与中下游地区重合，仍会有较大的洪水危害，因此不能把三峡工程的防洪效益过分夸大。至于 1991 年华东特大洪水，它与长江中上游来水是没有多大关系的，不应作为三峡工程上马的理由。

问：这 200 亿立方米的防洪库容有保障吗？当年三门峡工程 360 亿立方米库容中也有 80 亿立方米作为防洪预留，可是还没等洪水来到，甚至水库还没有建好，库尾淤积已经使得原先设计难以实现。这情形会不会发生在三峡工程上？据说"蓄清排浑"的运用可以解决这一难题？

答：所有的人都知道，长江泥沙的高峰和最大的洪水量是同时出现的，这时你到底是出于防洪而拦还是为减少泥沙而排洪？即使通过大坝底孔加大排沙量，这个长达 600 多公里的峡谷型水库，怎么能使上中段泥沙通过排沙孔下泄而减少有效库容内的淤积？美国科罗拉多河的米德湖水库就有这方面的惨痛教训，而它的水库长只不过 177 公里，仅相当于三峡水库的 29.5%，年输沙量也只有 1.9 亿立方米，只相当于三峡水库来沙量的 35.2%。实际运行结果，泥沙并不沉积在设计者所主张的死库容内，而是沉积在有效库容中，使库尾严重淤积。只因可科拉多河没有通航功能，这现象没有引起人们的特别关注。

问：说到库尾淤积，三门峡工程是开工不到两年渭洛河口就塞上了。三峡呢？对 1981 年四川大水大家还都记忆犹新，三峡工程的库尾淤积对这一类型的洪水的防止会有什么影响？

答：三峡水库建成后，达到正常蓄水高程，河流侵蚀基面抬高，水流必然减慢，影响洪水下泄，延长滞洪时间，肯定会加重上游地区的防洪负担。更况且，水库运行若干年后，如遇百年一遇洪水，重庆朝天门水位可达 202 米，比现在的情形高出 7.7 米，这在人口稠密的四川盆地的长江两岸，又需增加多少移民和损失？！特别是在论证报告中已明确写到："变动回水区和坝区的泥沙，淤积问题已有模型试验成果，但如何治理，特别是重庆港区水域的治理问题，尚缺少试验研究成果。"这就是说，水库变动区的碍航、库尾淤积有可能使重庆以上的长江、嘉陵江形成拦门沙而碍航的问题并没有得到解决。1990年7月6日下午4时许，在中南海国务院第一会议室三峡工程展览室，三峡工程筹建处哈总工程师私下和其密友交谈时也不得不承认这点，并且说钱正英部长不让谈这个问题，怕影响论证。

问：一般人，我想也包括在人大通过时投赞成票的代表的印象是，恰如邹家华的报告里说的，"三峡工程建成后，将改善通航条件，为繁荣长江航运事业创造条件"，难道这些晦暗之处连他也是瞒着的么？

答：也不是这么绝对。论证报告里就有："三峡水库的调度运用涉及个各方面，防洪、发电、航运都有各自的要求，有一致的方面，也有不一致的方面。许多航运专家都认为，如果三峡水库经常运用于拦蓄一般洪水，或者三峡电站承担调峰任务太重，都将严重影响三峡工程通航条件，使航运效益受到损害。"重要的是，这些结论是专家组的意见，不是哪个人的见解。只讲表面的巨大效益，不谈其内在的矛盾，给人以什么都好的错觉，不是实事求是的态度！还不必说，三峡工程施工断航期间，四川每年上千万吨的货物出入，采用什么办法加以补救？靠现有的铁路、公路能承担多少运量？要增加多少投资与运行费用？

问：但邹家华报告特别强调的是"巨大的发电效益"，说是相当于14座火电站，每年能节煤5000万吨……

答：三峡工程能节省，难道兴建别的水电站，发出同样的电力就不是节省了？用这样的语言论述三峡工程的巨大效益岂不是毫无意义？更不能忽视的是这个工程的移民。三峡地区本来人地矛盾就非常突出，113万移民"就地后靠"，在坡陡、地薄、缺水、海拔高处就地安置，能不恶化环境，加重水土流失吗？北京师范大学环境研究所对三峡库区开县移民环境容量做了系统研究，他们认为开县"人口多、耕地少，环境已遭到不同程度的破坏，环境人口容量所剩无几，甚至有超载现象。三峡工程的修建，土地淹没，城镇迁建等势必造成更紧张的人地关系，环境将遭到进一步破坏，以致走上恶性循环的轨道。"本来库区就是个耕地不足的贫困地区，淹没的都是沿江的肥沃良田好土。在减少了 42 万亩地之后的土地，反而又能承受更大的荷载，还不恶化生态环境，这能令人信服吗？

问：似乎是，三峡工程的效益实在太大，太具诱惑、太迷人了。据我看到的史料，新中国的最高领导人里边，似乎只有朱德一人一直没有赞成。到了 1963 年，毛主席自己也表示"我也不想干了"。对这项工程利弊的估计……

答：三峡工程利弊俱在。谁都知道，水库将使库区水位抬高，地下水位上升，将使本已发育的塌方、滑坡、泥石流灾害加重，使老滑坡复活，岩崩加剧。库区沿岸共有滑坡塌崩 270 处，库区有泥石流 271 处，其中 99 处在长江沿岸，每年泥石流物质共 1000 万立方米。新滩、链子崖岩体规模大，存在坝后坝的危险。这一地区污染已经相当严重，建库后，流速减慢，水体富养化扩散稀释能力减弱，将更加重水体污染，影响四大家鱼繁殖。中下游平原区土壤潜育化、沼泽化都会加重，包括长江海水入侵将严重影响已经发生地基沉降的上海等等，一系列重大问题都没有弄清。仅论其巨大效益，不谈其负效应和预防对策，能说是合理的吗？

问：您的信里有没有提到造价？三门峡和葛洲坝的"钓鱼"特色令人难忘。三峡工程呢？这样一个庞然大物，若是在中国经济艰难转型的今天也"钓"起来，可真是让人吃不消了。

答：三峡工程总造价静态投资 570 亿元（1990 年价格）有谁担保不是钓鱼工程？开工之后再追加投资，谁敢说不给？上不去，下不来，怎么办？

三峡工程的巨大效益谁也不否认，问题是利在明处，弊在暗处，现在只讲利不论弊，难倒是唯物的吗？澳星升空失败应从中引出教训来。我们不要经济一好转，头脑就发热。只有实事求是，才能立于不败。也只有实事求是，才成其为科学家。

1995 年

怪老天爷　还是怪自己

就 1998 年长江大水采访防洪专家陆钦侃

陆钦侃：水利水电与防洪专家，1913 年生，1936 年毕业于浙江大学土木系，1947 年获美国科罗拉多大学水利硕士，曾供职原国民政府资源委员会，参加 1946 年资源委员会派赴美国垦务局的三峡工程研究工作。1949 年后一直从事水利水电规划，曾任水利电力部规划局副总工程师。1988 年参加三峡工程专题论证，任防洪组顾问，是该组两位拒绝在当时论证结论上签字的专家之一（另一位是已故的水利水电科学研究院咨询方宗岱）。

问：今年长江大水，险象迭起，"历史最高水位"、"百年不遇"等说法不一而足。请问依照科学的描述，这回的洪水到底有多大？

答：对今年洪水，可从选定测点的最大流量、最高水位和超警戒水位的天数来判断。对长江中下游平原而言，我们所选的代表性测点是上游宜昌、中游汉口和下游大通。今年长江的洪水与 1954 年相似，即上、中、下游都发生大水。但是，若以宜昌、汉口和大通这三个测点上的数据来衡量，今年长江全江洪水来量，比 1954 年小。这是 1954 年和今年正式公布的数字：

	最大流量 （立方米每秒）		最高水位 （米）		超警戒水位 （8 月 17 日止天数）	
	1954 年	1998 年	1954 年	1998 年	1954 年	1998 年
宜昌	66800	63600	55.73	54.50	28	28
汉口	76100	71200	29.73	29.43	54	51
大通	92600	82100	16.64	16.31	62	53

问：1954 年大洪水后，对长江防洪作过什么安排？

答：在 1980 年，水利部曾根据国务院的要求，召开了长江中下游五省一市防洪座谈会，经讨论研究后，向国务院上报一份

《关于长江中下游近十年防洪部署的报告》。 这份报告提出"从实际情况出发，<u>长江中下游</u>的防洪任务是，遇 1954 年同样严重的洪水，确保重点堤防安全，努力减少淹没损失。"

问：做了什么具体安排呢？

答：当时拟订出的主要措施有：

1. 培修巩固堤防，尽快做到长江干流防御水位比 1954 年实际最高水位略有提高，以扩大洪水泄量。沙市由 44.67 米提高到 45.0 米；城陵矶由 33.95 米提高到 34.4 米；汉口维持 29.73 米；湖口由 21.68 米提高到 22.5 米；南京为 10.58 米；上海定为 5.1 米。对其他堤防，由各省分别制定标准。

2. 落实分蓄洪措施，安排超额洪水。要求荆江分洪区、洞庭湖区、洪湖区、武汉附近区和湖口附近区，共分洪 500 亿立方米。

3. 停止围垦湖泊。

4. 整治河道扩大滞洪能力。

5. 加强防汛。

按照以上措施，在十年内安排长江中下游防洪工程 34 项，需投资 48 亿元。由水利部掌握安排 10 亿元。

问：是不是可以这样理解：今年的洪水虽大，不但仍小于 1954 年类型洪水，且仍处于 1980 年由政府组织专家郑重提出的长江中下游防洪标准，即 "遇 1954 年同样严重的洪水" 以内。如果当年所部署的防洪工程如期完成的话，今年的严重灾害是可以减免的。

答：是这样。

问：但今年入夏以来沿长江看到的情况，似乎不是这样。

答：1980 年所提 "近十年防洪部署"，一再拖延，至今已 18 年。《长江中下游平原防洪规划》所安排的荆江大堤、武汉市堤、无为大堤、同马大堤、江西沿江大堤，以及其他堤防的加固加高，护岸培修，洪道整治工程，至今尚未切实完成。结果堤防大量出现险情，甚至决口，主要是没有认真及时加固。

问：及时加固就行了么？据说沿江土堤年久失修，处处"跑冒滴漏"？

答：年久并不是问题，主要是失修——没有按照标准认真进行加固。国外如美国的密西西比河，欧洲的多瑙河，筑堤防洪的历史都很长，遇到大洪水时，也都是依靠堤防作为防洪的根本措施。

问：确实没有听说过人家一遇大水就动员若干万人上堤抢险。恐怕不是广大军民不够爱国爱家乡，而是堤坝比较坚固。是否我国堤防技术不够？

答：我国在技术上可以修建高达 100 多米的土坝，长期挡水不会渗漏垮坝。至于几十米甚至只有一、二十米高的堤防，为保卫人民、城镇、工矿企业、交通设施和农村的安全，也应当按标准认真加固。

问：实在不懂完全可操作的规划竟无端拖下来。记得 1988 年关于《三峡工程防洪论证报告》中，也提到了这一计划。在对比不同的防洪措施时，还具体谈到"近期安排了荆江大堤加固等 18 项工程，由中央投资 15 亿元。从 1981 年起到 1987 年，已安排投资 3.99 亿元，有 12 项工程陆续开工"，看来这项计划确实执行了一段时间。可接着又说："由于投资不足，建设进程有些推迟。要完成 1980 年提出的防洪建设任务，还需筹集相当数量的投资，进行艰巨的工作。"后来怎么样了呢？有没有筹集到资金？有没有继续工作？

答：实际情况是，按照 1980 年所提长江中下游平原防洪部署，据 1987 年调查湘、鄂、赣、皖四省上报，整个堤防体系达到规划要求，尚需投资 63.4 亿元，分蓄洪区安全建设尚需投资 45 亿元，合计 100 多亿元。

问：是不是后来国务院对这一计划改变了态度，有了新的打算？

答：我理解并没有。因为 1990 年 7 月，姚依林副总理在三峡工程论证汇报会结束时还说："长江自 1954 年以来已有 30 多年没有发生全流域的大水，天有不测风云，要居安思危，早筹良策。当前要继续抓紧 1980 年平原防洪方案的各项工程和非工程措施的建设，请国家计委、财政部给予重点支持，水利部会同沿江各省抓紧组织实施，加快建设步伐。"

问：果然一语成谶。我的印象，第二年 1991 年淮河、太湖大洪水，也包括长江中下游，造成大型灾害。应当是一次警告了吧？

答：岂止一次警告。到 1995 年大水时，长江干堤曾发生险情 2562 处；1996 年大水时，再度暴露堤身未达标，以及堤质的诸多隐患；今年大水时，又发生渗漏、管漏、塌坡、涵闸等几千处险情，甚至决口成灾。这都是堤防质量没有认真加固存在的问题。平常时间掉以轻心，洪水来临紧急抢险，既花费大量人力物力财力，又难以达到质量要求，汛后还要重修，既不经济，又不合理。

问：堤防出现险情的并不限于长江……

答：我国其他河流也存在这个问题。主要是水利部门的主导思想，几十年来一直重水库，轻堤防；重建设，轻维护；平常不认真加固堤防，等到大洪水时才临时防汛，上堤抢险。如不改变观念，以后遇大洪水还将造成巨大灾害。

问：但 100 多亿总不是个小数，恐怕正是"有些推迟"的关键所在。

答：100 亿元与洪灾损失相比，恰恰是个小数。这笔钱不肯花，那就看看不花的结果：近年来长江中下游发生多次大水灾，1995 年五省统计洪涝受灾面积 6916 万亩，成灾 4381 万亩，受灾人口 7489 万人，死亡 1302 人，直接经济损失 592 亿元；1996 年中下游六、七月份（未包括五、八月）受灾面积 7305 万亩，受灾人口 7000 多万人，直接经济损失 700 亿元；这两年洪水都比 1954 年小，但受灾耕地和人口都比 1954 年大。今年的洪灾损失具体数字还未见公布，估计总不在 1000 亿元之下。这三年长江中下游洪灾损失共达 2000 余亿元，还给沿江人民群众造成巨大痛苦，甚至人身丧失，以及许多间接损失。

问：合起来也超过 2000 亿元了，这正是三峡工程当局公布的对这一工程的总投资。其实我们知道，正如中国其他钓鱼工程一样，这一数目是绝对打不住的。三峡建设总公司的负责人至今还在强调："如果三峡工程建成了，可以把长江上游洪峰水量拦蓄在水库内，减少长江上游洪水下泄流量，对保证长江中下游人民安全度汛有很重要的作用。"

答：不能说完全没有作用，但作用究竟有多大，让我们看看具体数字：长江的洪水量很大，三峡水库仅能控制上游来水，对中游湖南的湘、资、沅、澧水；湖北的汉江；江西的赣、抚、信、饶、修水等支流洪水难以控制。1954 年洪水 6～8 月三个月长江上中游八里江以上干支流来水总量达 6570 亿立方米，其中，上游宜昌来水 2976 亿立方米，占 45%；中游诸大支流来水 3594 亿立方米。这是防洪库容 221.5 亿立方米的三峡工程得以控制的吗？这就是为什么我们一直强调，三峡水库库容相对较小，对减轻中下游洪灾是有限的。

问：对于这一事实，坚持以三峡大库防洪者怎么说？

答：有人主张以水库蓄存基流——这只是想当然，哪里有那么大的库容？还有一种想法是错峰：初步设计审定的以枝城控制，三峡水库可拦洪 95 亿立方米，但中下游还要分蓄洪 400 余亿立方米。如果考虑湖南四水进行预报错峰，以城陵矶控制，三峡水库可拦洪 183 亿立方米，中下游还要分蓄洪 300 亿立方米。在这样的局面下，沿江堤防还将维持高水位。

问：如果不靠三峡水库蓄洪，保护中下游有什么有效办法吗？

答：我们已经知道，1954 年洪水溃口分洪成灾水量是 1023 亿立方米。在中下游平原防洪部署加固加高堤防实现后，可增加下泄洪水约 500 亿立方米；利用分蓄洪区滞洪，可以解决约 500 亿立方米。

问：这就是说，三峡工程对减轻长江中下游洪灾作用有限？

答：是的。对长江中下游当地暴雨造成的涝灾，三峡水库也是无能为力的。今年长江洪水比 1954 年还小些，上游来水也不大，就算三峡水库已经建成，可拦洪减少中下游洪灾损失也不可能很多。所以说，加固加高堤防的作用还是主要的。

问：虽然上、中、下游三个测点知道今年洪水没有超过 1954 年，但有些河段如沙市、监利、城陵矶、九江、湖口等处洪水水位逼高，还是达到以至超过历史最高水位。堤坝在这里溃决，照样酿成灾害。为什么总体来水不大，却沿江险情频频？

答：洪水位逼高是泥沙淤积和盲目围垦造成的后果。长江泥沙增长，导致河床和湖泊淤积，壅高了洪水位。而泥沙增长的直接原因乃是水土流失，长江流域森林覆盖率不断减少，上游流域水土流失面积，五十年代初为 29.95 万平方公里，1985 年增至 35.2 万平方公里，达三峡以上流域面积的 35%。

问：三分之一强的土地随水流冲下！连通支流、并一直起到干流分洪作用的湖泊呢？

答：长江中下游两岸原有大量湖泊，1954 年通江湖泊共计 15329 平方公里，至 1980 年，仅存 6605 平方公里，减少了 8724 平方公里。湖北省的洪湖、西凉湖、东西湖等不少通江湖泊的湖口被堵，与长江不相通了。湖南省的洞庭湖区和江西省的鄱阳湖区，都新增不少围垸，减少了湖泊原有滞洪容量，对洪水位逼高的影响更明显。湖泊盲目围垦逼高洪水位，这是人为的增加洪水威胁。

问：报载"一位防汛干部对暴洪灾害的反思，不要把责任都推给老天爷"；江泽民主席也批示"今年大灾以后，建议很好总结一下中国水利建设。" 陆先生，今天是您 85 岁的生日，作为一生都在思索中国江河治理与防洪的专家，面对今年这样由于主管官员失职而造成的全民大抢险，从而促使决策者再度反思的局面，您有什么建议？

答：希望国务院明了，切实做好平原防洪工程，是减轻长江洪灾作用较大和比较现实的方案。建议国务院下决心，给予必要的投资，责成水利部门，将长江中下游平原防洪工程限期完成。

对规划内容，沿江防御水位等，根据新情况作适当修改。特别对于防洪的基本武器——堤防，需应用现代科学技术切实加固。同时加快流域上的水土保持工作，控制湖泊围垦，已定较大分蓄洪区需建闸控制分洪，并作好安全设施保障居民的生命财产安全，对于得不偿失的一些围垸坚决退田还湖。

1998 年

三昧书屋讲演

戴晴

时间：2005年10月15日(星期六)下午3点

非常荣幸今天在这儿跟各位朋友见面。1989年以来，16年过去了，这是第一次我能在公开的场合和我的读者、我的朋友们见面。封闭16年之后有了今天这个日子，我觉得我们祖国在言论自由、思想独立，以及容忍异端的方面有了长足的进步。我们希望这个局面能够持续下去，而不是又走回头路。

我知道，今天来的大部分人都是网上健将。通过互联网，你们的视野、你们所获得的资源要肯定比我丰富得多。今天，我只是作为一个过来人，把20年以前我们经历过的事——争取就重大决策独立发言的经过与遭遇给大家说一说。也许咱们再携手往前走，让我们的国家更加开放、更加现代化、更加与世界大趋势靠拢。让我们所经过的，在这个进程中，使得大家有一个借鉴。同时，我特别希望，如果在座的朋友们里边，有安全局、三建委，或是不管是什么机构的，特别希望你们把我今天讲的话带回去，告诉你们的领导，告诉他们：这里的听众和演讲者是在怎样无助的情况下关注着中国的未来，关注着我们共有的大江大河。希望把这个不允许公开发表的声音如实带回去，向你们的上级报告。

1989年以前，不能说每天，起码一个礼拜之内，大家在报纸上都能看到我的名字。从1989年到现在，16年，在中国公开发行报纸上我只出现过两次，两次都在《三峡工程报》上，都是陆佑楣在他的讲话中提到我，说"她算什么？她根本就没有学过水利，也没有学过水电，她怎么有资格来批评三峡工程"。

我今天老老实实在这儿向大家招供，我是工科学生，学的是航天，我没有学过水利水电，确实是这一行的外行。好在20年过去了，多少看了一些书，接触一些非官方言论。但我看的书再多，三峡工程，作为中国当局的最高机密之一，最要害的数据和决策过程，也是一概得不到。所以希望在座的朋友，如果有水利行业、水电行业，特别是三峡工程建设委员会的，你们知道一些情报，而我不知道，所以只要发现我什么地方说错了，就站出来，让今天这里在座的，还有将来上网阅读的，能与有关官员共享这些本来就应该及时公开的信息，把事情弄得更清楚。

下面讲的题目是：我们的长江和长江上的三峡工程

长江是世界第四大江，中国第一大江，是上苍对我们中华民族的一个慷慨赠予。

现在，长江变成了今天这个样子，还养育着 4.5 亿人口，贡献着 75％的总产值。汉代，长江几乎没有水患，到了明清以前，也很小。我小时候，沿着长江旅行，江水还是清的。上小学在武汉坐轮渡，一支钢笔掉下去，能看到它沉到江底。为什么？这是上苍的赠予，上苍在赠予我们这条河的时候做了只有大自然才有能力做出的安排——首先是沿着长江的茂密森林，也就是"绿色水库"，丰富的蕴涵并且调节水流的植被。长江上游植被，如果不算次生林，已经不到明清时候的 5％。长江本身有天然的水流调节系统。沿着长江，三峡过后是洞庭湖，再往下就是鄱阳湖，然后一直入海。生活在当地的船民，水大了坐着船就走了，水退走又回到他们的耕地。长江的堤岸是矮矮的，水来的时候就漫出去了。黄河比长江的形势还严峻一点，黄万里教授的观点，不能拦，让河水甩出去。所以，长江，用最简单的话说，自古以来最好的局面是树多人少，人还没有贪婪和自以为是地要干涉它、要无尽地索取。

这条浩荡大江是上苍对我们中华民族慷慨的赐予。长江孕育了中华民族第二个文明——巴楚文化。大家知道考古学界近年一个新趋势，倾向于把考古学和人类文化学融合在一起，就是在古墓里挖出来的东西和今天还在生活着的人，他们的房子、用具、习惯、衣服做比较。长江流域是全世界唯一的一个可比的区域：古代的巴人和如今生活着的土家族。

长江遭到第一次破坏是在明代。当时人口膨胀了，宰相张居正自作主张，改变原先自然安排的排水系统，在荆江沿长江北岸修筑防护堤，把吐纳江水的湿地变成了村庄。张居正犯的错误一直到1998年，一直到了朱镕基总理手里才部分纠正。将村民迁移走，退耕还湖。只是云梦泽已经无法完全恢复了。

近代以来对长江的破坏最大的有三次：一是大跃进，以粮为纲，伐木造田、伐木炼钢；第二次是"文革"，知青上山，合围粗的大树上来就锯；第三次就是八十年代之后一直到现在——权力化的"市场"对长江资源的掠夺。这第三次破坏远远超过了第二次，说不定已经是不能恢复的破坏。

长江的命运体现出：凡是人类以自己掌握的技术向自然索取而给它带来破坏，几乎没有可能再以区区人类技术予以恢复。这就是长江成了今天这个样子的根本原因。

大家都知道李锐先生，他在五十年代时是毛泽东的科技秘书，他最近说过一句话，是评价邓小平的。他说，小平同志一生犯的两个重大错误，六四镇压和在三峡筑坝。第一个，他的继任或许能做出一些努力部分挽救；但是在长江上做了三峡工程，邓小平的这个错误犯死了，谁都救不了——这就是长江。

下面讲三峡工程

大家都知道，三峡是上游山地到中下游的平原的"口子"。前一段时间流传一句官方说项："长江日夜向东流，流的全是煤和油"——长江的水量非常大，本来也相当"驯顺"，如果用这个水发电，我们能节省多少煤和油云云。说这话的人起码有这么几个背景：第一，他自认为是可以调动全民资源的集权者，不知道水资源的所属——究竟属于几个政客或者某几个部门还是属于祖辈生活在长江流域的人。第二，他不具备起码的科学技术知识，更不具备环保的常识。只用简单的加减乘除，把水流量换算成发电机的理想出力，再以相同火力或燃油发电相比照。长江所具有的文化意义、历史意义和生态意义，全都不在他们眼里。这么一加一减，就有了三峡工程宏伟蓝图。如果用毛泽东的话说，在口子地方总地把水管住。

在毛泽东之前，从孙中山——叫总统也好，叫总书记也好，实际上都是中国集权的专制体制的头儿。开始就在说长江能发多少电。那时候全世界大水电高潮即将到来，朦胧知道水一拦装个机器，就能变成电。接着到了国民政府时代，正好赶上全世界水电建设高峰，要对江河大展拳脚。中国人总比世界大潮晚个一步半步，他们疯狂的时候，在美国造了坝、在欧洲造坝、在埃及造坝。美国、前苏联都疯狂的不得了，巨大规模的调水计划，把加拿大的七条大河调到南加州、调到墨西哥；西伯利亚的水调到欧洲……（幸亏被及时驳倒制止，没真的动成）。在这样的见识与气氛下，中国在国民政府时代，美国陆军工程师团来说，长江这么好，怎么能不建坝？国民政府于是在 1946 年的时候，接受美国的设计，并且派了一个学习组到他们的田纳西流域工程学习。其中一位陆钦侃先生后来成了三峡工程最坚定的反对派。因为打内战，国家积蓄都打光了，当然没有钱再造坝。紧接着就迎来了红旗飘飘的新中国。

中国有一个传统，历朝历代每届官家同时又是水官。上世纪五十年代初，毛泽东第一个出北京视察的地方就是黄河，他说了句"一定要把黄河的事情办好"，接着就推出了当时最大的三门峡工程。五十年代反对上三门峡工程的人比如黄万里说，造这个坝，不要把下游的灾害挪到上游去。果然刚蓄水就潼关告急，50年后不管怎么补救，还是陕西发水灾。

到了 1956 年，黄河已经动手了，长江能不动吗？这就是三峡工程。

这时候，站出来一个年轻的反对派李锐（他那时不到 40 岁），历来刚愎自用的毛泽东居然在南宁会议的时候决定听两边意见，这就是现在还都在世的两位水利界最老资格的人：李锐和林一山。南宁会议之后是推进大跃进的成都会议。本来三峡工程也是其中一项，但是三门峡出事了，对长江不大敢再贸然动手。所以，三峡工程是唯一一个列入日程而没有通过的大跃进项目工程。

这里有个小花边，给大家讲讲看我们的领导人怎么把大江大河国计民生视同玩笑：

毛泽东到成都开会，成都人觉得，最拿得出手的地方，也是我们中国人的骄傲，就是都江堰。于是把毛主席请到那里。毛有

254

一个习惯，就是爱游泳，不让他游就生气。看到岷江水，就想往下跳。大家忙说水太急，不可不可。伟大领袖非常不高兴。陪在身边的省委书记李井泉说你们这也太过分了，主席想游个泳你们都不让。水急，造一个水库不就得了？就能让主席游泳了。大家说这是都江堰啊，不能乱动呀，是汉代李冰父子建造的千秋工程。省委书记说，我就不信，汉代姓李的能干，今天我姓李的就不能干。后来鱼嘴水库立即上马。当年的主持人亲口告诉我，他们怎么天天一边施工一边盼着停工的命令。命令很快下来了，但紫萍铺和杨柳湖水库，到了二十一世纪，又给推上马——这回当然不再为伟大领袖游泳，真正的目的是拦截岷江水——四川已经估计到二十一世纪上半叶是全民争水的年代，水都截在支流和上游，长江也免不了如今黄河干涸的命运。

三峡工程，孙中山没有做成，国民政府没做成，毛泽东 1956 年没能做，到 1958 年大跃进之后就是 1960 年的大饥荒。到了 1963 年，共产党的稳妥派出手调整，开始了国民经济恢复时期。刚刚恢复到大家从饥饿边缘缓过来，文革开始了——1966 到 1976 年。直到 1979 年，开了十一届三中全会，农村的承包责任制开始，农民可以到城里卖鸡蛋了，中国人才慢慢缓了一口气，有饭吃了。79 年刚有饭吃，80 年造三峡工程就冒头了。

将三峡工程推上马，差不多经过了半个世纪。

到 1980 年，谁是中国最后的拍板人？邓小平说"我是一个退休的老人"，但是实权掌握在他手里，大家都很清楚。1980 年水利部就把邓小平拉去考察三峡工程。到了 1985 年，对高坝低坝，邓小平说了一句话，"我赞成低坝方案，看准了就下手做"。在邓小平文选里没有这句话。邓小平逝世的时候，做三峡工程的人为把这一工程说死是小平同志支持的，就把这句话登到报纸上，但"我赞成低坝方案"这句话没有了。

1980 代初大局似乎已定，科委计委的所谓的可行性计划都做了（都不主张上）。那时候总理是赵紫阳。他以总理的身份做过详细调查后，顾到小平同志的意愿，由他出面和小平讲这个事情。当时，赵是这么汇报的：非在长江上做三峡工程，我们面临很多困难，包括经济方面和技术方面，但是这些困难我们是可以想办法克服的，问题是现在有很多人，包括许多党外人士反对。如果这些人反对三峡工程而我们还非要上，这就不再是经济技术问题，而变成政治问题。邓小平说不上是政治问题，上也是政治问题，正因为他们反对，我们才要上。

从这里我们可以看出上下两代共产党领导人的执政风格：依然是一党专政，年轻的一代倾向于多倾听容纳来自党外的不同意见，老一辈则坚持强权。后来，如果你们读过李鹏的《三峡日记》，可以看出反对的意见太多了，在中国哪怕像大跃进这种荒谬绝伦的事情，都没如此广泛的反对，唯独到三峡工程，终于有人提出不同见解。

德国有一位专家叫王维洛，对三峡工程，他好有一比。比作什么呢——皇帝的新衣。这件新衣无比绚丽：三峡工程的多少个世界第一。怎么让皇帝穿上呢？邓是四川人，当年出川都是坐船。做衣裳的就告诉他大坝一建，万吨海轮直驶重庆。投资、移民、生态影响，要么不说，不能不提的就骗他。邓是皇帝，两个骗子是谁呢？水利部和"长办"。他们从集团利益出发，骗邓小平拍板。有一个孩子说皇帝没有穿衣服，三峡工程是灾难，但是已经没有用了。三峡的事，看到的人不少，像那孩子一样径直说出来的也有，但这声音他听不到：党掌控的传媒上是绝对不允许发表的。但那孩子是皇上的子民，而我们是公民，对国家的重大事务，包括三峡工程，都有发言权。除了宪法规定的我们的公民权利，我们还是这一工程的出资人。

三峡工程最主要的财经支持叫做"三峡建设基金"（占目前资金的40%），这个基金是从我们每一个生活在中华人民共和国的用电人头刮的。也就是说，只要你生活在中国这块土地上并且用电，每用一度电都额外在给三峡交钱，包括三峡发电好处一点儿都沾不上的东北、西藏；也不管你对工程所持的态度——支持还是反对。

除了骗皇上，还要骗大众。三峡工程当局宣称它有四大好处：第一防洪，第二发电，第三有利于航运，第四有利于区域发展，也就是移民将解脱贫困，过上幸福的生活。

关于三峡工程可以防洪么?

大家可能都还记得 1998 年大水,当时中央电视台播放对陆佑楣的采访。他说,如果三峡工程造好,对这场大水会起到很大作用的。他没有提威胁武汉和中下游的洪水,除了来自上游(三峡水库之上),还来自洞庭湖,来自鄱阳湖、来自汉水。三峡工程对控制支流洪水,是一点儿作用都没有的。三峡工程所声称的 221 亿立方米蓄洪能力,还不到洪水总量的十分之一。如果说水库运用等技术问题过于复杂,我们只看和 1998 年来洪量几乎相等的 1999 年,怎么没有发生灾害?只看 1998 年大水过后,朱镕基总理做出了什么样的决策。

1998 年大水,朱发现一个现象:水量不是最大,水位却是历史最高。为什么?因为河床高了。河床为什么高?泥沙淤积。泥沙为什么多了?森林植被的破坏。从那以后,朱作了一个决策,从此再也不许砍一棵树。总理发话前后,恰恰我们到河北青县,发现一座山特别好玩,其他地方都是黄的,山头上一小撮绿。当地人告诉我们,县里正砍树,碰上总理说不许再砍,大家紧跟呀。正像大跃进贯彻毛主席的话一样,贯彻朱总理的也加码,那正砍着半截树的县头儿出了新口号"谁砍我的树,我砍谁的头"。紧接着就是种树的高潮,本来是一件很好的事情,又变成县乡一级拿到了国家的钱,原来很好的植被砍了,栽上树苗,没一棵活下来,县里乡里还挺高兴,因为明年还可以再从上边拿钱重新来一次。

在这儿就涉及到一个问题,就是到底谁从三峡工程获利。

1979 年,中国人刚有一口饭吃,就有人死乞白赖非得上这工程,到底是怎么回事?我认为,社会主义的光荣啊,多少世界第一啊,都是面子上的说辞,最根本的还是利益驱动。三峡工程谁获利——湖南省、湖北省、"长办"和水利部。湖南、湖北主要是争地,湖北造了荆江大堤之后,几十万人口安置在那里,变成富裕发达地区。长江洪水怎么办?往南走,走湖南吧。湖南说你凭什么拦住水给自己造地,我也会围湖造田。两个省一直在争这个。后来两家和解,说长江水既不往我这儿排,也不往你这儿排,那就拦在上边吧:造个大坝拦起来——这就是三峡工程。

　　"长办"和水利部怎么回事呢？大家都知道葛洲坝工程，它本是三峡工程的反调节工程，按照工程原理，是在主工程建完之后才考虑的。文革时，讨好毛泽东是第一宗旨。大家都知道有个主席想要、但给拦了下来的三峡工程。可惜文革时候中国太穷了，三峡工程是上不了的，但当时湖北省的军管得知这个配套工程里边，除了大的，还有个小的，结果就在 1972 年的 12 月，在设计都没有完成的情况下，把葛洲坝当作生日礼物献给了毛主席。到了八十年代，葛洲坝快完工了，葛洲坝工程集团（"长办"的一部分）十多万人的饭折上哪找？就近上三峡吧。

　　至于水利部，大家都知道中国是计划体制，全部中央拨款。凡是叫得响的，标榜自己政治上多重要的，朝廷里边有人的，讨好当权者的，就越能拿到中央计划拨款。1998 年大水的时候，我对陆钦侃先生有一个采访。他说早在七十年代末就曾经做过长江的防洪规划：沿着长江怎么加固堤坝，疏通河道……这个钱就数目而言不过三峡工程一个零头，满足得了水利部的胃口么？大家看水利部大楼，已经被认定为腐败的典型。1989 年我到军博对面的宾馆给他们送资料，一进那个院，沿街一大排进口轿车。九十年代中，我还在顺义一带看见过三峡工程的房地产项目，后来有新闻揭露他们还在买期货、做股票赔了，还有枪毙的移民贪官……

　　1998 年大水，九江的豆腐渣工程、堤坝坍塌怎么回事？加固堤坝的钱让三峡工程占了，三峡工程的钱因为多，又太好花。国家拨下来做河堤的钱，想干嘛就干嘛。已故的林华先生说过一句话，我们现在反对这个工程，他们一定拼命地压我们。如果我们反对成功了，下一步第一件事就是查账。三峡工程还没有开始，他们已经花掉两个亿。所以，不管怎么说，这个工程也得上去。一上去就几千个亿，这两个亿就淹没在那里了。

　　李锐说过，不要犯黄河的错误，造三峡大坝是以邻为壑——三门峡把河南洪水挪到了陕西，三峡把武汉洪水威胁推到重庆。这不仅是明摆着的事，还有历史借鉴。可还是非三峡工程不可——利益集团的推动。

三峡工程据称第二个作用是发电。

熟悉电力市场的都知道，虽然中国是计划经济，项目很难获得市场调节。而计划经济里最大的问题，就是什么钱都是上面拨款，上面说给你钱，你才能用。这就造成申请项目的人，并不在乎工程的结果怎么样，最在乎的是能不能上，只要上了，钱划到了，就完事大吉。这使得中国的电力市场波动比较厉害，一会儿电过剩，一会儿电不够，拉闸限电。可不管怎么样，以昂贵的代价（像三峡工程这样）得到的电，如果国家不为它专门保证市场份额，限定政治性高价，是根本卖不出去、还不上贷款的。张光斗说过，"二滩的电，打死我都不买"。三峡工程，即使按照当局给出的已经多处隐瞒的总投资，其电费也超过二滩。谁买？三峡当局一直努力推南水北调：丹江口的水不够，怎么办？调三峡的水。三峡水不仅不够，水位也太低，怎么往北京流？必须再加高大坝（又是一笔工程费），还得用三峡的电把水提上来往北京送。整来整去，就是糟蹋中国的山河。我的一个朋友对我说，都以为三峡好发财，其实也不尽然。他说，工程是大，可到我这儿已经包到第六手了。更况且三峡工程所谓装机1862万，年发电量840亿度，都是算出来的。真正考虑到水库运用，水流调节，究竟能发多少还不知道。

他们宣称的第三个好处是有利于航运。

就是万吨轮直驶重庆，就是水升高以后把暗礁淹没，大船就水深而言，可以直驶重庆。

后来反对派说，水够深了，请问万吨巨轮南京长江大桥怎么钻？武汉长江大桥怎么钻？桥洞不够高啊。当局于是将说词改为"万吨船队"——一串船加起来万吨。即使这样也是谎言。因为大家都听过三峡工程的两线五级船闸，据称年运输量5000万吨，过闸时间2～3小时。这是指货轮。旅客怎么过闸呢？当时交通部门同意三峡工程的第一条件，是不能碍航客轮，也就是说，除船闸外，必须最先建成如电梯一般直接提升客轮的升船机。大家可能注意到了，升船机到现在没有，却出了个新招"三峡旅游"。五级船闸是不能出事的，葛洲坝是一级船闸，常常一出事就几十小时、几天。三峡船闸是十倍的出事率。船闸是一个复杂的工程，船闸结构水泥已经有洞穴和裂缝。施工时，专家建议全部钻光，重新浇铸。但最终使用的是填加剂，还是合格品之外的。现在就这么马虎过去了，能维持多长时间不出事？

去年春天，历来最优良的南京港也因为没水导致船只搁浅，三峡被迫紧急放水。还有库尾淤积对重庆港的威胁……其实，三峡工程慨允的年 5000 万吨运量，交通部采用疏通、裁弯等办法，花很少钱就能达到。三峡工程有利于航运，其实强词夺理。

第四个好处是移民怎么幸福。

考虑到 1949 年以来中国水库移民遗留问题太大，这回他们说要用新办法，即"开发性移民"——不把补偿款直接付给移民，而是交到移民官员手里，由这些官员们为他们选址、造房子、开辟耕地、建工厂……他们只直接享受幸福就行了。1989 年李伯宁给出的致富办法是种橘子，连移民举着累累结实的橘子枝的照片都登出来了。后来大家知道，三峡地区，整船整船的橘子烂在了当地，移民连收都不收了，因为运不出去。

三峡这个地方说了很多世界第一，其实还有一个第一，就是全世界都没有过这样的决策：在一条命脉大河的中段，在一个交通要道上，在一个人口密集的地方，在一个地质与生态非常脆弱危机的河段，上这么一个巨型工程。三峡移民，政府宣布是 113 万，王维洛算是 250 万，我算的是 190 万，要移这么多人，这么复杂，钱是个无底洞。究竟迁移多少人呢？刚刚开始论证的时候，给出的数字是 72 万，大家觉得这么大的工程迁这么点人还行。1992 年人大通过前了，移民方面开了一个内部工作会议。地方来的移民干部根据淹没线，带来了各自的搬迁基数和 20 年内的人口增长率。大家知道，下面的小官都希望把移民说多一点，这样钱不就多了么。但是主管李伯宁不愿意，因为移民多，工程通过难度就大。在会上，李伯宁就说了一句经常被我们引用的有名的话："你们谁都不准再提 100 万。说 100 万就等于给反对的人送去一颗枪毙三峡工程的子弹。"

往哪里搬迁呢？三峡地带山陡土薄，地质脆弱。为了显得容易，李伯宁们定的方针是"上移后靠，当地安置"——根本违背国家规定 25 度坡度以上不可以开发的规定。1989 年大水后，朱镕基将这一政策做了 180 度转变，为保持水土，三峡移民"尽量外迁"。移民款项本来就紧，经过移民官员层层盘剥，到移民手里 1/3 都不到。最近刚有湖北移民请愿，一位中年农妇被判五年的报道。我自己遇见过一位姓何的云阳移民代表。按照国家移民经费，应是平均每人 3 万元，他们只得到 8500 块钱。乡亲们给老何和另外几位凑钱到北京，只想告诉中央"我们坚决拥护三峡工程，但是移民官员贪得太多了"。三建委不理他们，中国的传媒不理他们，没无奈，他们见了香港报纸记者，结果被抓起来了，遣送回去判了刑，罪名是"泄露国家机密"。

一位研究社会学的学者出了一本扎实的研究移民的著作。事情非常凑巧，他本是社科院的研究生，按照规定，他们每个人都要到基层带职"锻炼"。他碰巧分到重庆市，重庆市碰巧又有一个云阳县什么乡，移民副乡长的位置。在这个位置上，他一方面可以得知上面来的各种的"精神"，一方面可以接触到移民。他根据自己的调查，写了一本叫做《大河移民的故事》的书。作者预言，整个二十一世纪的上半叶，中国将处于水库移民暴动的火山上。

我们为什么反对三峡工程呢？第一条就是泥沙淤积。现在的长江已经不是原来的长江了，早在八十年代，国人曾问过：长江会不会变成第二条黄河？20 多年过去，长江已经浑浊得让人不敢相信唐宋诗人的美丽诗篇。除了泥沙，长江中就是大量卵石，这些卵石，一旦蓄水，按照黄万里教授的说法，是一颗都排不出去的。1992 年三峡工程即将由人大通过之前，中宣部组织一拨又一拨的人前往三峡考察，人大、政协、工会、妇女、教师……我的一个朋友问当时一个代表三峡工程当局的陪同，水库寿命到底多长？那个人说 50 年。朋友说，啊？50 年长江就梗阻啦？怎么办呢？那个人说："我相信后代比我们聪明，他们一定会想出办法来。" 所以，泥沙，三峡工程一个严重的问题，卵石壅在坝前，泥沙甩在库尾，重庆面临成为死港的危险。

还有一个，就是地质灾害。大概一两年以前，陆佑楣在北大做过一个关于三峡工程的讲话。在学生问到工程质量时，他给予坚决响亮的回答，燃起北大学子爱国热诚。可惜当场没有人指出，他说的只是以超高标号水泥浇注的坝体的质量，至于 600 公里长的水库和沿岸山体，以及新建在这山体上的新城市，则语焉不详。在三峡工程论证期间，我曾碰到过两个人，一个是军方测绘机构的，他说他们航拍的时候，看到很多地裂，回来什么话都不敢说。还有一位应香港中文大学邀请，到大学服务中心做关于水库地区地层稳定的介绍。我们看他亮出来的图，地质不稳定点沿江密布。我作为听众举手提问：这样的地质情况，还能造水库蓄水么？他说不能。问他那为什么还要修三峡工程？他不说话。问他，他本人是否同意这一工程。他说同意。我说你刚说了不能蓄水又同意建坝，究竟怎么回事？他说因为党中央已经决定了。

大家都知道巴东新县城因为建在不稳的地层，已经重新迁移。还有几乎不断的关于崩塌、泥石流的报道——而眼下水库才刚刚蓄水，还没有蓄到正常水位 175 米。

还有就是文物，我们的考古学界还没来得及勘探开掘的巴楚文化遗址。现代以来，中国的考古学家目标先是集中在平原地区、陕西、河南等，好挖。三峡地区太困难了，地质、交通都困难。知道有好东西，说先留着，等有条件的时候。这时候还没来，突然宣布三峡工程要上了。在整个三峡工程的投资预算里，文物保护是一分钱都没有的，因为呼声高，当局决定，如果钱非用不可，就到移民款项里找。后来，管文物的发现从管移民的人那里几乎抠不出钱来，考古学界、大学和研究所着急了，因为一旦淹没，再有多少钱也来不及了。他们于是用自己的研究经费，吭吭哧哧地到三峡考察，考古学者们坐硬板车，住 6 块钱的店，终于将埋藏基本探明，并向主管机构如实报告，楚墓在哪里、巨大遗址等在哪里。

九十年代中期，我有一个朋友是纽约的考古学家，她突然给我来了一封信，说一架汉代墓葬"青铜摇钱树"，是中国任何一个博物馆，就尺寸和完整性而言，都没有的，正在纽约一个亚洲文化节上出售。已经成交，被一个私人收藏家从荷兰客商手里买走了，400 万美金。她多年在三峡地区考察，对当地文物很熟。我请她立刻把照片传过来，接着就在中国的三家报纸登出来，说连我们自己都没有的宝贝就这么卖了。据传惊动了国务院，总理问怎么回事，还问三峡文物保护到底缺多少钱。同时，当然查那架摇钱树是怎么流出去的。很快就查出了。原来考古学家把地下埋藏弄清楚之后因为无力开掘就回去了，恰恰等于给盗挖的指了道。他们就开始挖，不知毁坏了多少。后来，盗掘盗卖的通道弄清楚了：库区挖出来，几经转手卖到香港，又弄到欧洲。线索找到后，主犯也抓住了，据说押到了陕西，没过多久，这人人间蒸发，留下一句话，"抓我？我倒要看看，究竟是共产党的狱墙厚，还是我成摞的票子厚。"

我本人认为这大盗在这个案子里也不过一个小角色。案情不知道追到哪里已经"不相宜"了。其实，我们这边只要证实了走私，是可以把那架青铜树追回来的。

到 2000 年的时候，水库蓄水以后，所有的工业垃圾、生活垃圾依旧往这个库里排（三峡库的水是沿岸居民的饮用水源），到 2000 年还没有任何特别措施——因为清库和保护水质也没有预算。工程主管人钱正英和张光斗向重庆环保局的官员发了脾气，回来就给郭树言写信，并向国家要求拨款治理费 3000 亿（理由是小得多的上海都要用掉 2000 亿。大家注意：他们直到今天给出的三峡工程总预算也不过 2000 亿）。

还有就是：谁为这个大工程出钱。

国家拨款、总理特别基金、三峡建设基金、三峡债券，葛洲坝卖电款项、企业对口支援等。那么，造这么一个三峡工程到底要多少钱？最早在八十年代的时候，他们曾经给过一个数，说 360 亿。到真正做可行性研究的时候，改成 570 亿。1992 年人大通过，给代表的数字变成 750 亿。1989 年，我们采访了金融学家、原中国人民银行副行长乔培新，问他三峡工程到底要多少钱？他说"据我计算，需 5000 亿"。1992 年人大以 750 亿通过，到 1993 年，三峡工程当局已经改口要 900 亿，两年后的 1995 年，官方再给出 2500 亿这么个数。这前后，陆钦侃先生告诉我，在水利部有一个内部"通风"，说可能要用 6000 个亿。

大家一定已经注意到了，文物保护没钱，中央追加（30

亿）；水库清库底没钱，中央拨款（一期 50 亿）。移民由当地安置改外迁，要填多少钱？巴东新县城整个搬迁，要多少钱？发电机从 26 台增加到 32 台，钱哪里来？升船机上马，又要花多少？1980 年代我们就说在中国现行体制下，三峡工程必是个不断要挟的钓鱼工程、无底洞，15 年过去，已经得到证实。有人估计 6000 亿已经打不住了，一个"体制内人士"告诉我：戴老师，你说一万亿，只少不多。

我们国家处在艰难的政治与经济体制转型期，花掉这许多钱，造了两方面都算登峰造极的工程：一是灾难性的生态工程，一是灾难性的政治工程。

为什么说灾难性的政治工程？因为它正处在我们从计划经济向市场经济转化的时刻，在政治上直接关系到能否抛弃原先集权者拍板的老路，开放言路，决策公开透明，逐步实现追求了多年的科学与民主。经济上，能否抛开计划拨款老套，让市场发挥作用。没有想到的是，这个举世瞩目的工程，竟利用了新经济格局中最肮脏的一面，抓住老体制最腐朽的东西（皇上说了算），糟蹋了中华民族最宝贵的资源和最值得骄傲与珍惜的东西。这是二十世纪末、二十一世纪初在中国上演的一出罪恶的闹剧。

今天，能告诉大家的是，我们抗争过，结果是屡战屡败。但是，只要一息尚存，只有一个选择，那就是屡败屡战。

下面是问答

提问： 据说攻击三峡大坝有一定的战术，台湾什么打算？我也听说中国军方反对这个，但是它可以放水。

戴：《长江、长江》这本书出了香港版、台湾版，尽量让大陆之外的中国人知道长江和三峡对中华民族的意义。台湾最怕的就是大陆朝她发导弹。所以曾经有过一个议论，说如果大陆答应不打我们，我们就给三峡工程出钱。我们马上传过话去：越是支援类似三峡工程，越加大挨导弹的可能。实际上台湾商人没有太多的介入。

大家记得"六四"以后，第一个来到大陆的美国公司美林。当时是李鹏亲自接见。美林答应为了三峡工程到全世界筹钱。李鹏将他称作中国人民的朋友，答应政策优惠。后来我只要遇见美林公司的人，都拿这话问他们，没一个承认。美林在华尔街卖中国债券的时候，只说"基本建设"，三峡工程一个字都不提。通过中国的环境组织和传媒，特别是全世界的环境组织，三峡工程是中国灾难工程里最为世人所知的一个。三峡工程很骄傲地宣称不用世界银行的钱，其实他真想，就是用不上。因为世界银行是被全世界的环境组织监督最厉害的一个，三峡工程没有可能通过审查。

提问：　您对南水北调工程怎么看？

戴：现在说的最多就是中线。这个工程，就毛泽东的"高山出平湖"一样，实际上都是诗人在做梦。第一，它在建的过程中，像三峡工程一样，沿途要有很多移民要迁。第二，它要横跨四条大河，粗暴改变地质平衡。后果如何，谁说得清楚？第三，也和三峡工程一样，肥了一批中间包工程的，把一个不堪的环境和社会烂摊子留在那儿。政府之所以如此卖力推进，除了利益集团的公关工夫，还有一个 2008 奥运的因素：中国当局想在 2008 年给全世界一个大好北京、大欢喜民众印象。你看看北京真实的河，到周边看看，再调水也救不了。而供水的丹江口和它流经的河流大家清楚吗？非常脆弱了，汉江已经没有水给长江了。在这种情况下怎么调？最成熟的中线是这样，更不要说是东线还是西线。

提问：　我是八十年代末您主持【光明日报·学者答问录】时候的读者。三峡工程在 1995 年、1996 年，就是左岸电站发电机组招标时，因为我国在资金上不够，当时有一些融资政策，但是美国的进出口银行和日本进出口银行这两个财力最雄厚的国家拒绝为三峡工程融资，主要理由是环境问题。当时我国在媒体上也对美国、日本提出了一些批评，有过一段交锋，后来欧洲厂商出于自己的利益，提供了一些出口信贷等等，比如德意志银行、法国银行等。后来日本屈服于中国的压力，日本国家进出口银行同意为中国提供了融资，但是条件索要三峡环境评估报告。后来三峡公司为他们提供了一份三峡环境评估报告，评估报告内容我也看了一下，这个内容是非常粗糙的。三峡工程的环境评估报告是怎么出台的？我们都知道，今年初三峡工程总公司为业主的几个工程因为环境问题被国家发改委叫停了，国家环保局要求出示环境评估报告。现在这几个大的项目都上马了。金沙江那几个大项目装机都是非常大的。在这个过程中，环境评估报告到底是单纯的一个手续还是非常重要的东西？如此重要的在环境上评估的问题，怎么像儿戏一样，非常快的就过关了。

戴：美国原先曾支持三峡工程，400万美金，支持工程的全套电脑设备。到1995年、1996年的时候，美国政府自己对江河和水电站已经有了新的认识。当时主管这一领域的农垦局曾经发表宣言，说出于环境意识的觉醒，美国已经绝对不再造坝。接着，他们有一段话涉及到我们的事：我们既然已经决定不在自己国家造坝，为什么要用纳税人的钱去毁坏别人的河流呢？宣言一出，400万就撤掉了。美国一做出这个决策，立刻有一个日本的代表团到美国，包括他们的政府议员、民间的环境组织等。考察一圈回来以后，他们在日本出了一本书叫"美国为什么不再造坝"（我们立刻就把它翻译成中文，但是一直不许出版）。日本的政府，日本的开发银行被他们的环境组织监视得很厉害。一直逼问他们，日本政府和日本的进出口银行会不会资助像三峡工程这样的工程？当时日本政府的回答不是要一个环境报告，而是说，我们支持不支持，要看这个工程对民主和人权的影响。我当时立刻表态，说将提交三峡移民调查，以及三峡工程的决策过程的报告。当时将他们的投资挡住了，后来又发生了变化。

日本因为侵华战争，在民间犯下罪孽，造成仇恨，他们不在这个层面上认错，总想用钱讨好中国当局了事。环境评估是个面子事，我可以以八十年代做两次环境评估为例子。在1989年之前，科学院来做关于三峡工程的环境评估，它的结论是三峡工程对环境有利有弊，弊远大于利。到九十年代准备上三峡之前，由水利部，而不是由科学院，重新组织人做环境评估，结论是三峡工程对环境的影响有利有弊，利远大于弊。这种结论有什么科学性而言？潘岳自从做了环保总局的副局长以后，出手很漂亮，凡是他说的对的，我们都支持。至于不做环境评估不能乱上，后来莫名其妙又上了，底下有什么交易？我们不知道。信息不透明，是我们每个人都要为之奋斗的地方。

提问：三峡工程到现在已经进展到这个地步了，在现在的时候我们再讨论这个问题，它的意义在什么地方？如果这种声音能被高层所接受，最乐观的情况是什么？

戴：当年，作为非常势单力薄的反对派，面对的，是不但有国家拨款、有全套"喉舌"与专家班子，还有军队和警察做后盾的"主流声音"。屡战屡败之后，依旧坚持当年曾坚持过的东西。就像没有能力救黄河一样，可能也没有能力救长江了。

我现在把自己称作"悲观的积极行动者"，也就是说，就全局而言，几乎没有挽救的可能，但既然生活在世，只有能做一寸做一寸，能做一分做一分。还有什么有可能为当局接受么？就是降低运行水位。大坝已经建到 185 米，一直说运用水位是 175 米。我们希望在看到了如此难处之后，把运用水位降低，不是 175 米，而是 160 米，这样移民要少很多，淹没会少很多，重庆也没那么危险了，泥沙会少，也不至于拦在重庆。这样，发电当然也要少了。估计靠电赚钱的人不干。

我觉得，到了这阶段，依旧是利益集团的博弈。就要看决策人了。看他能不能克服利益集团对他的威逼利诱、做出大退步的决定。朱镕基刚到总理位置上的时候说，虽然自动成为三建委主任，他说：我对三峡工程的态度你们都是知道的。他做的第一件事就是力图用监察挡住那帮贪婪的家伙。他说，你们不是老说三峡工程是世界一流工程吗，那就需要世界水准的监察鉴定。三峡工程的人答复说："没有这笔钱请国际专家做鉴定"。又过了一些日子，他们突然说有钱了。决定出钱请国际专家鉴定他们买来的瑞士水轮发电机质量够不够好。总理的这一手就这么给顶回去了。

提问：三峡工程不可避免的还要建，也不可避免的给中华民族带来厄运，我们能不能转害为利，把给中华民族带来厄运转化为推动中国政治改革的动力？

戴：任何事情都有正面和负面效益，我们想要救这条河，想让已经做好的坝失去破坏环境的功能，已经没有可能。最后一手，或许像黄万里教授说的，就是炸坝。黄说，炸三峡坝，可没有像炸三门峡坝那么容易。三峡又高又窄，碎渣滓运都运不出去。李锐说，三峡已经没救了。但是，我们曾经有过的抗争还是说明，如果每个人都在自己的位置上保持自己做人的尊严，说出自己该说的话，也许事情就会和今天不一样。我希望以后，党对资源的垄断不再那么绝对，把做人尊严放在生命第一位，于是敢于说真话的人就会越来越多。反过来促使政府的决策越来越透明、越来越公开，越来越民主化。

提问：　我想问环保、移民和经济效益。您刚才讲现在成本有2500亿，还有说6000亿，我现在掌握的数据没有这么高。一个是坝的费用，一个是基础的费用，一个是移民的费用。我想问 2500 亿的构成是怎么构成的？

戴：这正是我们最想知道的。我自己作为公民曾给人大写信，但没有回音。其实，三峡工程既然是我们大家出钱的工程，每一个人都有权利查它的账，要求账目公开，2000 亿也好，2500 亿也好，6000 亿或者 10000 亿，我们有权利知道三峡当局到底在哪儿花了钱。咱们网民能不能做一个努力，你三峡工程不是已经发电、已经有了收益，怎么还强行从我们头上征建设基金呢？到底打算征到什么时候为止？这钱究竟算是贡献了，还是有一定偿还。如果不打算偿还的话，根据的是哪条法律？三峡工程能这样做，还有什么工程也打算这样做？朱镕基刚当总理，三建委就说钱七厘不够，建设基金从电费里还要增加。朱镕基当时就把他们顶回去了，说你们不要把你们的责任全加到老百姓和企业身上。我倒是觉得我们大家应该一致行动，要求三峡工程账目公开，并在合适的时候把这七厘反掉。

提问：我们都知道我们国家发电的主要形式都是煤电和火电，现在煤油结构性的矛盾越来越明显，我们了解到的信息就是发电的模式在改变。纵观世界上的发电格局，以水利、潮汐、核能、风能为主的。您认为三峡工程存在着非常多的弊端，我们是否可以这么说，您认为什么样的发电形式更适合中国的发展？我们知道风能，现在在广东风能发电非常发达，但是仅是存在这样一个经济发达的地区。我们知道青藏高原风能非常丰富，但是中国现在没有这个能力去开发。加上潮汐电、核能，风力发电都是既环保，收益又非常大，但是中国没有能力去开发，可不可以这么说，中国现在的经济发展水平只停留在水电发展这一块，如果把水电这一块掐掉了，难道继续通过煤和热能来发电吗？我们知道在山西、山东许多地方都出现煤层塌陷，也是一个非常重要的问题。

戴：我个人理念，首先应该检讨并且改变我们的生活方式，查查自家的衣柜，衣服要几辈子才能穿完。不要一味追捧美国。从用电而言，就算他们消费得起，我们也消费不起。更不要上了商家促销的当。

再一个就是再不能为了一点加工费，把高耗能、高污染的产业引到我们国家来。所以要检讨我们的生活方式，不要再这么浪费能源和资源了。如果在这个意念上发生转变，也许就能节约很多。但我们的生活已经离不开电，不可能要求人们完全改变生活方式。但以牺牲河流换取电，代价太高了。这里所说的代价是无形的，也没有人算得出。只有当河流退化、衰亡，人们才能领会一条有着生命的大河无比的价值。我比较同意美国的决策，河流可以灌溉，可以航运，但用大坝的方式截流发电，太残忍了。真要用河流，想想咱们汉代先人建的都江堰，那个不是坝，河流中堰是顺着河建的，有如道家精神，像是跟河水商量，能否夏天走这边，冬天走那边——整整 2500 年，灌溉了富庶的四川平原。工业革命之后的人对手里的一点点技能太不自量力，居然觉得能征服自然。近二、三十年来，人在逐渐醒悟，包括更深地懂得人与河流休戚与共的关系。

提问：刚才说到《长江、长江》，在做三峡左安电站投标时，日本要不要融资的问题上，NGO 受到很大压力，我曾经把这本书翻译过日文，差不多有 3 万字，一个缩略版，在此向您表示歉意。

戴：没有关系。

提问：大家都希望中国走到一个文明民主的形态，相对我们来说，因为您的背景，可能会比我们多了解一些信息。不知道您对胡温体制以及朱江体制相比，这种可能性是大还是小？

戴：之所以能在这儿能回答诸位的问题，只因为比大部分人多活过几年，看过、听过并且亲身经历过一些事情。说到中国领导人，我们属于同一年龄段，而这一年龄段的人在价值观、审美意识、包括知识结构，都是很有问题的。我们从上小学起，接受的都是、而且仅仅是共产党的八股教育。我们在知识和悟性开化的年龄，没机会面对外部开放社会。所以，大家看胡锦涛，他的微观表现，性格、习惯等等，是一个相当不错的人，可是整个大的思维结构，就很局限，一门心思只想当个小毛泽东。是不是在他心目里，认为中国最好的年代是五十年代初期——清廉高效的一党专政政体。我觉得他们二位是过渡人物，这是他们的年龄和他们知识上的硬伤决定的。什么时候中国的开放程度再增大，中国的民间社会更强大，中国领导人的产生方式发生了不可忽视的变化，形势将相当不同——只是环境和资源的破坏，也许弄得我们等不到这一天了。

戴晴举起《长江、长江》：这本书的责任编辑许医农就在这里。（大家把许老师请上了台）

许：三峡工程有上马派、有下马派，他们都进行了一定的研究，对三峡工程该不该上，我们本身没有发言权。但是这样一个大的工程，后果很难预料，关系到子孙万代。因此，我们到现在为止，不让反对派的声音发出来，这是不对的。从这个角度说，我们赶人代会前出这本书是我们责任所在。我敢说这本书不能为贵州社赚钱，但是一定能为贵州社赚名声。这本书 2 月 25 日出来，28 号在欧美同学会开了一个中外记者招待会，有 100 多人参加。

记录人结束语

16 年前，6 月，大街上的血迹还未擦去，铁栏杆、路边树的开花的弹孔还历历在目，我在西四的一个报摊上买到了戴晴的

270

《储安平王实味梁漱溟》。书是摊主从报摊底下悄悄拿出来的，摊主没多加一分钱，我拿着崭新的书，激动得几乎不能自持。书的版权页上写着：1989 年 6 月第 1 版第一次印刷。

还有比这更生不逢时的书吗？一个月后，书的作者失去了自由，尽管，她对刚刚过去的喧嚣与动荡，有着既不同于在朝者也不同于在野者的立场，但她还是成为秦城的"座上客"。

十个月后，她走出秦城。但对于她而言，这只意味着走出了一个小号的囚笼，从此，是长达 16 年的思想的幽禁。不能发表作品，不能参加公共生活。名字偶尔出现一两次，也是在对手的笔下——她是坚定的三峡工程反对派，为此做过不同寻常的努力。在她不能发声之后，她的对手还没有忘记她带来的麻烦，没忘了在文章里连讥带讽地捎上她。

16 年后，在北京最好的季节里，秋阳和煦，香山的红叶正在为又一季的灿烂做最后的冲刺，而各种流言、传闻、想象、渺茫的希望，也在暗暗发酵。此时，她回来了。

她说，这是 16 年来她第一次在公开场合露面。她将这看做是我们国家在言论自由、思想独立，乃至容忍异端方面的一个进步。

"我今天所讲的话，都是一个中国人为了我们国家、民族能够更好地进步而发自内心的想法"，因此她请求，如果在座的有安全局、"三建委"（三峡建设委员会）的同志，请其回去后务必把她的话原原本本地汇报上去。

然后，整个书屋里便回旋着她一泻千里、逻辑谨严、庄谐并出的话语洪流。她讲长江为何是上苍对中华民族的赐予，讲驱动三峡上马的四大利益集团，讲决定三峡工程上马的整个程序是多么可笑可悲地粗陋，讲主张上马者鼓吹的四大好处如何已被事实证明一一落空，讲蛀虫们如何把三峡变成了自己的摇钱树和整个国家的窟窿。原来，我们每个中国人所花的一度电费里，就有 7 厘钱要交给三峡工程，而这一切，是因为上马者当初用以欺骗皇上的几百亿预算已经被突破得 6000 亿也挡不住。在她看来，三峡将成为中华民族万劫不复的灾难，而这个灾难，已经可悲地失去了纠正的机会，我们只能坐等着分担这个注定要到来的灾难。

三峡啊（《长江、长江》续篇）
——独立历史调查记者的文字/戴晴

　　我听着，脊背发凉，头皮发紧，心里发堵。我不懂技术和专业问题，但职业的原因，三峡工程的种种也听了不少，许多都能与戴晴今天讲的互为验证。16 年前，戴晴就在努力讲出今天说的话，但是，她得到的机会太少了。1989 年初，听说三峡工程将在即将召开的两会上通过，戴晴准备做螳螂挡车式的最后一搏。她邀请七、八位当时中国最著名的记者，分头采访了当时最著名的三峡反对派人士，写成小书《长江、长江》，为保护这上苍的赐予做绝望的努力。起初的几千册，是戴晴自己出钱印刷的。"六四"一过，这本小册子被定为"为动乱推波助澜"，书中采访的民主党派人士被赶出政协，而贵州人民出版社加印的几万册被勒令化为纸浆。

　　戴晴与胡、温是同一代人。她称自己为"悲观的积极行动者"。看上去，她脸色红润，神情明朗，从外表上一点也找不到困顿、挫折的迹象。更罕见的是，她的眼中闪动着她这个年纪的人中少见的机敏、清澈、智慧的神采。从当年的伤痕文学的健将，到创立【光明日报·学者答问录】专栏，呈现给读者一个现代中国知识分子群体，然后是一个介入式的新闻记者——努力发掘淹没于伪造历史中的王实味、储安平等。走到今天，她仍然坚定、清晰，令人鼓舞和温暖。

　　李敖写过这样一句诗："待到百花开遍山冈，我将归来开放。"今天，戴晴，我青葱岁月的精神食粮，在"曾经秋肃满天下"之后，在这个还远远不是百花盛开的时节，回来了。此时，还不是她可以开放的时间。但我相信会有这一天的。

留在墙外的声音

三峡工程（摘自《李锐口述往事》）

李锐

李锐之女李南央一家 2013 年 10 月 29 日从香港飞北京，所携 53 本《李锐口述往事》被机场海关扣留。2014 年 1 月 7 日北京第三中级法院接受李南央对海关的行政诉讼材料，逾期半年于 6 月 18 日受理，延审 19 余次，开庭仍无定期。

三峡工程的第一次论争

丁东：林一山是怎么提出建三峡工程的呢？

李：那是因为 1954 年的长江大水，引起党中央、毛泽东的注意。中国自古以来重视防洪，有大禹治水的传统，"善治水者，善治国。"毛泽东早就为治淮题过辞："一定要把淮河修好"。1954 年毛泽东到湖北，林一山陪他乘兵舰从武汉到南京沿长江走了一趟，林一山那个时候的职务是水利部长江水利委员会的主任。长委成立于 1950 年，它的前身是国民党政府的扬子江水利委员会。林一山就跟毛谈，要解决长江的洪水必须在三峡修个大水库，把长江的洪水装起来。这件事给了毛泽东一个很深的印象。我前边不是谈过吗，1954 年我们正在苏联访问时接到中央的电报，说水利部提出建三峡，就是林一山陪毛泽东走了那一趟后提出来的。我们不是回了那封反对的电报吗。当时我们也征求了苏联方面的意见，他们基本上也是不赞成的，我们做了记录，回国以后，把记录报了国务院，以为事情就过去了。三峡的又一次非常厉害地哄起来是 1956 年，水利部有个月刊《中国水利》，那一年第五、六月的合刊上，发表了林一山的一篇长文章《关于长江

273

三峡啊（《长江、长江》续篇）
——留在墙外的声音／李锐

流域规划若干问题的商讨》，正式公开提出修三峡解决长江的洪水问题，说还可以打一个很长的隧洞，将水库的水引到丹江口，南水北调，解决中国北方的缺水问题，非常宏伟的计划。他提出来的蓄水高度是多少呢？235 米，现在的三峡大坝是 175 米，他的计划比现在高 60 米。235 米是个什么结果呢？现在重庆有一个抗战胜利纪念碑，它的海拔高度就是 235 米。也就是说，整个重庆都在水下边了。这篇文章一出来，我们就看到了，我就在我们的刊物《水力发电》的九月号组织了一期长江规划问题专刊，一共 8 篇文章，从各方面谈长江三峡的问题。林一山的那篇文章是两万字，在这个专号上我也写了两万字，我的文章题目是《关于长江流域规划的几个问题》。林一山两万字的文章里提到水电的只有500 字，他要修三峡就是为了防洪和南水北调，根本没关注发电。我们除谈长江的洪水三峡能否解决的问题外，还谈长江的整体规划问题，尤其动能经济问题（就是前面谈过的电力同整个国家经济的关系），动能经济问题同黄河的比较，还有建造三峡的技术问题等等。当然不像现在认识得那么全面，那时还不懂得生态环境问题，也没有谈对航运的破坏，集中在经济、技术、防洪、发电这些问题上。这期《水力发电》出来以后，据说武汉买不到，长委把它控制了。而长委在 1956 年 9 月 1 日《人民日报》头版头条刊出《长江水利资源查勘测工作结束》特号字标题的新闻，副标题为"开始编制流域规划要点，争取年底确定第一期开发工程方案，解决三峡大坝施工期间发电、航运问题的研究工作即将完成"，文中还涉及了施工期间的具体措施。这就造成山雨欲来风满楼之势，好像三峡马上就要开工了。我立即写了篇 3000 字的文章《论三峡工程》寄给《人民日报》，清样都寄给我了，结果后来没有发表，主编告诉我：总理不赞成在《人民日报》上公开争论这个问题，因为这个问题是毛主席关心的、赞成的，不好公开争论。我就写了一篇杂文，题目叫《大渔网主义》。那个时候报纸上发表了这么一条消息，广东有个县委书记，倡议编织了一个可以捞几万斤鱼的大渔网，一网就能把他那个县海湾里面的鱼全部打尽。当然后来一条鱼也没打到。我就借了这个题目，杂文发在《人民日报》的副刊上，了解情况的人一看就明白，我在挖苦三峡的计划是个大渔网主义。后来我又写了一篇 6000 多字的长文《克服主观主义才能做好长江规划工作》，发表在当年《水力发电》第十一期上，认为长江规划以大三峡方案为主导的急于上马的思想，带有很大的主观性、片面性和随意性。认为长江工作规划，应当遵循毛主席的教导：不能超越客观情况所许可的条件去计划，不要勉强地去做那些实在做不到的事情。

1958 年 1 月中央召开了南宁会议，这个会议为大跃进拉开了序幕，中央领导人：刘少奇、周恩来、朱德、彭真、薄一波、李富春等都参加了，会议的中心内容是批判周恩来和陈云，毛泽东说他们两人反了他的"冒进"，1956 年《人民日报》发表的批评冒进的社论也拿到会场上来了。那篇社论毛泽东说没有看，是刘少奇批发的。南宁会议讨论的时候，毛就狠狠地批评周恩来和陈云，认为他们离开右派只有 50 公尺了，批评得非常严厉。周恩来当场挨批（陈云没有参加），会议的空气很紧张。南宁会议之前有个杭州会议，已经开始批"反冒进"了，但是批得没有南宁会议那么厉害。周恩来做了检讨，承认自己犯了反毛泽东"冒进"的错误。所以南宁会议又叫做："反'反冒进'"。会议开到结尾的时候，毛泽东提出三峡上马问题，他在 1956 年写了"高峡出平湖"的那首诗，报上登了头版新闻，已经表达了赞成三峡上马的意愿，所以水利部、林一山他们才会做文章、搞宣传：毛主席都说要修三峡了嘛。那时候毛泽东的一句话不得了啊。周恩来知道我是反对三峡的，他也知道我和林一山的争论，薄一波和李富春更知道，但是这个时候只有薄一波委婉地讲了一句话：主席，三峡有个反对派叫李锐。毛是知道我这个人的名字的，因为我写过他的早年——《毛泽东同志的初期革命活动》那本书，他知道。1950 年周世钊等老朋友应他邀到北京会面，谈过我在写他的早年。薄一波提了我这个反对派后，毛泽东就说：那好啊，把林一山、李锐都找来，当面谈谈吧。这样我就突然接到中央办公厅的通知，让我第二天去南宁，派了专机，告诉我电报说要讨论三门峡的问题。我心想：三门峡已经开工了，能有什么问题？因为中央办公厅来人还说飞机先要在武汉停留一下，带上林一山一起去，我就猜到电报可能多了一个"门"字，心里就有了底。又想

三峡啊（《长江、长江》续篇）
——留在墙外的声音/李锐

到应该借此机会向中央领导宣传一下发展水电，便带上了被王林扣下的我给中央写的报告，还找了负责水电规划的工程师程学敏，让他赶制了一张全国待开发的大中型水电站示意图，第二个五年计划、第三个五年计划，中国应该开发的水电项目都标在了上面。我就带了这两份资料单刀赴会了。飞机过武汉，接上林一山，我看到他手下的魏廷铮带着一个大箱子。毛泽东的两个秘书胡乔木和田家英都是我的老熟人，以前说了，胡乔木是我在湖南做地下工作时就认识的，田家英更是无话不谈的好朋友。到了南宁，他们跟我简述了会议情况，都替我捏了一把汗。当时南方几个省的省委书记都参加了会议，周小舟也来了，也替我担心。我自己倒是没觉得怎么样。我和林一山到的当天晚上就开会，谈三峡。开会的房子很小，房间里面坐了二三十个人，一个长条桌，大家面对面坐着。我们两人坐在毛泽东的正对面。毛就问：林一山，你要谈多久？林一山说他要谈两个小时。毛又问我要谈多长时间，我说：半个小时。我说："林主任，请你先谈。"林一山的口才很好，他是北平师范大学历史系毕业的。他从汉元帝谈起，谈历代皇帝怎么防洪等，大体上就是他 1956 年那篇长文的内容，但是这次将 235 米的坝高改成 200 米，也提到了水电。我猜他是看到了我们的文章。讲了两个小时。我感到他讲的中心不突出，特别是用了很多专业术语，在座的人不一定都能听懂。轮到我时，就谈得尽量简单，深入浅出。我说三峡工程是个什么玩艺呢？修这么大个水库专门来防洪是不行的，它主要是个水电站，装机容量至少是一千七八百万千瓦，甚至两千万千瓦，而现在全国所有电站的装机总容量是五百万千瓦，中国什么时候需要三峡这么大个电站，我说不清楚。根据苏联的经验（那个时候，我们什么都是谈苏联，西方是不谈的），全国不能只有一个统一的电网，要分散成几个电网，每个电网，有好多个电厂并在网内，最大电厂的容量在电网里面最多不能超过 30%或 40%，不然就不好调度。我打了这样的比方：一个城市不能只有一个百货商店，全国更不能只有一个百货商店。另外还有整个经济发展的问题。根据苏联的经验，一个电厂的投资假如是一万元，那么消耗掉这些电力的耗电经济项目的投资至少要五万元。三峡是个超大水电站，什么时候上马，应该由电的需要来决定，不是由防洪的需要来决定，没有三峡照旧可以防洪。随即谈到防洪，我把长江的历史情况简单地讲了一下，说长江跟黄河不同，是条很好的河流，讲到堤防的作用，1870 年长江历史上所谓千年一遇的洪水，荆江北岸的堤防也并没有被冲破，被冲破的是湖南。我唸了两句唐诗："气蒸云梦泽，波撼岳阳城"。自古以来，荆江北岸云梦泽有许多湖泊，是为长江临时分洪用的。到了明朝，宰相张居正是湖北人，将荆江北岸大堤修高，洪水来了向南岸陆续冲开藕池、调弦、太平、松滋四口，冲入洞庭湖。水退后，被淹过的土地都会丰收，而北岸的云梦泽的湖泊则逐步消失了，因此湖北人并不感谢张居正。现在长江在我们的手里，是完全可以通盘考虑，用各种方法防洪的。最后讲到了三峡技术上的困难，这么大的工程，最困难的问题是地质勘察，要确定电站的坝修在哪里，要对河流分段进行地质考察，就像篮球比赛的淘汰制，十个球队打比赛，要打几轮，逐轮淘汰，最后才能决出冠军。这个选坝址的工作不是三、五年能够完成的。航运我没有讲，移民也没有强调，那个时候对这些问题的认识还不深。这样一讲，大家都听懂了，我实际上已经是胜券在握。毛泽东说：好，讲得很好。但是讲了还不算数，每人再写一篇文章来，不怕长，三天交卷。林一山去南宁时，带了一皮箱资料，他的文章写得很长，大概一两万字。我的文章也有好几千字，因为讲完三峡后，我借着这个机会谈水电，中国应该大力发展水电。文章交上去后，我看到彭真那些人在我的文章上划了很多红杠杠，在林一山的文章上打问号的多。这一下情况就清楚了。最后的会议上，毛泽东还批评林一山的文章写得不好，说你是师范毕业，文笔不通。也就是把他的意见否定了。毛泽东夸奖我的文章写得好，把问题讲清楚了。南宁会议出了个工作方法六十条，里面有一条是要培养秀才。毛泽东就说，我们要培养李锐这样的秀才。

三峡的问题就这样定案了。我就趁机谈水电，把带来的那张示意图拿了出来，讲中国北方的煤多，南方的煤少，有水力资源的地方就不要搞火电，要搞水电。李富春、薄一波也在一边帮腔。毛泽东就说道：好啊，今后就"水主火辅"。会议之初曾反映了电力同水利两部之间的矛盾，毛泽东即决定两部合并。南宁会议后两个部就合并了，变成了水利电力部（1979 年后，两部才又分开，但是 1982 年初又合并了）。会议快结束时，毛泽东出人意料地对着我说：李锐，你来当我的秘书。我就完全没有精神准备了。那时我对毛虽然不像后来了解得那么多，但是在延安《解放日报》改版座谈会上，我与他面对面地接触过一次，对他是有自己的看法的，当时就同胡乔木谈过。田家英也同我谈过一些毛的事情，讲毛的性格时用了一个手势：手掌伸出来两面一翻，意思是毛这个人经常翻手为云，覆手为雨；你明明是跟他走的，可是他变了，就翻过来整你，他自己从不做检讨。还谈过他离开毛时，要提三条意见。这么一种性格，权威又那么大，威信又那么高，我确实害怕到他身边去。于是就立即回答说：我搞水电，很忙。他说：不要紧，兼职嘛。这就没办法了，我就不好回嘴了。虽然毛泽东说我的文章写得好，我心里想，你就看文章写得好，没看到我的观点是正确的、全面的，我是懂经济的。你过去能听信林一山的话，就是没有经济观点，也缺乏科学知识，跟林一山水平差不多，否则不会有"高峡出平湖"的想法。那个时候我心里就是这么想的。所以后来我在秦城坐牢时用龙胆紫药水写的诗里面，回忆这一段时就写了：

> 案前摆战场，亦似叙家常。
> 诸公心落石，朝日雾飞光。
> 但说文章好，未言经济长。
> 已非涂抹手，斩水劈山忙。

在会上我记得胡乔木批评了林一山，讲得很厉害，说你以后再不能这样了，夸夸其谈，弄得中央搞不清楚情况。

南宁会议后两部合并，我只好给刘澜波解释，祸不都是我惹的，我去以前就有人反映了水利与电力的矛盾，毛主席才硬要把两部合在一起的。两部合并以后，水利部的部长李葆华资格比刘澜波老，当了部长，刘是第一副部长，这正副的关系就很大了。水电总局要跟水利部的水利工程局并在一起，那个时候我不是总局局长了，局长是黄宇齐，29 年入党的老党员。你不是讲资格吗，这就好对付了，黄是八级干部，而且我是部外总局，你是部内局，钱正英蒙了，只好说：那还是以水电总局为主吧。所以水主火辅的方针，水利电力部接受了：第二个五年计划水电的比重，在全国的电力中要达到一半。水电系统的人都很高兴，欢天喜地：这下好办了——主要是解决了投资问题，有钱干事了。但是这一直是钱正英的心病。

丁东：那时候您是副部长，钱正英也是副部长？

李：是啊，但是她排在我前边。

丁东：钱正英资格并不老吧？

李：当然不老，级别顶多跟我一样：八级。那个时候在中央部里，八级就是很高的了，周建南才九级。但是她是女同志嘛。不过中央开会，部里除了李葆华和刘澜波两个人参加，我也去，是部里的特殊人物。

丁东：那时候有几个副部长啊？

李：副部长多了。

丁东：两个部的副部长合到一起了。

李：水利部我记得有冯仲云、钱正英，至少有这两个人。电力这边，两部一合，王林就离开了，我是副部长，还有一个管火电的。

中央关于三峡工程的"促退"决议

李锐：南宁会议后，毛泽东把三峡问题交给了周恩来，由周恩来负责：你去论证，现在不上马，将来到底怎么办才合理。这样，1958 年的 3 月，周恩来带队考察三峡。关于这件事，我写了一篇很长的文章《周恩来带队考察三峡》。周恩来带队考察的时候，参加的人有水利部、电力部、科委、计委、交通部等很多部委，四川、湖北、湖南、安徽等几个省的负责人，还有苏联专家，一大船人，我记得胡耀邦也去了。总理在船上开会，开会时有文件，一本一本的。总理没有让林一山发言，让我第一个发言，钱正英代表水利部发言，矛头还是对着我。那时南宁会议的具体细节、我跟林一山的争论、写的文章，大家都还不太知道，人们的意见还是一边倒地赞成三峡上马。但是苏联专家的发言是站在我一边的。会开完了以后，人就都散了。然后我就参加了 3 月份在成都召开的中央成都会议，我记得那个会刘澜波、李葆华都没有参加。成都会议确定了大跃进的总方针，就是："鼓足干劲，力争上游，多快好省地建设社会主义"，这是成都会议搞出来的。

丁东：成都会议时，你已经开始做毛的秘书了吗？

李：我这个秘书有过正式任命文件，而且没有"兼任"二字，也没有"工业秘书"的说法，就是毛泽东的秘书。成都会议是中央政治局扩大会议，我的职务只是副部长（两部合并后，我升为副部长），通知我参加，应该说是毛的兼职秘书身份的作用。我曾经问过毛：你让我来当秘书，需要我给你干些什么事情呢？他手在空中那么一划：天上地下，什么都管。你看，毛就是这么一个人。

在成都会议上，毛泽东提出了"破除迷信，解放思想，发扬敢想敢说敢做的创造精神"的口号，但也着重讲过留有余地和事物波浪式前进的话，只不过后者没有多少人留意就是了。会议通过的 1958 年计划指标是：比 1957 年工业总产值增长 33％，农副业增长 16.2％，财政增长 20.7％，基本建设投资增长 41.5％，钢、煤等产品增长 30％～35％，粮食增长 16.6％，棉花增长 24.8％。这显然是严重脱离实际情况的。但是三峡的情况正好相反，《中共中央关于三峡水利枢纽和长江流域规划的意见》是个"促退"的决议，3 月 25 日会议通过，4 月 5 日政治局会议批准。主要内容是：三峡是个长远的事情，施工准备工作要 15 年到 20 年的时间。三峡工程是长江规划的主体，但是要防止在规划中集中一点，不及其它，或以主体代替一切的思想。长江的规划应该是防洪、发电、灌溉与航运，水电与火电，发电与用电，几种关系互相结合，分别轻重缓急和先后次序，根据实际情况进行具体安排。长江的防洪要抓紧时机，分期完成各项防洪工程，其中堤防特别是荆江大堤的加固，中下游湖泊洼地储洪排涝等工程决不可放松，在防洪问题上要防止等待三峡工程和有了三峡工程就万事大吉的思想。

就是说，防洪要把堤防、分洪、蓄洪这三个问题统一抓住，这个决议制定的长江规划基本原则就是：统一规划。这个有关三峡的决议是总理主持的，我参加了起草，其中防洪部分是我加进去的，完全是我的思想。现在来看，像成都会议、后来的北戴河会议等，为"大跃进"做了那么多的决议，只有这个三峡决议是正确的，经受住了历史的考验。但是水利系统根本不执行这个三峡决议，依然我行我素。

干不成三峡干葛洲坝

我是 1979 年 1 月 4 日平反，从安徽流放地回到北京复职的，还是到水利电力部当副部长。一进水电部办公楼的大门就看到毛泽东对葛洲坝的批示，有一面墙那么大的牌牌，摆在大厅里：

"赞成兴建此坝，现在文件设想是一回事，兴建过程中将要遇到一些想不到的困难，那又是一回事，那时要准备修改设计。"

我一看就非常恼火，莫名其妙嘛，这根本就违反工程建设的法则，哪有没有搞好设计就开始施工的道理。那年 2 月份两部分开，水利电力部又回到 1958 年以前的水利、电力的两部格局，我就让人把那个大牌子给取掉了：赶紧摘了吧，这不是丢人吗！

葛洲坝是什么时候开工的呢？1970 年 12 月 26 号，毛泽东的生日。钱正英知道毛内心里是醉心于"高峡出平湖"的，干不成三峡，葛洲坝对毛是个安慰，而且葛洲坝完工以后，三峡就是弦上之箭了。林一山倒是坚决反对修葛洲坝的，他是从建三峡出发的。三峡水电站发电后，供电量多少时有变化，也使下泄水量随之变化，这就影响航运。因此需要修一个葛洲坝，作为三峡的反调节水库。先建葛洲坝后建三峡是本末倒置。

毛泽东批准了葛洲坝工程，还发了那样一个根本违反基建程序的批示。文化大革命中，毛泽东批示还得了，林一山当然反对不了了。后来葛洲坝出了事，周恩来把担子交给了林一山：你把它修好。林一山也没有办法，只好接过来干。2006 年 12 月 26

日，他们还把刻有毛泽东那段批示的一块大石头，正式安放在葛洲坝枢纽防淤堤上。也好，可以让后人看看，我们过去就是按这么荒唐的"圣旨"干事情的。

葛洲坝开工以后，因为地质问题没搞清楚，中间停工两年。后来国务院开会的时候，谈话中总理还特别把我提出来：李锐就反对在干流上先修，他赞成先修支流。他又问："李锐哪里去了？"有人说：李锐还被关着（我是67年到75年在秦城被关了8年）。总理说：李锐对三峡的意见还是正确的嘛，还是可以做些事的嘛。

当年，毛泽东接受了我的观点，1958年南宁会议以后就再也没有提起过建三峡，周恩来也没有。六十年代到七十年代以后，只有林一山、钱正英两个人不断地向中央提意见，要上三峡，还有张光斗，是钱正英最倚重的水利专家，后来加上李鹏。地方上也有积极分子，湖北张体学，还有王任重，都积极，李先念是湖北人，也被他们说动，他们总是闹着三峡上马。大概是1972年或73年，有过一个毛泽东对要求上三峡的批示："需要一个反面报告。"钱正英这些人不死心，修不成三峡怎么办呢？就修了那个葛洲坝。

丁东：当年您主张先建小的水电站？

李：这不是一个概念，我主张的是河流的梯级开发，三峡不应该修，因此葛洲坝也根本不应该修。

三峡是怎样上马的

三峡最后到底是怎么上马的呢？我所知道的具体情况是这样的：邓小平1980年7月去过一次三峡，那时长委的主任是魏廷铮，林一山原来的部下，他陪同邓小平，把邓小平给说动了。怎么说动的呢？"三峡建成后，万吨轮船可以通重庆。"毛泽东虽然有"高峡出平湖"诗人的浪漫，但是知道三峡事体之大，到底没有敢干，我估计最后说服他的是军队的意见。五十年代总理曾委托张爱萍将军，让他从军事的角度对三峡工程提出看法，他给中央的意见是："不能建造一个战争的目标。"这大概最后把毛说服了，毛毕竟是打仗出身。邓小平则是个"举重若轻"的人（周恩来对他的评语）。张爱萍告诉我，他专门跟邓小平谈过三峡问题，小平怎么讲呢："你胆子太小。"因此在这点上，邓不如毛。邓在三峡的问题上如此，在"六四"开枪的问题上也是如此——"举重若轻"。邓小平那时的态度，其实已经决定了三峡必然要上马的最后结局。

宋平跟我谈过1980年邓小平找他谈三峡的事情，他回答说：主要的问题是投资问题，国家没有钱，给挡回去了。后来邓小平一直鼓动着要上，1982年论证了一个150米的方案，是两级开发，下边还要再修一级。我知道这个方案水利部是绝对不会同意的，防洪有限，两级还需要重新勘察坝址，他们不会干的。后来这个方案果然不了了之。1984年2月，水利部又向中央提交了一份《关于建议立即着手兴建三峡工程枢纽工程的报告》，这个时候李鹏已经是副总理了，被任命为国务院三峡工程筹备小组组长。有一次邓小平接见外宾，接见后邓小平把李鹏留下来谈三峡，他问李鹏：为什么不上三峡？不是说修好以后万吨轮船可以直通重庆吗，为什么不修？李鹏说：移民问题很大，非常困难。邓小平就说：那好嘛，成立一个三峡省，不用四川、不用湖北安置，独立出来解决移民问题，由国家管起来。那个谈话记录很快就有人拿给我看了。我心里想，这不是在骗小平么！这些人怎么能这样干呢！南京的长江大桥，武汉的长江大桥，只能通五千吨的船。

丁东：现在的讲法是万吨船队。
李：后来改了，改成万吨船队。

李伯宁

1985年3月5日，中央以"4号文件"的形式，正式下发了《中共中央国务院关于成立三峡省筹备组的通知》，水利部的副部长李伯宁被任命为三峡省筹备组组长，这个人是应该记下一笔的，他对三峡"功不可没"。后来赵紫阳跟我谈过，三峡省筹备组搞了一年多，搞不起来，叫做不三不四，都是穷地方，无法解决问题。他最后把王任重带去看，王任重是最赞成、最积极的人之一嘛。到三峡库区去了一趟，王也无话可说。这样一年以后，在紫阳的建议下，1986 年 5 月 8 日，中共中央、国务院又发了《关于将三峡省筹备组改建为三峡地区经济开发办公室（三经办）的通知》，撤销了三峡省筹备组。本来，为了一个水电工程建一个省，就是匪夷所思的事情。这样三峡的工作就进入了一个漫长的论证过程，算是他们那些人的低谷吧。

这期间，最出名的反对派意见得到的传播，是戴晴在 1989 年编辑的那本《长江、长江》。这是一本文集，是孙越崎带队的全国政协经济建设组在对三峡作了为时 38 天实地考察后写的调查报告。报告写出后，原来答应刊登的媒体不敢登了。这里要提一个人：许医农，她是贵州出版社这本书的责任编辑，可以说是全国最优秀的女编辑。许医农常驻贵州出版社北京办事处，她从戴晴那里知道了这本书后，立即与贵州的出版社老总联系，要老总授她全权在北京把这本书印出来。两会召开的前几天，北京的一个印刷厂赶印出了 5000 册。戴晴很厉害，立即拿到当年两会代表们住的宾馆小卖部出售，还在两会召开的当天，在大会堂旁边的欧美同学会召开中外记者招待会，开这本书的发布会。这本书和戴晴的会外游说，直接导致了姚依林在那年的人大宣布：三峡工程赞成的人很多，反对的人也很多，这件事五年不议。后来这本书由贵州出版社大批印出，刚刚发行就被封掉了，中宣部要求全部销毁（后来在香港出了香港版）。

不是"五年不议"吗？后来怎么又闹起来了呢？还是李伯宁的"功劳"。中央撤销了三峡省筹备组后，他当了国务院三峡地区经济开发办公室主任，1991 年他经手了一部《三峡在呼唤》的纪录片，送给中央领导们看。王震看后落了泪，经过钱正英的动员，那年春节他在广州找了张光斗为首的 10 个水利方面的专家开了个座谈会，会后王震立即给邓小平、江泽民还有李鹏写了封信："我看了《三峡在呼唤》录像片后，心情很不平静，找任重同志商量后，邀请了几位著名水利专家、教授在广州进行座谈讨论，主要是听一听关于加快三峡工程建设的意见。听了专家教授的发言，我深感有必要大声疾呼促进工程上马，即使三峡工程近期上马，也为时很晚了，不能再作推迟。"有人告诉我，王震在会上骂我：李锐，这是一个反动分子。我说：怎么会是反动分子呢？大概说我是反对分子吧？他们就又去查，王震确确实实骂的是："李锐是个反动分子"，不是反对分子。王震对我的看法我是知道的，他当面也对我说过："李锐，你是我的死对头。"

1991 年的两会之后，李伯宁又给王任重写信，说过去不允许宣传三峡，现在应该改过来，大力宣传。王看了就把信转给江泽民、李鹏，3 月份江泽民批了："看来对三峡可以下毛毛雨，进行点正面宣传了，也应该开始做点准备，请李鹏、家骅同志酌"。5 月份中宣部副部长徐惟诚主持召开"首都新闻单位三峡工程宣传工作通气会"，传达贯彻江泽民关于三峡工程宣传工作的这个批示，这样一来，三峡上马的宣传就哄起来了。而反对意见的发表渠道被完全封死，全是一面之词。

"兴建三峡决议"是在翌年——1992 年的人大通过的，那个被通过的三峡论证方案是怎么产生的呢？三峡论证原来由计委与科委负责领导，钱正英却设法让他们退出，由水利部领导，由她主持。参加论证的 400 多个专家，分成 15 个专业组：经济、防洪、施工、地质等等，每组的负责人都是赞成上马的水利部的司局长。像黄万里等反对派，就不让参加，实际上是一个假论证。论证不谈长江整体流域规划，就是独立地论证三峡工程：大坝的高程，规模，等等。打个比方，皇帝选皇后，妃子总要有几个候选人嘛，不能只有一个候选人吧，可三峡根本没有比较方案，是个孤案。论证是如何通过的呢？每个专业组就通过自己那个组独立的题目：防洪、地质、发电、船闸、经济，等等，就像是做单独的科研课题，各组只通过本组的论证题目，根本不是将三峡当成一个总体工程来论证。即使这样，各组通过论证时，仍有 9 名专家、两名顾问和一位政府官员拒绝在论证书上签字，我把名字唸给你听，中国人民是应该记住他们的：陆钦侃（防洪组顾问）、侯学煜（生态与环境组顾问）、陈昌笃（生态与环境组专家）、程学敏（电力组专家）、方宗岱（防洪组专家）、何格高（综合经济组专家）、郭来喜（综合经济组专家）、黄元镇（综合经济组专家）、覃修典（电力组专家）、伍宏中（综合经济组，专家），李玉光（移民组专家）、廖文权（移民组、四川开县移民办主任）。人大表决之前，江泽民找万里，万里那时不是人大委员长吗，让万里一定要保证三峡方案在人大获得通过。就这么干。今年（2002 年——编者注）2 月份的《人民日报》登了一个消息，现在查出三峡库区两岸山体有 2200 多处有崩塌危险，需要花 40 多亿将山体固定。这是开玩笑，山体怎么能固定？水是有浮力的，怎么去固定？楼的地基可以想办法改变，那个比萨斜塔的地基也可以想办法处理，库区水一泡，是没有办法的。

我的最后努力

1985 年，湖南科技出版社排除艰难，出版了我的《论三峡工程》一书，约 20 篇文章，15 万字。1995 年，我将文章增加到近40 篇文章，连同附录，共 45 万字，大陆却没有出版社敢接，只能拿到香港出版了。我关于三峡问题的最后一篇文字是 1996 年 4 月写的，那是三峡开工后一年，给中央的上书，希望三峡还是停下来，停有先例，丹江口停过工，葛洲坝也停过工。我说，现在还没有做多少工作，还来得及再研究。写好后先寄给朱镕基：你看一看，若同意的话，请转送给其他几位政治局常委。朱镕基给我回了电话，说：给江泽民看了，总书记要你照顾大局，以后不要再提反对的意见了。此后，我没有为三峡的事情再写过文章和上书，到此为止了。但是那些反对三峡的人提出的减少危害、尽量补救的方案，我都帮助递给中央。香港版的《论三峡工程》一书的封底刊有编者的长篇介绍，其中引有我的一段话：

"出版此书始终有两个目的：一是便于世人了解有关三峡争论的历史过程。二是希望有助于国家重大决策的科学化和民主化。至于三峡工程本身，几十年来尤其直到上马之势已定后，我要说的话都已经反复说过，说够了，区区寸心，天人共鉴。我已经尽了自己的历史责任，或者聊以自慰："我已经说了，我已经拯救了自己的灵魂。'"

我为什么反对三峡到底

三峡是我这辈子反对到底的一件事情。我跟我的外孙女忙忙说过："将来三峡出了事儿，你要记住，你的外公是坚决反对这个工程的。"我为什么不赞成上三峡，已经讲了很多了，我再把它总结一下，三峡问题当年考虑，现在考虑，反对的主要原因是：

第一、防洪。从防洪角度讲，不能够依靠一个水库来防洪。当年搞三门峡，以为三门峡控制了黄河流域 90% 的流量，来了洪水，可以都装进去。那时我不懂得黄河泥沙的问题，苏联专家讲这个水库的寿命是 50 年，以为 50 年内，我们可以把黄河上游的水土保持工作做好，把泥沙控制住。实际上黄河的泥沙是控制不了的，上游的黄土高原非常松散，特别是水位高低变化更易导致松垮。黄万里对黄河是最有研究的，他反对修三门峡，他根本反对"黄河清，圣人出"的说法，认为黄河一旦变清，将对两岸造成更大的危害，因为它是一条悬河，清水流速快，势必加大对两岸堤防的冲击，构成更大的洪水威胁。现在长江的荆江大堤就有这个问题。那个时候我们不听反对派的意见。三门峡蓄水以后，泥沙很快淤积到了西安，只好废掉水库，改蓄水发电为径流发电，三门峡别说装下所有的洪水，连一天的水都不敢蓄。三门峡的教训，三峡是应该借鉴的。退一步说，咱们就先假设三峡水库可以蓄住水，没有淤积问题，但是单就它对长江流域的控制，跟三门峡完全不能相比。三峡大坝在宜昌的口口上，只能控制住整个流域面积的一半，即只能控制住西水，对下游完全不起作用。而长江发洪水的规律是：最早是北面（支流），其次是西面（支流），最晚是南面（支流），北水，西水，南水，洪水的汛期是错开的，所以洪水发生率没有黄河那样频繁。那么为什么会有大洪水呢？是由于汛期的变化造成的，汛期早的推迟了，汛期迟的提前了，南、北、西水碰了头，就发生了洪水。三峡对四川以下这三面来水是管不到的，而下游发洪水最大的危害是内涝，就是支流的水位抬高了以后，不能及时排到干流里面去，对湖北、湖南、江西、安徽造成涝灾。所以三峡水库控制长江洪水的说法，根本就是夸大其词。但也不能说完全没有作用，三峡对湖北来说，可以减轻荆江大堤北岸湖北的洪水威胁，但这又出现了新问题，三峡流出来的清水会对荆江大堤造成过去浑水所没有的冲刷力，荆江大堤会因此变成危堤。因此，长江全流域的防洪还是应该按照 1958 年成都会议的决议：堤防、利用湖泊洼地蓄洪、分洪并进的方式解决。西方的很多河流，像美国的密西西比河，那是全世界最大的河流，亚马逊河等，都是靠堤防防洪。印度有严重的洪水问题，也是靠堤防。自古以来，中国的堤防是世界第一，老祖宗传下来的成功方法是不应该丢掉的。西方后来的防洪还有保险方式，灾民受到的损失由保险公司赔偿。总之防洪的办法很多。

第二、发电。钱正英他们也知道三峡主要用来防洪是站不住脚的，为了让三峡上马，逐渐将它演变成发电为主的工程。从发电角度看，更简单了，一句话：三峡不是个好电站。因为三峡水库毕竟控制着长江流量的一半，上游汛期到来以前，水库的水位需要降低，留出防洪库容，但是万一哪年遇上枯水，先把水放掉了，可来水又不多，落差减低了，发电势必受影响，对电网的供电造成极大的不平衡。

第三、航运。1979 年我平反回到北京不久，就碰上水利部又提出修建三峡。我就邀请那年随能源代表团访问美国时，认识的美国陆军工程兵师团的司令员率代表团访华考察三峡。美国的水电是世界第一，有非常成功的经验，团员里有最有经验的修建船闸的工程人员。看了以后，我们在北京召开了会议，请有关部委参加，由司令员发表考察意见。他说：长江是条世界上少有的黄金水道，没有道理修筑大坝把它破坏掉。大坝那么高，需要修多级船闸，对航运不利。可惜没有起作用。三峡论证时，交通部是最反对的，本来 45 分钟的航程，现在船要在五级船闸里折腾好几个小时，一条通航的河流，三峡把它完全破坏了。

第四、投资。三峡就是个钓鱼工程，开始说是投资 300 多亿，后来改成 500 多亿、800 多亿，现在最后落实的据说是 1800亿，快 2000 亿了，这在西方是根本不能想象的事情。我的女儿南央刚到美国时在达拉斯的一个国家实验室工作，美国要在那里建造一个世界上最大的超级超导对撞机。这样的国家项目，美国法律规定需要由国会每年投票批准下一个财政年度的预算。结果正式上马的第四年，因为工程花费超过最初提交的预算，国会投票让这个工程下马，已经投了 40 亿美元（$4 billion，是我们中国说法的 40 亿），又给了 40 亿用于遣散人员，将挖通的隧道回填成原来的样子，因为当初美国国会跟达拉斯州政府有合同，土地是州政府提供的，若国会中途终止工程，必须将那里的土地恢复原貌。你看，美国人是这样干的。而我们，三峡最后的投资是人大投票通过的 8 倍，照干不误。现在三峡运行的经费靠什么？都摊到老百姓的电费里了，人人出钱，无偿的。三峡经济不是市场经济的产物，还是计划经济的产物。

第五、移民。我认为三峡最大的问题还是移民问题，论证时的移民数目是 110 多万人，实际上 130 万人都不止，20 年间还有一个自然生长，他们总是往少里打。三门峡移民 28 万，至今 40 多年了，移民们还在闹。前面谈过了，我在新安江工程时就碰到过移民问题，那时候人都听话，政府组织人敲锣打鼓，就把移民送走了。即使如此，1979 年我一回到电力部，遇到的就是新安江的移民问题。新安江移民 30 万，两万人回迁，你把他送走了，水库的水没蓄到位，他又回家了，搞得你没有办法。后来国家又拿出好几百万元重新把他们移走。因此移民费是个无底洞。我听说过这么一个新安江移民的故事：有个人家就是舍不得移走。新安江后来不是成了千岛湖吗？千岛就是那些淹没后露出来的山头，这家人就住在其中的一个孤岛上。小孩子没地方读书，买东西要划船来来往往，结果最后一家都淹死了。我们这个国家是不讲人权的。美国的习惯我知道，如果老百姓不愿意移，政府是不可以强迫他移的。

第六、地质问题。最近一个记者不是写了三篇文章吗，发表在《改革内参》上，就是吴敬琏主编的那个刊物上。这个记者对三峡库区进行了实地考察，考察了移民问题、考察了水库的地质问题。三峡水库的地质问题当年我们知道得不详细，长委自己是知道的，他们的地质人员查看了三峡坝区明朝、宋朝的县志，那个地区明朝发生过三次断航，就是因为两岸滑坡，岩石垮下来，堵塞了河道。长江在三峡为什么多险滩，就是两岸山体滑坡形成的，还有泥石流。有一个资料说是断航二三十年，有一个资料说是 80 多年。为什么会出现这么严重的山体崩塌现象呢？就是因为长江在三峡的峡谷地带，山体是幼年不稳定岩层组成的，八十年代三峡开工以后还发生过大滑坡。一些县城迁移了三次，滑一次坡迁一次，刚刚盖好房子，又滑坡，没办法，又得迁。这个记者的材料里说，有的新盖的房子就盖在山崖边上，移民提心吊胆地住在那里。水利部明明发现了那些历史记录，可是为了三峡上马，瞒下不报。这种事情若发生在西方国家，是要判刑的。我在中顾委的时候，有一个老同志贺彪，是邓小平的亲家，洪湖地区的老红军，已经去世了。我在中顾委谈三峡问题时，他最支持我的意见，最反对修三峡。他说：我在洪湖打游击的时候，三峡库区十几个县都跑过，那里的泥石流非常厉害。那就是山体不稳定嘛。山体本身就不稳定，形成水库以后，水库里的水对周围山体形成极大的挤压力量，更增加了它的不稳定性。三峡第一年蓄水以后不是发生过附近天然气井喷的事故吗？那个记者的文章里说，大庆油田常常对不出油的油井采用灌水的办法，就是用水压破坏地壳的平衡，使油出来。因此井喷事故与三峡水库有着必然的联系。还有一个地震问题。三峡本来是一个小地震区，水库形成后，增加了对库区地壳的压力，而且水库蓄水、放水、水涨、水落，造成压力大幅度无规律地变化，极可能诱发地震，原来的地震只有四度、五度，现在可能提高一倍。这不是危言耸听，广东的新丰江水库就出过这种事情。听说现在他们拿出 40 个亿，用工程的办法、铆钉加固的办法，解决山体不稳定。我知道他们过去讲过，三峡库区的不稳定山体有 400 处，现在调查是 2489 处，比过去增加了几倍。所以三峡地质会出现什么问题，现在还是一个未知数。山体的不稳又直接影响到移民的生存。过去李伯宁不是有个说法吗？就地后靠，上山种柑橘，解决移民问题。山体本来就不稳，人一住上去，挖地基、盖房子、种树，更增加了不稳定，移民的新居大量坍塌。后来朱镕基去看了说：别后靠了，往外移吧。

第七、还有对周围生态环境造成的影响问题、古文物问题、库区、特别是重庆市的垃圾问题……等等。这些问题我们过去都没有提出过。我同西方的专业人员接触，他们告诉我：世界上没有这么大的一个城市就在一个水库边上。城市需要用水，供应城市人口的需要，这就必须是干净的水；城市又需要排污，排出的必然是受到污染的水；这是一对儿绝对的矛盾。重庆市 1000 多万人口，净水哪里来，污水哪里去？我就听说葛洲坝水库建成后，水里没有鱼了，船工们喝了库中的水，得了各种疾病。

三峡我过去是坚决反对，到后来呢，我公开的意见是先开发上游：金沙江、支流，上游的水库可以排蓄泥沙，可以帮助防洪，让三峡各种各样的问题不像原来那么严重，再来考虑三峡什么时候修，需不需要修。实际上是想先拖住，拖得越久，很多当前说不清楚的事情，譬如卵石淤积问题，生态环境影响等等问题，就更能看清楚，也就没人那么起劲了。所以，我并没有真正改变反对建三峡的态度。

我前面光说了我和水电系统的人反对三峡，实际上，社会上反对三峡的人也很多，有很多是中科院的院士，像周培源、钱伟长，政协里面的反对派为首的是孙越崎，他原来是国民政府资源委员会主任，他两次带代表团去考察三峡，回来给中央报告坚决反对上三峡。

三峡的问题说到底是体制问题

世界上有两个大坝会议，其中一个排列了全世界十个最危险的大坝，三峡是第一名。我们中国的领导人真的就不懂三峡的问题有多严重吗？我看，不能说中央的领导人都不懂，毛泽东、周恩来在世时，都知道这是件非同小可的事情。毛泽东那样自认为无法无天的人，至死都没有再提三峡。为什么现在能通过，能开工？到底是什么原因？中国现在到底是怎么回事？我的看法是：从根本上来讲，是国家制度的问题，是政治体制的问题，还是人治，就是一个人说了算的专制体制。因为邓小平赞成，王震这样的人帮腔，所以三峡一定要上马，其他人说什么都没有用，绝对不允许有不同意见，特别是重大问题，听不得不同意见。现在就是围着江泽民转嘛。黄万里这样的专家的意见谁也不听，他就来找我，我的意见，也是谁也不听，你有什么办法。黄万里是去年（2001）去世的，我记得 9 月 8 日遗体告别我去了，是从水电学会的会场上直接去的。那天开会我旁边坐的是谁呢？张光斗、潘家铮。张光斗,黄万里清华的同事,潘家铮,三峡工程的头头,这两个人根本没去。告别完了之后,我又回到会场继续开会。感慨无穷!我们这种体制、这种制度!从 1949 年以后,我们国家的总体决策方式也好,建设路线也好,三峡工程是一个最鲜明的例子,黄万里的命运是一个最具体的例子。鲜明在什么地方呢?就是正确的意见被否定,错误的意见吃香;对人才的使用是淘汰好的,启用坏的。黄万里是黄炎培的儿子,是三十年代从美国回来的,1957 年被打成右派(黄家子女、女婿一共有 7 人被打成右派)。上个世纪三十年代,他对长江上游做过实地考察,研究过上游支流河床卵石移动和河床因之变化的情况。他认为川江干支流的造床质是卵石加粗沙,是会移动的。三峡泥沙专题组的论证认为:造床卵石的移动量为零,而黄万里的计算是卵石年移动量不少于一亿公吨。他认为三峡高坝建成后,水库尾水达重庆以上,长江流到这里时,由于水深增加,流速必然减慢,其中细沙可以漂游出坝,粗沙沉积在重庆上下,而卵石先是夹杂在粗沙之中,最后则沉落在粗沙的后边,淤积在重庆以上的库尾,逐渐向上游漫延,直至淤积平衡,将两岸的平坝,就是好田毁掉,将长江在四川的四分之一的流域沦为泽国,生态面貌完全改变,长江的航运也遭到破坏,因此三峡大坝决不可修。为此,他不断向中央上书。八十年代三峡论证时,他两次到我家来谈他的意见,把他写的文章拿给我看,文章的标题是《长江三峡高坝永不可修的原由简释》。他是北京市政协委员,他曾在市政协会上正式提出反对修建三峡的报告提案:"三峡高坝祸国殃民,请决策停修",附文是:"请安排争辩"。在我家谈时,他还讲出这样的气话,如果三峡修了,出了问题,那就在白帝城头如岳王庙,跪三个铁人世代请罪——中间一女钱正英,左右各一男张光斗、李鹏。

黄万里跟钱正英有亲戚关系,钱的丈夫是他的侄子。每年春节,他俩都到黄家拜年,可三峡论证,就不请黄万里参加。黄万里在清华被排挤,到 85 岁才让他上课。可张光斗在清华就吃得开,还是两院的院士。黄万里是一个悲剧人物,也是一个非常伟大的人物,他可以跟马寅初、陈寅恪并列,有独立的人格,能坚持自己的意见。而我们这个国家，这个体制，就是不能容纳这样的人。几十年的政治运动，敢说真话的人越来越少了，趋炎附势的人成了大气候。我们的国家将来后患无穷啊！当年三峡如果不是我劝阻，自是大灾难。三峡工程的负责人潘家铮算是讲了良心话，回答"三峡最大有功人是谁"的问题时，他说：是李锐，是那些反对建三峡的人。

改革开放 20 年，经济上改了，但是政治体制保留了原样。1979 年我回到北京后，陈云找我：又在闹三峡，你赶紧写意见，1979 年我写的那篇文章就是这么来的。1984 年我继续向中央写信，还是陈云支持的，姚依林、宋平他们都支持，还有赵紫阳的支持。我的上书，邓小平也划了圈，那次水利部闹三峡，没闹成。1980 年，1984 年，水利部两次折腾三峡，没有成功，还是中央内部起作用，紫阳、陈云他们在，两派人的地位基本是平等的，邓小平也没有办法硬要一个人说了算。而 1992 年人大通过三峡方案时情况就不同了，耀邦早就下台了，中央反对三峡的当家人紫阳也不在了，我们 4 个人在中顾委挨整，张爱萍等 7 位上将因为反对"六四"开枪，处境也不好，陈云在"六四"的问题上也只能做到保留了我们 4 个人的党籍。在这种大的政治气氛下，人大的投票当然好走过场了。即使如此，仍然有 177 人投了反对票，弃权的 664 票，三峡工程以 1767 票，刚刚超过三分之二的票数获得通过，已经是空前绝后的了。可以说，没有"六四"，就没有三峡，这也是邓小平留下的两份遗产，欠下的两笔债。

最后一次去三峡

我说了，1958 年去三峡，是陪同周恩来去的；平反复出后，1980 年又去过一次；今年（2002 年）5 月份最后去了一次，是 5 月 16 日到 18 日。三峡工程开工以后，最先是能源部部长黄毅诚催了我几次，让我去三峡看看。三峡工程的负责人陆佑楣，80 年是陕西汉江上游安康水电站的负责人，我去安康工地见到过他，他对我还是有些怀旧之情的，也邀我去看一看。我考虑再三，甚至想到"坚决的三峡工程的反对者也来参观三峡工程"，可能会被人宣传利用，但这也无所谓，还是应该去看看。这么大的工程，他们困难很多，大坝施工发生裂缝，香港电视台给我打过电话，问我的意见。我实事求是地回答他们说：根据我的经验，大坝浇筑由于气候的关系或者其它原因发生裂缝，这不奇怪，而且很容易堵住，不难挽救，不是什么了不起的问题。

三天中，陆佑楣各方面照顾得很周到，陪我整整参观了一天。去三峡之前我在湖北赤壁参加中华诗词协会成立十五周年纪念会，我是中华诗词协会的名誉会长，能写点旧诗，属于业余爱好。陆佑楣派人到赤壁接的我。我们先看展览馆，管理人员拿出大纸让我题字，我就把在赤壁已经打好腹稿的第一首诗的首句写上去了，7 个字："横空出世史超前"。他们后来在《三峡工程报》和《水利电力报》头版头条登了出来。这个"史超前"可以看成是一种赞扬，也可以看成是一个问题，是个双关语。在展览馆，陆佑楣给我介绍了三峡工程的整体情况，包括 1800 亿的投资。那天上午，看了船闸，北岸和南岸，整个要害的地方都看了一下。下午开座谈会，规模不大，二三十人，都是各项工程的领导，几个正厅级干部。有个记者对三峡有意见，没让他参加。他写了一本书，书里写了我。在那个会上我讲了一番话，他们也录了音，会后对录音做了整理。我就把我想好的三首诗都给他们唸了。

第一首是：

横空出世史超前，高峡平湖现眼边。
但愿无忧更无恙，巫山神女总开颜。

第二首是：

南宁四十四年前，木已成舟独自怜* 。
黄老曾经调侃甚，弥留时节梦魂牵* 。

* 这个"怜"有多种解释：怜爱、怜惜、自己可怜自己。

* "黄老"，就是黄万里。"调侃甚"，就是他讲的将来修三个铁人的那句话。"弥留时节梦魂牵"，黄万里逝世前关注长江抢险抗洪，留下了遗嘱。

第三首诗是:

旧地重来廿二年,分明非梦也非烟。
大江东去浪涛尽,千古风流忠与奸。

谁是"忠臣",谁是"奸臣",历史自有公论。

我那次去三峡,就给他们留了这三首诗,用大纸写的,两大张。他们在报道中一个字也不提,座谈会内容他们也不讲。

三峡啊（《长江、长江》续篇）
——留在墙外的声音/李锐

钱正英（摘自《李锐口述往事》）

李锐

李：1979 年 1 月 23 日，钱正英在水电部做了一个自己历史上所犯错误的检讨，有人找了一份记录给我看，你看，就是这份，我唸几段给你听。

她检讨了些什么呢？她说反右时她错打了很多右派；1959 年庐山会议以后，水电部定的李锐、张铁铮、李成龙、常流、陈牧天等同志的所谓反党集团案，她积极参与了；文革中她参与了打倒李葆华、刘澜波和其他的同志，对李葆华、刘澜波等同志进行了许多错误的批判，其中最严重的是揭发和交待了刘澜波同志对江青的看法；水电部被迫害致死的有 42 人，在五七干校，对老干部和知识分子迫害很严重；总理逝世后，曾举办过总理的摄影展览，后来害怕了，下令撤销；"四五天安门事件"后，开了声讨大会，部内进行追查，收缴了天安门的一些诗抄，北京市公安局来抓走了一位同志，没有抵制；在接待部外单位的会上，还表扬对天安门革命事件的镇压；在反击右倾翻案风中、特别是在批邓小平同志的问题上调子高，跟得紧，犯了很大的错误；其中影响最大的有：在批邓中办了 10 期学习班，开了 8 次批判会，不仅在部内，在部外也有很大的影响，特别是毛主席逝世后，还把第 10 期学习班继续办完，引起群众公愤，影响极坏；这些都是错误的。粉碎"四人帮"以后，在揭批"四人帮"的斗争中领导不得力，群众不满意。

丁东：当时钱正英是几把手，是一把手吗？

李：一把手啊，文革中她基本没有受到冲击，从 68 年以后一直当部长，打倒了李葆华、刘澜波，她就上去了。

丁东：她不是周恩来一手提拔的吗？文革中等于周恩来一直在用她呀，她怎么还反对纪念总理呢？

李：是。她检讨中还有：我的错误，在撤销、拆散机构的问题上，要负很大的责任，这是由于自己在文化大革命以前就有片面性，对科研重视不够，片面强调与实践结合，对勘测设计机构过去就主张和施工结合，因此，在改革体制机构中，就提出了许多错误的意见，做了错误的部署，拆散了电总（电力总局）、水总、水科院、北京水勘院、以及北京以外的兰州、上海、长沙、中南勘查设计院；下放了大批干部；毁坏了科研设备；错误地批判了电力工业中的安全第一，大机组、大电厂、高坝、大水库等的正确管理制度、方针、政策和措施，还提出了一些不科学的错误的口号，造成人们思想上的混乱。成都勘察设计院的同志抵制了我，我就要开除刘显辉的党籍，他说：你开除我的党籍，我也不撤销勘察设计院，该院得以保留。在部内撤销科技司，这是我主持决定的。证明过去我的认识是错误的，在工作中造成了很大的损失。四届人大后（1975年），部里的工作有所转变，但因为自己觉悟不高，怕字当头，对过去的错误改得不坚决。74年以后，全国已经搞得那样乱了，广大群众从实践中已经看出四人帮的问题，但自己对资产阶级专政的问题，对资产阶级法权问题等等，都认为是毛主席的思想，仍然是努力学习领会，即使是遇到一些在实际中行不通的事，比如评法批儒、批判《水浒》，我在部里也搞了一下，群众都抵制，我也没有、也不敢往坏的方面去想。小平同志主持中央工作以后，得到全国人民的拥护，但自己在那样的精神枷锁下，跟得并不紧，总怕搞过头。因此在反击右倾翻案风以后，在全国计划会议和学大庆的会议上，把国务院的一个文件批为"条条专政"，并把罪名强加于小平同志，不仅造成电网管理上的思想混乱，而且对学大庆运动造成很大的影响。我现在认识到，我犯的这些错误不是偶然的，是多年来受林彪、四人帮极左思潮影响的结果。批判资产阶级反动路线以后，思想搞得很乱，弄不清楚什么是正确的，什么是错误的，在这种情况下，我把林彪、四人帮的错误思潮认为是毛主席的思想，努力向这个方面领会，努力紧跟，两个"凡是"的枷锁套得很紧，不但不敢说，也不敢想。

你看，这都是她自己说的，一条一条地看，这样的人还能用吗？

丁东：文革中在台上的人，"十二大"前后基本都被换下去了，就是她没事，后来还当了好几届中央委员，最后还当了政协副主席。她怎么能过关的呢？

李：有人喜欢她。那时候，我们那个十二大人事小组一致的意见、全体通过的呀：钱正英不能进中委，所有的人都讨厌她。但是书记处审查的时候，有人保了她。

丁东：钱正英后来还是当了中央委员。

李：书记处有人保她，你有什么办法？李伯宁是钱正英三峡工程的合作者，可是连他都骂："这是个臭婊子啊。"

丁东：李伯宁跟她也合不来？

李：合不来，但是他们搞三峡是一致的。钱正英的厉害在什么地方呢？她让李伯宁当三峡的筹备组长，把他抬得高高的。她的本事就在这里。

在中央部一级的干部里面，像钱正英这样一直红到底，文革中、文革后都没事的人，她是唯一的，所以是最臭的。后来她进政协，中共代表团全体不投她的票啊，李先念出来做工作，要大家投她的票。我也搞不清楚为什么李先念几个人那么喜欢她。她是个地地道道的不倒翁。1979 年我一回来，刘澜波就跟我讲：这个人是个婊子。很多人都跟我讲她，当然水电系统的人是讲得最厉害的。那有什么用呢？文革中各个部门都受到了破坏，但是没有像水电系统被破坏得那么厉害的。可是她的中央委员一直当到第十四届，政协副主席从第七届干到第九届，到八十岁才下来。

丁东：因为女干部少？

李：也不全是，李先念、王任重这些人非常喜欢她，这个人有她的一些本事，我搞不清楚。十二大选党代表，在北京选不上，把她弄到广西选的，广西谁也不知道她。

她坚决要干三峡的时候说："将来三峡出了问题，我坐牢。"可是 1999 年在水利部全体干部大会上她又说：三峡工程"人大也算是通过了，现在也开工了，但是从我个人思想上讲，我对自己主持的论证到现在还没有做最后的结论。……我感觉到最后还是要经过实践的检验。当时论证中认为，有两个问题是最担心的，一个是泥沙问题，一个是移民问题，现在我还加上一个库区污染问题，我认为这三个问题仍然值得非常重视。"又说："三峡的论证虽然是结束了，三峡工程虽然是开工了，对论证究竟行不行，还要经过长期的实践考验。""对来自反面的意见应给予充分的重视。"2010 年 4 月，《亚洲周刊》刊发了篇题目为《追查中国旱灾祸根，前水利部长揭密》的文章。文中称前水利部长钱正英在晚年作出反思，说"我过去主持水利部工作，犯了一个错误，没有认识到首先需要保证河流的生态与环境需水；只研究开发水源，而不注意提高用水的效率与效益。这个错误的源头在我。""我逐渐认识到，过去的水利工作存在着一个问题：粗放管理，过度开发。"现在钱正英和张光斗又提出要炸三门峡。还有比这更不要脸的吗？！用手里的权力，游戏事关国计民生的大事，玩完了，看到要出问题了，又把自己装扮成一个搞科学的人，大撒其谎，掩盖自己当年无视科学，打压反面意见的政客陋行。

钱正英是我们这个党用人的一个最典型的例子，专干坏事、祸国殃民，还下不来，孽越造越大。这种用人制度不改变，钱正英这种人就绝不了。

几则有关三峡的日记

李锐

李锐日记及其他李锐文字资料按其意愿，由女儿李南央在其生前代为捐赠给美国斯坦福大学胡佛研究所，于 2019 年 7 月 12 日正式在胡佛阅览室对外开放。李锐遗孀张玉珍于 2019 年 4 月 2 日在北京市西城区人民法院，对李南央和第三人胡佛研究所提起李锐遗产 "继承纠纷" 诉讼；李锐幼女范茂、长子范苗于 2019 年 5 月 22 日在北京市东城区人民法院，对李南央和第三人胡佛研究所和斯坦佛大学校董会提起李锐部份资料 "遗嘱继承纠纷" 诉讼。两受理法院分别于 2019 年 11 月 20 日和 2020 年 1 月 3 日做出判决：原告胜诉。2019 年 5 月 24 日斯坦福大学在美国加州奥克兰地方法院提起 "澄清李锐资料归属权" 诉讼，2020 年 1 月 15 日张玉珍委托旧金山文森·埃里肯斯律师事务所应诉。该案将于 2022 年开庭审理。

1963 年 9 月 27 日（星期五） 晴、风

上故居取物，无意翻到三峡争论材料，感慨系之。

七年踏破九州山，遍访水能天赐源。
以礼古田刘家峡，新安拓溪狮子滩。
大河上下学规划，三峡开发力争论。
雅鲁赞布尚未识，如今闲居磨子潭。

1964 年 4 月 8 日（星期三）

为解改黑板报稿。下午翻 "板桥集"。有写当时书画家绝句若干首，颇起灵感：南宁以来七年经历，只可记以 "无题" 也。随哼出以下二首：

一电忽传飞鬱林，错将三峡当三门。
诸公为我捏把汗，成竹在胸奏圣明。

300

两家当庭各述志（各执辞），言之有理即书纸。
文章自古书生累（增命达），福兮祸兮我自知。

往事一勾起，心情即稍稍不静。拿起德永直《静静的群山》翻了几十页。日本投降后，国内混乱情况写得很细，但大概不会再翻下去了，必须按计划读书工作。

1964 年 6 月 10 日（星期三） 雨阴

仍不能午睡。将昨天四句吟成一律：

七年踏破九州山，遍访水能天赐源。
古田以礼刘家峡，新安上犹狮子滩。
大河上下起规划，三峡开发力争论。
雅鲁藏布尚未识，如今闲居磨子潭。

1992 年 4 月 3 日（星期五）晴

……

今天人大通过三峡议案时：反对与弃权者 841 人，占 1/3。了不起的结果。黄顺兴发言受阻，另一妇女代表一同退席，被记者包围，真是太丢人了。

1996 年 3 月 19 日（星期二）晴

晚上朱镕基电话，告知想谈三峡问题，建议 Timeout。他说已投资如许怎办？我说就认账 200 亿，比冒险好。他也认为电费加 7 厘办法引起物价涨，说此事要告江，他明天去山东，回来再约谈。

1996 年 4 月 7 日（星期日）晴

六点起床。写《三峡暂停工建议》书。基本抄陆总拟的五个问题，将蓄水位方案变动作为附件。

1996 年 4 月 12 日（星期五）阴、夜雨

下午五点朱镕基电话，已给江泽民看了，希望我不发出"停

工"建议，"从稳定大局出发"。过去意见江都看了，我谈的情况（过去紫阳、宋平都不同意，钱正英等老一套欺上瞒下等），他们都知道。我说，出了问题反正我看不见，你也许看不见，我已是局外人，已经离休。意思是丑话都说在前头。张爱萍等人意见，他们都知道。现在到处反映，对三峡已形成群众性意见。朱再三说，从稳定大局出发。我说，可以尊重你们的意见：不再进行此事。即将电话挂上。很不愉快。明天是进八十生日也。

2001 年 9 月 4 日（星期二）晴

八点半到科学会堂，参加水电学会的理事会，见到张铁铮，还能走动就很好了，已 91 岁（1910），说准备找一所养老院。在三楼大会堂听周大兵作工作报告。到九点半，离位去八宝山参加黄万里的追悼会，在第二告别室，有年青人（负责环保工作的）来照顾我。谈张光斗诬告重庆环保局长（被撤职）。见到戴晴，看到黄的简历书，有一个关于汉口堤防确保的短遗嘱。恭敬行礼后，有人将我向夫人等作介绍。十点半仍回到会堂，听完报告时十一点，即突然散会。我到休息室时，即将两篇文章（施老百岁和罗西北传序）和两幅寿书条幅交给接待人毛亚杰，请他让我在上午的会上为施老事讲几句话。结果却突然散会，大为不解。找到毛亚杰一问，说是主持者不同意，追问是谁又不敢说，使我大怒，大发雷霆。会场还有几十人未散，林汉雄、铁铮、王宝基、邴凤山等都在。这是平生从未有过之事。最后汉雄送我回家（张光斗与潘家铮都来了，也许是怕我讲话，谈到三峡扯到这两位也）。

2001 年 9 月 5 日（星期三）晴

四点醒来，即起床。浏览报刊。将最近几天的看完。起了一个念头：写篇怀念黄万里的短文"黄万里的遗嘱"，《生平》中说："治学严谨，坚信科学，坚持真理，修正错误，不畏权势，仗义执言，讲真话，讲实话，光明磊落，是先生做人特点。他一生经历过那么多坎坷磨难和升降浮沉，也从未有丝毫的改变。"将此意电话告知戴晴，前几天她寄来她写的悼文和张光斗到重庆谈三峡污染文（张讲到陆钦侃与我"你拼命放炮干吗"？）但是今天未能动笔。

2002年5月15日（星期三）晴 到三峡工地

六点起床。整理物件。秦等一起早餐。山莊经理等昨夜曾来，因已就寝，特告别。八点半离开山莊。湖北的公路实在不高明，时好时坏，经过市镇街道反而最差。一路觅句，应付三峡之行，既要颂彼又不能贬己也。突然想起"横空出世"四字，颂诗即以毛句为基调。共得三首草稿。

中午抵汉口桥口西陵大酒店（三峡驻汉办事处）。周保志来，一起午餐。车上同九思电话，未能找到本人。保志谈南水北调选定中线，丹江口水库抬高，明渠或管道尚未定。东线因水质天津不接受。过黄河方案亦未定。中午略休息。

汉口到宜昌高速公路亦不佳，只一小段柏油路，水泥路不甚平坦。路上小停两次。六点到三峡工地，在"三峡工程大酒店"门口，陆佑楣等相迎。住23层，豪华大套间，为截流而盖，三星级。一起晚餐，很是欢迎我这个"反对派"也。

晚上仍观"问问你的心"。赠陆《出访日记》并《谈话》。

进坝区的公路，投资10亿，三条隧道，最长的3.7公里。——李南央注：此句写在纸页上部空白处。

2002年5月16日（星期四）阴间毛毛雨

三点半醒来，即睡不着。四点起床。清理三峡资料，哪些份可交陆作参考及我的三峡诗本事等。让薛京交付复印。

三首诗基本定稿：

横空出世史超前，高峡平湖现眼边。
但愿无忧更无恙，巫山神女总开颜。

南宁四十四年前，木已成舟独自怜。
黄老曾经调侃甚，弥留时节梦魂牵。
（黄万里谈白帝城跪三铁人事）

三峡啊（《长江、长江》续篇）
——留在墙外的声音/李锐

旧地重来廿二年，
分明非梦亦非烟。
大江东去浪淘尽，
千古风流忠与奸。
（写钱女士、张院士等）

钱正英　张光斗

　　整日陆佑楣陪着。上午先到展览馆，书画照片等，大模型前，陆介绍整个工程情况及投资构成，每人 7 厘电费（人人出钱修三峡也）。股票上市很看好，等等。在旧照片处，发现 58 年总理查勘三峡时，有我的头像。最后离馆处铺了纸张让我题字，只好写了改定的第一句：横空出世史超前。随驱车看船闸，一直由陆解释。第一道闸门近 70 米，已装好，准备试运行一年后，正式开通，在坝旁劈山（高处达一百多米）开道，山体由铆焊稳定。升船机在坝左岸，过三千吨客轮，总重 11000 吨，由滑轮双运行。然后到过坝旁一山头（有定位高标），变成一风景处。一路有此地宣传单位和小王拍照不止。最后看厂房，两台起重机，吊蜗壳、定子等，最重达二千多吨。四台机组安装，明年蓄水发电（右岸，拟建百米高临时围堰），水轮发电机总重 7000 吨，陆说，巴黎铁塔总重相等也。路上有 70 吨卡车，轮子两米多高，第一次看见。

　　下午在三楼开座谈会。到二十余人，公司各方负责人，有副总、党委书记等，均年青人。三点半开到五点半，我讲了一个多小时。开篇当然"木已成舟"，赞扬我国水电技术、设备等能力已达世界第一流水平，三峡工程意义在此。陆总是半个世纪过来人，实行者。回顾我国水电发展史，石龙坝——官厅（水利部不懂综合利用），为何不能优先发展（世界各国无不优先），谈我与三峡历史关系，中间插入我的三首诗，忠与奸。钱正英 99 年大文章，想推卸责任。说黄万里，三铁人。又唸 95 年水电学会讲话，我最后一段话："六宫粉黛无颜色，三峡工程有问题"等等。最后谈：如何管好后事：泥沙淤积、环保、山坡稳定等等，这是后来的管理问题。陆佑楣说，他准备明年退下，不"奉陪到底"了。我的长篇讲话，大家都还听进去了，看来反应尚好。

2002 年 5 月 17 日（星期五）多云间晴

昨夜服眠药，睡得尚好。六点起床。准备作字。

上午到中华鲟馆参观。主人详细说明，最长的四米多，体表有团团骨质保护（不是鳞），成馆后，养育中投放过多少万鱼苗。此种鲟鱼上游到金沙江，洄游我国中、北部沿海，已 1.5 亿年历史。馆中还有其他国内外各种鲟鱼，但经费较困难。我对馆长说，秦总在旁：应当让葛洲坝、三峡电厂养活你们。先回来写字（他们去看葛洲坝），共五幅。两张大的，书第一首，二三首合一张。有后记：诌此四句后，旧感丛生，又得二绝句。犹忆黄万里造访，谈及踏勘川江推移质形成之害等情，特附于后。另外为陆写："穷山无碍"，为钟写："风增怒吼回高峡"，为陶楚才书"洞庭雀"。此行任务完成。

下午到秭归移民新城，县人大主任陪同。城中居民均七层建筑，由建设部参加，外形民族式高墙屋檐，颇美观。到一家中，80 多平米，三室一厅。有卫生间、厨房。又到县府前广场照相，法院比北京的还气派。秦总感慨：拿了大笔建设费，不思如何先发展经济，而是大盖超标房子。又看黄陵庙，后高山有黄牛形峰，黄牛与防洪有关，此庙原称黄牛庙，宋改黄陵，祭祀大禹（大禹是否到过长江流域？）旁边还有诸葛祠。当年毛过此，介绍此庙，毛说古人盖庙，我们造坝。晚上得到像册一本，昨天座谈会我的头像几幅，还有同玉珍、陆、秦等双人、三人照等。其效率不亚于当年在美国参观。

晚上吃西餐，到八点始散。此间杂志社的张立先参加，送我他写的三峡书，内中有我的一节（陆总批准保留）。名片上印："滥竽记者"，过去在水火电工作过二十多年，很是反对三峡，谈移民之困难，有一老头决不随迁，死在自修石墓中。访问过林一山，不准他参加昨天的座谈会。于是我劝他，现在的问题是如何保护后果，不出大事也。

三峡工程研讨会开幕词

李锐

时间：2012 年 4 月 13 日
地点：美国加州大学伯克利分校
研讨会：三峡之后——我们学到什么

20 年前的今天，三峡工程在中国的人民代表大会上以三分之二强一点的票数获得通过。共产党的宣传机器告诉人们说，这个工程创造了 100 多项目"世界之最"：工程总量、装机容量、技术水准……并且预言这是一个造福子孙万代的水电工程。

50 多年前，我那时候还不懂得环保，没有这个概念，对地质、生态的破坏也考虑不多，但是对建设一个超级大坝解决所有问题的做法是坚决反对的，曾当面告诉毛泽东，不可贸然上三峡。他那时也听进了我的意见。

毛泽东去世后，20 年前，邓小平又赞成要建设三峡。在中国对三峡工程表达与党不同的意见，需要特别的勇气——因而人数寥寥、不成阵容。但即使如此，我们一些反对三峡的人还是对库区泥沙淤积、船闸碍航、移民数量和环境容量、山体崩塌等许多方面，明确地提出自己的担忧。

非常不幸，20 年来，所有这些担忧一一成为现实；更让人痛心的是，当初不曾清晰料到——或者说，虽然有所预见，但是没有料到如此不堪、如此危险的情景一个紧接着一个出现了：

水库运用，已造成长江上、中、下游江水抢夺战（即如百姓所言：旱季蓄水，下游干得见底；雨季泄洪，下面冲得七荤八素）；不仅中游防洪效能有限，还带来上游洪水与干旱，中下游船舶停驶。

出库清水不仅冲刷堤坝，正令沿长江中国最为珍贵的几大湖泊萎缩；而库区沿岸因水位落差而形成的面积世界第一（长 600km、宽 30m）的消落带，正酿成华中地区潜伏生态危机。

水库蓄水之后，周边地区发生天然气井喷、大震级地震，微震不断、气候变异，以及正威胁超级大都上海的长江入海口消退与地面沉降。

唯一尚可称颂的是它的发电功能——超计划安装了（26+6）台水轮发电机——可惜三峡之后，一个接一个大中型电站还在兴建，而且电费一天比一天贵。其实三峡的发电功能是可以用梯级电站替代的。尚可庆幸的是，去年 5 月，国务院《三峡后续工作规划》发表。贡献了"三峡建设基金"的中国百姓，终于可以介入工程成败的讨论。

我以为，三峡工程出现在世纪之交的中国，绝非偶然。它是在发生了"六四"，赵紫阳总理下台之后获得人大通过的，在此之先，赵紫阳也是反对建设三峡的。三峡这一超级大坝工程的出现，是中国集权的政治体制，藐视科学、缺乏科学思维与科学精神的恶果。

自从 1957 年 4 月 14 日，我在《人民日报》发表《大渔网主义》，从科学逻辑上反对"毕其功于一役"的建设三峡的意见，已经过去了 57 年。我今天整整 95 岁了（我是 1917 年 4 月 13 日生人）。今天关心三峡、关心长江、关心地球、关心中国人和全人类生存环境的专家、科学家和工程师们，聚集在伯克利大学，讨论这个工程的利弊。30 年前中国有句很出名的话：实践是检验真理的标准。20 年之间，这个工程发生了很多的事情，出现了很多的情况，应该说，无论赞成这个工程还是反对这个工程的人，都有了比 20 年前更多的实际论据了。这个工程到底是利大还是弊大，利在哪里，弊在何端，是到了必须搞清楚的时候了。这不但对中国很重要，对世界也是非常重要的。我很感慨，这件事情不是由我们中国人来做，而是由美国人来组织这样一次讨论。中国还是一个政治为上，科学服从政治需要的政府和制度啊！我很赞赏美国人的科学态度和对人类、地球负责的博大胸怀。

我是没有想到自己能够活得这样长。今天有幸与关注长江三峡、对人类怀有责任心、拯救心的专家学者隔着太平洋，通过电

三峡啊（《长江、长江》续篇）
——留在墙外的声音/李锐

视屏幕会面，非常高兴。面对破碎危殆的长江，我们要在绝望中
找到希望，因为长江是中华民族的母亲河，三峡工程的教训是人
类的财富。

　　谢谢诸位。

一位学者的道德拷问

两位清华海归

王维洛

两个中国知识分子，他们都在上世纪三十年代到美国留学，学成之后都回国报效，在国民政府部门任职。中华人民共和国成立之后，两人又都在中国最著名的学府当教授，同时也都参与国家重点项目的技术领导和咨询等，继续实现他们年轻时代的爱国梦……

但这是两个完全不同的梦。这两人就是清华大学水利系的黄万里教授和张光斗教授。

张光斗，1912 年出生于江苏常熟，1934 年毕业于上海交通大学土木工程学院，1934 年秋考取清华大学公费留美资格，赴美学习水利工程，1936 年至 1937 年获美国加州大学和哈佛大学工学院硕士学位。回国后在国民政府资源委员会任职，期间曾受政府派遣，到美国垦务局实习。中华人民共和国成立后，任清华大学水利系教授。

黄万里，1911 年出生于上海，1932 年毕业于唐山交通大学，后赴美国留学，改修水利工程，获康乃尔大学硕士学位、伊力诺伊大学工程博士学位，并在美国田纳西流域管理局工作。1937 年回国，在国民政府经济委员会任职。半年后任四川水利局工程师和测量队长，1947 年任甘肃水利局局长。1949 年任东北水利总局顾问，1951 年回唐山交大任教，两年后，任清华大学水利教授。

黄河三门峡大坝工程上的分歧

1952 年毛泽东在郑州登上邙山东坝头，眺望黄河，问："'黄河涨上天'怎么办？"黄河水利委员会主任王化云答道："不修大水库，光靠这些坝埽挡不住。自从大禹以来，古人治水只讲'疏导'二字，治了几千年黄河还是条害河。如今咱共产党要搞建设，那就不仅要免除水患，还得让黄河做点贡献。所以，我产生一个思想，叫做'蓄水拦沙'，用大水库斩断黄河，叫它除害兴利！"

1954 年，邓子恢在怀仁堂向全国人大代表们宣布了中国政府的宏伟计划："我国人民从古以来就希望治好黄河和利用黄河。他们的理想只有到我们今天的时代，人民民主的毛泽东时代，才有可能实现。在三门峡水库完成之后，我们在座的各位代表和全国人民就可以去黄河下游看到几千年来人民所梦想的这一天——看到'黄河清'！"

由此可见，中国政府建设三门峡的工程目标，首先是一个政治目标，要用大坝工程来实现"黄河清"，来证明毛泽东的伟大和正确；经济技术目标其次，其中又以发电为主，三门峡一个大坝的装机容量相当于 1949 年全中国的发电机装机容量，毛泽东认为"苏维埃加电气化就等于共产主义"，有了电，中国离共产主义自然就不远了。

历史上有鲧治水失败和禹治水成功的教训、经验。黄河是条多泥沙河流，人称"一斗水，泥沙居七"，用建水库大坝来拦水蓄沙，实现黄河清的目标，是个错误的工程措施。简单地说，是和大禹治水的原则背道而驰，不是"疏"、"导"，而"堵"、"拦"，就又回到鲧的老路上去。

为了建设三门峡水库大坝，中国政府邀请了苏联专家，同时也邀请了上述两位到西方留学过的水利专家黄万里、张光斗，参与工程的规划设计工作。在当时的政治环境下，参加工程规划设计的几百名科学家，没有人敢对毛泽东钦定的三门峡工程说个

"不"字，只有不知天高地厚的黄万里和一个名叫温善章的小技术员，对大坝工程提出反对意见。黄万里舌战群儒，和苏联专家、中国专家展开激烈的争论。

黄万里认为：三门峡大坝建成后，黄河潼关以上流域会被淤积，并不断向上游发展，到时候不但不能发电，还要淹掉大片土地；同时指出，"黄河清"只是一个虚幻的政治思想，在科学上是根本不可能实现的。不用说河水必然夹带一定泥沙的科学原理不能违背，就是从水库流出的清水，由于清水的冲刷力要比夹带泥沙的浊水强大，将猛烈冲刷河床，必然要大片崩塌，清水也必将重新变成浊水。黄万里之"黄河不可能变清"，是一句真话，是一句实话，但自以为是圣人的毛泽东就不爱听这真话。

张光斗则积极支持毛泽东的建设三门峡大坝的主张，并出任工程的技术负责人。黄河的年平均泥沙量为 16 亿吨，而中国方面向苏联提供的技术资料中，却将泥沙量降低到 13 亿吨，并且提出，由于上游的水土保持措施，每年的泥沙量将减少 3%，20 年一共减少 60%，到那时黄河的泥沙淤积问题就可以解决。由于中方向苏联提供了假数据，使苏联在工程失败后无须承担任何技术责任。

1957 年 4 月黄河三门峡大坝工程正式开工。

政治生涯上的荣辱之别

在毛泽东和周恩来等的亲自关怀下，1956 年张光斗加入了中国共产党，后来被选为全国先进生产工作者。周恩来对张光斗说："你现在入了党，更要加紧世界观的改造，切忌骄傲自满。"1959 年 9 月，毛泽东视察北京密云水库，听取清华大学水利系教授张光斗的汇报。张光斗盛赞毛泽东的无产阶级教育路线，认为教育与生产劳动相结合、为无产阶级政治服务，知识分子要向工人农民学习，提高思想水平是十分正确和重要的，并把清华大学水利系师生参加密云水库的设计，称为贯彻毛泽东教育思想的具体行动。张光斗的汇报得到毛泽东的高度评价，张光斗也就成为党所需要的又红又专的科学家。

黄万里因为反对黄河三门峡大坝工程，反对苏联专家的意见，而被归入另类。

1957 年 5 月，黄万里在《新清华》发表了《花丛小语》的散文，批评北京市在马路建设上违反施工常识，造成新建马路到处翻浆，车辆无法通行，"尽说美帝政治腐败，那里要真有这样事，纳税人民就要起来叫喊，局长总工程师当不成，市长下度竞选就有困难！我国的人民总是最好说话的。你想，沿途到处翻浆，损失有多么大，交通已停了好久，倒霉的总是人民！"同时，他还对毛泽东的有关人民内部矛盾及知识分子问题的提出了不同的看法，说世界上"没有不联系实际的理论，只有提高不到理论的实际"。黄万里的讲话和文章被一些人打小报告到了毛泽东那里。毛泽东看了《花丛小语》一文后，批评黄万里"这是什么话"，"把美国的月亮说得比中国的圆"。黄万里的右派帽子一戴就是 21 年，是清华大学最后摘帽的右派。

黄万里到三门峡大坝工程去接受劳动改造。即使成了右派分子，黄万里还是念念不忘对黄河泥沙规律的研究，在工棚昏暗的油灯下，他完成了《论治理黄河方略》等许多重要科学论文，为后人留下宝贵的资料和经验。黄万里说："有史以来，几乎每个文人都有其治河策略的看法。唐宋八大家中，北宋六大家也都提出过治河观点。清朝时候还有人以治水策考中状元，但那些观点都是仅凭直觉的。如果我不懂水利，我可以对一些错误的做法不作任何评论，别人对我无可指责。但我确实是学这一行的，而且搞了一辈子水利，我不说真话，就是犯罪。治理江河涉及的可都是人命关天、子孙万代的大事！"

头衔与授课权

在大饥荒年代，中国人也勒紧裤带，支持建设三门峡工程巨额资金的需求。

1961 年三门峡大坝建成，1962 年 2 月第一台 15 万千瓦机组试运转，但是水库蓄水后一年半中，十五亿吨泥沙被拦截在三门峡到潼关的河道中，潼关河床淤高了 4.5 米，使黄河最大支流渭河水位上升，直接威胁中国西北的经济中心西安的安全，中国最富裕的关中平原上，大片土地出现盐碱化和沼泽化。好大喜功的毛泽东听到此消息，气急败坏地说："三门峡（大坝）不行就把它炸掉！"

三门峡大坝工程的失败，证明了黄万里的反对意见是正确的，也证明了毛泽东的决策和以张光斗为首的中国科学家和苏联专家的论证是错误的。毛泽东和党中央、国务院、全国人大应该向黄万里道歉，张光斗等专家应该为三门峡工程的论证错误承担技术责任。但是，这在中国至今还是不容许公开讨论的问题。

三门峡工程失败的直接结果，是对黄河河流生态环境、特别是中下游流域生态环境的严重破坏：黄河三门峡至潼关的淤积泥沙至今没有解决；关中平原 50 多万亩农田的盐碱化；水库淹没了大量的农田；水库毁掉了文化发祥地的珍贵文化古迹；黄河航运的中断；30 多万移民的生活未能安置好，许多移民仍生活在贫困线以下。三门峡工程直接经济的损失为：高坝当低坝用，工程本身就浪费了大量人力、物力、财力；发电机装机能力只有原来的 1/5，发电目标没有达到；高坝低用，防洪目标无法实现；两次改建增加的费用，以及增加的常年运行费用等等。据最保守的估计，这些直接经济损失已经超过三门峡工程的总造价，当时又是所谓"三年自然灾害期间"，如果把三门峡工程的投资用于救灾，中国至少可以减少上千万非正常死亡人数。

三门峡工程失败了，毛泽东的威望却通过造神运动达到了顶峰，张光斗的学术地位也达到了顶峰。他不但是中国科学院的院士，也是中国科学院主席团成员兼技术科学部副主任、国务院学位委员会副主任、清华大学副校长、党委副书记、校务委员会副主任、校务委员会名誉副主任、水利水电科研院院长、中国水利学会副理事长、《中国科学》和《科学通报》副总主编、《水利学报》主编、黄河水利委员会和长江水利委员会技术顾问、中国国际工程咨询公司、成都、中南、西北、贵阳、昆明勘测设计研究院的技术顾问。1994 又成为中国工程院的院士，就是人们所说的双院士。他还是中国反邪教协会的发起人，并担任反邪教协会荣誉理事。

三门峡工程失败了，被实践证明是正确的黄万里仍然顶着右派的帽子，后来"摘帽"之后仍然没有授课权。经过黄万里本人和清华大学师生的抗争，直到 1998 年长江洪水后，他才重新获得授课权。此时他已 87 岁高龄，并患有癌症，但他还是十分珍惜这来之不易的授课权。他批评黄河三门峡工程论证中有专家"竟肯放弃了水流必然趋向挟带一定泥沙的原理，而奴颜地说黄河水真的会清的，下游真会一下就治好，以讨好领导的党和政府。试想，这样做，对于人民和政府究竟是有利还是有害？他的动机是爱护政府还是爱护自己的饭碗？"正因为如此，黄万里的头衔只有两个，教授和右派。

"泰斗"与"书生"三峡工程上再次针锋相对

1982 年邓小平为长江三峡工程开了绿灯，1984 年国务院原则批准三峡工程。刚刚摘掉右派帽子的黄万里，对中国决策者在没有工程可行性论证报告的情况下就作出决策的做法，提出了严厉批评。1986 年，中共中央和国务院决定进行长江三峡工程可行性研究报告，由水利部负责组织。两院院士"水利泰斗"张光斗被邀请为特别顾问，而"一介书生"黄万里则被拒绝门外。1993 年，国务院组织审查长江三峡工程的初步设计，张光斗担任审查委员会技术总负责人。之后国务院又邀请张光斗担任三峡工程质量检查主要负责人。由于张光斗在审查长江三峡工程初步设计中的贡献，当时的国务院总理专门从总理基金中拿出钱，奖励张光斗等人在三峡工程论证决策中的特殊贡献。到 2002 年底，三峡大坝就要建成，现在回过头来看，长江三峡工程可行性论证和初步设计有许多严重错误，仅举其中三峡水库的库容量计算错误一例，来看张光斗的"科学态度"：一个水库工程的库容量计算错误，是水库工程设计中最严重的技术错误，根据加拿大国际勘测组织发表的张光斗给国务院三峡工程建设委员会副主任郭树言的信和谈话，张光斗进言道："三峡的防洪库容问题可能你们知道了，没有那么大。这个研究是清华大学作的，长江水利委员会也承认这是真的。"

张光斗建议以牺牲长江航运的利益，来弥补计算中夸大的库容量，即把洪水控制水位由原定的海拔 145 米降到海拔 135 米，而这样做的结果将造成长江航运周期性中断。张光斗向郭树言献策："但这件事在社会上公开是万万不行的。"

张光斗还是三峡工程质量检查的主要负责人，其职责是向国家领导人撰写工程质量报告，如实报道三峡工程质量情况。新闻界以张光斗等人的报告为基础，在电视、报纸上吹嘘三峡工程质量百分之百合格，四分之三以上的个体工程质量为优秀。但张光斗对郭树言说："关于三峡工程的质量问题，我们的质量检查报告写得比较客气，主要是怕人家攻我们。质量一般，这要说清楚，不是豆腐渣，但也不是很好。关键是进度赶得太快。"

张光斗在信中特别强调："我给你们写了封信，全是真话，没有假话。"如果此话为真，那么张光斗参与的三峡工程论证和他主持审查通过的工程设计中的论据和结论都为假话。他在中国的学术地位是所谓"泰斗"了，可是他从来没有成为一个知识分子。

黄万里的子女们对父亲一生的评价是："他是一个诚实的人。他只说真话，不说假话；只会说真话，不会说假话。"1989年6月之后，对三峡工程提出反对意见，已经被定义为"大逆不道"的行为，在中国没有杂志报刊敢刊登黄万里的反对三峡工程的文章。但是黄万里寻找一切可能，要让世人知道三峡工程的危害。美国出版的"现代中国研究"杂志就多次发表了他的文章。他也曾三次给中共中央总书记写信指出："长江三峡高坝是根本不可修的，不是什么早修晚修的问题、国家财政的问题，不单是生态的问题、防洪效果的问题，或能源开发程序的问题、国防的问题；而主要是自然地理环境中河床演变的问题和经济价值的问题中存在的客观条件，根本不许可一个尊重科学民主的政府举办这一祸国殃民的工程。"

但是他一次也没有收到过回信。

黄万里于2001年8月26日在清华大学的学校医院病逝，享年90岁。黄万里留给子女的遗嘱，是关于长江堤防如何修筑的措施。人们都说，他真是一个书生。

2003年2月11日

三峡啊（《长江、长江》续篇）
——一位学者的道德拷问/王维洛

附文：

黄万里和张光斗——截然不同的人生

王维洛

今年是清华大学建校 100 周年的大庆。在百年大庆的时候，是否应该问一问，什么是清华大学的灵魂？

北京《中国周刊》主编朱学东认为，独立自由的探索精神应该是一所不朽大学的灵魂，它不应因社会变迁和政权更替而改变。笔者赞同这个观点并认为，马寅初，梁思成和黄万里是清华大学院独立自由探索精神的代表。

另一种观点认为："爱国奉献、追求卓越"是清华大学的灵魂，更有人把它简化为"精忠报党"。百年大庆，官方推出了水利系的张光斗作为当今清华大学的代表，其生日也成为百年校庆的最主要内容。校庆期间，清华校友追思黄万里的集会，因遭受压力被迫取消。章立凡写道：

百年清华园，不再有梁启超、王国维、陈寅恪、赵元任，不再有梅贻琦，不再有黄万里，不再有"独立之精神，自由之思想"，只剩下标准件制造和"工程师治国"。特此致哀。

黄万里和张光斗，两个早年从美国留学归来的学子，一个博士，一个双硕士；一个右派分子，一个优秀党员；一个永持批判态度，一个常写思想汇报；一个挺着胸脯说话，一个夹着尾巴做人；一个布衣教师，一个两院院士。虽然两人同在清华大学水利系同事几十年，却代表了两个截然不同的清华大学灵魂。

2011 年 4 月 15 日在陆钦侃先生的遗体告别上有这么一副对联：

人云无法亦云三峡关乎民生　子丑寅卯是非有赖我公砥中流
敢做未必敢当国事居然儿戏　张钱邓李功罪无需他人付信史

张钱邓李，第一个张是张光斗。"敢做未必敢当"一语，可谓击中要害。张光斗被官方誉为是中国水利泰斗。中华人民共和国几代领导人都特别喜欢治水，都把张光斗作为其水利政策的顾问。表面上是对张光斗言听计从，实际上是政治家把他们想干的事，通过张光斗的嘴说出

316

来，传播出去。张光斗所缺乏的正是独立自由的探索精神。张光斗一生参与或主持设计的有黄河三门峡大坝工程，密云水库大坝工程和长江三峡大坝工程等。但是在百年校庆的《清华大学隆重庆祝张光斗先生奉献祖国水利水电事业七十周年》消息报道中，只提密云水库工程，却不提黄河三门峡工程，也不提长江三峡大坝工程。黄河三门峡工程的失败是不争的事实，尽管张光斗说，当年他和钱正英都是反对黄河三门峡工程，但是现存资料不能证明这个说法。那么为什么不提长江三峡大坝工程？难道三峡工程也是张光斗的走麦城？

张光斗与三峡工程

建设三峡工程的最主要目的是防洪，依靠的是水库的防洪库容。官方公布的三峡水库防洪库容是 221 亿立方米，这是夸大的防洪库容，是计算错误的结果。这个错误张光斗早已知道。他写信告诉中央领导："三峡大坝的防洪能力比我们对外宣称的要低，清华大学曾做过一份调查研究，政协副主席钱正英看过后曾以此质疑长江资源委员会，该委员会承认清华大学的这份报告没错。但是，我们只能以降低蓄洪量到一百三十五公尺来解决这个问题，即使这会影响长江江面的正常航行。"

最后，政治家拒绝张光斗降低水位的建议，张也不敢据理力争。张光斗的这种行为于国于民于清华大学有百害而无一利。

三峡工程可行性论证环境组的结论是，三峡工程对生态环境的影响是弊大于利。但是到审批时结论被改为利大于弊，对此张光斗一言不发。当世界最大的水电工程截流之后，张光斗又给中央领导写信，表示他对三峡库区水污染问题十分担忧，建议投资三千亿元处理水污染问题。三峡库区水污染问题的最根本原因是建坝之后流速变缓，河流自净能力减弱。三峡工程总造价两千亿元，处理工程带来的水污染问题投资三千亿元，弊大利小，一清二楚。张光斗的这种"爱国奉献、追求卓越"精神，于国于民于清华大学有百害而无一利。

黄万里与三峡工程

黄万里则是在没有一分科研经费的条件下，完成对三峡工程的多项研究。他多次上书中央，明确指出，以中国的自然地理和（砾石泥沙运行的）自然规律，一个尊重科学民主的政府根本不许可建造三峡筑高坝这样的工程。他预警了蓄水后卵石淤塞重庆、四川水患、浩大的工程开销和必将酿成祸患的移民安置。就在他生命的最后一刻，在清华大学医院的普通病房中，他仍然关心的是长江防洪，指出要加固长江堤防。

三峡啊（《长江、长江》续篇）
——一位学者的道德拷问/王维洛

目前中国流传一个说法，黄万里在黄河三门峡工程上的观点是正确的，但是在长江三峡工程上的观点却是错误的，理由是三峡水库淤积问题并不如黄万里预测的那么严重。

其实，三峡工程至今尚未找到解决砾卵石和泥沙淤积的办法，所谓的"排浑蓄清"措施已经被水库运行的实践证明是不可行的。采用"排浑蓄清"，三峡水库在枯水期不可能蓄水至海拔175米。目前采取的补救办法就是在三峡水库上游建造大量的水库大坝，阻拦进入三峡水库的砾卵石和泥沙。这不是解决了砾卵石和泥沙淤积问题，而是把问题向后推移，推给子孙后代。

自2003年三峡水库135米蓄水以来至2010年9月，金沙江和嘉陵江进入三峡水库的泥沙约为15.7亿吨，加上三峡库区入库泥沙约7.2亿吨（绝对不能忽略不计），共计23.2亿吨，出库泥沙约为4.1亿吨，水库淤积泥沙约19.1亿吨，水库排沙为17.7%。累积淤积泥沙量已经超过黄河三门峡水库！2010年重庆港因淤积已经出现碍航现象。

目前，重庆港现在已经开始下移到重庆寸滩，未来将下移到万州。当年黄万里先生预测的重庆港被淤，虽然由于上游建库拦截砾石泥沙而有所推迟，但是却是不可更改的发展事实。因此，关于张光斗的报道中，不提他主持长江三峡大坝工程初步设计，也算是有先见之明。

什么是清华大学的灵魂？这个问题关系到清华大学的未来发展。如果清华大学把目标定在2020年达到世界一流大学水平，并在2050年跻身世界一流大学前列，那么非提倡马寅初，梁思成和黄万里所代表的独立自由的探索精神不可；如果清华大学满足于为中国提供了最多的领导人和院士这样的成绩，那么大力宣传张光斗的"爱国奉献、追求卓越"，正是最容易的途径。

2011年5月21日

记孙越崎

——学生领袖、煤油大王与三峡工程反对派

王维洛

　　孙越崎是中国历史上的一个传奇人物，1893 年出生于浙江绍兴。父亲是一位秀才，先做官后从事实业，在黑龙江经营金矿。孙越崎一生受其父亲影响很大。

一、五四运动中天津学生领袖与北洋大学

　　在《维基百科》关于"五四运动"的词条中，孙越崎是五四运动中天津学生领袖之一。中共早期领导人如周恩来、张太雷等也出现在这个名单上。

　　1916 年孙越崎考入北洋大学学习采矿与冶炼专业，之后被选为北洋大学学生会会长。北洋大学是中国第一座现代化的大学，成立于 1895 年 10 月，是洋务运动中著名的官商盛宣怀所倡议并得到光绪皇帝御笔批准。正因为是重视实业的盛宣怀所倡议，北洋大学的强项是工科。北京大学的成立时间是 1898 年，比北洋大学晚三年。现在的天津大学号称北洋大学是其前身，现在的中国矿业大学也称是从北洋大学发展而来。

　　由于巴黎和会拒绝中国归还德国在山东的租界与胶济铁路主权的要求，1919 年 5 月 4 日以北京大学为首的十三所院校的学生走出校园，汇集在天安门广场，举行了声势浩大、人数巨多的抗议集会。在集会上宣读了罗家伦撰写的《北京学界全体宣言》，号召全国同胞起来，设法召开国民大会，外争主权，内惩国贼。集会后，学生又举行了游行队，发生了"火烧赵家楼"事件，警察以此为由进行镇压，抓捕了 32 名学生。

　　当五四运动的消息传到天津，天津大学、中学的代表共 9 人举行秘密集会，讨论声援北京学生的办法。在会上，孙越崎第一个发言，代表北洋大学学生会表态，坚决支持北京学生的爱国行

动，北洋大学学生也要举行罢课、也要上街游行。9 位代表同意采取一致行动。6 月 4 日天津市全市学生罢课，举行游行示威，打着横幅，挥舞标语，高呼口号，孙越崎走在游行队伍的最前面。游行队伍到达省长衙门，要求见省长，递交请愿书。直隶省省长曹锐接见了 4 位学生代表。孙越崎等要求曹锐给北洋政府发电报，要求释放被捕的北京学生，拒签卖国条约，严惩卖国官员。谈判进行并非一帆风顺，但是孙越崎等耐心沉着，有理有节，最后迫使省长曹锐接受学生的最主要的要求。五四运动中天津学生的和平请愿游行取得了胜利。据说孙越崎和周恩来是在那次天津学生运动中认识的。

在全国学生和市民的支持下，北洋政府被迫于 6 月 10 日释放了被捕的 32 名学生，由校长们带回学校教育，并将曹汝霖、陆宗舆、章宗祥 3 个部级官员撤职，通知中国代表拒绝在巴黎和约上签字。

但是北洋大学使出秋后算账的办法，要求孙越崎等参加罢课游行的学生写悔过书。孙越崎等学生拒绝认错，被北洋大学开除学籍。这时，北京大学校长蔡元培先生向孙越崎伸出援助的双手。蔡元培在家中会见了孙越崎，了解被开除学生的情况。蔡元培辞职南下前，又将此事交代给代理校长蒋梦麟，让孙越崎与蒋梦麟联系。蒋梦麟代理校长对被北洋大学开除学籍的学生深表理解与同情。蒋梦麟代校长表态，被北洋大学开除学籍的学生均可转入北京大学继续学习，"北洋来多少，北大收多少"。当时，北京大学与北洋大学的院系调整已经完成，北京大学的工科系科已经停办，全部并入北洋大学；北洋大学的法学院也已经转入北京大学。为了接收北洋大学的这些被开除的学生，北京大学重新恢复了工科采矿冶金、土木两系，重新聘请新的教员，开设新班。在蔡元培、蒋梦麟校长等的帮助下，孙越崎转入北京大学采矿冶金系继续学习，并于 1921 年毕业，获得工科学士学位。

抗战胜利后，孙越崎担任国民政府的接收大员，负责东北地区和华北地区敌伪财产的接收与处置。当年北京大学蔡元培校长、蒋梦麟代理校长出手帮助的这位被北洋大学开除学籍的孙越崎，对北京大学十分感恩。加上当时担任北京大学代理校长的是五四运动的学生领袖傅斯年，是孙越崎所敬佩的同一个战壕的战友。北京大学从担任接收大员的孙越崎那里得到大量的北大周围的敌伪房地产和无主房地产，如相公府、东厂胡同黎元洪故居、旧国会大厦、后门、沙滩、马神庙、南北池子、皇城根、南夹道、南河沿及西四至西单间的敌伪房地产等等，这些房地产如今价值几万亿元人民币。北京大学没有料到，当年蔡元培、蒋梦麟校长出于理解和同情，挽救了一位学子的求学生涯，如今获得的是如此厚重的回报。

而北洋大学的后身，无论是天津大学还是中国矿业大学，他们从接收大员孙越崎那里几乎是一无所得。北洋大学是中国第一座现代化的大学，现在还有谁知道这一点？大家都以为北京大学是中国第一座现代化的大学。现在天津大学能在中国大学中排名第几？也许，北洋大学从开除参加五四运动罢课游行、并不愿意写悔过书的学生那一刻开始，就开始走下坡路了。大学是青年学子学习成长的地方，而大学、大学的校长，老师对学生的理解、宽容和保护，是学生从激情走向成熟的必要条件。没有学生的激情，社会就缺少推动力；没有大学、校长、老师的理解和保护，学生就会夭折，无法成为社会的栋梁。如今天津大学在提到本校著名的校友时，只提"两弹一星"功勋吴自良、冶金泰斗魏寿昆、水利专家张含英、"制碱大王"侯德榜等等，从不提及被开除学籍的孙越崎。而中国矿业大学的命运更加悲惨，一百多年的历史，历经 14 次搬迁，12 次易名，最后在江苏连云港落户。

二、民国期间的著名企业家

如果说让孙越崎重新入学的蔡元培校长是孙越崎一生中第一位重要贵人，那么孙越崎一生中第二位重要贵人就是翁文灏教授。

1923 年秋孙越崎奔赴东北，他考察了当时中国最大煤矿抚顺煤矿和本溪煤矿以及中国最大炼铁厂鞍山制铁所等。1924 年初，中俄合办穆棱煤矿公司，孙越崎担任中方矿务股长兼机械、工程股长。当时俄方工程师与俄方工人负责一号直井建设，孙越崎带领中方工人负责二号直井建设，并不比俄国人逊色。1927 年孙越崎结识了前来穆棱煤矿考察的北京地质调查所所长翁文灏教授。
翁文灏 1912 年在比利时鲁汶大学获地质博士学位，回国后在北京
大学、清华大学任教授，也担任过清华大学代理校长，是中国现
代地质学的奠基人。翁文灏对孙越崎在穆棱煤矿二号直井的工作
大为赞赏。在翁文灏的介绍下，孙越崎加入了中国地质学会和中
国矿冶工程学会。孙越崎编写了《吉林穆棱煤矿纪实》一书，翁
文灏为书作序。

1929 年秋孙越崎赴美国斯坦福大学采矿系学习，并考察了美
国西部的金矿与油矿。1931 年秋孙越崎转学到哥伦比亚大学研究
生院学习，期间考察了美国东部的煤矿。1932 年春孙越崎花了 40
多天的时间考察了英国、法国和德国的矿冶业。1932 年 7 月孙越
崎经苏联回到中国。

1932 年 11 月应新成立的国民政府国防设计委员会秘书长翁文
灏的邀请，孙越崎赴南京担任专员兼矿室主任，成为翁文灏手下
的一位干将。1935 年国防设计委员会与兵工署资源司合并为国民
政府资源委员会。

孙越崎在翁文灏的领导下干了几件漂亮的事。

第一件事就是组建了中国第一支石油钻井队，并在陕北钻探
到了石油。1933 年 9 月受国防设计委员会派遣，孙越崎赴陕西寻
找石油资源，得出这里可能藏有石油资源的结论。1934 年春，成
立了陕北油矿勘探处，下属国防设计委员会，孙越崎任处长。孙
越崎组建了中国第一支石油钻井队，并亲自率队在延长县钻出了
石油，并成功地提炼成汽油，从此结束了中国没有油矿和没有炼
油工业的历史。

第二件事是整治河南焦作中福煤矿，扭亏为盈。1934 年秋中
英联营的河南焦作中福煤矿因经营不善而濒临破产。事情捅到蒋
介石那里，蒋介石请翁文灏出任中福煤矿整理专员，翁文灏则请
孙越崎任中福公司总工程师，具体负责整治事宜。孙越崎利用管
理穆棱煤矿的实践以及考察欧美煤矿的管理经验，很快让中福煤
矿扭亏为盈。1936 年孙越崎出正式任中福煤矿公司总经理。

第三件事是中福煤矿设备的大撤退与抗战期间四川大后方的
能源供应。1937 年七七事变后，孙越崎果断决定将中福煤矿的所

有设备转移到四川去。最初，中福公司的董事们和英方代表都十分顾虑，因为设备拆除和转运工作实在太困难了。最终孙越崎说服了董事会和英方代表，在民生轮船公司卢作孚先生的帮助下，中福煤矿的设备安全转运到抗战的大后方，完成了东方的敦刻尔克大撤退，这也是中国在抗战期间唯一一个设备没有落入日本侵略军手中的大型煤矿。利用这些煤矿设备，国民政府资源委员会与四川各界在四川创建了天府等四个煤矿，担负了抗战期间大后方四川以及陪都重庆的能源供应。孙越崎亲自出任四个煤矿的总经理。

第四件事是中国第一个石油工业基地玉门油矿的建成。1941年 3 月国民政府资源委员会成立甘肃油矿局，任命孙越崎为总经理。奇迹在孙越崎的手中再次出现。在美国订购的钻井和炼油设备途经缅甸时，被突然占领缅甸的日军所截获。孙越崎带领工程技术人员，自己动手设计和建造钻井和炼油设备，并投入生产。1942 年 8 月蒋介石在胡宗南的陪同下视察玉门油矿，听取孙越崎的汇报，可见玉门油矿对抗战局势有举足轻重的地位。1942 年 11 月玉门油矿就完成当年生产 180 万加仑汽油的生产任务，为中国抗战提供了物质力量。从此，孙越崎就有了中国"煤油大王"的称号，中国工程师协会授予孙越崎"金质工程奖章"。

三、国民政府资源委员会与三峡工程

都说三峡工程是中国人的百年梦想。但是孙中山、萨凡奇与毛泽东做的三峡工程梦是截然不同的。

1919 年，孙中山先生发表《实业计划》，在"改良现存水路及运河"一节中写道："当以水闸堰其水，使舟得以逆流而行，而又可资其水力。"可见孙中山在三峡是要建低坝，壅高水位，改善航运条件，顺便发点电。而毛泽东是要建高坝，在三峡卡住长江洪水。

二十世纪三十年代初，国民政府建设委员会专门组成长江上游水力发电勘测队，对三峡地区进行了首次水利勘察，提出了《扬子江上游水力发电测勘报告》，计划在西陵峡内黄陵庙和葛洲坝修建两座低坝。另外还有一个建设七座低坝的方案。主要的目的都是改善航运条件，顺便发点电。

抗战期间，国民政府邀请了许多美国专家来华担任顾问。1944 年春，在国民政府战时生产局担任经济顾问的美国人柏斯克（G.R.Paschal）提交了一份《中国利用美国贷金建造水力发电厂及还款拟议》的报告。柏斯克建议：由美国投资 9 亿美元并提供设备，在三峡建造容量为 1050 万千瓦的水力发电厂，同时建造一座年产 500 万吨的化肥厂，利用三峡廉价的电力制造化肥向美国出口，并提高中国粮食产量，解决中国人吃饭问题。柏斯克预计还清全部贷款的利息和本钱的时间是 15 年。国民政府对柏斯克的建议颇感兴趣。1943 年底由国民政府资源委员会出面邀请美国垦务局总工程师萨凡奇（John Lucian Savage）来三峡地区进行考察。1944 年 5 月 10 日萨凡奇抵达重庆，开始对三峡地区的考察。当时在资源委员会工作的陆钦侃先生全程陪同萨凡奇考察。1944 年 10 月 9 日，萨凡奇向国民政府资源委员会主任翁文灏提交《扬子江三峡计划初步报告》。萨凡奇建议的三峡坝址在宜昌上游 5 至 15 公里的南津关至石牌之间，大致是如今葛洲坝大坝所在处。大坝坝顶高度约 250 米，抬高低水位约 160 米，水库库容 617 亿立方米（现在三峡大坝坝顶高度 185 米，抬高低水位约 113 米，水库库容 393 亿立方米）。水电站房设在长江两岸，全部深藏于岩石隧道内，各安装 48 台水轮发电机组，每台机组容量 11 万千瓦，总装机容量 1056 万千瓦，估计年发电量为 817 亿度。工程造价估计 10 亿美元左右，计划用 8 年时间完竣。1945 年初，国民政府原则上同意了萨凡奇的三峡计划，并令资源委员会着手筹备。1945 年 11 月 21 日，国民政府资源委员会与美国垦务局签订了技术协助合约，由垦务局代为进行三峡大坝的工程设计，资源委员会决定派遣中方工程师到美国垦务局学习并参与三峡大坝的设计。

1946 年 3 月，萨凡奇重回长江三峡地区，再次对坝址实地勘测，此时孙越崎已经担任国民政府资源委员会副主任，全面了解三峡大坝的规划。之后陆钦侃等受资源委员会派遣到美国垦务局学习并参与三峡大坝的工程设计。

1947 年 5 月，南京国民政府被迫宣布"三峡工程暂告停

顿"。资源委员会致函美国垦务局，称有关三峡计划设计工作因
国内经济困难暂停，并召回在丹佛从事设计的中国技术人员如陆
钦侃等。1948 年 5 月，孙越崎出任国民政府行政院政务委员兼资
源委员会主任，行政院院长是翁文灏。1949 年 3 月孙越崎出任国
民政府工商部长兼资源委员会主任。

四、孙越崎与三峡工程

　　1949 年 11 月孙越崎率资源委员会宣布归顺中华人民共和国人
民政府。1950 年孙越崎被中国国民党开除党籍并受到国民政府以
叛党叛国罪通缉。

　　在 1952 年举行的三反运动中，孙越崎与资源委员会的一些人
员受到怀疑与审查，只有张光斗是唯一的例外。在五反运动中，
老朋友卢作孚自杀身亡对孙越崎的冲击很大。之后孙越崎要求重
回煤矿工作，离开政治中心北京，到唐山开滦煤矿工作。文化大
革命中孙越崎再次因资源委员会问题受到隔离审查，直到 1973 年
才重获自由。1976 年唐山大地震，孙越崎夫妇所住平房被震塌，
两人被埋在废墟中，经邻居抢救而大难不死，但被压断三根肋
骨。唐山地震后孙越崎的女儿接父母回北京居住。1981 年孙越崎
出任煤炭部顾问。1983 年，孙越崎当选为全国政协第六届常委兼
全国政协经济建设组组长。

　　1980 年 7 月 11 日，邓小平在湖北省委第一书记陈丕显、四川
省省长鲁大东等人的陪同下，乘"东方红 32"号轮从重庆顺江东
下，视察三峡地区。途中长江流域办公室主任魏廷琤向邓小平汇
报了三峡工程的 150 米方案，又称低坝方案。与前面提到的萨凡
奇的三峡计划相比，蓄水位低了 100 米，水库库容量不足原来的
四分之一，但是年发电量 1100 亿度比萨凡奇的 817 亿度还要高。
邓小平是个科技盲，上当受骗。船到武汉后邓小平召见胡耀邦和
赵紫阳等表示："建设三峡工程效益很大，轻易否定三峡工程是
不对的。请党中央、国务院及有关部门的负责同志回北京后抓紧
研究。" 1982 年 11 月 24 日在邓小平听取国家计委汇报时再次对
三峡工程表态说："我赞成低坝方案，看准了就下决心，不要动
摇。" 1983 年 4 月 5 日，长江水利委员会前身长江流域办公室向

国务院提交了《长江三峡水利枢纽 150 米方案报告》。一个月后，1983 年 5 月，国家计委组织 350 人审查并通过了 150 米方案。1984 年 2 月 17 日，中央财经领导小组专题研究三峡工程的重要会议在中南海召开。会议决定，今明两年完成三峡工程的前期工作，包括场地的平整等。国家计委也列出专款资金用于三峡工程前期工作。4 月 5 日，国务院原则批准三峡工程 150 米方案。

国务院原则批准三峡工程 150 米方案的消息在邓小平当主席的全国政协炸开了锅。中华人民共和国成立后，决策体制的特点是决策权力高度集中，而且决策经验化，用老百姓的话来说，就是领导靠拍脑袋做决策；当错误决策导致灾难时，决策者又不承担任何责任。当时最大的呼声就是改变决策模式，引入科学、民主决策机制。孙越崎大胆上书表示质疑，因为孙越崎长期担任国民政府资源委员会负责人，对美国垦务局总工程师萨凡奇的三峡计划有很详细的了解。只要把两个三峡工程的计划摆在一起进行简单的对比，就不难看出其中的问题。

赵紫阳对三峡工程的态度比较暧昧。1980 年 7 月邓小平在武汉表态支持三峡工程后，赵紫阳没有公开表达反对，而是按照邓小平的要求安排落实，行动并不积极。先是组织国家计委审查 150 米方案，然后安排李鹏出任中共中央、国务院三峡工程领导小组组长，再由国务院原则批准三峡工程 150 米方案。当全国政协孙越崎、彭德、陆钦侃等上书表示质疑，1984 年 5 月全国政协第二次会议秘书处向水电部发出质询，一批政协委员要求听说三峡工程的情况介绍。水电部对此毫无准备，匆匆地派上官员带着资料到政协去介绍情况，让政协委员十分不满意。

政协委员的意见反映到中共中央与国务院，1984 年 10 月 26 日，赵紫阳以国务院的名义要求水电部结合多方面意见，对三峡工程做出明确、肯定、科学的答复，否则主体工程不得上马。对全国政协委员们的意见表示一定程度的支持。赵紫阳的意图似乎是利用反对派的意见来拖延三峡工程的决策。

当时在全国政协内反对国务院原则批准三峡工程 150 米方案的人很多，包括全国政协副主席周培源、原国家计委副主任林华、原国家计委副主任赵维纲、原中国银行总经理乔培新、原交通部副部长彭德、原商业部副部长王兴让、原总后勤部副部长胥光义、原中国建筑学会会长严星华、中国科学院学部委员侯学煜、原水利水电规划设计院院长兼党组书记罗西北、原北京工业大学副校长陈明绍、原中国人民银行总行顾问千家驹、曾陪萨凡奇考察三峡的原水电部长远规划处副处长陆钦侃先生等等。

当时孙越崎任全国政协经济建设组组长（相当于现在全国政协经济委员会主任），就在经济建设组中成立了一个三峡工程专题小组，孙越崎亲自出任组长，调查三峡工程相关问题。从 1985年 5 月 30 日起，92 岁高龄的孙越崎亲自率领三峡工程专题小组成员考察了都江堰、岷江、计划中的三峡库区、荆江大堤等地，历时 38 天。中国新闻媒体对全国政协经济建设组考察三峡地区没有予以报道。

程虹与靳原撰写的《1919-1992 三峡工程大纪实》一书中记载了这么一个故事：全国政协三峡工程专题小组来到计划中的三峡库区秭归县城，一天中午专题小组中的一位老先生（应该是孙越崎）在街上遛弯，了解当地老百姓对三峡工程的意见。这位老先生碰到了当地的一位小伙，和小伙闲聊起来。老先生问："这里修三峡水库，你是高兴呢，还是反对？"小伙急忙回答说："高兴哪！"老先生继续问："水把这里淹了，房子要搬，田地没了，你们也不怕？"小伙回答说："这有啥好怕的嘛，国家出钱帮我们盖新的，地淹没了，我们就不种地当工人，还好些。"老先生说："谁讲了有这么多好事，国家没有那么多钱帮你们盖新房，都得靠你们自己。往后呀，别听有些干部吹牛皮，哄你们骗你们。"小伙说："听说这里的水库移民都有上百万呢，骗我们是骗不到的，我们又不是三两岁的娃子。"

后来三峡工程上百万移民的事实证明，上当受骗的正是这位小伙，正是上百万的三峡工程移民。田地被淹没了，农民依然不能进城当工人，而是后靠到更高的山坡上，去开垦更加贫瘠的土地。三峡工程给与每个移民的平均赔偿款为 3 万多元人民币，实际分到每个移民手中大概是七、八千元，要想盖新房，必须再借贷款。现在三峡工程上百万移民的基本状态是"三无"：无田种、无工做、无前途。这是国务院三峡建设委员会的官方总结。

　　考察回来之后，孙越崎就撰写了长达 3 万字的意见书，上报中共中央和国务院。在全国政协和国外舆论的压力下，邓小平、中共中央与国务院不得不从原则批准兴建三峡工程 150 米方案的立场上后退一步。

　　1986 年 3 月 31 日，邓小平接见来访的美国《中报》董事长傅朝枢，傅朝枢直接问邓小平："三峡工程会不会因为反对声而受影响？"邓小平回答说："中国政府所做的一切事情，都是为了人民。对于兴建三峡工程这样关系到千秋万代的大事，一定会周密考虑。有了一个好处最大、坏处最小的方案，才会决定开工，是决不会草率行事的。"对比邓小平 1982 年 11 月 24 日的表态："我赞成低坝方案，看准了就下决心，不要动摇"，邓小平这次讲话明显是一个政治上的后退。

　　这是中华人民共和国历史上，中国人民政治协商会议第一次公开挑战中国共产党的绝对决策权，是朝着五四运动所指引的民主、科学（决策）的方向迈出的一小步。

2019 年 5 月 14 日

两位水利学家追悼会的对比

王维洛

　　谢鉴衡和陆钦侃两位水利学家在 2011 年先后去世。谢鉴衡是三峡工程可行性论证泥沙组副组长，陆钦侃是防洪组顾问。前者在泥沙组论证报告上签字，后者拒绝在防洪组论证报告上签字。

　　中国人重视死时的一切礼遇，包括出席追悼会人员的级别、送花圈的人、追悼词的内容，死者的称呼和头衔等等。谢鉴衡的追悼会有胡锦涛、温家宝送的花圈；陆钦侃的追悼会有一副必将留史的挽联：

　　　人云无法亦云三峡关乎民生　子丑寅卯是非有赖我公砥中流
　　　敢做未必敢当国事居然儿戏　张钱邓李功罪无需他人付信史

　　两位水利学家的追悼会，折射出现行中国知识分子政策和知识分子的命运及道德情操。

谢鉴衡

一、谢鉴衡的追悼会

　　2011 年 2 月 9 日，谢鉴衡在武汉去世，享年 87 岁。谢鉴衡的追悼会可以说是中华人民共和国成立以来对一个过世的水利学家级别最高的追悼会。

　　根据新华社和湖北省地方媒体的报道，谢鉴衡逝世后，胡锦涛、温家宝、李长春、习近平、李克强、回良玉、李源潮、朱镕基、李岚清、吴官正、钱正英等，周济、袁贵仁、陈雷等分别以电话、唁电、送花圈等方式表示哀悼，对谢鉴衡的家属表示了慰问。湖北省和武汉市领导更是全部出动。2 月 12 日下午，省委书记李鸿忠专程来到谢鉴衡家中，转达了胡锦涛对谢鉴衡不幸逝世的哀悼和对家属的慰问。省长王国生、组织部部长侯长安、省政府秘书长傅德辉等亲自出席了谢鉴衡的遗体告别仪式。对谢鉴衡的称呼和头衔是：中国共产党优秀党员，中国著名的水利学家、教育家，河流泥沙工程学科的奠基人之一，国际知名的江河治理专家，中国工程院院士，原武汉水利电力学院副院长，武汉大学教授、博士生导师等等。省委书记李鸿忠对谢鉴衡的评价是：谢院士是我国著名的水利学家、教育家，是国际知名的江河治理专家。他将毕生精力献给了我国河流泥沙研究及江河治理事业，为解决我国江河治理及诸多大型水电工程的泥沙问题作出了巨大贡献，在江河治理专业设计、教材建设、教学方法创新和人才培养方面作出了突出贡献。谢院士淡泊名利、醉心科学、严谨认真、潜心学问的精神，忠诚党的事业、视祖国利益高于一切的风范，永远值得我们学习。有关谢鉴衡教授追悼会的报道，见诸于多家官方媒体：《人民网》、《长江商报》、《湖北日报》……

二、当选工程院院士

谢鉴衡算是一位"海归"，1951 年 9 月至 1955 年 11 月，留学苏联，获副博士学位。因三峡工程而出名。1986 年中共中央和国务院委托水利部组织三峡工程可行性论证，谢鉴衡出任三峡工程可行性论证泥沙组副组长。1989 年三峡工程可行性论证工作结束，泥沙组的结论是：三峡工程的泥沙问题已基本清楚，可以解决。1992 年全国人民代表大会批准了兴建三峡工程的提案。为了表彰谢鉴衡等在三峡工程可行性论证中的贡献，李鹏不但特别从总理基金中拿出钱给予奖励，国家科委还向他颁发了科学技术进步一等奖。

任何搞工程论证的人都知道，三峡工程可行性论证泥沙组的工作，不是回答泥沙问题是否可以解决，而是回答泥沙问题如何解决，就是提出解决泥沙淤积问题的具体措施和评价这些措施的效果。

其实，三峡工程上马是邓小平 1982 年已经做出的决定。1986 年的三峡工程可行性论证的任务是给政治家的决策提供一个所谓的"科学的注释"。忠诚党的事业、视祖国利益高于一切的、能够完成这个任务的知识分子，自然会得到政治家的优厚的回报。

三、谢鉴衡的生前留言

追悼会后，媒体传出谢鉴衡生前对三峡工程泥沙问题的留言是："三峡工程建成 30 年内，不论是坝区或变动回水区，泥沙淤积均不会对航运和发电造成不良的影响。"（参见《人民网》：武大著名水利学家谢鉴衡院士与世长辞）

泥沙组先前的结论是："三峡工程的泥沙问题已基本清楚，可以解决。"善良纯朴的中国百姓都把这个结论理解为三峡工程泥沙问题的永久解决。中国领导人吹嘘三峡工程利在千秋，三峡工程可行性论证技术总负责人潘家铮说，三峡大坝万年不倒。但是谢鉴衡生前留言，所谓的泥沙问题是可以解决的，既不是保证一万年，也不是保证一千年，连一百年也不保。谢鉴衡认为只能保证三峡工程建成后的 30 年。那么 30 年后怎么办？谢鉴衡没有讲明。

设想一下，如果谢鉴衡在 1989 年的泥沙组报告的结论不是"三峡工程的泥沙问题已基本清楚，可以解决"，而是"三峡工程建成 30 年内，不论是坝区或变动回水区，泥沙淤积均不会对航运和发电造成不良的影响"，那么三峡工程可行性论证就没有这么容易通过审查，三峡工程也没有这么容易通过全国人大的批准。同样谢鉴衡也是当不上工程院院士的。

如果追悼会之前，谢鉴衡公开其留言："三峡工程建成 30 年内，不论是坝区或变动回水区，泥沙淤积均不会对航运和发电造成不良的影响"，那么胡锦涛、温家宝等也不会去送花圈的，李鸿忠也不会上家表示慰问的。

从"三峡工程的泥沙问题已基本清楚，可以解决"到"三峡工程建成 30 年内，不论是坝区或变动回水区，泥沙淤积均不会对航运和发电造成不良的影响"，最终受害的是中国百姓和子孙后代。

三峡工程是中国这个畸形社会的一个产物，一方面是政治家的武断和愚昧，另一方面是已经成为附庸物的知识分子的软弱和狡黠。政治家不愿承担决策的错误，他们需要知识分子为他们的决策做注释，在决策可能出错的情况下，为政治家背书。附庸知识分子不敢违背"老佛爷"的圣旨，但又要顾及其生前的名利和身后的名声，使用了一个条件句——给了能让政治家满意，自己也能睡得着觉的回答。政治家要的是三峡工程泥沙问题已经解决

的回答，谢鉴衡回答是"三峡工程的泥沙问题是可以解决的"，
"不论是坝区或变动回水区，泥沙淤积均不会对航运和发电造成
不良的影响"。政治家满意了，谢鉴衡得到了嘉奖。但是他那个
条件句暗藏的意思是不难看出的："三峡工程的泥沙问题到底怎
么解决还不知道"，他谢鉴衡保证的是 30 年内，且仅限于坝区或
变动回水区内的泥沙淤积不会对航运和发电造成不良的影响，泥
沙淤积壅高水位对四川省江津、合川地区造成的洪灾威胁，不在
他的保证范围之内；至于 30 年之后，会发生什么？谢鉴衡更是没
有说明。

　　谢鉴衡走了，带着胡锦涛、温家宝送的花圈走了；谢鉴衡走
了，带着中国工程院院士和中国共产党优秀党员的头衔走了。
"功德圆满"地走了。

　　谢鉴衡走了，他走后公布了他生前留下的一句令人思考的真
话，说出了三峡工程泥沙问题的真相。虽然这句话压在他心中 20
多年，毕竟还是将它说出来了。鸟之将亡，其鸣也哀。人之将
死，其言也善。祝谢鉴衡一路走好。

陆钦侃

一、陆钦侃的追悼会

　　两个月后的 4 月 11 日，陆钦侃去世。陆钦侃的追悼会于 4 月
15 日在北京八宝山公墓举行。这个追悼会除《中国青年报》外，
没有媒体报道。笔者看到的只是关心三峡工程的朋友在推特上传
播的信息。下面是郭玉闪发布的一条信息：

　　"陆钦侃先生去世，4 月 15 日上午 11 点八宝山竹厅遗体告
别"。又一个最具份量的三峡工程反对派被时间带走了，告别了
这个乱糟糟让人揪心的中国。和黄万里先生一样，陆先生也努力
反对过三峡上马，又在三峡已然上马情况下，努力争取过降低损
失；也许唯一能令他安慰的是不用亲眼目睹三峡失败的后果。

　　下面是另一位网友写的报道的摘要：

　　陆老的告别仪式，相比起来，是多么的简朴。进入大门，远

望，根本没有什么迹象。走近，才看到竹厅外有七八个人三三两两在低声交谈，都是深色衣服。门口有签到处，两个沉稳俊秀的年轻人，身着庄重 的黑衣，礼貌地让来宾签到，送上一支白菊。进入门厅，里面人也并不是很多，大家各自坐在旁边耐心等候或悄声交谈。来者应该不到 150 人。打听了一下，基本上都是亲朋好友，老同事，陆老的学生。当告别仪式快结束的时候，有个老人在家人的陪伴下蹒跚而来，握住已从告别厅出来的坐在轮椅上陆夫人的手，大声地说，自己是陆老的学生。陆钦侃的后辈提醒周围的人，不要催促这个老人，让他慢慢走，不着急。在门口拿到一张陆钦侃的生平介绍，是他生前所在单位写就的。程式化的官样文章，只字不提他之于三峡工程的关联。或许是我来得不够及时，现场基本没看到一个官方模样的人物，据说这之前也没有追思的程序。也好，这个时候，没有污浊之气是最好的，才会真正往生净土吧。

据笔者所知，参加陆钦侃追悼会的级别最高的官员是原中顾委委员李锐。李锐曾是陆钦侃的同事和上级，也是反对三峡工程的战友。那些口头上表示要感谢反对派的三峡工程的技术和管理负责人，一个也没有到场。

二、人云无法亦云

陆钦侃 1913 年 8 月 22 日出生于苏州，1936 年毕业于浙江大学土木工程系，后在国民政府资源委员会任职，是中国最早参与三峡大坝工程的技术工程人员。1945 年应美国垦务局邀请参加三峡大坝工程的规划，并获得美国科罗拉多大学水利硕士，后回国工作，也算是一位"海归"。中华人民共和国成立之后，陆钦侃一直从事水利水电规划工作，曾任水利电力部长远规划处处长，副总工程师。五十年代，国家制定长江流域综合规划和规划建设三峡大坝工程，陆钦侃任水利部驻长江水利委员会特派员，专门负责长江洪水计算和防洪规划。1986 年中共中央和国务院决定开展三峡工程可行性论证，陆钦侃出任三峡工程可行性论证防洪组顾问。应该说，参加三峡工程可行性论证时，陆钦侃的学术地位和在水利界的名气远在谢鉴衡之上。如果那时陆钦侃也能像谢鉴衡那样变通的话，如果那时陆钦侃能听老部长钱正英劝告的话，陆钦侃后来当选工程院院士，应该是没有问题的，因为三峡工程可行性论证防洪组组长徐乾清和其他许多签字的专家后来都成了工程院院士了。

但是陆钦侃秉承的是苏州陆家的传统："文死谏，将死战"，不能人云亦云。陆钦侃多次明确指出，三峡工程防洪效益有限。陆钦侃认为长江的洪水问题，主要是洪水历时长及水量庞大。加高加固堤防，增加下泄流量往往比用水库蓄洪来得经济。陆钦侃拒绝在三峡工程可行性论证报告上签字，并单独向论证领导小组提出报告，陈述理由。此外，陆钦侃还是揭露 1975 年河南板桥水库和石漫滩水库两座大型水库及竹沟、田岗等 58 座中小型水库溃坝事件，造成超过 23 万人死亡灾难的第一人。

受 1989 年天安门运动的牵连（陆钦侃的文章和对他的采访被收入《长江、长江》一书，主编戴晴入狱，该书成禁书被焚烧），从 1989 年 6 月到 1998 年陆钦侃无法公开发表他对三峡工程的意见。有人说，那时的陆钦侃是徐庶进曹营，一言不发。1992 年陆钦侃失去全国政协委员的资格。1998 年长江发生大洪水，给人民生命财产造成重大损失。江泽民等中央领导认为这是天灾。此时陆钦侃再也忍耐不住了，他接受媒体采访，喊出"这是天灾，更是人祸"，直接挑战江泽民等中央领导。陆钦侃陈述了中央政府只重视三峡大坝的建设，而忽视长江堤防的加高加固，使之未能达到 1985 年制定的长江防洪规划会议制定的目标。同时抗洪过程未按规划动用分蓄洪工程，人为抬高洪水位。这些才是 1998 年长江洪水灾难的根源。1998 年洪灾之后，朱镕基采纳了陆钦侃的意见，发行大量国债，加固并加高长江干堤两米。目前，荆江河道的长江干堤加上分蓄洪工程，已经可以防百年一遇的洪水。

1998 年大江截流完成，陆钦侃见三峡大坝木已成舟，转而致力于将三峡工程的危害减少到最大程度。1998 年 3 月陆钦侃联络全国 24 位著名学者给中共中央、国务院写信，《建议三峡工程先建至初期蓄水位，观察泥沙淤积，缓解移民困难》；1999 年 3 月陆钦侃等再次上书中共中央、国务院，《再次呼吁三峡工程建至初期蓄水位——以缓解防洪与泥沙淤积碍航的矛盾及移民困难》；2003 年 3 月陆钦侃又联络全国 52 名知名学者，第三次上书中央领导人，呼吁关于三峡工程初期按 156 米蓄水位运行。这些呼吁书全部出自陆钦侃一个八、九十多岁老人之手。请注意，当时陆钦侃已经失去全国政协委员的身份，退休在家，住在女儿家一间十分简陋的房间里，连续三次联络全国这么多著名学者上书，并非一件容易的事情。根据当年签字的学者金绍绸提供的资料，国务院三峡工程建设委员会曾给陆钦侃等回信，同意学者建议，决定三峡水库按 156 米蓄水位先试运行 10 年，然后看试验结果再做决定。可是中国政府再次食言，156 米蓄水位只运行 2 年后就开始向 175 米蓄水位冲击。此时的陆钦侃彻底失望了。

真可谓：三峡关乎民生，是非有赖我公砥中流。笔者以为，对陆钦侃的最好纪念，就是关心三峡工程，发出自己的意见。

敢做未必敢当

2011 年 5 月 18 日温家宝主持召开国务院常务会议，通过了《三峡后续工作规划》。在新华社发布的会议公告中，有条件地将三峡工程的一些不利影响如移民安稳致富、生态环境保护、地质灾害防治、长江中下游航运、灌溉、供水等摆到了公开的媒体平台上。但是《三峡后续工作规划》并未对一个最简单的问题作出回答：谁要对三峡工程的上述问题负责？

敢做未必敢当。这是三峡工程决策的致命缺陷。决策者对错误不负责任，主要工程负责人对错误也不负责任。

黄万里生前有个愿望，他希望将来在长江三峡的白帝城也立几个铁人像，让他们跪着向长江、向子孙后代谢罪。他知道笔者在杭州上的中小学，他问，你知道岳坟吗？笔者说，当时上中学就在岳坟旁边，常去那儿。黄万里说，岳飞坟前跪着四个铁人像，三男一女。他谈了他的愿望。黄万里接着问，你知道那四个人是谁吗？笔者回答说，我知道你说的四个人。笔者以为，黄万里的这个愿望一定会实现的。

结束语

　　谢鉴衡的追悼会是如此隆重,陆钦侃的追悼会是那么冷清,其区别只是来自谢鉴衡在三峡工程可行性论证上签了字,而陆钦侃拒绝在上面签字。胡锦涛、温家宝送的花圈随着谢鉴衡遗体已经化为了尘土,而陆钦侃的名字和那副挽联将流芳千古。

2011 年 6 月 22 日

李锐与林一山
——两位早年参加中国共产党知识分子的同路异归

王维洛

一、大学时代参加中国共产党，中华人民共和国成立后转行担任水利水电的领导职务

林一山，1911 年 6 月出生于山东省文登市，1935 年进入北京师范大学历史系学习，1936 年 1 月参加中国共产党。1937 年 9 月回胶东地区担任游击队和地方党组织的领导。中华人民共和国成立后担任长江水利委员会主任。从一个学历史的大学生，成为一个水利水电专家，展现了极强的学习能力。1994 年离职休养，2007 年去世。

李锐，比林一山小 6 岁，1917 年 4 月 13 日生于北京，祖籍湖南平江。1934 年进入武汉大学工学院学习机械，1937 年参加中国共产党，后赴延安。中华人民共和国成立后先在湖南省担任新湖南报社长和湖南省委宣传部长，1952 年调到北京担任燃料工业部水力发电工程局局长。从机械专业转入水电行业担任领导，也很善于学习，而且才华横溢，是高级领导层中少有的人才。1982 年出任中组部常务副部长，负责省、部、直辖市领导班子换届和"第三梯队"工作，后任中共中央委员、中顾委委员。不久前病危入院，引起世人关注。2018 年 4 月 13 日在医院中平安度过 101 岁生日。

三峡啊（《长江、长江》续篇）
——一位学者的道德拷问／王维洛

二、两人都曾深得毛泽东的赏识

在 1953 年到 1958 年期间，毛泽东曾六次召见林一山，让他汇报长江流域规划，讨论三峡工程和南水北调工程等。能受到毛泽东六次召见这样殊荣的在中国还有一人（不包括在京的高管和地方诸侯），这就是电影演员上官云珠。1953 年 2 月 19 日至 22日，毛泽东乘"长江舰"从汉口到南京，在船上与林一山长谈两次，先是毛泽东向林一山兜售南水北调工程的构思，然后林一山向毛泽东贩卖三峡工程的设想。林一山非常巧妙地将毛泽东的南水北调工程和他的三峡工程捆绑在一起，让三峡水库成为南水北调中线工程的水源地，而不是现在的丹江口水库。有人说，三峡工程是毛泽东的梦想，其实三峡工程是林一山的梦想，是林一山卖给毛泽东的梦想。

之后林一山又把毛泽东 1956 年写的《水调歌头·游泳》中的"更立西江石壁，截断巫山云雨，高峡出平湖。神女应无恙，当惊世界殊。"这五句诗词写进了《长江流域综合利用规划要点报告》，作为建设三峡工程的依据。《长江流域综合利用规划要点报告》在《以三峡水利枢纽为主体的长江流域》一章中的第二节（2）"为什么必须以三峡为主体进行流域规划呢？"中开门见山地写道："我国人民伟大领袖毛泽东同志对未来三峡水利枢纽的歌颂："……更立西江石壁，截断巫山云雨，高峡出平湖。神女应无恙，当惊世界殊。"这几句概括地说明了这一伟大河流上主体工程的前景。这是因为三峡枢纽在防洪、发电、灌溉与航运等主要综合利用方面是指标优越和对全江有显著影响的工程。"

林一山对毛泽东的吹捧到了登峰造极的水平。当然毛泽东对林一山也是赞赏有加，曾多次称林一山为长江王，并表示主席这个工作不想干了，要给林一山当副手。

李锐的工作经历中曾经一度担任过毛泽东的秘书。1958 年 1月中共中央召开了南宁会议，讨论三峡工程。林一山和李锐被召到南宁，在毛泽东和其他中央领导面前陈述对三峡工程的意见。之后还被要求各写一篇文章交上去，大有皇帝亲自考状元的味道。最终毛泽东赞扬李锐的汇报简洁有力，文章写得好。南宁会议快结束时，毛泽东对李锐说："你来当我的秘书。"李锐的顶头上司、电力部部长刘澜涛称李锐是毛泽东选中的状元。

三、两人也都曾经是毛泽东暴政下的牺牲品

文化大革命期间，林一山被造反派打倒，并被关进了水牢，而且还被革命群众吊起来毒打。林一山被打断了六根肋骨和一根腿骨，连腰子也被打得移了位置。众所周知，在文化大革命中被打倒的走资派或者其他著名人物，都是毛泽东和江青有计划要打击的对象；而他们要保护的人物，都会通过各种手段和途径得到特殊的保护。既然林一山在二十世纪五十年代那么得到毛泽东的赏识，而且他和江青又认了老乡，为什么林一山得到的却是往死里整的待遇呢？这是因为林一山对毛泽东说了谎话，在后来丹江口水库工程建设上，林一山一而再、再而三地欺骗，因此失去了毛泽东的信任。

在南宁会议上，林一山本来是稳操胜券的。1953年毛泽东第一次从林一山那里听到了三峡工程，毛泽东心血来潮，表态要在三峡这个口子上把洪水卡住，一劳永逸地解决长江洪水问题。1954年长江发生洪水时，赫鲁晓夫正好访问中国，他乘飞机视察了武汉灾情，表示苏联政府愿意帮助中国搞长江规划，搞三峡工程。紧接着苏联专家就来了。1956年林一山撰写了一篇《关于长江流域规划若干问题的商讨》的长文，刊登在当年《中国水利》第5、6月的合刊上，提出修三峡工程从根本上解决长江的洪水问题。并且提出从三峡水库修引水渠道到丹江口水库，南水北调，解决中国北方的缺水问题。这是一项非常宏伟的计划。李锐回敬了一篇《关于长江流域规划的几个问题》的文章，发表在《水力发电》的1956年9月号上。李锐认为："综合利用是规划河流的唯一总方针和总原则、不能把防洪问题绝对化"。紧接着，长江水利委员会在《人民日报》1956年9月1日的头版头条刊出《长江水利资源查勘测工作结束》特号字标题的新闻，副标题为"开始编制流域规划要点，争取在年底确定第一期开发工程方案，解决三峡大坝施工期间发电、航运问题的研究工作即将完成"，文中还涉及了施工期间的具体措施。因为登在《人民日报》头版头条，这篇文章的影响十分大。李锐也写了一篇《论三峡工程》寄

给《人民日报》，但是《人民日报》最终还是没有予以发表，总编对李锐解释的理由是周恩来不同意在《人民日报》上公开争论三峡工程问题，因为毛泽东赞成上三峡工程。李锐只好把文章做些修改，改名为《克服主观主义才能做好长江规划工作》发表在《水力发电》的1956年11月号上。1957年12月3日，周恩来为全国水力发电建设展览会题词：为充分利用五亿四千万千瓦的水力资源和建设长江三峡水利枢纽的远大目标而奋斗！

在这样的形势下，中共中央南宁会议召开了。在南宁会议上辩论三峡工程，林一山有四大优势：

首先是毛泽东对三峡工程的高度热情，毛泽东在一次与林一山的会面中，向林一山透露，中央已经决定修三峡大坝；

第二，有苏联政府和苏联专家的大力支持，因为中国政府修水库大坝的主意就是来自苏联、来自斯大林；

第三，1956年毛泽东三次畅游长江，《水调歌头·游泳》的发表，中国老百姓对三峡工程的热情被"高峡出平湖"的诗句激发出来；

最后，1956年9月1日《人民日报》头版头条的报道，特别是1957年12月3日周恩来的题词，中国老百姓都认为三峡工程决策已经尘埃落地。

所以李锐对辩论的结果根本不抱希望，他只是抱着对历史、对子孙后代负责的态度，把自己的看法陈述出来。

但是林一山在汇报中犯了一个大错。为了能让三峡工程尽早上马，林一山有意大幅度地压低了三峡工程的造价。在谈三峡工程的投资估算和分析时，林一山说，三峡工程造价需要72亿元人民币。此时毛泽东打断了林一山的汇报，指着茶几上一堆资料问："怎么少了，过去不是提160多亿元吗？"林一山根本没有料到，这个最不喜欢数学的毛泽东在听取汇报前还是做了一些功课的，对于林一山以前汇报的数字还是有些印象的。如果此时林一山退一步，说这个数据还需核对，或许南宁会议的结局就会是另外一个样子。但是林一山求胜心切，选择了狡辩。林一山说："经过科研，有些突破，因而能省一些。"这能节省的还真不是一些，而是节省的钱还能再造一个三峡工程。周恩来接着问林一山："如果三峡电站装机由 2500 万千瓦减到 500 万千瓦，50 亿元够不够？"（笔者注：当时中国全国发电装机仅为 500 万千瓦。）林一山马上答道："够了。"薄一波接着问："25 亿够不够？"林一山回答："不行。"毛泽东知道再追问下去也没有任何意义，就对着林一山说："那好吧，就按你说的这个造价，少装机，先把大坝修起来防洪。"突然，毛泽东好像想到了什么，说："不过，你会不会中央决定上马后，你又说不够了？"林一山答说：绝对不会。

接下去就轮到李锐陈述意见。李锐只用了短短 30 分钟的时间就把问题讲清楚了。李锐开门见山地指出，自古只有（黄）河患，而鲜有（长）江患。长江不同于黄河，自古以来是条好河，是世界大河中数得着的黄金水道，泥沙也不如黄河之严重。他特别强调，现在修建三峡水库，涉及移民问题，如坝高 200 米，估计移民至少要 105 万人，极为困难。

毛泽东发现了林一山把三峡工程的造价从 160 多亿元减少到 72 亿元，减少一半多，对三峡工程的造价产生质疑的同时，对林一山也产生了质疑。而且毛泽东似乎意识到，林一山是在钓鱼，先压低三峡工程的造价，等中央决定上马后再抬高工程造价。毛泽东为了给自己找一个下台阶，就批评林一山说，一个学历史的大学生，写篇文章还不如学机械的大学生云云。在南宁会议上，林一山输掉了一场本不应该输的辩论。

南宁会议后，林一山还是在积极准备他的三峡工程，提出了蓄水位海拔 200 米，195 米和 190 米的三个方案，并进行经济技术比较，得出的结论是 200 米方案最优，195 米方案其次，190 米方案最次。从这里也可以看到，1992 年通过的三峡工程 175 米方案绝不可能是个好方案。

毛泽东在南宁会议上对林一山不说实话的担忧，在后来丹江口工程的建设中被证实。丹江口工程于 1958 年 9 月 1 日开工，开工不久林一山告知周恩来，工程投资已经全部用完。周恩来问林一山，把工程建完还需要多少钱？工程下马善后又需要多少钱？林一山回答说，把工程建完还需要一倍的投资，工程下马善后也需要这么多钱。周恩来无奈给林一山追加了一倍的投资。有了新的投资，丹江口工程得以继续进行。当工程进行到一半时，林一山又告知周恩来，钱花完了。周恩来还是老问题，把工程建完还需要多少钱？工程下马善后又需要多少钱？林一山回答说，把工程建完还需要一倍的投资，工程下马善后也需要这么多钱。这样，丹江口工程的最终造价是原计划的四倍，而且最后建成大坝的高度比原计划整整低了 23 米。丹江口大坝 1962 年以前浇筑的近 90 万立方米混凝土共发生架空、裂缝等质量事故 427 次，各类裂缝 2426 条。其实三峡工程的施工质量并不比丹江口工程好多少，只是关于三峡工程质量报告都属于国家机密，老百姓看不到而已。

1958 年是毛泽东最后一次接见林一山。从 1958 年到 1976 年毛泽东去世，林一山再也没有见到这位曾经想给他当副手的毛泽东。林一山在文革中被关进水牢，被打断六条肋骨，毛泽东并没有出面来保护林一山，就是毛泽东几次到武汉也没有向人问询一下林一山的情况并把他保护起来。

李锐比林一山倒霉许多，李锐的晦气就是因为他在南宁会议上被毛泽东选中，当上了毛泽东的秘书。既然是毛泽东的秘书，李锐就有机会参加中国共产党的最高级会议。1959 年李锐跟着毛泽东上了庐山，参加了庐山会议，并在会议上公开发言支持彭德怀，因而被打入反党集团。真如老子所说：祸兮福所倚，福兮祸所伏。

从庐山会议回来，李锐被开除了党籍，撤销了职务，被发配到黑龙江省北大荒八五零农场劳动改造，在北大荒差一点饿死。1961 年 11 月李锐回到北京。一年后李锐又被下放到安徽磨子潭水电站劳动。1967 年 11 月李锐被一架专机接回北京，直接投入了秦城监狱，命令是中央文革小组下达的。在秦城监狱的近 8 年时间中，李锐都被关在单号中。在秦城监狱的单号中，许多"罪犯"都选择了自杀的路，因为那是一种难以忍受的孤独和寂寞。1975 年 5 月李锐出狱，回到了磨子潭水电站。在胡耀邦和安子文的帮助下，李锐于 1979 年 1 月回到北京，担任水利电力部副部长。从 1959 年到 1979 年整整 20 年的时间，李锐一生本应最有作为的 20

年，在北大荒、在安徽的深山、在秦城监狱的单号中渡过，伴随他的是饥饿和孤独，他有诗曰："一生苦难知多少，最怕单监与饿饥"。20 年的反思，使得李锐的思想有很大的提升，特别对毛泽东的认识，可谓入木三分。从这点上来说，这是上天赐给李锐的福。

四、1970年林一山反对毛泽东的葛洲坝工程，宜昌地区人人兼知

如果说李锐在 1959 年庐山会议上支持彭德怀，是反对毛泽东，那么林一山公开反对毛泽东的时间应该是在 1970 年。

文化大革命中，西德同意向中国出口一台 1500 毫米轧钢机。1500 毫米轧钢机生产的钢板可以用于坦克和装甲车。中国政府准备把 1500 毫米轧钢机安装在武汉钢铁厂，为在鄂西北山区生产坦克和装甲车的第二汽车制造厂提供钢板。但是 1500 毫米轧钢机的启动电流很大，担任供电任务的华中电网需要扩容，才能满足 1500 毫米轧钢机的要求。这时，水利部革命委员会负责人钱正英和湖北省革命委员会负责人张体学向毛泽东提议，建设三峡工程，扩大华中电网的能力。毛泽东说："现在不考虑修三峡，要准备打仗。头顶一盆水，你就能睡得着觉？"毛泽东又说："在目前备战时期，不宜作此想。"几年之前，张爱萍将军和张震将军刚刚完成关于三峡工程的军事安全问题的研究报告，结论是，在目前的形势下，敌人以突然袭击的方式攻击三峡大坝，我方无法保证三峡大坝的安全。毛泽东对此报告印象很深。

但是扩大华中电网的能力是必须要做的事。为了打消毛泽东"头顶一盆水"的顾虑，钱正英和张体学采用了长江水利委员会（当时称长江流域办公室）造反派的意见，三峡工程不建高坝，而是搞低坝。工程代号为三三零工程，具体位置在宜昌市境内的长江三峡末端河段上。其实这个方案并不是造反派的新主意，而是当年孙中山的梦想。1932 年，民国政府建设委员会组织长江上游水力资源开发踏勘，在《扬子江上游水力发电查勘报告》中提出在葛洲坝、黄陵庙两处坝址，建低坝各装机 32 万千瓦，主要任务是改善长江航道，顺便发电。1970 年 10 月武汉军区和湖北省革命委员会向中央提交《关于兴建三三零工程》的请示报告，提出

这个三峡低坝工程造价 13.5 亿元，工程开工后三年半开始发电，五年完工。1970 年 12 月 16 日周恩来在国务院会议厅主持会议讨论三三零工程，林一山也出席了（林一山是 1970 年 3 月"解放"的）。参加会议的各方代表都支持这个低坝方案，并赌咒发誓，如不能按期完成建设任务，愿意把脑袋割下来挂在天安门城楼上等等。林一山在会议上做了简短发言，表示坚决反对建设三三零工程。他认为，三三零工程要独立地全部承担长江上游的洪水和泥沙，这是非常危险的。但是林一山的反对意见被一片拥护声音所淹没。十天之后，也就是在 1970 年 12 月 25 日周恩来将兴建三三零工程的报告送交毛泽东批阅，再过一天正好是毛泽东 77 岁的生日。12 月 26 日毛泽东用笔写下："赞成建设此坝。现在文件设想是一回事。兴建过程中将要遇到一些现在想不到的困难问题，那又是一回事。那时，要准备修改设计。"毛泽东的这段话到底是什么意思，当时没有人能搞清楚。中共党史专家至今也没有能够对毛泽东的这段批文给出一个合理的解释。

毛泽东同意建设三三零工程，就是最终放弃建设三峡高坝的念想。这有四个证据：

第一，1970 年 10 月武汉军区和湖北省革命委员会向中央提交《关于兴建三三零工程》的请示报告中的第一句话为：为了实现伟大领袖毛主席的"高峡出平湖"的伟大理想，这就说得很清楚了——这就是毛泽东要建的那个三峡工程；

第二，三三零工程上马后，重庆市的建筑红线限制从海拔 200 米下降到海拔 185 米，三峡地区建筑红线的限制也放松。这就造成林一山的三峡工程蓄水位海拔 200 米、195 米或者 190 米的三个方案全部化为乌有；

第三，水库大坝工程必然涉及移民。三三零工程的移民被安置三斗坪、秭归县城等地，三斗坪是现在三峡大坝坝址所在，秭归县城被现在三峡水库所淹没；

第四，三三零工程淹没屈原故里。为了挽救文化遗产，在秭归县城新建屈原纪念馆，现在也被三峡水库所淹没。

如果当时毛泽东还有建三峡高坝的想法，还想在三峡卡住长江洪水，会下降重庆市的建筑红线限制吗？会把三三零工程的移民搬迁到未来三峡大坝的坝址区吗？会把屈原纪念馆建造在三峡水库的淹没区里吗？难道毛泽东连这一点常识都没有？难道周恩来、钱正英和张体学也一点常识都没有？

二十世纪七十年代宜昌地区的老少妇孺都知道，林一山反对毛泽东的三三零工程。而此时的李锐正被关押在秦城监狱的单号里，在马列书籍的空白处用紫药水写下他的诗词。

五、林一山的时来运转

毛泽东的三三零工程进展十分不顺利。1972 年 4 月排斥在工程之外的林一山被增补为三三零工程副总指挥和指挥部党委常委，但没有任何实权。林一山向周恩来告假，去考察南水北调工程了。1972 年 10 月，长江航运因三三零工程建设而被迫中断。1972 年 11 月 8 日和 9 日周恩来在国务院会议厅召开会议，商讨三三零工程事宜，决定停止三三零工程建设两年，重新设计。

这时，周恩来不得不请林一山出来收拾三三零工程的残局。林一山表示拒绝，坚持要建三峡高坝。最后，周恩来做出让步，让林一山先把三三零工程建好，三峡高坝的事情好商量。林一山看到这是他实现三峡高坝的最好、也是最后机会，于是就答应了周恩来的请求，全面掌管三三零工程的建设。1974 年 10 月三三零工程重新复工。手执上方宝剑的林一山从全国调来 20 多万水电建设大军在宜昌安营扎寨，花大量外汇从国外进口大型设备、并规划和建设从宜昌到上海的高压输电线，一切为三峡工程上马做准备。

1976 年周恩来和毛泽东相继去世。据说毛泽东在生前对人说，将来我死了，三峡大坝建成后，不要忘记在祭文中提到我。毛泽东这里所指的三峡工程，就是当时正在建设中的三三零工程。毛泽东希望要提到他，因为这个大坝是他批准建设的，他自认为是有功劳的。不过，大坝工程建成，也不会有人写祭文或者念祭文，在此也可以看到毛泽东晚年思维逻辑的混乱。

1981 年 1 月三三零工程大江截流，7 月第一台发电机组发电，1988 年底全部发电机组安装完毕，1989 年底国务院对三三零工程做竣工验收。从 1970 年 12 月到 1989 年底一共用了 19 年的时间，而原计划只需要 5 年；最后一共花了 48.48 亿元人民币，而原计划只需要13.5 亿元。

三三零工程完成之后，在宜昌已经安家落户的 20 多万水利工程队的就业问题，就成为林一山手中的核武器，虽然中间有清江上的三个水库大坝工程可以暂时缓解一下。林一山在此时完全改变了反对毛泽东建设三三零工程的态度，而是转身一变，成为毛泽东的坚定支持者，把建设葛洲坝工程说成是建设三峡工程的实战准备，这是毛主席和党中央的主意等等。林一山写书、写文章，纪念毛泽东六次召见他，称他为长江王。同时，长江水利委员会大院中也树立起了林一山的雕像，摆出一副长江王的威风。在有生之年就敢为自己立雕像的，在中华人民共和国历史上，林一山是第一个。

六、李锐出版反对三峡工程的书受到胡耀邦的警告

1979 年李锐回到北京重新出任水利电力部副部长。当时水利电力部里就立着毛泽东对三三零工程的批示："赞成建设此坝。现在文件设想是一回事。兴建过程中将要遇到一些现在想不到的困难问题，那又是一回事。那时，要准备修改设计。"李锐上任后做的第一件事情就是让人把毛泽东的语录牌给撤了。

毛泽东在世时，钱正英没有再敢提出建设三峡工程。华国锋上台后，有非常宏大的经济发展计划，要建设十个钢铁基地，建设十个石油基地等等，他也有意建设三峡工程。不久华国锋因贪大求洋而下台。邓小平表现出对三峡工程的极高兴趣。1982 年 11 月 24 日邓小平在听取国家计委汇报时，对三峡工程表态："我赞成低坝方案，看准了就下决心，不要动摇。" 邓小平表态支持的低坝方案，是蓄水位为海拔 150 米的方案。前面提到，毛泽东赞成建设三三零工程，重庆建筑红线限制从海拔 200 米下降到海拔 185 米，事实上建设三峡工程高坝方案已经是不可能了。1984 年 10 月 28 日国务院原则同意三峡工程低坝方案，并任命李鹏担任三峡工程筹备小组负责人。中共中央和国务院原则同意兴建三峡工程的决定，引起海内外的强烈反对，特别是许多全国政协委员。这样就形成了一个三峡工程的反对派，领头的有李锐、周培源、

孙越崎等。

李锐撰写了《论三峡工程》一书，阐述了他对三峡工程的意见。此时的李锐与 1958 年的李锐已经有了很大的不同，他更多的是从决策民主化与科学化上去分析三峡工程。他说，"像三峡这样关系国计民生的巨型工程，不是哪个部门或地区的事，是全国人民的事；不是我们这一代人的事，而是关系子孙万代的事。这样的大事本来是应该集思广益的，可是过去年代，主观自恃，专断成风，巧言偏信，好大喜功，怎么能够谈得上决策民主化和科学化呢？"但是李锐在偌大的北京找不到敢出该书的出版社，只好回到他曾经担任省委宣传部长的湖南省，让湖南省科技出版社公开发行。之后李鹏把李锐出书一事告到了总书记胡耀邦那里，因为李鹏担任三峡工程筹备小组负责人时搞了一个规定，不许公开讨论三峡工程问题。此时的胡耀邦也是主上派，对李锐的"一意孤行"十分恼火，说：李锐再不听招呼，要给予纪律处分。不久胡耀邦因反对资产阶级自由化不力而下台，闲赋在家。李锐去看望胡耀邦，并赠送《论三峡工程》一书。胡耀邦读完该书后，以一首诗回赠李锐。

戏题李锐同志不赞同修三峡水库论著

妾本禹王女，含怨侍楚王。

泪是巫山雨，愁比江水长。

愁应随波去，泪须飘远洋。

乞君莫作断流想，流断永使妾哀伤。

胡耀邦的这首诗写得很有感情，与他之前在会议上批评李锐不服从纪律、不准李锐发表反对三峡工程的文章相比，完全不同。也许此时的胡耀邦有充足的时间细读李锐的文章，得以从另一角度认识三峡工程。诗中，胡耀邦对李锐的意见不能被听取，表示同情，也有对自己过去的做法表示歉意。请注意诗的最后一句"乞君莫作断流想，流断永使妾哀伤。"让长江永远流淌，是三峡工程反对派的愿望，也是他们的诉求。

之后，李锐将此诗略做修改后，发表在《新观察》1989 年第八期，纪念英年去世的胡耀邦：

> 妾本巫王女，含怨侍楚王。
>
> 泪滴三春雨，愁染六月霜。
>
> 泪愁应随东逝水，乘风直下太平洋。
>
> 乞君莫作断流计，天地灵药八千方。
>
> 石壁立，平湖望，流断永使妾哀伤。

李锐在修改后的诗句中，对三峡大坝的建造（石壁立）、对三峡水库的出现（平湖望），对三峡工程改变长江自然水流的批判就更加强烈。

七、李锐和林一山都没有参加三峡工程可行性论证

1986 年中国中央和国务院决定展开三峡工程可行性论证工作，由水利部部长钱正英主持领导这项工作。钱正英没有邀请李锐参加三峡工程可行性论证，理由是她也没有邀请林一山参加，似乎是一碗水端平。其实参加三峡工程可行性论证的很多人都是来自长江水利委员会，都是林一山手下的兵，林一山的原秘书魏廷铮、林一山手下的工程师徐乾清甚至是三峡工程可行性论证领导小组成员。

在那个时候，三峡工程反对派并不处于劣势，因为赵紫阳并不支持建设三峡工程，但他也不表态反对建设三峡工程，赵紫阳的策略就是拖。国家计委经济研究所副所长、习仲勋原秘书田方和研究员林发棠就编辑整理出版了两大本反对派意见的书，《论三峡工程的宏观决策》和《再论三峡工程的宏观决策》。后来他们又补充了《三论三峡工程的宏观决策》和《三论三峡工程的宏观决策（续）》两本。

1988 年底三峡工程可行性论证进入结尾阶段，三峡工程反对派认为他们的意见在工程可行性论证中未得到应有的重视。著名记者戴晴将反对派的意见汇编成《长江、长江》一书，于 1989 年 3 月在北京公开发行，里面包括了戴晴对李锐的采访。六四天安门事件发生后，戴晴被当作六四事件的幕后黑手被抓入秦城监狱，戴晴主编的《长江、长江》一书被下架、焚毁，《长江、长江》一书中的被采访者均被牵连，再无法公开发表对三峡工程的意见

了。

1992 年元旦，李锐再次向党中央上书，建议推迟兴建三峡工程的时间。这是李锐在全国人大审查国务院提出的兴建三峡工程议案前的最后一次努力，这时的李锐已经不再有受纪律处分的顾虑。

八、林一山的叹息：三峡工程是用做西装的料做了一件马甲

1992 年 4 月 3 日下午全国人民代表大会通过了建设三峡工程的决议，参加投票的人大代表一共 2633 人，投赞成票的 1767 人，占 67%，刚好超过三分之二，投反对票、弃权票和未按表决按钮的共 866 人，占 33%。这个结果将载入全国人民代表大会的史册。这是全国人民代表大会投票表决中投不赞成票最多的一次，可谓前无古人，后无来者。任何一个懂得中国历史的人都知道，这个结果真正的内涵是什么。那些投弃权票和反对票，甚至拒绝按表决钮的人大代表，他们需要多么大的勇气。也可以看到，三峡工程是多么不得人心。

根据李鹏三峡日记，为了保证全国人民代表大会能够通过三峡工程的决议，江泽民亲自到两会党员领导会议上就三峡工程去做动员，用党的纪律要求党员代表投支持票。投赞成票占三分之二强，这与全国人民代表中的中共党员代表比例十分接近。

林一山在得知全国人民代表大会通过三峡工程决议后，十分激动。同时他表示，现在的三峡工程（蓄水位海拔 175 米），是用做西装的料做了一件马甲。他坚信，三峡工程大坝的高程一定还会加高，三峡水库的蓄水位也一定会加高。他说，萧规曹随嘛。这次林一山说的是真话，因为三峡工程的许多效益都是夸大的，特别是防洪功能。林一山最早提出的三峡工程蓄水位海拔 235 米，防洪库容 1000 亿立方米，比现在的三峡工程高出 60 米，防洪库容大 778.5 亿立方米。

九、三峡工程的防洪效益最终由长江中下游、特别是荆江段堤防的防洪能力提高到百年一遇工程替代完成

1994 年 12 月 14 日三峡工程正式开工。1996 年 4 月李锐再次

向中央上书，要求将已经开工的三峡工程停下来。李锐将意见寄给了朱镕基，希望朱镕基在看完之后，如果同意李锐的意见，再转给其他常委。之后，朱镕基给李锐打电话，说已经转给江泽民看了，江泽民要李锐顾全大局，以后不要再提反对意见。李鹏在三峡日记中记载：4月14日，朱镕基对我说，李锐给他打电话，要求中央停建三峡工程。他已经报告江泽民同志，并对李锐做了工作，劝他不要搞串联。4月15日，昨天，江泽民同志在电话里向我谈了几点：李锐上书要求停建三峡工程已被制止，要他从大局出发。

李锐对于党中央领导的态度十分失望。他把1985年发表的《论三峡工程》一书拿出来重新修改，并增加了二十多篇文章，准备重新发表，告知天下。可惜，北京乃至中国大陆没有一家出版社敢出版李锐的新版《论三峡工程》。后来一家香港出版社予以出版。李锐在序言中写道："出版此书始终有两个目的：一是便于世人了解有关三峡争论的历史过程。二是希望有助于国家重大决策的科学化和民主化。至于三峡工程本身，几十年来尤其直到上马之势已定后，我要说的话都已经反复说过，说够了，区区寸心，天人共鉴。我已经尽了自己的历史责任，或者聊以自慰：'我已经说了，我已经拯救了自己的灵魂。'"

1997年11月8日，三峡工程大江截流，江泽民、李鹏率领中央、地方领导到现场祝贺。这是三峡工程最辉煌的时刻。从那之后，三峡工程开始走下坡路。1998年长江发生洪水。三峡工程反对派的陆钦侃先生指出，1998年长江洪水灾害的主要原因是中央政府忽略了长江大堤的加高加固工作，而只是迷信三峡工程的所谓防洪效益。朱镕基接受了陆钦侃先生的意见，从1999年起从国债中拿出大量资金，投资长江大堤的加高加固工程。而三峡工程可行性论证的结论是：要达到能抵御1954年大洪水的水平，荆江大堤须普遍加高2至3.5米，不仅工程上难实现、而且经济上不合理。其实三峡工程的所谓221.5亿立方米的防洪库容，只相当于长江中下游地区在一个2万平方公里的区域内蓄水1.11米的洪水。正如赵紫阳在1986年5月考察三峡地区所指出的，如果在长江中下游的分洪区、滞洪区、百年一遇洪水的淹没区修建多层楼房，让一楼作为洪水时可以淹没的楼层，并让居民备有船只作为交通工具，就可以解决防洪问题。正如李锐所总结的：长江本无事，庸人自扰之。

有人把中国官方媒体历年来关于三峡工程的防洪效益的报道摆在一起：

2003 年 6 月 1 日《三峡大坝固若金汤，可以抵挡万年一遇洪水》；

2007 年 5 月 8 日《三峡大坝今年起可防千年一遇洪水》；

2008 年 10 月 21 日《三峡大坝可抵御百年一遇特大洪水》；

2010 年 7 月 20 日《长江水利委：不能把希望都寄托在三峡大坝上》。

随着时间的推移，随着三峡工程的进展，官方媒体报道的三峡工程的防洪效益越来越小。后来有专家出来解释说，说这是读者对三峡工程的防洪能力的误读，而不是官方媒体的误导。

告诉李锐先生一个好消息，从 1999 年起，中央政府投资对三峡工程可行性论证认为不可能加高加固的荆江堤防以及长江干流中下游堤防进行加高加固，到 2016 年 3 月荆江堤防已经普遍加高了 1.5 至 2 米，加宽了 3 至 5 米，土石方量若筑成 1 米见方的土墙，可绕地球 4 圈，荆江大堤防洪能力已经提高到百年一遇！现在对三峡工程防洪效益的准确表述应该为：三峡工程的防洪效益最终由长江中下游、特别是荆江段堤防加固工程替代完成。而这正是李锐所支持的陆钦侃最初的长江防洪替代方案啊！林一山终其一生坚持的"三峡大坝无可替代的防洪效益"，不过是一张不能充饥的纸上大饼！

十、同路异归

李锐成为毛泽东秘书不久，就在庐山会议上支持彭德怀，走到了毛泽东的对立面，而且他对毛泽东和中国共产党的认识越来越深刻。不久前，李锐对家人表示，死后不开追悼会，不覆盖党旗，不进八宝山，其决裂的决心清晰地展示在公众面前。林一山在 1970 年也曾经一度反对毛泽东，反对毛泽东的三三零工程，但是他还是回到毛泽东的旗帜下，在捧高毛泽东的同时，也捧高了他自己。2007 年 12 月 30 日，林一山病逝。家中设灵堂追思，灵堂中间挂的是 1952 年毛泽东召见林一山时的照片。2008 年 1 月 7 日，中国共产党的优秀党员，久经考验的忠诚的共产主义战士，水利部原顾问林一山同志（部长级待遇）遗体送别仪式在北京八宝山殡仪馆举行。悼念林一山的挽联为：

　一山独秀林不老　大江浩荡水长流

不知道是哪位秀才写的挽联，建三峡大坝是为了卡住长江洪水。有了三峡大坝，长江还能浩荡？长江水还能常流？

死者为大。这位秀才本不应该这样来对待林一山，因为"大江浩荡水长流"这一句诗，恰将林一山贬入了地狱。而参加林一山追悼会的人，其中多有共产党的高级领导和院士专家，却无一人看出其中奥妙，真是可悲可悲。

作为对比，复录李锐修改过的胡耀邦的诗于此：

　妾本巫王女，含怨侍楚王。
　泪滴三春雨，愁染六月霜。
　泪愁应随东逝水，乘风直下太平洋。
　乞君莫作断流计，天地灵药八千方。
　石壁立，平湖望，流断永使妾哀伤。

如果大江浩荡水长流，李锐还会哀伤吗？如果大江浩荡水长流，林一山和李锐还有这一生的争论吗？

2018 年 4 月 26 日

附文：

林一山、李锐留下的遗产

王维洛

参加林一山追悼会部级官员众多，出席李锐追悼会者官员寥寥。三峡工程上马使中国起码新增了六个部级单位。20 多年来在这些单位担任部长、副部长的官员们都感谢林一山。通过三峡工程封官许愿、结帮拉派，中共的利益集团就是这么形成的。

一、一年来围绕三峡工程发生的事情

2019 年 2 月 16 日李锐先生去世。时间过得真快，一年多时间就过去了。在这一年时间中，围绕着三峡工程发生了许多事情。由谷歌地图而引发的关于三峡大坝安全的讨论，参与讨论的人数和参与程度前所未有；2019 年长江中下游洪水，特别是湖南、江西的洪水灾害，惨痛的实践证明了李锐先生和陆钦侃先生对三峡工程防洪效益十分有限评价的正

2019 年 11 月底武汉段长江（网络图片）

确；2019 年秋三峡水库蓄水再次导致长江中下游、特别是鄱阳湖旱情加重。11 月底长江武汉段出现历史低水位，大片沙滩露出水面。武汉人竟把此事当作喜事来庆祝，到"沙滩"上度浪漫周末；2019 年年底，世界自然保护联盟宣布中国特有物种长江白鲟已经灭绝。袁隆平在《中国最大的劫难已无法避免》一文中写道："据观察，农村原本生长的很多小生命、小生物都灭绝了，或者快要灭绝了。螺头、鳝鱼、野生的鱼虾已经很少了；就是池塘、水坝也是混黄的，已经不长水草了。我们吃的食物真的没有出问题吗？那些灭绝的小生命、小生物，和我们在同一环境下，处于同样的生物链当中，他们出了问题，我们还会远吗？"上天的警告，人们似乎没有听到。2020 年 1 月 23 日长江水利委员会所在地武汉因新型冠状病毒疫情爆发封城，武汉成为人间炼狱。

二、李锐和林一山追悼会的对比

三峡工程论争过程中有两对冤家，一对冤家是黄万里与张光斗，另一对冤家是李锐和林一山。

按照中国的风俗，人到走时才能盖棺定论。所以对比李锐和林一山的追悼会，可以获得一些平时难以得到的信息。

参加李锐遗体告别仪式的官员有：中央政治局委员、中组部部长陈希。

参加林一山遗体告别仪式的官员有：全国政协副主席钱正英，前湖北省委书记、省长、国家计委副主任郭树言，前国务院三峡工程建设委

员会副主任蒲海清，前湖南省委书记、省长、现最高法院院长周强，前水利部部长杨振怀、钮茂生、汪恕诚，前国务院三峡工程建设委员会副主任李伯宁，全国人大农业与农村委员会副主任委员索丽生，前水利部副部长黄友若、胡四一、张春园、朱登铨、魏山忠，前海南省委书记、人大常委会主任、省长、前国务院三峡工程建设委员会办公室主任、党组书记汪啸风，前国务院南水北调工程建设委员会办公室主任、党组书记张基尧，前国务院南水北调工程建设委员会副主任、现水利部部长、党组书记鄂竟平，前中纪委驻水利部纪检组组长张印忠，前水利部副部长、现中国大坝工程学会理事长矫勇，前水利部副部长、中纪委驻环境保护部纪检组组长周英，前水利部副部长、前长江水利委员会主任魏廷琤，前国务院三峡工程建设委员会办主任、十一届全国政协社会和法制委员会副主任高金榜，前水利部副部长、前长江水利委员会主任蔡其华，黄河水利委员会主任綦连安，前长江水利委员会党组书记周保志，前长江水利委员会主任黎安田，前中国三峡总公司总经理陆佑楣，中国长江三峡集团公司董事长、党组书记、三峡集团总经理陈飞，长江水利委员会主任马建华，长江勘测规划设计研究院院长钮新强等。

赠送花圈的还有中组部、国务院三峡工程建设委员会、国务院三峡工程建设委员会办公室、中国长江三峡工程开发总公司、国务院南水北调工程建设委员会办公室、江苏省委、湖北省政府、湖南省政府、陕西省政府、甘肃省政府、中国太平洋经济合作全国委员会等。

除去官员，笔者将群众记入，得出的结论是：

1、参加李锐追悼会的最高领导人的级别高于参加林一山追悼会的；

2、群众参加李锐追悼会的踊跃程度超过参加林一山追悼会；

3、参加林一山追悼会的部长级官员要比李锐追悼会多出许多。

李锐以 2：1 胜林一山。

三、林一山让已经被枪毙了的三峡工程起死回生，造就百余高官

笔者所关注的是：为什么参加林一山追悼会的部长级官员要比李锐追悼会多出这么多这个问题。

林一山是三峡工程上马的一个主要推手，使已经被枪毙了三峡工程起死回生。（参见上文"李锐与林一山"）

参加林一山追悼会的部长、副部长们除来自水利部外，主要来自国务院三峡建设委员会、国务院三峡建设委员会办公室、国务院南水北调建设委员会、国务院南水北调建设委员会办公室、中国长江三峡工程开

发总公司、葛洲坝集团和重庆市。而这些部门都是随着三峡工程的上马
建设而设立的副国级、正部级和副部级单位，因之产生了百余位部长、
副部长高官。这些高官们当然对林一山有着特别的感恩之情——没有林
一山就没有三峡工程；没有三峡工程就没有这些新的副国级、部级和副
部级单位，也就没有他们这些部长和副部长们；没有部长和副部长的官
位，也就没有他们退休后继续享受的方方面面的部级、副部级待遇。这
种好处在此次武汉新型冠状肺炎疫情爆发中突显无余：退休部级、副部
级的医疗待遇，保障了优越的医护条件；而退休厅、局级的医疗待遇在
此非常时期，则大大缩水。

四、围绕三峡工程中共利益集团的形成

1979 年，李鹏还只是一个北京电业管理局的局长，其权力还不够大
到保证心爱的女儿李小琳进入清华、北大，只能进华北电力职工大学学
习。在陈云、邓颖超等的"还是自己孩子可靠"政策的优惠下，这一年
下半年李鹏当上了电力部副部长。电力部和水利部合并为水电部后，李
鹏任部长级的副部长。到 1987 年 11 月李鹏当上代总理。从 1979 年到
1987 年短短八年时间，李鹏完成了四级跳。到 1989 年六四时，李鹏在
党内、在国务院内所形成的帮派势力，足以和赵紫阳抗衡。在这期间李
鹏利用三峡工程上马，新增、新建许多部门，为其形成利益集团提供了
方便。李鹏许愿封官的干部，纷纷成为倒赵紫阳的干将。

1980 年邓小平视察三峡地区，即表态支持三峡工程低坝方案（蓄水
位海拔 150 米），指示胡耀邦和赵紫阳着手准备。1984 年国务院原则同
意建设三峡工程（蓄水位海拔 150 米），国务院副总理李鹏出任三峡工
程筹备小组组长。这一年在三峡工程的研讨会上李鹏提议，为了解决三
峡工程的移民问题，可以考虑建立一个三峡特别行政区，直接由国务院
直属，享受省一级别的待遇。赵紫阳认为，主意是李鹏出的，也就由李
鹏来负责筹建。新建一个三峡特别行政区，增加一个省的干部编制！而
且人事权任命全部归李鹏！1985 年 1 月 9 日李鹏向邓小平建议建立
三峡特别行政区（后称三峡省）的事宜，得到邓小平的支持。1985 年 2
月 1 日李鹏亲自找即将退休的水利部副部长李伯宁谈话，告知将任命李
伯宁为三峡特别行政区的负责人兼党委书记。李伯宁喜出望外，立即赶
往宜昌市，招兵买马，组建班子，弹冠相庆，一时好不热闹。由于全国
政协委员们的坚决反对，1986 年赵紫阳下令取消了三峡特别行政区，李
伯宁和那些已经被封官的干部对赵紫阳是恨之入骨。1989 年赵紫阳下

台，李伯宁是一个最主要的打手。

与三峡特别行政区同时被提上议事日程的是设立三峡开发总公司。1984 年 12 月 29 日，中国三峡工程开发总公司筹建处在宜昌成立，原水利部副部长陈赓仪出任主任兼党委书记。三峡工程开发总公司筹建处的任务是完成三峡工程的前期准备，争取主体工程 1986 年开工。由于全国政协的反对，1986 年开始新一轮三峡工程可行性论证。1989 年北京发生六四事件，三峡工程反对派被消声。1992 年 4 月全国人大批准三峡工程。1993 年 1 月李鹏提议新设国务院三峡工程建设委员会，负责领导三峡工程建设和移民工作。身为总理的李鹏亲自担任主任，下设若干副主任及诸多委员，其中一位副主任是国务院副总理；失去三峡特别行政区负责人、党委书记位置的李伯宁，在国务院三峡地区经济开发办公室闲置几年。国务院三峡工程建设委员会成立后，被李鹏任命为副主任。

国务院三峡工程建设委员会下设办公室、移民开发局和监察局，后合并为国务院三峡建设委员会办公室，为部级单位。国务院三峡工程建设委员会办公室的主任出任国务院三峡工程建设委员会副主任，水利部的一些副部长们都在这个位置上干过。

国务院三峡工程建设委员会及其办公室的干部任命不受中共中央关于干部年龄的限制，这对许多干部有很大吸引力。很多人都是受李鹏的特别照顾，在退休前、后，到这里再干一、二届。比如原湖北省长郭树言、四川省长萧秧、重庆市长蒲海清等等。他们对李鹏是感恩戴德，当然也不忘林一山这位祖师爷。此外，国务院三峡工程建设委员会及其办公室还提供一个好处，他们为这些干部提供北京住房。国务院三峡工程建设委员会办公室下设机关服务中心（对外称机关服务局）专门解决领导们的生活问题。

1993 年 9 月 27 日三峡工程开发总公司筹备处终结为期 8 年的使命，国务院批准中国长江三峡工程开发总公司正式成立，升为部级单位。国务院三峡工程建设委员会副主任陆佑楣出任总公司总经理。2009 年 9 月 27 日，这个总公司更名为中国长江三峡集团公司，国务院三峡工程建设委员会副主任曹广晶任董事长。2012 年，曹广晶成为十八届中共中央候补委员中最年轻、最有前途的。2014 年因与李鹏的女儿李小琳说不清的经济关系，被调往湖北省任副省长，其职位由卢纯接任，未能当选代表参加十九届党代会，失去中共中央候补委员资格。继任者卢纯 2018 年也被免职，由水利部副部长雷鸣山接任，其时卢纯一届任期未满、年龄尚未到线。1993 年三峡工程开发总公司成立时是一个穷光蛋，全部资产只是葛洲坝工程每年发电的收入，还是李鹏特批的。后来李鹏利用向全国老百姓收取三峡基金，2009 年更名为三峡集团公司时已从老百姓手里筹集了几千亿元的资本，变得财大气粗。[1] 曹广晶被调查时的一个错误是：三峡集团在北京投资建设房地产，为集团和有关领导谋取福利。

除了水利系统内部形成的三峡工程利益集团而外，围绕着三峡工程，地方上的利益集团也应运而生。1986 年赵紫阳下令取消了三峡特别行政区，李鹏一直骨鲠在喉，要报一箭之仇。当他全面执掌了三峡工程之后，把重庆直接提升为中央直辖市。李鹏采取的办法是先党内后人大，步步为营，先让重庆市代管 "两市一地"。1996 年 9 月 5 日举行的中共政治局常委会，决定重庆市代管万县市、涪陵市和黔江地区。张德邻继任重庆市市委书记，蒲海清任代市长，王云龙任常务副书记。政治局常委会认为，重庆市代管 "两市一地"，可以解决四川省面积过大，人口过多，难于管理的问题。而且有利于加快四川省和重庆市的经济发展，有利于三峡工程建设和做好移民工作。

1997 年 3 月 14 日，八届全国人大五次会议对国务院提出重庆直辖市的提案进行投票，到会 2720 名代表，投赞成票 2403 票，占 88%。重庆上升为中央直辖市，与北京、上海和天津同一地位。重庆市所有的官员自动提升一级，科长升处长，处长升厅长，厅长升部长，弹冠相庆。

五、三峡工程衍生出的另两个中共利益集团

1. 南水北调工程

建设三峡工程的目标除防洪、发电、航运外，第四个目标就是南水北调。由于目前三峡工程的蓄水位只有海拔 175 米，无法向南水北调中线工程自流供水。但是中共还是利用全国人大批准三峡工程的机会，把南水北调工程推上马。2003 年新设国务院南水北调建设委员会和国务院南水北调建设委员会办公室，其模式与国务院三峡工程建设委员会和国务院三峡工程建设委员会办公室完全一样，只是涉及的人员范围更加广泛。三峡工程只涉及湖北省和重庆市（初期还有四川省），南水北调工程涉及湖北省、河南省、陕西省、河北省、江苏省、山东省、天津市和北京市，管理的资金比三峡工程更多。国务院南水北调建设委员会办公室下设综合司、投资计划司、经济与财务司、建设管理司、环境与移民司、监督司，机构比三峡建设委员会办公室更加庞大，设员更多。原国务院南水北调建设委员会副主任、国务院南水北调建设委员会

办公室主任鄂竞平现在就是水利部部长，水利部的不少高官也是从这里出去的。

2. 葛洲坝集团公司

回到林一山为建葛洲坝工程在宜昌聚集的近 20 万水利工程建设队伍，当年它们归属三三零工程指挥部，后改称长江葛洲坝工程局，再改建为中国葛洲坝水利水电集团公司，1997 年改制成为葛洲坝集团股份有限公司，成为第一个上市的水利水电工程公司。在《财富》杂志"中国企业 500 强"排行榜中名列第 69 位。据说公司老总乔生祥是副部长级领导，与中共领导人江泽民、李鹏等都有特殊关系。

2011 年经国务院批准成立中国水利水电建设集团公司，中国葛洲坝集团公司成为其下属全资子公司。中国葛洲坝集团公司也由宜昌迁移到武汉。中国葛洲坝集团公司是隶属于国务院国资委的国有大型企业（又称中央企业），是实行国家计划单列的国家首批 56 家大型试点企业集团之一。目前，中国葛洲坝集团公司在一带一路中起着重要作用。如缅甸的密松大坝即由葛洲坝集团承建，但现在陷入停建的困境。它在亚非拉地区同时承担着许多大坝项目。

中央企业领导人的位置，比部长、副部长的位置更有吸引力，更加抢手。因为这个位置除了有部长的权力，还有每年几百万的年薪实惠。在中国弃商从政比弃政从商更加容易，在央企呆长了想回国务院下属部委或到省市当个领导，不是难事。中央企业领导人的任命不是凭借其领导能力，而是看其归属。利益集团就是这样形成的。

六、结束语

林一山是三峡工程上马的一个主要推手，使已经被枪毙了的三峡工程起死回生。李鹏利用三峡工程，新设机构，封官许愿，结帮拉派，组成利益集团。20 多年来在这些新增单位担任部长、副部长的官员们都感谢林一山。

李锐反对三峡工程，为的是中华民族的长远利益，根本不顾那些想往部长位置上爬的官员们的仕途。

因此，参加林一山追悼会的部长级官员要比李锐追悼会多出许多。

这些年来，从中央到地方各式各样的"利在当代利在千秋"的工程不断涌现，每做一个这样的工程，就增设一些新编制，提拔一批特别"忠于党"的干部，这些干部便得到先富起来的好机会。利益集团就像一个蜘蛛网，编织着，相互维系着，越结越大。

为不结帮、不拉派，中共党内的异数李锐先生补上的挽联是：

逾百年岁月 笑傲人生 庭前争论出奇兵 言明意简 江水永流 神州太平 仗义执言 为民请命 十年秦城 书千首诗 壮怀激励 先生本是一书生

赠平生遗稿 淡看风云 拍案怒起斥凶暴 爱恨分明 宪政民主 普天同庆 挥笔真言 替公还原 几岁开封 平万人冤 心善为本 逝者走时两袖风

2020 年 3 月 6 日

[1] 三峡工程开发总公司最早的资金来自陈云的儿子陈元的国家开发银行。现在没有搞清楚的是，王震儿子王军是怎么在三峡工程中捞钱的？是通过进口水轮发电机组还是其他什么？

科学如何沦为政治的婢女

——三峡工程对生态环境影响利大于弊的结论是如何得出的

王维洛

　　在三峡工程可行性论证中，生态与环境专家组负责工程对生态环境影响的评估，结论是"弊大于利"。这个结论显然是三峡工程决策者们不愿意看到的，遂以该评估报告大纲没有经过环保部门的审批为借口，宣布作废。随即成立了生态与环境专家二组，重新论证，得出了"利大于弊"结论。这个"利大于弊"的论证报告尚未进入审议程序，国务院就下达了批准兴建三峡工程的决定。没有人提出这个举动比作废生态与环境组第一次论证结论的那个借口——报告大纲没有经过环保部门的审批，是个要严重得多的违反《中华人民共和国环境保护法》所规定的审批程序的违法行为。

　　再看二次论证报告本身，生态与环境二组所作的不是三峡工程对生态环境影响的评价，论证题目被改为三峡工程对自然环境和社会环境影响的综合评价。据此题目，报告的结论是：对自然环境的影响为负，对社会环境的影响为正，且大大超过对自然环境的负面影响，二者综合，"利大于弊"。也就是说，这个二次论证，把原论证题目"生态与环境"以"自然环境"替代，另加了一个原题目中并不存在的"社会环境"。这样一来，二次论证虽然得出了与第一次论证相同的结论：三峡工程对自然环境（其实就是生态环境）的影响是负面的，但是却被另生出的那个"社会环境"的正面影响所压倒，得出了让三峡工程政治决策者满意的结论："利大于弊"。这是中国知识分子的狡猾？还是堕落？无论何者，参与二次生态与环境论证的二组所有专家，实际已沦为政治的婢女。

　　现在人们已经看到，要恢复长江原有的生态环境，即使立即拆除三峡大坝，已不可得。这些"专家"们不单是丢了自己的脸，其"罪行"是必记录在史书之中的。

一、简单的历史回顾

　　顺应世界潮流，1979 年 9 月，第五届全国人民代表大会常务委员会第十一次会议颁布了《中华人民共和国环境保护法（试行）》。这个试行法第 6 条规定：新建、改建和扩建工程，必须提出对环境影响的报告书，经环境保护主管部门和其他有关部门审查批准。根据这个规定，1986 年开始的三峡工程可行性论证 14 个专业组中，设有一个"生态与环境组"。组长马世骏，顾问侯学煜、黄秉维，三人都是科学院院士，是中国生态环境领域的领军人物。这是中国历史上第一次对工程所造成的生态环境影响进行评价。关于三峡工程对生态环境的影响，生态与环境组的结论是"弊大于利"。为了缓和与三峡工程论证领导小组的矛盾，组长马世骏在"弊大于利"后面加了一句："许多不利影响是可以通过人为措施加以限制的"。侯学煜坚决不同意这句话的后面半句，认为在目前的知识状态下，三峡工程对生态环境的许多可能影响尚且认识不清，如何能够提出限制的具体措施？这些措施的效果如何就更不可能知晓了。因此，侯学煜和北京大学教授陈昌笃没有在生态与环境组的论证报告上签字。报告就这么交上去了。

侯学煜、陈昌笃没有在生态
与环境专题论证报告上签字

　　1990 年 7 月 6 日，三峡工程论证小组副组长、技术总负责人潘家铮，在国务院召开的三峡工程论证汇报会上说："三峡工程对生态环境影响，不致成为工程决策的制约因素。"

1990年12月，国务院三峡工程审查委员会开始审查三峡工程可行性论证，生态与环境组报告审查负责人为中国科学院院长周光召、国家环保局局长曲格平和林业部部长高德占。周光召是物理学家，并不懂生态环境，但他是马世骏、侯学煜和诸多来自科学院系统专家的顶头上司。不久（1991年4月）身为人大常委的侯学煜死于301医院；5月，马世骏到河北省出差，死于一起至今还没有调查清楚、也无人追查的车祸。

1991年8月3日，国务院三峡工程审查委员会召开了第3次会议，审查并通过了三峡工程论证报告。生态环境组所作"弊大于利"的结论，在这份报告中却被写成了"利大于弊"。

1991年8月31日下午，国务委员宋健召开会议，宣布成立生态和环境二组，重新编写三峡工程对生态环境的影响报告，理由是原报告的大纲没有通过环保部门的审查，是一个程序错误，法律上无效。原生态与环境组专家方子云出任生态和环境二组组长。有了8月3日通过的三峡论证总体报告中的"先斩"——三峡工程对生态环境的影响"利大于弊"，方子云当然明白宋健要他做的"后奏"是什么。

1991年9月生态和环境二组编制、上报了《长江三峡水利枢纽环境影响评价工作大纲》，10月国家环境保护局组织专家评审委员会对工作大纲进行评审，国家环境保护局批复"原则同意专家审查委员会的评审意见，大纲进行必要修改补充后，可以作为编写环境影响报告书的依据"。

不到两个月时间——1991年12月，生态和环境二组即将第二份三峡工程对环境影响评价报告上交，结论是三峡工程对环境的影响是"利大于弊"。

这第二份报告尚未进入审议程序——1992年1月17日，李鹏主持国务院第97次常务会议：批准兴建三峡工程。

其后，1992年1月21日至24日，水利部在北京召开了（第二个）"长江三峡水利枢纽环境影响报告书"预审会议，预审专家委员会由55位专家组成，张光斗任主任。1992年2月1日，水

利部将第二个环境影响报告书送交国务院环境保护局审批。2 月
17 日，国务院环保局批准了三峡工程环境影响报告书。

1992 年 2 月 20 日至 21 日，江泽民主持中共中央政治局常委
会，审议并批准了三峡工程。

1992 年 4 月 3 日，全国人民代表大会以 1767 票赞成、177 票
反对、644 票弃权和 25 票未按表决器通过兴建长江三峡工程。至
此完成了整个决策程序。

二、"弊大于利"是如何变成"利大于弊"的

上边已经说了，生态和环境二组组长方子云十分清楚上面任
命他当组长，是要他在二次论证中"后奏"出"利大于弊"的结
论。但他毕竟是"知识分子"，让他将自己曾经身为组员的生态
环境组作出的、自己也签过字的"弊大于利"的结论彻底推翻，
实在是让他自掴耳光。他是如何在完全没有可能收集到新的数据
的短短 4 个月内做到的呢？这个问题整整困扰了笔者 15 年。

中国官方后来公开发表了方子云主持编写的《长江三峡水利
枢纽环境影响报告书》，但是是个简写、节选本。内中只提到：
"根据三峡工程对环境影响的特点以及预测和评价工作的需要，
评价系统分为：（1）环境总体；（2）环境子系统；（3）环境组
成；（4）环境因子；没有具体内容、具体评价方法和评价结果。
使人完全无从了解得出"利大于弊"结论的相关方法及各分系统
得出的评价结果是什么。

一个十分偶然的机会，笔者在李桂中主编的《电力建设和环
境保护》一书中发现了十多年苦苦寻找的信息——第二篇水利水
电与环境之第 11 章：国内外水利水电工程对环境影响的若干问
题，第 8 节：**三峡工程对自然环境与社会环境的综合评价**——整
整 20 页的文字和表格！笔者仔细阅读和分析了内中传递出的信息
后，非常自信地推断：方子云领导的环境和生态二组偷换了论证
题目，用"自然环境+社会环境"综合评价替代了原"环境和生
态"评价。这样一来，环境和生态二组所作的已经不是三峡工程
对生态和环境影响的论证，其主打的是方子云作为水生物专家根
本不具备专业知识的对社会环境影响的论证。二组结论：三峡工

程对社会环境的影响是正面的，远远大于对生态和环境的负面影响——"利大于弊"由此得出。

难道以张光斗为主任的"长江三峡水利枢纽环境影响报告书"预审专家委员会的55位专家没有一个人看出方子云领导的二组是在"偷梁换柱"吗？难道没有一个人看出方子云领导的二组根本就不具备对换过了的柱子——社会环境影响具有评价资质吗？我宁愿相信他们中没有一个人认真地看了这份报告，仅仅是"签字如仪"。否则，张光斗和55位专家不但是无耻，而且是应该被钉死在历史耻辱柱上的民族罪人！

三、前后两个生态环境组的论证比较

以马世骏为组长、侯学煜为顾问的生态和环境组关于三峡工程对生态环境的影响研究和评价集中在下面几个方面：

- 三峡工程对长江沿岸地区陆生生态的影响；
- 三峡工程对长江沿岸地区水生生态的影响；
- 三峡工程对长江中下游湖泊环境和洪涝地区的影响；
- 三峡工程对长江河口生态环境的影响；
- 三峡工程对库区环境污染及人群健康的影响；
- 三峡库区水土流失现状、趋势和对生态环境的危害；
- 三峡库区移民环境容量。

以方子云为组长的生态和环境二组，保留了以上所有方面，得出了与第一次论证相同的结论：弊大于利。不过将第一次的对"生态环境"弊大于利，改成对"自然环境"弊大于利。如此，方子云并没有推翻自己签字的那个结论，保留了"面子"。

但是且慢，生态和环境二组与第一次的论证组是不一样的。在重复了第一次论证的所有内容后，增加了如下方面：

- 工业发展；
- 农业发展；
- 航运发展；
- 旅游业发展；
- 等等。

生态和环境二组将原设诸方面纳入新设诸方面予以综合研

究、评价，使用的是矩阵法和主观概率累和法。

矩阵法的最大优点是：把本来不可以直接比较的因子，通过数量化而变成可以比较。其最大缺点是：这是一种主观评价方法，比较的结果受参与评价的个人主观认识的影响。虽然可以通过另外一些方法将主观意见客观化，但不能避免根本的缺陷。矩阵法在国外的工程环境影响评价中也有应用，只是名称和做法上略有不同而已。

生态和环境二组的矩阵法中分四个层次：最高一级为影响评价的环境总体。环境总体下分两个环境子系统：自然环境的影响和社会环境的影响。自然环境的影响下又分：水的影响、生物的影响和地球物理的影响。社会环境的影响下又分：社会经济影响和社会生活影响。

矩阵法中最下面一个层次是受影响的因子，一共 32 个，分别是水质、湿度、底质、营养物质（属于水的影响）；森林植被、柑橘和经济林、珍稀植物、鱼类、珍稀水生动物、野生动物、珍稀陆生动物（属于生物的影响）；侵蚀、河床冲刷、泥沙淤积、河岸稳定、诱发地震、土壤盐碱化、土壤沼泽化、局地气候、大气质量（属于地球物理的影响）；工业、农业、交通、耕地、旅游（属于社会经济影响）；就业、文物古迹、景观、娱乐、移民、自然灾害保护和人体健康（属于社会生活影响）。

省去繁琐的计算过程，将生态与环境二组应用矩阵方所得出的综合结论归纳如下：

1、三峡工程对自然环境影响的代数和为-46.16（正值代表有利的影响，负值代表不利的影响）。这样生态与环境二组维持了原生态与环境组关于三峡工程对生态环境影响"弊大于利"的结论，但是巧于心计地用自然环境影响替代了生态环境影响。

2、三峡工程对社会环境影响的代数和为+106.6。

3、三峡工程对自然环境影响的代数和为-46.16，三峡工程对社会环境影响的代数和为+106.6，综合三峡工程对自然环境和社会环境影响，结果为60.44。

故：长江三峡水利枢纽环境影响利大于弊。

使用主观概率累和法也得到相似的结论。

由此可以看出马世骏领导的生态和环境小组论证的是"生态环境"；方子云领导的生态环境二组将"自然环境与社会环境"放在一起综合评价，社会环境因子，特别是社会经济环境因子起到了决定性的作用。所以方子云的二组论证的根本就不是生态和环境，而是社会和经济——南辕北辙！

以马世骏为组长、侯学煜为顾问的生态和环境组关于三峡工程对生态环境影响的评价可以总结为：

三峡工程对生态与环境的影响，按区域分可概括为库区、中游湖区、河口及邻近海域区。库区是影响的集中区。库区植被破坏，水土流失严重，人地矛盾突出，生态环境脆弱，移民容量不足。对中游湖区，主要影响水生物物种资源和鱼类资源、中游农业生态，以及坝下冲刷、洞庭湖冲淤、鄱阳湖环境和越冬珍禽生态等方面。河口及邻近海域区，主要影响是盐水入侵、岸滩侵蚀、近海渔业资源等方面。影响有个随时间积累的过程，但影响的空间分布，从长江河口向近海逐渐缩小。由于三峡工程对中游湖区和河口及邻近海域区的影响具有长期性和深远性，因此对其长远的潜在的影响和后果不可低估。

他们还特别指出：在对生态环境问题都不投资治理的情况下，建坝使环境总质量恶化的速度加快，即在工程建设期内，生态环境质量会从目前的中偏差迅速降至差偏劣。并且建坝会造成某些不可逆转的变化。在对生态环境问题同时投资治理的情况下，不建坝较之建坝环境总质量恢复得快，达到质量较高，在20至30年能转入良性循环，这是建坝投资整治所达不到的。

——摘自《长江三峡工程重大科学技术研究课题研究报告集》

四、科学沦为政治的婢女

至此，三峡工程对生态环境评估的结论是如何从"弊大于利"变成"利大于弊"已一目了然——这是一个科学沦为婢女的过程。我们可以做出以下的结论了：

一、生态和环境二组的《长江三峡水利枢纽环境影响报告书》不是国际通行的工程对生态环境影响报告书，也不是中国环境保护法要求的工程对生态环境影响报告书。笔者无法确定这份报告偷换论证题目是有意为之还是无意所为。

二、去除生态和环境二组报告书中三峡工程对自然环境与社会环境影响综合评价中的社会因素，三峡工程对自然环境影响是"弊大于利"，而且是绝对的"弊大于利"。

三、张光斗领衔、55 位专家组成的《长江三峡水利枢纽环境影响报告书》预审专家委员会未发现该报告偷换概念及其他错误，通过预审，客观上至少是严重失职。

四、国家环保局批准通过这样的《长江三峡水利枢纽环境影响报告书》，为决策者提供错误信息，是渎职。

面对侯学煜死于 301 医院，马世骏死于车祸，方子云想到什么？

钱理群教授曾经提出"说话的三个底线"：1. 做人应说真话；2. 想说真话而不能时应该保持沉默；3. 如果外在环境之暴虐使沉默也难以做到时，我们不得不被迫说假话，至少应该不加害于人。而方子云一没有说真话；二没有保持沉默；三说了假话，这假话也许没有直接加害于具体的某个个人，但是加害的是祖国的山河、中华民族的后代！更其诡异的是，方子云在说假话时，将部分真话隐藏在假话之中，所说假话涉及的又是自己不具资质的领域。是婢女的求生狡猾，还是科学家的力所不能及？

当制度不能保证科学的自由，当制度不能保证科学家的独立，无论是狡猾，还是力所不能及，方子云在笔者眼中是彻底地堕落了，将自己沦为政治的婢女。"达则兼济天下，穷则独善其身"，作为知识分子个体最需要的是独善其身的心态。

有一点是肯定的，三峡工程对环境影响的评估报告是中国第一个环评报告，在全国有示范作用。将三峡工程这个对生态环境造成无可挽回的严重破坏的工程评价为"利大于弊"，此后长江沿线化工厂的环评结论也是利大于弊便不足为怪了。如此想开去，方子云对中华民族的血脉——长江生态环境濒临崩溃局面的罪责是决然逃不脱了了！

2018 年 5 月 7 日

原国家环保局局长曲格平的责任

王维洛

　　二十世纪七十年代，那时的国家环保局局长曲格平为引进环境保护法规、建立工程对环境影响评估制度等做出了开创性工作，被誉为中国环保第一人。三峡工程对生态环境影响的评估是中国第一个环境影响评估的尝试。1988 年底完成的三峡工程可行性论证生态与环境组的结论是：三峡工程对生态与环境的影响是弊大于利。为了缓和与论证领导小组间的矛盾，组长马世骏同意在结论后增加了一句"但是一些弊病是可以通过人为的措施加以限制"。

　　1990 年至 1991 年，国务院三峡工程审查委员会审查三峡工程可行性论证报告，曲格平出任审查"生态与环境"专业报告的负责人，通过了生态与环境组的结论：三峡工程对生态与环境的影响弊大于利。之后这个环境影响评估报告被否定，理由是报告大纲未经审查批准，这样 1991 年 8 月 31 日重新成立了生态与环境二组，这个二组于一个月后上报了报告大纲，年底即上交了《长江三峡水利枢纽环境影响报告书》，报告书的结论是：三峡工程对生态与环境的影响利大于弊。1992 年 2 月 17 日，曲格平领导下的国家环保局批准了这个报告，为三峡工程的开工拆除了最后一道障碍。

　　2003 年 6 月 1 日三峡水库开始蓄水，迄今 16 年的运行实践证明：三峡工程的防洪效益十分有限，在某种情况下反倒促成长江中下游的洪水灾害；三峡水库汛后的蓄水，急剧地减少了下泄流量，加剧了长江中下游的旱情；三峡大坝的出库清水将长江干流的河床掏低，破坏了长江与沿岸湖泊如洞庭湖、鄱阳湖的自然互流关系，导致鄱阳湖、洞庭湖湖水干涸、湖底朝天的现象经常出现。

　　实践证明，三峡工程论证中第一个生态和环境专业组作出的结论："三峡工程对生态与环境的影响是弊大于利"是正确的。

曲格平作为三峡工程可行性论证生态与环境审查组的第一负责人、国家环保局局长，在审查批准了第一份"弊大于利"的报告后，又审查批准了结论截然相反的生态和环境二组的《长江三峡水利枢纽环境影响报告书》，对三峡工程对生态环境造成的灾难有着不可推卸的行政责任，为自己中国生态环保第一人的光环上留下一个晚节不保的污点，同时也使他所引进、建立的对工程进行环境影响评估制度在中国成为摆设，对保护生态环境完全不起作用了。

以 2019 年这一年为例，让我们看看在三峡大坝以下的长江沿岸发生的一系列灾害吧。

一、三峡工程破坏了长江中下游的生态环境

1、三峡水库汛期蓄水是造成长江中下游旱情的主要原因

根据 2019 年 9 月 23 日中央电视台网报道：从 2019 年 9 月 10 日开始，江西鄱阳湖星子站水位下降至海拔 12 米以下，标志着今年鄱阳湖提前进入枯水期。9 月 23 日下午一点，水位下降到海拔 11.17 米。湖中的一座千年石岛——落星墩再次完全浮现出来。

另据中央社台北 10 月 12 日报道，受持续少雨和长江水位降低的影响，中国第一大淡水湖鄱阳湖提前出现枯水期；这次干旱影响范围几乎遍及长江中下游，其中江西、湖北、湖南及安徽等地被列为"特旱地区"。综合新浪及新华社报道，根据 8 日的数据，鄱阳湖指标性水文站星子站水位已下降到 9.99 米，比多年同期平均水位的 15.05 米少了 5.06 米。10 月 14 日中央电视台又报道：鄱阳湖水位跌破 10 米，江西省九成地区出现严重旱情，导致 316.4 万人受灾。

大纪元网 2019 年 11 月 8 日报道，7 月下旬以来，长江中下游地区出现严重干旱，是近 40 年来最严重的一次干旱。其中，位于江西省的中国大陆第一大淡水湖鄱阳湖提前出现枯水期。据江西省应急管理厅 10 月底统计，当时旱情导致农业损失占比 95%以上，440.8 万人受灾，因旱饮水困难需救助的人有 71.2 万。吉安市吉州区长塘镇淇塘村口的池塘干涸、塘底土块龟裂，村民家中已停水近两个月。

中央电视台网把江西鄱阳湖再次提前进入枯水期和湖底朝天的原因归之于"受降雨偏少及上游来水减少影响"。江西鄱阳湖星子水文站位于鄱阳湖入长江处，其水位既受鄱阳湖的影响也受长江来水的影响。上游来水减少，可以是指流入鄱阳湖的赣江、抚河、信江、饶河、修水五大河流，也可以是指上游长江的来水。那么就让我们来看看上游来水减少的主要源流。

2019年8月21日，三峡水库的水位是海拔145.41米，在这之后，三峡水库开始蓄水，水位慢慢升高。就是说，出库的水量小于入库的水量。至9月10日，三峡水库的水位升高到海拔147.20米，即20天内，水库水位升高了1.79米；再至10月2日，水库水位达164.78米，即22天内，水库水位升高了17.13米。自8月21日起，三峡水库从每天拦截8000立方米/秒流量，逐渐增至10000立方米/秒的流量，这几乎拦截了长江上游入库流量的一半；换句话说，就是三峡大坝以下的长江自然流量减少了一半。这就不难看出，长江如此大规模地减少下泄流量，是造成2019年9月中下游旱情的主要原因。

2、三峡大坝出库清水造成鄱阳湖、洞庭湖枯水期加长

鄱阳湖提前进入枯水期和经常出现鄱阳湖变大草原的另一个原因是三峡工程的清水下泄。从三峡水库流出的清水造成长江干流河道的无序挖深，使得长江河道与鄱阳湖、洞庭湖等沿岸湖泊丧失了原本水量自然互补的调节关系，被无序挖深的长江河道"抽干了"鄱阳湖、洞庭湖等的蓄水，造成鄱阳湖、洞庭湖周边地区在枯水期更加缺水。上边说了，星子水文站位于鄱阳湖入长江处，正常情况下，它的自然水位为12米，那么鄱阳湖的最低水位也是12米。由于长江干流河道被无序挖深2米（有资料显示有些地段河道被挖深了6米，甚至更多），星子站水位下降到10米，鄱阳湖的低水位也随之降低2米，湖底跟着也就朝天了。

1992年2月17日国家环保局在批准《长江三峡水利枢纽环境影响报告书》时指出：三峡工程能增加长江中下游枯水期流量，有利于改善枯水期水质，并为南水北调提供水源条件。国家环保局在批文中使用了"能"这个词。确实，三峡水库有一百多亿立方米的活动库容，"能"在洪水期拦蓄洪水，并"能"利用这部分蓄水，增加长江中下游枯水期流量。但是，自从2003年6月三峡水库蓄水以来，三峡水库一直是在逆向运行，即：不是在汛期拦截洪水，减少洪水对中下游的危害，之后以增加的蓄水量供中下游枯水期使用；而是汛期时向下放水排沙，汛期结束，为了满足发电需要立即蓄水，在中下游枯水期之际急剧减少下泄流量。

在批准《长江三峡水利枢纽环境影响报告书》时，国家环保局和曲格平既然在批文中说过："三峡工程能增加长江中下游枯水期流量，有利于改善枯水期水质，并为南水北调提供水源条件。"，那么国家环保局和曲格平局长是可以动用行政手段，责令三峡工程当局实施批准工程论证时特加指出的"能"功能的。但这样一来，三峡工程可行性报告中提出的三峡水库的"排浑蓄清"和三峡工程的巨大"发电效能"就全部泡汤了。笔者认为，在审批这份报告书时，曲格平局长心里非常清楚，那个"能"是根本不可能实现的！这是自欺欺人的小伎俩，还是误国误民的大罪孽？！

二、三峡工程给湖南89个县市带来的旱灾

根据中国大陆官媒报道，自2019年9月以来，湖南省大部分地区的天气总体表现为气温异常偏高、降水异常偏少，干旱状况呈持续发展态势。湖南省共有89个县市达到气象干旱标准，重旱区主要位于张家界、常德、岳阳、益阳、永州、郴州等地。9月30日8时，四水干流及洞庭湖控制站中，除澧水较历年同期偏高0.21米外，湘江、资水、沅水及洞庭湖较历年同期分别偏低0.07米、1.25米、2.29米、2.86米。蒸水井头江站、神山头站，渌水支流南川水潼塘站、铁水泗汾站，汨罗江伍市站水位均接近历史最低水位。报道继续指出，随着三峡水库进入蓄水期，三口四水入湖流量后段将逐步减少，洞庭湖水位仍可能走低，四水尾闾及湖区后段生活生产取水困难加大。

报道指出，进入枯水期后，三峡水库也进入了蓄水期，三峡水库下泄流量减少，长江通过三口（以前是四口）进入洞庭湖的水量也随之减少，导致洞庭湖水位降低。这就是三峡工程导致长

江中下游在每年 9 至 11 月份出现旱情、旱灾、或者旱灾加重的因果关系。老百姓戏言：旱季蓄水，下游干得见底。

三、三峡工程对湖南、江西造成洪灾

但是在出现大旱之前的两、三个月，湖南、江西等地则是另一番景象———一片泽国，就是橘子洲头上的毛泽东塑像也被洪水淹没大部。

2019 年 7 月 12 日澎湃新闻报道，湘江下游发生超 50 年一遇特大洪水，其中衡山、株洲和湘潭站分别为 80 年、100 年、200 年一遇，流量均超历史记录。另外全省另有 11 条河流超过警戒水位。

又根据自由亚洲电台 2019 年 7 月 17 日的报道，江西、广西、广东及湖南等十多个省市出现洪灾。中国水利部官员本周日（14）称，中国已有 377 条河流超过洪水警戒线，比 1998 年以来同期超警河流数量增加近 80%。全国 16 个省市已发布 1 万 5 千次山洪灾害预警。网民周一在境外社交平台推特发出各地水灾的视频显示，江西、广西、广东、湖南等地水势凶猛。在湖南湘江两岸，水面高出地面 5 米左右，众多民众在堤坝上垒沙袋抢险，防止溃堤。另有视频显示，洪水中漂浮着尸体。衡山县湘江河堤长江镇曹家湖段，7 月 9 日早上 6 点出现一个约十五米宽的决口，洪水滚滚而下，汽车和房屋被淹，有些树木仅可见到树梢。据现场消息称，洪水淹没杨梓坪村及附近的 3 个村庄，过水面积达两千多亩，数百户受灾。更有网民 David 爆出，"官媒竟然晚 5 天证实，湘江决堤。"

根据国家环保局对《长江三峡水利枢纽环境影响报告书》的批文，三峡工程对生态与环境第一位的有利影响就是提高长江中下游的防洪能力。那么正当长江中下游的湖南、江西等省遭受洪水灾难之时，三峡工程对生态和环境第一有利影响又是如何实施的呢？

按照"利大于弊"的结论，三峡工程应该立即动用三峡水库的防洪库容，拦截大部上游来水，减少下泄流量，降低洞庭湖三口、岳阳城陵矶、九江星子站的水位，以利于长江支流如湘江、赣江的洪水迅速地进入长江干流，降低支流的洪水水位，减轻溃堤的风险，减少洪水淹没的损失。

但是三峡工程恰恰采取了完全相反的措施，加大三峡水库的下泄流量，使洞庭湖三口、岳阳城陵矶、九江星子站的水位持续上升，加大了湘江、赣江等的洪水灾害。

有网友指出，三峡工程由于不可描述的原因放水，导致长江中下游水位增高，加上连日强降雨，各支流省份为保下游的大城市，只能弃卒保车，乡镇受灾严重。这个不可描述的原因就是，三峡水库并不是毛泽东所描述的那样是个平湖，而是一个斜湖，水流量越大这个水力坡度越大。2019 年 7 月 19 日三峡水库坝前水位在海拔 147.31 米，重庆寸滩的水位则达海拔 174.26 米，两地的水位差为 27.05 米；寸滩的流量是 32900 立方米/秒，还不到 20 年一遇洪水量的一半。如果此时三峡水库大量拦蓄水量，抬高三峡水库坝前水位，重庆寸滩的水位也会被抬高，重庆部分市区就会被淹没。所以三峡工程不敢拦蓄洪水。

老百姓戏言：雨季泄洪，下面冲得七荤八素。

1992 年三峡工程决策之前，在《人民日报》上湖南省省长陈邦柱发表了《湖南人民盼望早建三峡工程》，湖北省省长郭树言发表了《兴建三峡工程是湖北人民的愿望》。陈邦柱认为，修建三峡工程是消除洞庭湖洪水和泥沙灾害的根本出路。从长远计，洞庭湖的根治，寄托于三峡建库。1998 年长江发生洪水时，三峡总公司负责人陆佑楣对记者表示，若有三峡工程在，何愁（长江）洪水逞凶狂？

2019 年，这三位都已离休了。在他们安居北京享受着优厚的副国级、正部级离休待遇的时候，不知心中是否还惦记着湖南、湖北、长江沿岸的人民？

四、曲格平断送了他创建的环境影响评估制度

2004 年 1 月曲格平接受了《东方日报》驻京记者柯力的采访。记者在他写就的"采访记"中首先介绍了曲格平，说他从三峡工程大坝修建到发电，都曾参与过论证。谈到全球关注的三峡工程对环境的影响问题时，曲格平说："大坝建成后，从环境上

三峡啊（《长江、长江》续篇）
——一位学者的道德拷问/王维洛

讲，最基本的一项好处是防止 50 年一遇的洪水对长江中下游的危害。另外，长江有较长的枯水期，大坝蓄水后可对枯水期进行调节。再者，三峡工程的年发电量相当于每年燃烧 5000 万吨煤产生的能量。""至于其弊，主要是大坝修成后，大坝上游乃至重庆段的泥沙淤积问题。今年刚蓄水，究竟能否防止，还需时间检验；二是长江特有的生物尤其是鱼类，因大坝会影响其生存和发育，当前中华鲟已经成功实现人工繁殖，但还有些鱼类受影响较大。利弊相权，我认为仍是利大于弊。"

这次采访的 15 年之后， 2019 年长江中下游的夏季洪灾、秋季旱灾已经实实在在地证明了曲格平在采访中谈到三峡工程建成后的两大好处，不仅不存在，反而是三峡工程造成的两大灾害。老百姓做了最好的总结：旱季蓄水，下游干得见底；雨季泄洪，下面冲得七荤八素。

曲格平是中国环保第一人，他引进了环境保护立法，他引进了工程环境影响评估制度。撰写、提交、审查、批准《长江三峡水利枢纽环境影响报告书》，是中国工程环境影响评估制度上的第一次尝试。之后，中国所有大型工程上马之前都需做工程环境影响评估报告或者简化的工程环境影响评估报告。而那些报告的结论都是：工程对生态环境的影响利大于弊。因为所有的工程都套用了三峡工程对生态环境评估的模式，将社会因子拉入生态环境的评估。其实这不过是块遮羞布，说穿了，就是将党的领导人的想法，放在科学之上。

曲格平引进了环境保护立法，参与了第一次运用这个保护法对三峡工程生态环境影响的评估和审批，前后通过了两个结论截然相反的《长江三峡水利枢纽环境影响报告书》。最终将中共领导人的梦想置于保护法的法律条款之上，这就从根本上彻底摧毁了他亲手建立起来的工程环境影响评估制度！原国家环保局局长曲格平对中国人民犯下的罪行是不可饶恕的！

2019 年 7 月 7 日

建议撤消张光斗和钱正英的中国工程院院士资格

王维洛

　　原中共中央顾问委员会委员李锐先生在三峡工程获人大通过后，曾给中共中央写信建议：为重庆准备后事！因为三峡蓄水必然要淹没重庆部分城区，必然造成重庆港口死亡。

　　本文讨论的是，对造成这个损失要负主要技术责任的张光斗和钱正英，是否应该撤消中国工程院院士资格呢？

一、"高峡出平湖"的梦想终于实现了！

　　2003 年 6 月 1 日，三峡工程下闸蓄水，中央电视台进行实况转播。"中国人民梦想了 100 多年的'高峡出平湖'的梦想终于实现了！"中央电视台的节目主持人张羽激情地说。为了让观众更好地了解"高峡出平湖"的壮观，中央电视台除了在大坝坝址处安排了两个转播点，在大坝上游的奉节和万县又各安置了一个转播点。在大坝处的记者向观众说，大坝上有标尺，由于雾大可能看不清，并说此次蓄水的目标是海拔 135 米。在奉节的记者是花费了一番心血，在依斗门的台阶上每隔 5 米安放一个高程标牌，120 米，125 米，130 米，135 米。记者说，当三峡水库蓄水到海拔 135 米时，奉节的水位也在 135 米，请摄影师把镜头对准 135 米的牌。由于角度不好，图面上只有 130 米的标牌。当画面转到万州的一艘测量船上时，记者却说，当三峡水库蓄水到海拔 135 米时，万州的水位为海拔 150 米。此后出现在镜头前的主持人张羽脸上的笑容便显得尴尬了。

　　万州的水位 150 米，大坝坝址的水位 135 米，这就不是"高峡出平湖"了，而是高峡出"斜"湖了！如果 2009 年大坝坝址的水位上升到 175 米，万州的水位会是多少？比万州更远的重庆的水位又会是多少？ 记者刘卫宏和陈敏撰文并提出问题："6 月 15 日三峡工程二期蓄水结束后，大坝前水面的海拔高度是 135 米，而在上游的巫山约为 143 米，万州约为 150 米。记者了解到，到 6

月 3 日，长江万州段的水位已经比巫山培石的水位高出 3 米左右。按常理，无论长江河床的高低如何，水面应该是平的。但三峡水库上下游的水位何以会出现这么大的落差呢？"

二、三峡工程论证移民组：三峡水库的水力坡度为零

关于三峡水库是否有水力坡度的问题，在国外的网络上早有争论。笔者在接受记者北明女士的采访时指出，三峡水库的防洪库容是在大坝处海拔 145 米到 175 米之间的库容，当大坝处蓄水至海拔 175 米时，水库上游的水位不是 175 米，而是高于 175 米，距大坝越远，水位增高越大。三峡水库的水面，不是一个绝对的平面，而是一个有水力坡降的斜面。特别是三峡工程发挥防洪效益时，长江流量大，水力坡降就更不能忽视了。如果采用三峡论证泥沙组组长林秉南提出的三峡水库的平均水力坡降为万分之零点七的数字，当三峡大坝处的水位为 175 米时，重庆市的水位可达海拔 217 米，重庆的朝天门码头被淹，重庆火车站被淹，重庆的部分城区被淹。

那么三峡水库的水面是平的观点是从哪里来的？这个广泛流传的观点显然受到毛泽东"高峡出平湖"的诗句的影响。但是诗是浪漫主义的体现，不是三峡工程建设的依据。这个观点来自三峡工程论证移民组！移民组的一项主要任务是确定三峡工程的移民人数和淹没损失。

地点	淹没线（米）	距三峡大坝（公里）	移民迁移线（米）
秭归老县城	175	37.6	177
巴东县城	175	72.5	177
巫山县城	175.1	124.3	177
奉节县城	175.1	162.2	177
云阳老县城	175.1	223.7	177
万州	175.1	281.3	177
忠县	175.1	370.3	177
丰都县城	175.1	429	177
涪陵	175.3	483	177
涪陵李渡镇	175.4	493.9	177

（注：根据原全国政协委员陆钦侃先生提供的资料）

在国务院批准、全国人民代表大会审查通过的三峡工程论证报告中，有一张三峡工程的移民淹没红线表。这张表是当三峡水库遭遇二十年一遇的洪水、三峡大坝处蓄水位为 175 时，三峡水库各地的水位和相应的移民迁移线。

从三峡坝址到涪陵李渡镇，一共 493.9 公里，两地水位差为 0.4 米，水力坡度为万分之 0.008，由于两点的移民迁移线均为 177 米，可以视为没有水力坡度。

为什么要选定海拔 177 米作为标准，这是在三峡水库的正常蓄水位海拔 175 米上再加了 2 米高的风浪保险。根据这张表，三峡工程在三峡水库区各地用红线标出了这 175 米的高程，并非 177 米的移民迁移线。三峡库区的人民陪伴着这根水平红线十余年，到三峡旅游的中外游客都是这根水平红线的见证人，世界上上亿的电视机前的观众也看到了这根水平红线。三峡工程公布的移民 113 万人，就是以这条红线确定的。居住在这条红线以下的人们，必须为三峡工程、为"国家的利益"作出牺牲，在限制的时间内迁家挪坟。同时这条红线也是三峡地区今后发展建设的基准点，一切建设，无论是公路、铁路、桥梁还是工厂和住房，都要参照这根

三峡水库各地标出的 175 米移民红线（网络图片）

这条红线。人们常常看到计算机模拟模型，600 多公里长的三峡水库中水位上升，然后到海拔 175 米处停住，形成一个高峡中的"平湖"。

钱正英是原三峡工程论证领导小组组长，张光斗是三峡工程论证的特邀专家、三峡工程论证审查组成员、三峡工程初步设计审查组负责人。三峡工程的移民淹没红线表都是经过他们两人的审查批准的！

三、为重庆、涪陵、万州准备后事

　　根据这根在 493.9 公里内只有 0.4 米水位差的三峡工程的移民淹没红线，万州市（现万州区主城区）三分之二的城区被淹，涪陵市（现涪陵区）三分之一的城区被淹，但是重庆不受水库的淹没影响。为了抢救涪陵老市中心，涪陵市投资了 9.54 亿元修建坝高为海拔 182 米防护堤。长江北岸的忠县石宝寨始建于明末清初，距今已有 400 多年的历史，因为寨门高程正好是海拔 175 米，所以没有拆迁，而是原地保护，不久前刚整修完毕。

　　如果三峡水库的水面没有水力坡度的话！

　　2003 年年 6 月 4 日中新网发表了刘卫宏、陈敏的文章，题目是："权威专家：三峡水库'高峡平湖'水面其实不平"。

　　张光斗解释说，长江上游的水源源不断地流进库区，上下游的水面始终存在一定坡度。并且这一坡度要受水库水深的影响，水越深坡度越小，水越浅坡度越大。因此，三峡水库的水面并不像人们想象的那样是平的。他说，即使三峡工程全部竣工后，坝前水位达到 175 米，库区水面的坡度也依然存在，只是会比现在要小一些。"如果大坝无限高，这个坡度就会无限小，"张光斗说，"这才有可能出现真正的平湖。"

　　长江水利委员会高级工程师廖志丹进一步解释说，三峡水库是典型的河道型水库，其最大特点就是水的"比降"比较大。

　　水力坡度，又称比降（water surface slopeor gradient），河流水面单位距离的落差，常用百分比、千分比、万分比表示。

　　如河道上 A、B 两点的距离为 100 公里，B 点的水位比 A 点高 20 米，则水力坡度为万分之二。国外常用另一种表示方法，称每 100 公里升高 20 米。

　　在自然状态下，从重庆到宜昌的平均水力坡度为万分之 2.3，即 100 公里长度中有 23 米的水位差。

　　张光斗说："三峡工程全部竣工后，坝前水位达到 175 米，库区水面的坡度也依然存在，只是会比现在要小一些。"现在的平均水力坡度为万分之 2.3，比现在小一些到底是多少呢？张光斗没有说。

三峡大坝上游各地的水力坡度不是一个常数，而是一个变量，它取决于入库水的流量、出库水的流量、水库的截面及截面上的粗糙度等。三峡水库各地的水位，即由三峡大坝处的蓄水位和沿途各段的水力坡度所决定。

感谢中央电视台的记者和记者刘卫宏、陈敏，让大家来注意这个问题。当时我就说过，三峡水库是否是平的，等到三峡水库蓄水时就知道了——实践是检验真理的标准。现在蓄水的实践证明三峡水库不是平的。问题是，我们是否还要等到 2009 年，等到那时看看三峡水库遭遇 20 年一遇的洪水并动用防洪库容蓄水至175 米时，重庆到底是否被淹？当然我们还可以等，等到 2009 年再看！

四、建议撤消张光斗和钱正英的中国工程院院士资格

如果这些问题都要等到被严酷的事实证明是错误时，才能改正，那么三峡工程可行性论证又有什么用？

张光斗和钱正英是三峡工程论证、审查、设计、工程质量检查的主要负责人。

在三峡工程论证中，移民组认为水库的水力坡度为零，而泥沙组采用水力坡度为万分之零点七进行论证的，这种互相矛盾的说法竟然能得到张光斗和钱正英的审查和批准。由于三峡工程论证中的这个错误，将导致三峡工程的彻底失败。要保证三峡工程的所谓的效益，就只能让三峡库区承受更大的淹没损失，放弃万州、涪陵以及重庆的部分城区，放弃部分新建的移民新镇，放弃部分新建的高速公里、铁路和桥梁。要么就放弃三峡工程的所谓效益。

张光斗和钱正英负责的三峡工程论证已经出现过夸大三峡地区人口环境容量，得出三峡移民可以在本地安置的错误结论。只是国务院修改了移民政策，将 14 万移民异地安置，而没有追究张光斗和钱正英的责任。

同时，张光斗和钱正英在三峡工程质量检查中隐瞒问题，针对三峡工工程的质量问题，他们两人是带着红牌去，最后由于三峡开发总公司的态度好，连黄牌也没有出示。这种做法违反了

"做裁判"的基本规矩。

鉴于张光斗和钱正英在三峡工程所犯的错误，建议撤消张光斗和钱正英的中国工程院院士资格。

原刊于 2003 年 6 月 22 日《华夏文摘》

三峡工程的守望者们

三峡工程的三大致命缺陷

黄观鸿

中共通过人民代表大会表决，决定三峡工程开工后，家父黄万里教授于1992 至 1993 年先后三次上书江泽民，力陈三峡建大坝祸国殃民最后必将炸坝的理由，结果石沉大海，江泽民当局置之不理。

三峡工程开始筹备时期的上世纪九十年代，中国还很穷，想向美国借钱。先联络美国垦务局（US Bureau of Reclamation），垦务局发现三峡工程用钱巨额，事情就闹到了当时的美国总统克林顿那里。克林顿询问，我们有人知道中国水利界情况的吗？答曰，有一个清华大学教授黄万里，是我们香槟伊利诺伊三十年代毕业的水利博士，1957 年因为反对修建黄河三门峡大坝被打成右派，此人对三峡工程定有见解。克林顿总统便通过国际咨询局（International Board of Advisory）咨询。当国际咨询局找到家父黄万里时，他经过文化大革命被打成里通外国特务之后，警惕十分，先向水利系和清华大学党委汇报，写好对三峡工程的看法后，一份交清华大学党委领导存档，一份寄给国际咨询局送美

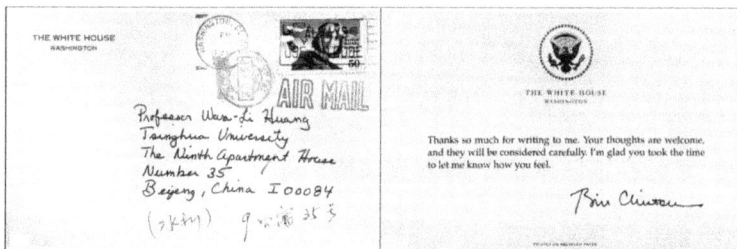

图 1 克林顿总统写给黄万里教授的信

国。家父虽然警惕，但对三峡工程的致命缺陷毫不留情。结果，三峡工程向美国借钱的中国梦被黄万里给搅黄了。克林顿来信虽短，意思都在里面了。

上世纪九十年代家父黄万里为三峡开工操心痛哭时期，正是笔者放弃了前半生的努力及在大学教研室主任的职位，投奔自由逃到美国，从 48 岁开始读博士学位的时期。家父写诗《哭三峡大坝开工》，我回信家父，"大坝分崩离析日，家祭焚香告乃翁"。家父 2001 年过世后，我利用退休时间联合反对三峡建坝的网友，开始在中国网站上，揭露三峡工程的致命缺陷。最初在 xxx 网站，后来因为写了水库移民被拉黑，2010 年转到在凯迪社区猫眼看人网站，以我为楼主，联合其他几位志同道合的网友，开始了题为《用良心和科学看住三峡》的长达 5 年多的对三峡工程的研究和揭发。我们从水文站及其他有关网站搜集水文气象资料，利用先进的美国软件，从技术角度每天跟帖揭发三峡集团公司欺骗大众的谎言。一位网友，每天用软件制出一张三峡水库水情图（见下图）。我们自己边学边做，出图表，做计算，没有人发我们工资，全凭良心出战。

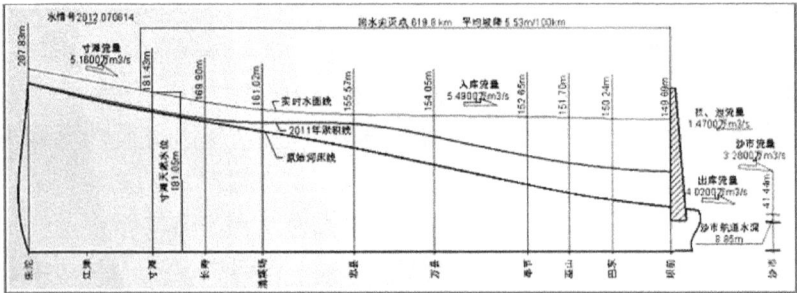

图 2 典型的三峡水库逐日水情图

现在根据我们这些年的研究，对三峡工程在卵石淤积、防洪库容和清水下泄三个方面的致命缺陷提出报告如下。

（一）卵石夹沙随水而下堵塞重庆港阻航滥泥湾

黄万里教授就三峡大坝开工写了三封信警告江泽民，指出了三峡水库的卵石淤积是必将酿成大祸的根本原因，其中第二封信里信中开宗明义，这样陈述："1992 年 11 月 14 日曾函陈（警告江泽民第一封信）长江三峡大坝决不可修等水利方面的意见，附文简释有关技术问题，未见批复。而总理已赴汉口开始筹备施工。在此我愿再度郑重地负责地警告：修建此坝是祸国殃民的，请速决策停工，否则坝成蓄水后定将酿成大祸。**此坝蓄水后不出十年，卵石夹沙随水而下将堵塞重庆港**；江津北碚随着惨遭洪灾，其害将几十倍于 1983 年安康汉水骤涨 21 米，淹毙全城人民的洪灾。最终被迫炸坝，……"

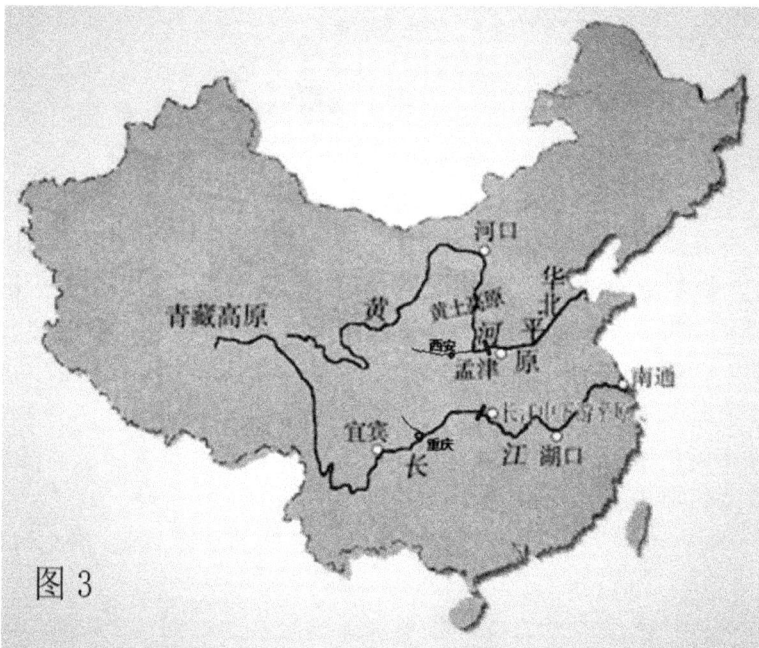

图 3

三峡大坝坐落在宜昌（见图 3 长江上的短杠），坝后从宜昌到重庆，便是长度约 600 公里，宽度平均 1 公里的三峡水库，其实是一条极其狭窄的水道。对于三峡水库年平均推移质（即卵石和粗沙砾）的吨位数量，成库前后有大相径庭的三种说法：

第一种说法：长江委 1993 年提出，75.8 万吨。

第二种说法：黄万里 1993 年提出，约 1 亿吨。

第三种说法：潘家铮 2003 年提出，几百万吨。

第一种说法最先来自黄万里教授对 75.8 万吨的批评（"黄万里，关于长江三峡砾卵石输移量的讨论"，《水力发电学报》1993年第 3 期 总第 42 期）："……重庆的（多年平均卵石输移量）长江委说只有 27.7 万吨/年，宜昌只有 75.8 万吨/年，……所举之数皆不可靠。"这个数字，在长江水利委员会的反批评（"长江水利委员会水文局，对黄万里估算长江三峡卵石输移量一文的讨论"，《水力发电学》1994 年第 2 期 总第 45 期）得到证实："通过 1961 到 1993 年的量测，长江水利委员会测得以下各站的多年平均卵石推移量为；朱沱 32.1 万吨，寸滩 28.2 万吨、万县32.0 万吨，奉节 38.7 万吨，宜昌(建库前)为 75.8 万吨。"

第二种说法来自黄万里教授，他再度反批评长江委 75.8 万吨说法不可靠（黄万里，"关于长江三峡砾卵石输移量的讨论（续）"，《水力发电学报》1995 年第 1 期 总第 48 期）："既如上述，在宜昌重庆无法实测或实验出长江卵石的输移率，则惟有利用其上游小流域实测到的资料间接推算……。"于是黄引用"可加性物理量的统计可加性"，根据"都江堰以上岷江这一 2.3万平方公里流域里出来的具有代表性的实测平均卵石输移量"，推算出宜昌的从 100 万平方公里流域出来的长江卵石多年平均年输移量是 0.87 亿吨。黄又用小流域实测的悬沙与河床卵石年输移量的比例关系与宜昌测到的悬沙年输移量，间接推算出长江干流宜昌站的卵石多年平均年输移量 0.92 或 1.21 亿吨。这三个数字，0.87 亿吨、0.92 和 1.21 亿吨，便是其数量级 1 亿吨的来源。

第三种说法来自三峡工程枢纽工程验收组副组长兼枢纽工程验收专家组组长、潘家铮院士。2003 年七月三峡大坝二期工程完工蓄水后，中国青年报记者卢跃刚，就社会各界人士高度关注的一些担忧和质疑，走访了三峡工程权威专家潘家铮院士。潘家铮在答问中（卢跃刚、潘家铮，"三峡工程答疑录"《中国青年报》2003 年 7 月 2 日）说："长江每年三峡的泥沙，平均为 5.3 亿吨，绝大多数是悬移质，推移质（砾卵石）仅数百万吨，这是经过几十年的实测资料得到的结论，由此通过大量的分析、试验、验证，得出'三峡水库采取蓄清排浑的调度方式，绝大部分有效库容可以长期保存'的结论，这都是建立在科学基础上的，是泥沙专家组一致同意的结论。"也就是说，10 年之后，三峡工程官方权威潘家铮院士对长江委和黄万里各打五十大板，说推移质（砾卵石）是数百万吨。可惜作为工程院士潘家铮说的"数百万吨"，不知是 2 百万吨还是 9 百万吨（连一位有效数字都没有）。我们姑且取平均值(200+900)/2=550 万吨，据此，潘家铮否定了长江委的说法 75.8 万吨，550/75.8=7.3，是长江委的 7 倍多；潘家铮也否定了黄万里的说法 1 亿吨，10000/550=18.2，比黄万里的低 18 倍。三峡大坝修建之前，关于长江宜昌以上的卵石多年平均年输移量的三种说法，彼此之间的差别竟达 7 倍到 18 倍之钜！

这里笔者要强调两个概念。一是讨论河流的推移质时，必须明确其所对应的该河流流域的集水面积（或流域面积）；二是河流中的岩石从集水面积的开始，顺水到达河流的支流或干流的任何截面，都是要随时随地经受磨损的。据此，展开我们的报告如下。

图 4 三峡水库起点江底淤积卵石尺寸（网上图片）

图 4 是长 600 公里的三峡水库起点，接近与长江干流汇合处的嘉陵江重庆市区段，在 2013 年冬季枯水期的江底卵石淤积情况。注意，嘉陵江上游有个叫合川的地方，有涪江和渠江加入，三江汇合，图这里的集水面积是 16 万平方公里，我们看到的卵石

是上游所有支流树叶状集水面积暂时沉积在这里的推移质，其它由细沙沙砾等组成的悬移质已经流走了，这些流走的悬移质是从我们看到的图中的卵石上磨损下来的，否则那些大如甜瓜甚至大西瓜的卵石怎么会磨圆？

从图 4 我们还知道，这些重量几十斤甚至几百斤的大石头不可能从河床下冒出来的，应当都是从上游搬运下来的。可能吗？根据阿基米德原理，浮力等于排开同体积水的重量，所以比重为2.7 的石头，没在水下，"比重"剩 1.7，只比水重 70 ％而已，江水的流速，特别是洪水时期，加上水中的漩涡，足可以把只比水重不多的这些大石头举起来，裹挟而下。

抗战时期，黄万里教授在金沙江诸河道步行三千里，带领水利勘探队测量河流水文数据，在实践中逐渐建立了水文地貌的观点。1938 年黄在担任整治涪江航道测量总队长时，先头大队一位测量员卢伯辉，从船上下到刚刚没膝盖的水深的陡坡急流下，不能在水中站稳而摔倒，最后竟至淹死在一公里之下。暮色中黄赶到出事地点，不理解如此浅水怎么会淹死人。他一只脚探入水中，才发现河底的卵石竟然是移动的，而且是分层向下移动。通过这次沉重的教训，黄万里认识到河床会有可移动的多层卵石机构，万万不可忽视（《长河孤旅》，赵诚著）。回到三峡水库推移质年平均吨位的讨论，当江流从库尾重庆嘉陵江长江汇合口下行，携带着悬移质和推移质来到 250 公里下游的忠县溢泥湾。下两图分别是重庆航道处 2011 年汛期在溢泥湾闻光华副处长乘船拍摄录像的两个镜头（中新网溢泥湾淤积报道录像 2010-7-8），图

图 5 江边挖泥船捞起的卵石

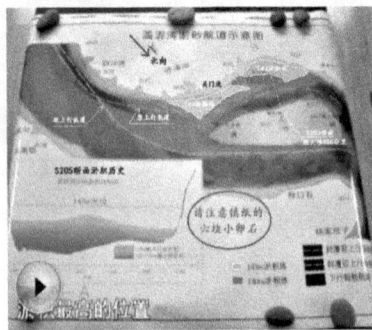

图 6 地图镇纸用卵石

5 显示的一位搬运工身后的卵石尺寸，这里甜瓜大小的卵石，比溯长江 250 公里以上的嘉陵江重庆段图 4 的巨大的西瓜大小卵石小多了；图 6 镇纸用的卵石只有鸽子蛋大小了。如果设想这里鸽子蛋大小的卵石，在集水面积的源头有鸡蛋大小，形状相似，且特征尺寸鸡蛋比鸽子蛋大一倍，那么体积或重量，源头的鸡蛋卵石就是磨小了的镇纸卵石的（二的立方）八倍了！7/8 的推移质变成了悬移质。

以上讨论说明，通过嘉陵江金沙江汇合重庆到忠县滥泥湾 250 公里河道里，卵石之间的摩擦，卵石与沙子的摩擦，卵石与河岸、江底的摩擦，滥泥湾这里的卵石尺寸比嘉陵江重庆汇合口的尺寸，明显减小。严格地说，讨论三峡水库内推移质年平均吨位，必须考虑这个截面之前集水面积所有起始推移质原本重量，不能只测量当地河道截面处的卵石和粗沙砾，还要包括整个集水面积内原始真实的推移质出产量。换言之，那些经过当地截面已经流下去的悬移质，可能是推移质磨损下来的沙子，这些沙子在集水面积源头本是推移质的一部分。

继续介绍我们在《用良心和科学看住三峡》中，对三峡水库成库后最初十年淤积分析的一个帖子。

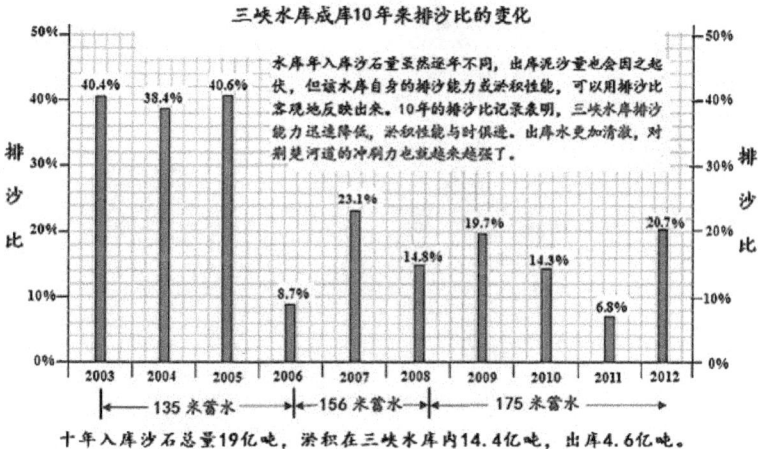

图 7 三峡水库成库十年来排沙比的变化

图 7 给出了三峡水库成库开始蓄水的十年期间，2003 至

2012，水库年出库和入库沙石量之比即排沙比的变化。从图可见反映了水库自净能力的排沙比，在大坝蓄水高度 135 米的前三年还有 40%，但是随后蓄水到 156 直至 175 米高程，后 7 年平均年排沙比陡降至约 15%。统计数据是这 10 年入库的沙石总量约 19 亿吨，淤积在三峡水库库内 14.4 亿吨，出库仅仅 4.6 亿吨。事实说明，三峡水库排沙能力迅速降低，后 7 年的平均排沙比 15%，就是将来 2012 年之后常年的排沙比，也就是说此后常年年淤积将达到 85%。如此绝大部分沙石都淤积在库内，是要惹大祸的。黄万里教授修坝前曾警告江泽民，**10 年堵塞重庆港**。果然，重庆市原来最大的，年通过能力为 10 万个标准集装箱的国际集装箱专用码头，九龙坡码头，不到 10 年就严重堵塞，当局最后彻底放弃九龙坡集装箱码头，改在十几公里下游的寸滩建设新的集装箱码头。对此，当年三峡集团总公司董事长曹广晶不得不承认，他们可以用三峡发电赚的钱，修建寸滩码头，补上九龙坡码头的损失。

当年我们在猫眼看人网站《用良心和科学看住三峡》，利用

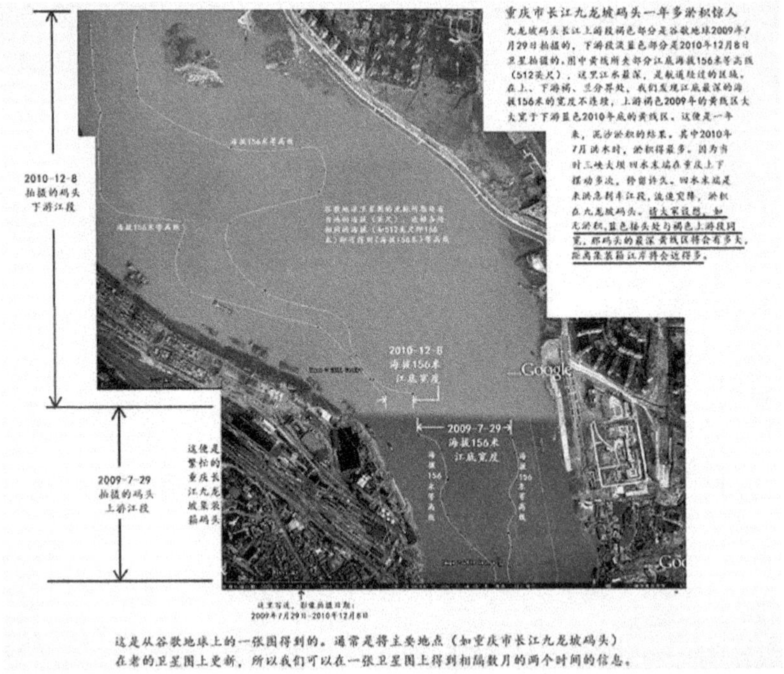

这是从谷歌地球上的一张图得到的。通常是将主要地点（如重庆市长江九龙坡码头）在老的卫星图上更新，所以我们可以在一张卫星图上得到相隔数月的两个时间的信息。

图 8 三峡水库成库后第 7 年（2010）九龙坡水陆联运集装箱码头的淤积

美国 Google Earth（谷歌地球）免费软件，证实了九龙坡码头江底严重的淤积情况（见图 8）。谷歌地球软件打开后，可以立刻看到鼠标所指点的经度、纬度，特别是当地的**海拔数据**，不但陆地上，水下的**江底的海拔**也可得到。此外，任何两个地标之间的距离可以通过标尺得到。据此，我们把九龙坡码头外长江江底海拔156 米的等高线画出如图 8，这里两条 156 米江底等高线之间所夹的深水区是深航道。此图深色下半部是 2009 年 7 月 29 日卫星图，而浅色的上半部是 2010 年 12 月 8 日的卫星图。2010 年夏汛，三峡水库末端的重庆是回水（壅水）末端，沙石淤积大增，所以可见，2009 年深色区宽敞的 156 米以上深水区，到 2010 年，三峡水库成库的第 7 年，浅色的 156 米以上深水区，突然变得十分狭窄了。可以推测，此后 2012 和 2014 年夏汛更大的洪水，使得九龙坡码头淤积更甚，以至于逐渐废弃被新建的寸滩集装箱码头代替。

图 9 注销九龙坡水陆联运集装箱码头的通知

到了 2019 年，三峡水库成库的第 16 年，终于正式宣布废弃水陆联运九龙坡国际集装箱码头，据中国港口集装箱网消息，2019 年 11 月 19 日港九公司宣布，"根据重庆市港口布局规划要求，九龙坡作业区港口功能被逐渐取消……决定注销九龙坡集装箱码头分公司。"见图 9。

三峡水库内的沙石淤积另一严重淤积河段是忠县滥泥湾，此地距离大坝坝址 356 公里，这里河道三次迴转，从忠县大桥西北行逆时针绕了 360 度，继续向西北流去，见图 10。

航道左濟·繁华公路连接忠县而右槽没有较大城镇

图 10 忠县滥泥湾长江段卫星图

在《2010 中国泥沙公报》第 19 页上，人们可以见到的滥泥湾 S205 断面自三峡水库成库的 2003 年到 2010 年沙石淤积情况，如图 11，知道在 7 年零 8 个月期间，这里沿江宽平均淤积厚度竟达 22 米。奇怪的是自 2012 年公布了滥泥湾 S205 断面之后，自 2013 年开始，《中国泥沙公报》上再也找不到滥泥湾这里的淤积报告了。

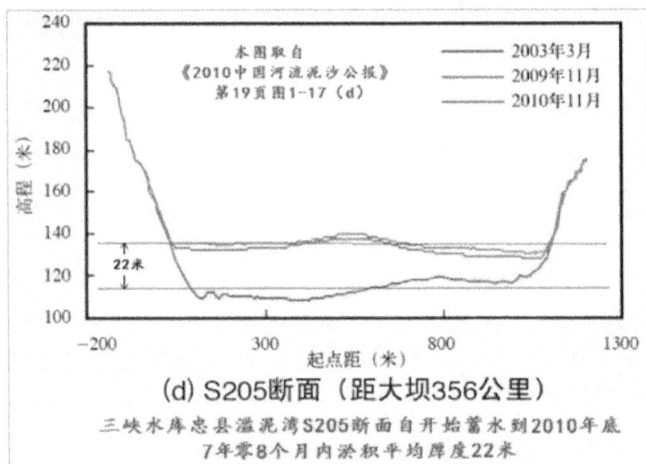

(d) S205断面（距大坝356公里）

三峡水库忠县滥泥湾S205断面自开始蓄水到2010年底
7年零8个月内淤积平均厚度22米

图 11 中国泥沙公报公布的 2003～2010 三峡水库忠县滥泥湾 S205 断面淤积

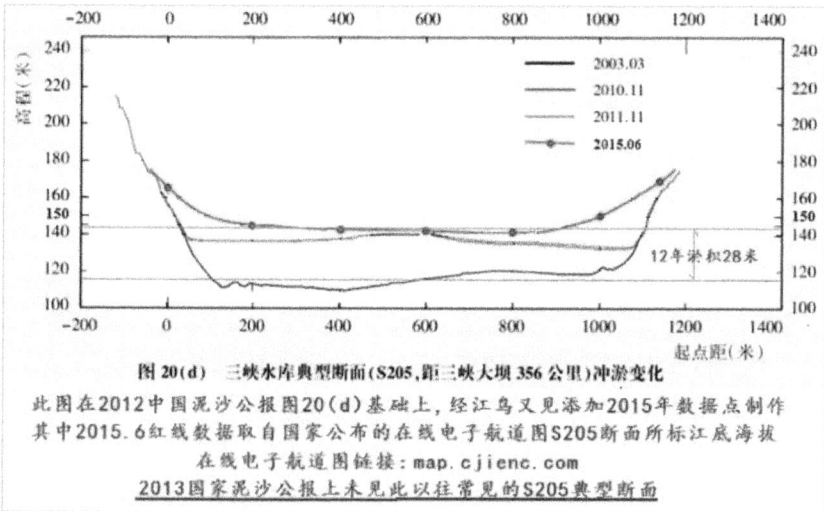

图 20(d)　三峡水库典型断面(S205,距三峡大坝356公里)冲淤变化
此图在2012中国泥沙公报图20(d)基础上,经江鸟叉见添加2015年数据点制作
其中2015.6红线数据取自国家公布的在线电子航道图S205断面所标江底海拔
在线电子航道图链接:map.cjienc.com
2013国家泥沙公报上未见此以往常见的S205典型断面

图 12　2003 年至 2015 年三峡水库滥泥湾 S205 断面的严重淤积

　　一个国家的泥沙公报可以回避淤积问题,但事关人命交通安全,航道部门不敢回避。笔者不管三峡水库淤积的事实是否有碍国家稳定,从长江电子航道图(map.cjienc.com),找出滥泥湾该截面附近的江底海拔数据,在国内猫眼看人网站《用良心和科学看住三峡》上,添加了 2015 年 6 月的数据点,作出图 12[1] 中上面的那条线,就是在原有 2012 中国泥沙公报图 20（d）"三峡水库典型断面（S205,距三峡大坝 356 公里）冲淤变化"图之上,笔者绘制的 2015 年 6 月的淤积曲线。据此,按保守估计,取河道中间较浅部分线淤积高程考虑,可以断言,从大坝建成的 2003 年截至到 2015 年 6 月的 12 年左右,三峡水库忠县滥泥湾典型断面 S205,淤高了 28 米,横截面中央的大部分江底高度已经接近或超过海拔 145 米。我们知道三峡大坝处每年夏汛前,坝前水位要降低到 145 米,而内河轮船通航最少吃水深度为 5 米,难怪三峡水库 175 米蓄水后没有几年,长江航道局公布的忠县滥泥湾航道左槽暂停航行的公告,每到夏汛就可看到。

（二）三峡水库的防洪库容是个假指标

　　防洪库容分为两种,一种是所谓静库容,另一种是动库容。静库容假定水库内水面永远水平,以洪水期最高水位水平面和洪水到达前水库最低水位之间的水平面所夹的水库容积定义为静库容。动库容则考虑水库实际的动态效应，以洪峰期间入库水容积减去同时间水库出库容积之差定义为水库动库容。

对于水库长宽比不大的水库，静库容与动库容差别不大；但对于长宽比 600：1 的长江三峡水库来说，动库容小于静库容的差别就不能忽略了，洪水越猛，差别越大。不幸的是三峡水库的防洪库容是按静库容设计的，这从根本上就违反了工程设计中理应偏于保守的原则。1992 年 4 月 3 日，全国人民代表大会批准了兴建长江三峡工程的议案，明确规定三峡工程的第一要务是防洪，而三峡工程防洪库容的法定指标则是 221.5 亿立方米。根据三峡工程公布的技术数据，这 221.5 亿立方米的防洪库容，是三峡水库水位海拔 175 米和 145 米两个假想水平面之间的水库库容，即下图浅色区域。

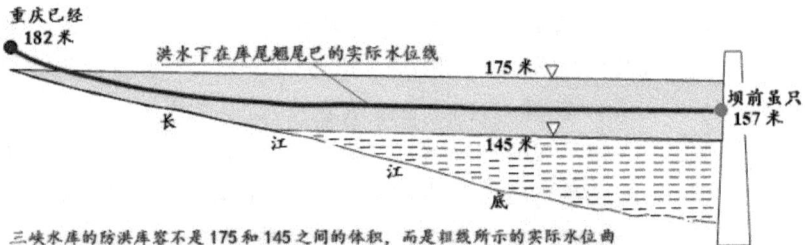

三峡水库的防洪库容不是 175 和 145 之间的体积，而是粗线所示的实际水位曲面与 145 米水平面间所夹水库体积，它远远低于人大法定的防洪库容 221.5 亿立方米。再者，洪水到来前的长江水面也很难保持全程不高于 145 米水平面。

图 13　　　　洪水期间三峡水库防洪库容根本达不到 221.5 亿立方米

这个建立在"高峡出平湖"概念上的静库容，是一个脱离实际的假指标。根据明渠河道动力学，长 600 公里流动河道的三峡水库水面是斜的，在库尾水面上翘，水力坡度与上游一致。成库以来的事实证明，只有在冬天，在库尾寸滩流量很小（低于 5 千秒立方）时，才能达到三峡全部河道接近 175 米高程，水力坡度处处接近为零的平湖状态。而夏汛时节，库尾寸滩处来水凶猛，流量可达几万秒立方，库尾水面出现翘尾巴的现象（见图 13）。夏汛时大坝处水位要压低，远远低于 175 米，应保持在 145 米，最多 150 多米，即使如此，库尾仍可能翘高到淹没嘉陵江与长江

交汇口的重庆市朝天门码头的地步。如果有人硬是要把冬季才能
到达的指标，称作夏汛时的"防洪库容"，笔者觉得这是在贬低
国人的智商。上图所示粗实线代表的曲面才是汛期三峡库区常见
的实际水位曲面。此粗实线代表的曲面同 145 米水平面之间所夹
体积，才是真正的防洪库容。这个动库容显然大大低于 175 与 145
所夹体积，即远远低于人民代表大会法定的防洪库容 221.5 亿立
方米。

在《用良心和科学看住三峡》的工作中，笔者用国家水文站
提供的水情数据，绘制了 2010、2014 和 2016 三年夏汛时的三峡
水库流量及水位时程线。这三年库尾寸滩的水位都达到或超过了
警戒水位 180.5 米和保证水位 183.5 米。现在用 2010 年的流量水
位时程线说明当年三峡水库的动库容估算，见下图 14。

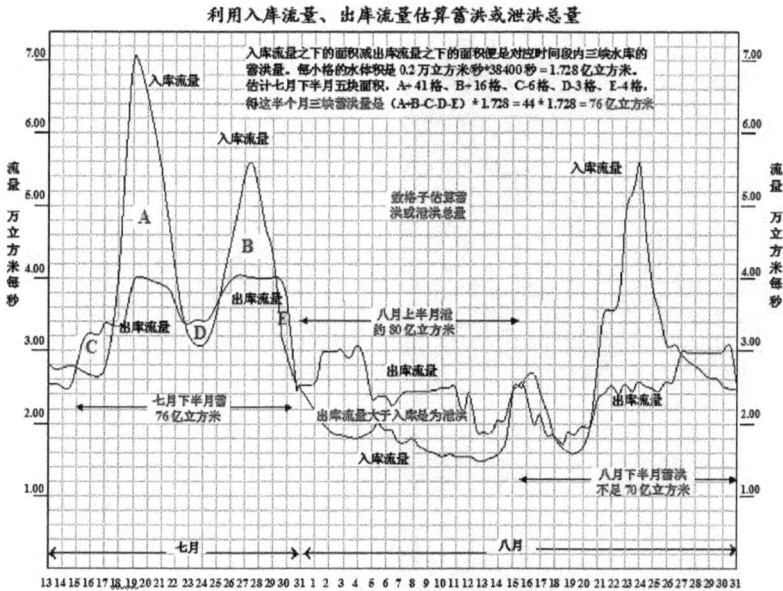

图 14　**2010 夏汛流量时程线**

这里，横坐标时间是 2010 年 7 月 13 日到 8 月 31 日 48 天，
每格 1 天（86400 秒）。纵坐标是流量，每格代表 0.2 万立方米/
秒。这样，每小格面积 0.2 万立方米/秒 x 86400 秒 = 1.728 亿
立方米的水体积。在图 14 中低于流量 4.0 万立方米/秒的线之

下，有一条实线是大坝泄洪的出库流量曲线；而跨 4.0 线上下的实线，则是流入三峡水库的入库流量。注意，在汛期的 48 天中，人为操控的出库流量始终低于最多等于 4.0 万秒立方，它的任务是对起伏剧烈的入库流量，达到削峰作用，满足三峡大坝之下长江流域特别是武汉市的防洪要求。

从入库流量曲线可见，这次夏汛有两个洪峰，一个在 7 月下旬，另一个在 8 月下旬。现在我们来估算 7 月上旬三峡水库的削峰后的总蓄洪量即动库容。因为入库流量曲线下某一时间段的面积是这段时间内的入库水体积，出库流量曲线下的面积是相应时段的出库水体积，所以，用入库流量减去出库流量之差的 7 月 15 日到 31 日之间的 5 块面积（图中的 A、B、C、D、E）的代数和，便是三峡水库对这次洪峰的蓄洪总量，即动库容。每小格 1.728 亿立方米，A=41 格，B=16 格，C=6 格，D=3 格，E=4 格。A+B-C-D-E = 44 格。三峡水库对 7 月底这次的蓄洪量是 44 x 1.728 = 76 亿立方米，即是三峡水库对这次洪峰的动库容，只有三峡工程防洪库容的法定指标 221.5 亿立方米的三分之一。对于上图 8 月下旬的洪峰，我们算出的动库容是 70 亿立方米，更不到三峡水库防洪库容的三分之一。须知这时库尾重庆市寸滩水位，已经超过警戒水位甚至保证水位了，见图 15。也就是说，这已经是最大动库容了。

在《用良心和科学看住三峡》的工作中，笔者也核算了静库容，即三峡工程防洪库容的法定指标 221.5 亿立方米。如前所述，这一静库容是对 600 公里水库全程按海拔 175 米水平面和 145 米水平面

前世天灾虹染未掩地 今生人祸黄水朝天门 河蟹盛时

图 15 重庆朝天门码头（网络图片）

之间所夹水体积计算出来的。为此（图 16），将水库从三斗坪至木洞镇的约 569 公里分成 12 大段，每大段再均匀等分 5 至 20 小段，共得到 220 个两端为梯形的四棱柱体。这里每小段端头梯形高度均为 175-145=35 米。按谷歌地球（Google Earth）软件，量出每段棱柱体的长度，以及段端海拔 175 米及 145 米水位时三峡水库的江宽，分别作为梯形的上底和下底，最后将各段体积相加，算出 145 至 175 米水位之间的长江三峡水库的静态防洪库容只有 152 亿立方米。

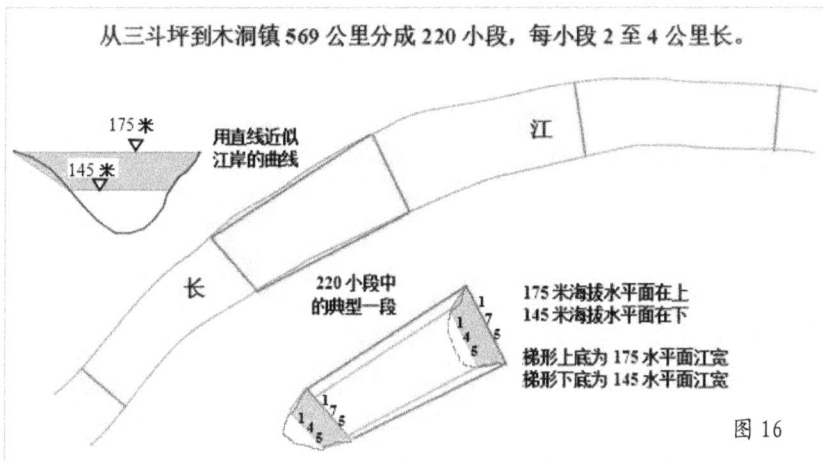

图 16

三峡水库海拔 175 米和 145 米之间水平江面所夹体积的测量和计算 (2009 年 9 月江鸟又见利用 Google Earth 软件测量)					
沿江区段／小段数	区段长度 (公里)	海拔 175 米平均江宽(公里)	海拔 145 米平均江宽(公里)	本段容积 (亿立方米)	每公里容积 (亿立方米)
三斗坪 秭归 20	37.6	1.38	0.93	13.04	0.347
秭归 巴东 18	34.9	0.83	0.68	7.91	0.227
巴东 巫山 20	51.8	0.58	0.48	8.24	0.159
巫山 奉节 20	37.9	0.93	0.65	8.99	0.237
奉节 云阳 20	61.5	0.82	0.66	13.65	0.222
云阳 万州 20	57.6	1.09	0.86	16.85	0.291
万州 忠县 20	89.0	1.39	1.17	34.20	0.384
忠县 丰都 20	58.7	1.27	0.94	19.46	0.332
丰都 涪陵 20	54.0	0.97	0.70	13.53	0.251
涪陵 李渡 5	10.9	0.70	0.42	1.83	0.168
李渡 长寿 20	42.0	1.05	0.42	9.26	0.220
长寿 木洞镇 17	33.3	1.01	0.00	5.04	0.151
总计 220	569.2	——	——	152.00	——

注意：三峡水库长度为 600 公里，这里只测算了 569 公里，到木洞镇为止，比三峡水库要短 31 公里，这段库容在下面补上。长江自长寿以上，江底已高于 145 米海拔，高度 175-145=30 米的梯形，已蜕变缩小。木洞镇以上，江底海拔更高于 148 米，且江宽更窄，如铜锣峡段宽度仅仅 300 多米。注意，上图表中最后一列，每公里容积，最后一段长寿至木洞镇的每公里河道的计算容积仅 0.151 亿立方米/公里，是最小的，远低于 12 段的平均值 0.249 亿立方米/公里。我们可以用这平均值补上忽略的最后 31 公里，31 公里 x 0.249 亿立方米/公里 = 7.7 亿立方米，得到 600 公里三峡水库静库容为 152 + 7.7 = 160 亿立方米。**结论是，笔者利用谷歌地球软件测算出来的三峡水库静库容 160 亿立方米，是三峡水库法定库容221.5 亿立方米的 72 %。**

2000 年 5 月 17 日，三建委副主任郭树言到清华大学去见两院院士张光斗，作为三峡工程审查委员会技术总负责人的张光斗对郭说："三峡的防洪库容问题可能你们知道了，没有那么大。这个研究是清华作的，钱副主席知道后，把长江水利委员会找来问，他们也承认了。这也可以解决，无非把水位降到 135 米，影响几天航运。但这件事在社会上公开是不行的。"也就是说，张光斗将专家论证时提出的、人大表决通过的三峡水库汛前 145 米蓄水位，他一句话就降低到 135 米，以凑齐防洪库容 221.5 亿立方米，来欺骗天下。难怪家父生前对李锐先生说，将来白帝城要如岳王庙，铸三个铁人跪像——中间钱正英，左右李鹏、张光斗！

（三）三峡水库清水下泄的严重后果

在前面（一）中，我们根据中国河流泥沙公报汇总，指出三峡水库蓄水到 175 米后，排沙能力迅速降低，年平均排沙比降到了 15%，也就是说，排出水库中的江水比无坝前清澈了 85%。其结果是，清水下泄刷深江岸和江底，造成了堤岸崩塌，湖泊干涸和长江口土地流失等严重后果。

为什么出库的清水比浑水更容易切深淘宽河道呢？用存在于河道中的三种能量的平衡来解释，最简单清楚：明渠河道的伯努利方程告诉我们，河道里上下两截面流体动能之差加上势能之差，必然等于流体在两截面之间耗损的能量。首先说势能，水库末端重庆朝天江底海拔约 160 米，此地的势能，比 600 公里下游的大坝附近江底只有 60 米海拔的势能，差别极大。其次说动能，夏汛期间库尾朝天门上游进来的洪水可达每秒几万立方米，气势排山倒海绝不亚于千挺机枪齐射子弹的动能，然而到了大坝跟前，流速为零，没有了动能。这两项巨大的能量差，途经 600 公里库区，消耗在四个方面：一、流体、沙子、卵石本身及之间的磨擦；二、搬运推移质及悬移质的耗能；三、湍流能量耗损；以及四、下切江底和侧蚀两岸的耗能。

清水出库到了宜昌以下的荆江河段，85% 的沙石留在了三峡水库之内，上述四项中前两项之绝大部分耗损已经卸除。第三项由于悬沙大部留在库内，水体粘性降低，湍流耗损因之大降。只剩第四项，下切江底和侧蚀两岸的耗能，大行其道。这就是三峡水库清水下泄，造成下游江底下切和两岸侧蚀的简释。

据财新网报道，2012 年 3 月 13 日下午，水利部原副部长、三峡枢纽工程验收专家组副组长索丽生在全国人大会议上接受记者专访时表示，三峡工程下游冲刷比当初预测的严重。他表示，近年来一直在加强对三峡水库出库"清水"冲刷江底、河岸、岸堤的观察。比如，荆江两岸出现多次塌岸，"塌岸就是因为从外淘，淘得底下空了。" 2007 年 3 月至 4 月，长江荆江河段石首合作垸连续发生多起崩岸。长江水利科技委网站信息显示，最大崩长达 350 米，崩宽 45 米，崩坎距堤脚最近处 100 余米。当年 6 月上旬，合作垸上段的北碾子湾也发生崩岸，崩长 120 米，最大崩宽 42 米。索丽生说，"清水"会把河道冲深。从外部看，叫做同流量水位下降。即，同样水量，水位更低，使得原先位置的水泵可能抽不到水，河床不平，对航运造成影响。

地方媒体早知道荆江河段这种情况，但中央下达封口令，没有媒体敢踏红线。据统计，自 2004 年 9 月以来，荆江大堤出现过 64 处崩岸溃堤，其中，至少 4 处是重大崩岸溃堤，诸如文村夹、石首调关、松滋谢牟岗、抱鸡亩闸等，这是 1949 年以来从未发生的情况。三峡工程蓄水后，随着清水下泄，河床冲深，洞庭湖枯水位逐年下降且持续时间增长，导致荆江涵闸自流引水时间逐年缩短，同时，对涵闸等水利基础设施影响较大。以荆南四河支流涵闸为例，三峡工程建成后，在一般年份，荆南四河支流枯水期延长。对于灌溉用水，以前可以直接开闸放水，现在枯水期底板降低，涵闸必须经过一级或多级提灌引水至闸前，才能进行灌溉，加剧了涵闸的底板冲刷，进一步影响了涵闸的使用，势必造成病险涵闸增多。长江枯水季节是荆州农业生产用水高峰时节。荆州 4 月早稻开始育秧、农田耕整、早稻抢栽，用水量大，因长江水位低，常发生旱情。受三峡工程影响，长江水位持续低下，如进入 5 月仍不能满足涵闸自流灌溉要求，则大旱发生。同时，在防汛方面，也增加了难度。受三峡工程的影响，清水下泄导致荆南四河堤防崩岸频发，三峡工程防洪调控使得防汛时间延长，荆南四河防汛形势更加严峻。

　　三峡水库建成后的清水下泄，造成了长江中下游通江湖泊的连年干涸，打破了历史记录。范晓先生对此解释得十分清楚，见下图：三峡水库成库之前，在长江水小时，通江湖泊输水进入长江；而在长江水大时流入通江湖泊，相互调剂，即保证了灌溉、

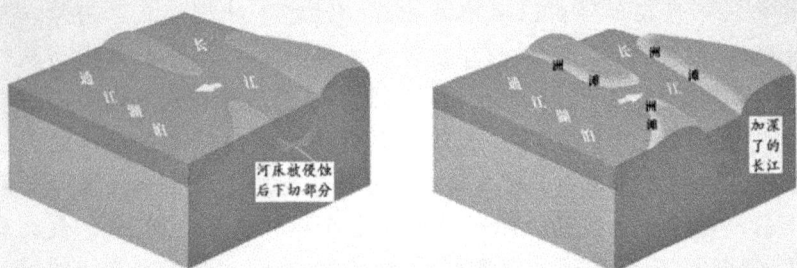

三峡水库清水下泄导致下游通江湖泊缩小干涸的图释

相同流量下，清水下泄切深的河槽使江面下降。加上三峡水库截流使流量常年降低，更加剧了江面下降。最终使通江湖泊非但得不到长江的补水，反而长期向长江泄水，导致湖泊面积缩小，甚至干涸。

图 17

航运，又疏解了洪水。三峡大坝建成后，清水下泄河床下切加深，长江水位下降，即使同样流量下，本该从长江流入通江湖泊的水也不能接济通江湖泊；更不幸的是，三峡大坝为发电蓄高水头，截流于三峡水库之内，使长时间出库流量低于无坝之前，更加降低了长江水位，致使长江几乎没有机会给洞庭湖和鄱阳湖补

水。这就是为什么三峡水库蓄水后年在媒体上看到图片景象，诸如洞庭云梦泽变成了干涸的草原，鄱阳湖湖底开阔，成了汽车驾驶训练场，浪打浪的洪湖死鱼成堆，湖底龟裂可以放进手脚等等。

国内外已经有许多水文和气象研究期刊指出，三峡水库清水下泄和为发电蓄水而减少正常流量是造成两湖萎缩的根本原因。其中以 2013 年发表在国外"环境研究通信（Environmental Research Letters）"上刘远博（中国科学院南京地理及江湖生态研究所的研究员）以"*Why Is Poyang Lake Shrinking?*"为题的文章，写得最坦率。他们借助多用途卫星影像和水文资料，通过对鄱阳湖湖面长达 40 年记录的研究，发现 2006 年湖面面积发生了时段性的骤减切变，在 2006 年之前的第一时段整合值为 2433.7 平方公里，在 2006 年开始的第二时段降为 2122.1 平方公里，减少了 311.6 平方公里。**即湖面在三峡蓄水第三年 2006 骤减了 12.8 %。**

三峡工程建成前后鄱阳湖多年月平均水面面积与降水量的比较

月		1	2	3	4	5	6	7	8	9	10	11	12	年
水域面积	2007-2014年	1197	1323	1728	1957	2309	2935	3207	3024	2518	1946	1781	1482	
	2000-2006年	1559	1834	2027	2062	3430	3343	3766	3435	3440	2547	2056	2421	
差值	km²	-362	-511	-299	-105	-1121	-408	-559	-411	-922	-601	-275	-939	
	百分比	-23%	-28%	-15%	-5%	-33%	-12%	-15%	-12%	-32%	-24%	-13%	-39%	~21%
月降水量 (mm)	2007-2014年	61	93	184	196	230	292	150	133	78	43	91	73	1624
	2000-2006年	82	107	138	228	245	259	124	155	77	74	91	53	1634
差值 (mm)		-22	-14	47	-32	-15	33	26	-22	1	-31	0	20	-10

关注鄱阳湖湖干旱　声音来源　江西省气象科学研究所工程师 祝必琴

注解 2000至2006前3年三峡大坝还未建成，后3年截水高程仅只135米。
2007至2014前1年截水高程升到156米，后6年截水高程达到175米。
三峡水库正式蓄水之前6年和之后的7年，平均年降水量基本相同（1624与1634毫米之差）
http://tv.sohu.com/20141223/n407207817.shtml　2014年12月23日搜狐截图

图 18

江西省气象科学研究所从事鄱阳湖水文卫星遥感研究多年，见上图，2014 年发表在 CCTV2 财经网的表格"三峡工程建成前后鄱阳湖多年月平均水面面积与降水量的比较"。他们对三峡还未蓄水到高位的前 6 年（2000~2006）的多年逐月平均降雨量，与蓄水到高位之后的 7 年（2007~2014）进行了比较。结果是，三峡高位蓄水后多年平均到每年的 12 个月，湖面面积月月明显减小，**鄱阳湖总年平均萎缩 21%。**是降水量少了吗？对应两组年平均降水量之差，不到区区 1%（10 毫米）。

三峡水库清水下泄不但造成下游堤岸崩塌、两湖干涸，更导致寸土寸金的长江口，原本沧海桑田的天赐，逆反为退地还海之人祸。水利发电学报 2014 年发表了《水沙变化对长江口海岸线影响的研究》一文，见下图表。同三峡水库成库之前的 1989 年比较，**三峡大坝建成之后到 2009 年的短短 6 年期间，长江口包括北支、南支、崇明岛和其他小岛，陆地总面积减少了 940 平方公里**。上海浦东新区，常住人口 550 万，包括东方明珠、上海科技馆、金茂大厦、环球金融中心和上海浦东国际机场，全区面积 1210 平方千米，不过是三峡水库建成 6 年后长江口退地还海土地面积的 1.3 倍而已。上海应当正名为"下海"了。

| 第33卷 第3期 2014年6月 | 水 力 发 电 学 报 JOURNAL OF HYDROELECTRIC ENGINEERING | | | | Vol.33 No.3 Jun., 2014 |

水沙变化对长江口海岸线影响的研究
李曦尧[1]，李梦楚[2]

表1 长江口各时段研究区内陆地面积
Table 1 Land areas of the Yangtze estuary in different periods　km²

时间	北支	南支	崇明岛	其他岛	总面积
1989年8月	4584.27	6062.19	1311.06	198.40	12155.92
2005年8月	4433.11	6101.92	1416.48	244.62	12196.12
2006年3月	4195.40	4937.68	1475.52	202.50	10811.10
2006年7月	4164.50	5032.54	1429.29	208.73	10835.06
2007年2月	5135.72	6036.96	1413.13	214.78	12800.59
2007年7月	4044.12	5125.31	1404.53	218.19	10792.15
2008年7月	4611.50	5606.79	1450.02	235.29	11903.60
2009年4月	4564.24	5253.49	1481.03	247.43	11546.19
2009年7月	4222.48	5312.37	1459.46	221.26	11215.58

2006年-2009年期间，对照1989年数据，发现研究区总面积呈现减少趋势，即处于侵蚀状态。

（四）结束语

家父三次上书江泽民，指出三峡大坝不可修建的种种理由，其中 1992 年第一封信开宗明义，指出了三峡工程决不可建的根本要害是："长江三峡高坝是根本不可修的，不是甚么早修晚修的问题，国家财政的问题；不单是生态的问题、防洪效果的问题、或能源开发程序的问题、国防的问题；而主要是自然地理环境中河床演变的问题和经济价值的问题中存在的客观条件**根本不许可一个尊重科学民主的政府举办这一祸国殃民的工程**。"

2006 年郑义先生在《纪念黄万里先生逝世五周年》一文中，深刻地揭示了三峡成库后的社会现实，他认为家父那种因反对修建水库而与最高统治者发生冲突的故事，于今已完全绝迹。

郑义认为，其实这早已是一个公开的秘密：上工程，上大工程、特大工程，不过是一个抢钱的"局"。以水电工程为例："圈水"的目的还在于"圈地"，地是公有的，只要打点好地方官吏，象征性的价格就圈到手，不圈白不圈。接下来就是"圈钱"，找几个无良专家学者拿钱搞定，胡乱写个"可行性报告"，再到银行里谈妥回扣，成百亿的人民币就"圈"出来了。百姓要反抗吗，开枪弹压便是，反正枪杆子在他们手里。有位大陆记者写了一篇比较真实的报道，说："很多河流，从上游至下游，水电站一座接着一座。例如四川石棉县全长 34 公里的小水河已建成的和正在施工的水电站竟达 17 个，也就是说在小水河上平均每两公里就有一个水电站。"

郑义说，这些新鲜事物，是我要告诉黄万里老先生的。在中国，现在已经不兴再讲什么道理，连样子也不要装了。在中国，水库已不是原来意义上的水库，而成了官商们的金库、银库和百姓们的血泪库。您的那个时代，是悲剧的时代。现在连悲剧都不是，纯然是闹剧和丑剧了。黄公生前有诗曰《哭长江三峡大坝开工》，现在您可就哭不过来了。

2020 年 3 月 27 日

[1]：P391 图 12 和 P395 图 16 中提到的"江鸟又见"系本文作者黄观鸿的网上笔名。

关于湖北巴东地震的评论

范晓（四川省地矿局区域地质调查队
　　　教授级高级工程师）

　　据中国地震台网发布的消息，2013 年
12 月 16 日 13 时 4 分 52 秒，湖北省巴东县
东瀼口镇发生 5.1 级地震（东经 110.4
度，北纬 31.1 度），震源深度 5 公里。

　　据报道，地震时距震中 200 公里以上的陕西的安康，湖北的
襄阳、钟祥、宜昌、荆州等地都有明显震感。据新华网消息，截
至 12 月 17 日 14 时，已发生余震 71 次；截至 15 时，巴东全县因
地震倒塌农房 96 间，严重损房 2556 间，一般损房 24981 间，受
灾涉及 6 个乡镇 208 个村，27286 人受灾，地震还给三峡库区包括
巴东长江大桥在内的多座桥梁造成了损伤。

　　由于此次地震震中位于三峡库区巴东段的长江北岸，因此地
震是否系三峡水库所诱发引起极大关注。

　　不同寻常的是，地震当天下午，湖北省地震局核校发布，将
此次地震级数"修正"为 4.8 级，而在最近及以往中国境内发生
的地震中，都没有省级地震局迅速"修正"中国地震台网发布的
震级的案例。不过，中国地震台网及中央媒体在 12 月 17 日，仍
然将该地震震级报道为 5.1 级，而在中国地震信息网的地震目录
中，此次地震记载为 5.5 级。

　　更为不同寻常的是，地震后很快有消息报道称地震与三峡水
库蓄水无关。国土资源部三峡地质灾害防治指挥部原总工程师徐
开祥对财新记者表示，如果是蓄水引发的地震，刚蓄水时应该发
生很强烈的地震。三峡水库 2008 年蓄水，至今已有五六年，此次
地震应该和三峡蓄水关系不大。

　　中国广播网报道，经湖北省地震局分析，初步判断地震是矿
山和溶洞诱发。据湖北省地震局副局长刑灿飞介绍，地震发生地
是恩施溶洞的地质构造带，多煤矿石膏矿等矿产。初步判断地震

发生是开矿导致水位提高以及溶洞塌陷诱发地震，具体原因还需要进一步的调查。

新华网报道，参与此次地震应急指挥的湖北省地震局副研究员王秋良博士表示，此次地震的震中位于三峡库区，与三峡大坝相距约 66 公里。这一次地震的成因比较复杂。因为当地的地质条件比较复杂，灰岩区分布比较广，岩溶发育比较强，也有一些煤矿，再加上这一区域本来就是地质灾害高发区，因而，地震的具体成因比较复杂，不排除是多种因素综合的缘故。

急于说明地震与三峡水库无关的这种作法，显然有悖于地震分析的常理和基本的事实。水库诱发地震的强震或主震，往往会滞后于水库蓄水到高水位后若干年，而不是发生在刚蓄水后，这已为世界上公认的许多水库诱发地震的案例所证实。因为库水沿断裂带向下渗透需要一定时间，才能对地震断层产生最大影响，三峡水库蓄水到 175 米高水位的若干年后，正是三峡水库可能诱发强震的危险期；而因水库蓄水影响造成溶洞和矿洞塌陷引发的地震，恰恰集中在水库蓄水之初，而不太可能发生在水库首次蓄水到高水位的若干年之后，而且它们是震源更浅、震级更小的地震。此次地震震源深度为 5 公里，现在没有任何资料说明震源附近存在深达 5 公里的矿洞或溶洞。相反，此次地震震级较大、震感区域很广、破坏范围很大、余震很多，都很难用矿洞或溶洞塌陷来解释。

人们没有任何必要先入为主地去回避三峡水库诱发地震的问题，三峡水库在论证过程中，专家们就已高度关注通过库区的高桥断层和仙女山——九湾溪断层，它们分别位于黔江——兴山和秭归——渔洋关地震带中。1856 年 6 月 10 日，在黔江——兴山地震带的黔江小南海——咸丰大路坝曾发生 6.25 级地震，并因大规模的山崩滑坡，形成地震堰塞湖——小南海。而此次巴东地震的震中，恰恰就位于黔江——兴山地震带的高桥断层附近。

三峡库区专用监测台网提供的数据、以及不少专家的分析研究，都已证明了三峡水库蓄水以来极为明显的诱发地震。从距库岸 30 公里以内的地震频次来看，水库蓄水前的 2000 年至 2003 年 5 月 31 日为 96 次；135 米蓄水期的 2003 年 6 月 1 日至 2006 年 9

月 20 日为 764 次；156 米蓄水期的 2006 年 9 月 21 日至 2008 年 9 月 27 日为 1538 次；试验性蓄水最高到 172.8 米期间的 2008 年 9 月 22 日至 2009 年 12 月 31 日为 1036 次。其中，2008 年 11 月 4 日，三峡水库水位首次达到 172 米，随后，在水位由 172 米向下缓慢回落的过程中，2008 年 11 月 22 日，在距三峡大坝 29 公里的九湾溪断层附近的秭归县屈原镇，诱发了蓄水以来震级最高的 4.1 级地震。上述地震大部分都集中在高桥断层和九湾溪断层附近，说明它们大部分都是因断层活动引起的构造地震，而非洞穴塌陷造成的地震。

此次巴东地震，是三峡水库今年汛后蓄水于 11 月 11 日达到 175 米正常高水位后，水位回落到 173.9 米左右时发生的，这与 2008 年 4.1 级地震发生的背景颇为相似。

从上述种种特征来看，巴东地震极有可能与三峡水库蓄水引发的高桥断层的活动有关。一方面，今年的汛后蓄水可能对此次地震有直接影响；另一方面，此次地震也可能是三峡水库蓄水以来库水渗透以及诱发地震不断增强的一个持续性发展的结果。

由于现在三峡水库正处在可能诱发强震的危险期，因此加强对水库诱发地震的监测、分析与防范，是极为重要的事情。

2013 年 12 月 18 日

附文：

等闲平湖起波澜

范晓

作为世界最大的水利工程，三峡水库诱发地震的情况如何？二期蓄水以后，也有了一部分答案。

重庆渝北区黄泥榜，重庆市地震局办公楼里，我见到了重庆市三峡水库地震监测中心的余国政主任，向他询问二期蓄水以来的库区地震活动特点。余主任的回答相当审慎，他解释说，鉴于有关新闻发布渠道的规定，他并不能披露详细的数据。不过，可以明确的是，135 米蓄水以后，库区的地震情况的确发生了变化，某些库段的地震有增加的趋势。

对于三峡水库的地震监测，在台网建设方面，重庆库区一直落后于湖北库区，重庆的监测中心主要利用的是库区外围老地震台收集的数据。但现在重庆已争取到国家 2900 万的投资，计划建立包括 16 个台在内的重庆库区地震监测台网。2006 年初已完成了台站选址，建设工作正在加紧推进。

余主任又谈到，三峡总公司投资 5700 万在库首区建立的地震监测台网较为完善，但有些数据三峡总公司认为属商业秘密，重庆方面很难得到。不过此事正在协商，信息交换和共享的问题可望得到解决。

几天后，在三峡大坝附近，负责管理三峡库区地震监测台网的长委会三峡勘测院地震地质队的曾新平队长，带领我们参观了台网的部分站点，并详细介绍了台网的运作情况。

地震监测台网包括数字遥测地震、地壳变形监测、水动态监测等几个方面。据曾队长介绍，对水库诱发地震的监测来说，目前最有效和最直接的还是数字遥测地震网。它由数字遥测地震台、中继站、遥测地震台网中心、中强震台几个部分组成。

数字遥测地震台是搜集第一手地震数据的监测台，又称为子台，它主要记录 4 级以下的小震和微震，现有的 24 个子台大部分在湖北境内的库区，重庆库区只有两个。

沿着三峡大坝右岸弯曲的山路，我们来到位于三斗坪镇暮阳村山顶的一个子台——鸡冠石台。子台平时无专业人员看守，站房里有一个水泥墩，上置一传感器，一旦发生地震，震动会通过一个带有线圈的装置产生电磁波，电磁波传到数据采集器里，经过处理放大，由设在屋顶的天线发射出去，整个子台仪器的运转，靠站房屋顶的一块太阳能电池板提供能量。子台收集到的地震数据需要通过中继站才能传回台网中心。

曾队长又带我们来到黄牛岩中继站。黄牛岩是西陵峡中的一处名胜，郦道元在《水经注》中对它的描述是："南岸重岭叠起，最外高崖间有石色如人负刀牵牛，人黑牛黄，成就分明。"在黄牛岩可俯瞰三峡大坝坝区全景。中继站有一个高大的微波发射和传送塔，它可接收附近多个子台的信号，子台的信号在机房里汇集后，再由微波塔发射到台网中心。

数字遥测地震台网中心位于坝区的三峡总公司的一座办公楼的顶层，屋顶的天线接收各个中继站传来的信号，再由机房里的仪器把它分解为各子台的数据进行处理。电脑屏幕上，清楚地显示出各个子台的位置、工作状态及数据。

在库区还设有两个中强震观测台，它只记录 4 级以上的地震，正好和上述的子台形成互补。中强震台平时处于休眠状态，中强震发生时将触发启动台站的工作系统，把地震信号自动记录下来，之后由工作人员到台站取回数据。

当然，我们最关心的还是库区蓄水后的地震活动情况。我向曾队长提到了业内人士普遍关注的两条断层。一条是九湾溪断层，它呈北东走向穿过西陵峡中的牛肝马肺峡，距三峡大坝仅 17 公里，所以一旦诱发产生较强地震，对大坝影响较大。从目前情况看，135 米蓄水以来，在九湾溪断层记录到的小震还不十分集中。而另一条大家关注的断层——高桥断层可就活跃多了，高桥断层位于巴东附近，呈北东走向穿过长江，历史上在这条断层附近曾发生 5～6 级的地震。曾队长说，高桥断层是135 米蓄水以来水库诱发地震最集中的地方，其最高震级为 3.4 级。

曾队长还解释说，因断层活动加剧而形成的构造地震，只是水库诱发地震的一种类型。一些溶洞、煤矿采空区留下的矿洞，原来在水位线以上，蓄水后，抬高的水位会淹没这些洞穴，可能因洞穴塌陷引发地震，也可能因为部分空气被水体封闭在洞内，形成气室，随着水位上升，因水压不断增加造成气爆而诱发地震。例如，石灰岩溶洞较发育的巫峡，煤矿采空区较集中的香溪河，就是二期蓄水后诱发这类小震较多的地方。

位于巫峡东段南岸的巴东县官渡口镇马鬃山一带，天坑、溶洞十分发育，分布有大小天坑 100 多个。135 米蓄水以来，该区多次出现岩溶塌陷和地震。2003 年 12 月 18 日和 12 月 19 日，分别发生 1.8 级和 2.5级地震，巴东县官渡口镇 4 个村、巫山县碚石乡 7 个村震感强烈，仅马鬃山村房屋严重裂缝的农户就达 220 户。

曾队长特别指出，洞穴塌陷这类地震，由于震源深度一般都比较浅，即使震级较低，也可能在地表造成较严重的破坏。在库区监测到一些震级不足 1 级的地震，竟可在地表造成烈度达 4 度的破坏，因此加强这类地震的监测与灾害防治十分重要。

那么与库区的历史地震记录或背景地震比较，水库蓄水是否会诱发震级更大的地震呢？我和余国政主任以及曾新平队长都讨论了这个问题。余主任说，水库诱发地震有可能超过历史地震记录，专家的主流认识是，水库诱发地震可以高出背景地震 1～2 级。曾队长的观点稍有不同：水库诱发地震不会超过背景地震的范围，因为它们都受当地地震条件的控制。但历史地震记录并不完全等于背景地震的强度，因为背景地震究竟有多大，我们的历史地震记录并不一定是完全的。就像唐山，以前从未有强震记录，但却发生了 7.8 级的毁灭性地震。

那么三峡呢？在三峡工程论证过程中，有许多研究单位和研究者都对三峡水库诱发地震的最大震级作过预测。根据这些研究成果，对于九湾溪断层和高桥断层通过的库段，预测的最高震级都可达到 6 级。无论如何，三峡水库的诱发地震问题都不能让我们高枕无忧。

后来我又想到一个问题，并查阅了有关资料：135 米水位的蓄水量是 124 亿方，占总蓄水量（393 亿方）的 31.6%；156 米水位的蓄水量是 234 亿方，在 135 米基础上，增加的蓄水量占总蓄水量的 27.9%；175 米水位将达到设计的总蓄水量 393 亿方，在 156 米基础上，增加的蓄水量占总蓄水量的 40.5%。显然，对水库诱发地震有影响的法码，还有大部分没加上去，更严峻的考验还在后面。

本文节选自《中国国家地理》2006 年 5 月号《重访三峡》

后三峡的重庆：环境与生活的惊世之变

范晓

2011 年 5 月，中国国务院讨论通过《三峡后续工作规划》的消息传出，长江三峡工程一时又成了国内外媒体关注的热点。一座截断亚洲第一大河、世界第三大河的巨型工程，对自然与社会的显著改变波及大半个中国，的确有理由得到世界的持续关注。而重庆，作为三峡库区的主体，所经受的深刻变化远为其它地区所不及。

巨大的沙砾坝像条巨龙，直伸入朝天门一带的江心

2012 年 4 月 1 日，一个没有轻松笑话的愚人节，在快要结束对重庆三峡库区的又一次考察之际，我来到了重庆江北嘴，嘉陵江与长江汇合口旁的江岸。在春日的暖阳下，为迎接汛期的到来，三峡水库的水正在慢慢退去，江北嘴所在的长江左岸，露出大面积厚厚的沙泥滩，而一道更为巨大的沙砾坝像条巨龙，由嘉陵江与长江的合流处直伸入朝天门一带的江心。作为一个土生土长的重庆人，这是我以前不曾看到景象。我想起了重庆航道局航道处主任闻光华在 2010 年 10 月的一番谈话，他将三峡库区泥砂淤积对航道的影响称为"非常严峻的问题"。他指出，重庆主城区朝天门至江津红花碛的库尾段，由于水流至此逐步减缓，是泥沙淤积最严重的河段，以重庆江北嘴为例，目前的泥沙淤积已经将航道向对岸的弹子石方向推进了 80 米。朝天门下游约 5 公里的梁沱，江中的泥沙淤积已经比三峡成库前高了 10 米。

闻光华所说的，现在历历在目。江北嘴一带由于紧邻嘉陵江江口，泥沙淤积十分严重，航道已越来越偏向对岸的弹子石一侧，不远处的江中，一艘挖沙船正在作业，不知是在疏浚航道，还是为了开采建筑用的沙石。对一些严重淤积的河段，如果不进行大规模地疏浚，必将给航运带来严重影响。这对以水码头著称、历来是长江上游航运中心的重庆意味着什么，是不言而喻

的。据宜昌水文站监测，三峡水库蓄水以后，进入长江中下游的年平均输沙量由原来 4.92 亿吨减少为 0.667 亿吨，减少了 86%。据《长江保护与发展报告 2007》，1991 年至 2005 年，长江上游已建水库使三峡水库入库沙量每年减少 8790 万吨，如果把这部分扣除，每年差不多有 3.4 亿吨泥沙留在三峡水库里。闻光华还曾提到另外两处严重淤积的地方，一处是忠县的澹泥湾河段，河床淤高了 26 米之多，将航道向江心推移了 200 多米，估算该淤积体达到 2400 万立方米；另一处是三峡大坝前，泥沙淤积厚度已达 50 米左右。这次考察，我也去了忠县澹泥湾旁的顺溪镇，江对岸有著名的南宋抗蒙堡垒——皇华城，它位于长江中一个巨大的洲岛上，原来枯水时洲陆相连，三峡蓄水后已成永久性的江中孤岛。长江在此段形成一个巨大的河曲，婉转如太极图形，被当地人夸为"长江第二湾"，以与长江第一湾相媲美，但这个巨大河曲的泥砂淤积却是致命的。由于此时库区还在 164 米左右的较高水位，我在澹泥湾一带未能观察到大面积的淤积体出露。

让人担忧的是，通过疏浚虽可以改善航道于一时，但却难以改变每年数以亿吨计的泥沙在水库中的沉积，它还会带来什么样的后果呢？由江北嘴向长江下游望去，不远处的江岸便是宏大而繁忙的寸滩港，作为长江上游最大的集装箱和汽车滚装码头，它正是为了替代受泥沙淤积影响的九龙坡港而兴建的。如今，寸滩港是否也要因泥沙淤积，而为自身的命运未雨绸缪呢？

大片山坡垮入江中，激起巨浪

国务院的《三峡后续工作规划》把地质灾害防治列为亟需解决的主要问题之一。用国土资源部前总工程师张洪涛的话来说，"三峡库区的地质灾害防治是个永恒的主题"。此次考察我也拜访了重庆市地质环境监测总站的专家，据介绍，从 2000 年开始的三峡库区地质灾害防治共三期工程目前已结束，国家已投资一百多亿元，完成了 511 处工程治理项目。现在，正转入新的后续地质灾害治理阶段。仅在三峡的重庆库区，目前已确认的崩塌、滑坡、危岩、坍岸等地质灾害点就已超过 5000 处，其中崩塌、滑坡、危岩就占了约 4500 处。专家称，最严峻的问题是，已完成的三期治理工程，绝大部分是针对三峡工程蓄水以前以及蓄水到高水位以前查明的地质灾害体，而三峡工程蓄水以后特别是蓄水到高水位以后，新发生的大量地质灾害还急需在后续工作中进行勘查与治理。而且，前三期已完成的治理工程，在经历了高水位的淹没与浸泡后，有的已出现损毁，需要开展后期维护。因此，地质灾害治理的后续工作极为繁重。

监测总站的专家告诉我，自 2008 年 9 月三峡工程开始 175 米试验性蓄水以来，出现了一个地质灾害的高发期，截止到 2011 年 7 月，仅重庆库区就发生地质灾害灾（险）情 272 起。尤其是 2008 年至 2009 年的蓄降水阶段，就发生了 243 起，其中新生的突发性地质灾害 167 起，占 68%。为此，长江水利委员会要求蓄降水阶段每天的水位升降不超过 0.5 米，使 2009 年至 2010 年、2010 年至 2011 年两个蓄降水阶段的情况有所稳定，发生的地质灾害灾（险）情分别减少到 16 起和 13 起。但专家也指出，从 2010 年以来，水位在 175 米保持的时间较长，应当警惕地质灾害的滞后效应。

这次考察中一个雾霭迷茫的下午，我来到巫峡中的龚家坊，这里距巫山港直线约 4000 多米，离巫峡上峡口仅一两千米。当地村民王大妈向我讲述了她目睹对岸崩塌的情景：2008 年 11 月 23 日下午四、五点钟，当时三峡水库蓄水到 172 米左右，在家里听见巨响，我和许多村民都跑出屋查看，只见对岸山坡腾起一片烟雾，眼看着大片山坡垮入江中，激起巨浪，巨浪冲到我们村子这边的山坡后又形成回浪，将靠近江岸的大片果树及表土卷入江中，附近大段的江水都变成了泥浆色，幸好没有人员伤亡。

这次崩塌的土石方量达到 5 万多方，激起的涌浪高达 13 米，并波及到巫山港，使港口部分船舶的缆绳被绷断，港口设施也受到损害。

2009 年 5 月 18 日，在三峡水位下降过程中，这里再次引发崩塌，又有大约 1.5 万方的土石滑入江中，使航道缩窄了约 100 米，一度实行通航管制。

站在江南岸的山坡向对岸望去，本来是植被茂密的绿色山坡，崩塌过后大片山岩露出森然醒目的灰色。崩塌处正在进行治理施工，可以看到来往船只仍然很谨慎地靠南岸缓慢行驶。而就在与崩塌相对的南岸，坡岸被涌浪冲垮和毁坏的痕迹还清楚可见。

消落带像一条黄灰色的长廊，与你形影不离

此次考察正值三峡水位回落的时候，随处可见的消落带，像一条黄灰色的长廊，环绕水库，与你形影不离。几乎寸草不生的岩壁、土坡与绿色的水面、与消落带之上的绿色山坡形成鲜明对照，视觉感受让人不舒服。我去重访了重庆大学资源与环境学院的王里奥教授，6年以前，当三峡水位还在135米时，我向她请教过三峡库区水环境与消落带治理的问题。她告诉我，为了解决消落带的景观、水土流失、污染等问题，近几年专家们已进行了大量研究与试验，在本地植物中，筛选出耐淹的群落组合，按不同水深环境进行配置，选择一些江岸进行了种植试验。

水库的水位涨落和天然河流几乎相反，天然河流两岸植被生长节律在水库环境下被打乱，加上水库水位剧烈变化对库岸的侵蚀改造，如果不进行人工干预，水退以后植被很难恢复。江北嘴作为重庆主城区的门户，是消落带植被恢复的一个试验点，我看到植被长势不错，除了靠近水面的沙砾滩外，岸边斜坡上的草丛和灌丛已是郁郁葱葱。在库区其它一些重要地点如忠县石宝寨景区，我看到消落带栽种了大片柳树，但水退去以后的河岸还是一片枯白的树桩，偶有一些树干上抽出些许嫩叶。王里奥告诉我，消落带植被恢复目前仅在少数地方试点，库区范围太大、库岸线太长，要普遍推行难度太大。

小江，又称澎溪河，长江的一级支流，流经开县，在云阳注入长江。由于小江河床坡降小，两岸地势平缓，所以成为三峡库区消落带最宽的地方。我来到开县新县城旁的小江岸边时，春雨淅沥，还有几分寒意。水位下降之后，两岸露出大片泥滩，滨江绿化带的护岸石坡上也还是淤泥狼藉。开县应对消落带用了另外一种思路，就是在小江上修建被称为"库中坝"的调节水坝。由开县县城沿小江下行数公里，便到了调节坝，它已基本竣工，将在今年5月投入使用。它的作用主要是在库区水位消落时关闸拦

水，让大坝以上包括开县县城在内的小江河段始终保持较高水位，形成一个较为稳定的人工湖泊，以改善消落带的景观与环境。开县已经给这个人工湖取名为"汉丰湖"。不过，王里奥教授指出，库区水位消落后，调节坝形成的滞水区，将面临水体富营养化、水质恶化的挑战。

你看到的不是一条江，而是死水无澜、一片茫茫

三峡水库蓄水后，库区的水华与水体富营养化一直是被关注的焦点。此次考察时，水位已由 175 米降落到 164 米左右，但是，这条曾经的峡江急流，在水情、水境、水景方面发生的巨变，依然让人触目惊心。你看到的不是一条江，而是死水无澜、一片茫茫，如果没有过往船只掀起的波浪，你根本无法感受水在流动。在河谷相对开阔的地方或者大支流与长江汇合处，就像葫芦的膨大部位，水面宽可至数千米，人们称它为"库湾"，或者干脆就把它叫作"湖"，例如地处巫山港旁、大宁河与长江汇合处的"大宁湖"。

根据三峡水库蓄水以来多年的监测，长江干流的水质在Ⅱ类至Ⅳ类之间，以Ⅲ类水为主，还算较好，但和蓄水前以Ⅱ类水为主的状况相比，已经发生改变。《长江保护与发展报告 2009》的评价是，总体情况基本稳定，但面临水质下降的较大压力，重庆寸滩至奉节河段的污染物含量有升高的趋势。

长江支流的情况则十分严峻，根据《长江保护与发展报告 2009》的分析，2003 年蓄水以前，库区长江支流主要水质类别为Ⅱ类和Ⅲ类。2003 年蓄水以来，库区支流水质明显下降，在监测的 40 条主要支流的水质断面中，Ⅱ类水日趋减少，Ⅳ类水增加迅速，并出现Ⅴ类和劣Ⅴ类水。自 2003 年 6 月首次在库区发现"水华"以来，"水华"频繁爆发，已成为挥之不去的魔魇。

水华，是水体富营养化导致蓝绿藻大量繁殖，在水面形成厚厚的藻膜，藻类死亡腐败后又分解出有毒物质，并消耗水体中的溶解氧，使水体产生恶臭。这次考察我去了三峡重庆库区水华最严重的几条支流——澎溪河（开县、云阳）、大宁河（巫山）、梅溪河（奉节）、草堂河（奉节）。给人最深刻的印象，一是死

水不流的静止状态，二是河水那种绿中带黑的标志性颜色。

由于今年早春气温偏低，考察时又阴雨不断，所以还未开始出现往年那样严重的水华爆发。但在巫山港，仍然可以闻到水体发出的腥臭，绿色至墨绿色的水很浑浊。在码头候船时，旅游公司的几位女士告诉我，前几年到这个时候，水甚至会变成酱色，并发出还要难闻得多的臭味。

水库蓄水后因回水顶托在库湾以及主要支流形成的回水区，是水华发生的主要地段。因为这里水流极缓，水体交换最为困难。"流水不腐"的成语，用科学原因来解释，就是同样的水体，在流动状态下，它的纳污能力或者说自净能力较大，而当水体静止时，它的纳污能力就大大降低，水质更容易变坏。《长江保护与发展报告》用 COD（化学耗氧量）、氨氮（水体中的营养素，主要的耗氧污染物）的数据作了分析，与三峡水库蓄水以前相比，蓄水到 175 米以后，库区水体的纳污能力下降了将近 50%。

175米以下淹掉了最好的奉节脐橙、涪陵榨菜产地

历史上，长江沿岸不仅是城镇和村落的聚集带，也是最富庶的农作区，有许多名优特产。在重庆境内，素享盛誉的就有奉节脐橙、涪陵榨菜。三峡水库蓄水以来，对这些农产品的种植地和当地农民有什么影响呢？

奉节脐橙似乎和夔门有缘，最好的奉节脐橙产地都集中在夔门附近，包括白帝、草堂、朱衣、永乐等地。在长江边的白帝镇附近，村民还告诉我，最好的脐橙产地都在海拔 600 米以下，其中又以紧靠长江的"黄砂土"地带最佳。三峡水库蓄水到 175 米以后，淹没的是最好的脐橙种植地，土地主要在 175 米以下的村民损失最大，村民说以前人均六七分地，脐橙地超过一半，土地收入主要靠脐橙，现在人均土地仅二分左右，村里的脐橙种植地至少损失一半以上，收入也大受影响，而 600 米以上并不适宜发展脐橙。

在草堂镇的草堂河支流，村民也对我说，175 米以下淹掉了品质最好的果树，清库时只有少量移栽到 175 米以上，大部分都被砍掉。海拔越高，脐橙的品质和口味也差多了。村民还拿出不同

高度的脐橙让我品尝对比。

重庆的专家还告诉我，他们担心水库蓄水后，库区气温、湿度、降水、风力等诸多因素变化对脐橙品质的影响，现在也出现了一些脐橙皮变厚、水分变少、贮藏期变短的情况。

涪陵榨菜在地理上的确和涪陵形影不离，最好的榨菜产地分布在涪陵附近长江沿岸的清溪、珍溪、南沱、百胜、李渡等地。

在珍溪的一家农户，一位老大爷正在喂鸭子，他的儿子正在旁边的屋内修补渔网。老大爷说现在是禁渔期，不能捕鱼，要等到 5 月份以后。说到三峡水库蓄水以后的变化，他只是叹了一口气说："水涨起来，不安逸啰！"我问路旁山坡大片栽种的是不是柑桔树，他说不是，是荔枝树，最近引种的。

在百胜镇的八卦村，村民告诉我，海拔 300 米以下是种榨菜的最佳地带，尤其是原来靠江岸的土质最好，每亩可产榨菜万斤以上，而现存的海拔 175 米以上的土地，榨菜亩产只有五六千斤或六七千斤。村民说，三峡水库蓄水以前，乡政府也曾组织把低处江岸的耕地土运移到 175 米以上，试图保留种植榨菜最好的土壤条件，但工程量太大，拉了几车土，最后不了了之。

我考察时，榨菜收获季节刚过去不久，江岸大片坡地的土壤都裸露了出来，还有不少菜叶残留在地里。由于是主产区，珍溪、百胜等乡镇都有当地人开办的榨菜加工厂，规模也很可观。另外每年都有许多外地客商前来收购鲜菜。当地村民仍然在用传统方法自制榨菜供自家食用，也会少量卖给客人，村民称自制的榨菜比厂里加工的好吃。

令人意外的是，村民告诉我，这些土地很快就不能种榨菜了，因为政府正在推行三峡库区"金果林工程"，要求所有耕地都必须种荔枝树，每亩给两百元的补贴。村民充满忧虑的说，这里的耕地传统上是每年一季榨菜一季玉米，仅榨菜一季每亩至少可收入一两千元。荔枝树种下后几年才能结果，而且现在到处都种会不会滥市？荔枝不像柑桔那样耐存，短期卖不掉就会烂掉。这不禁使我想起了盛行"浮夸风"、"强迫命令"的"大跃进"时代，现在强制一律地要用榨菜的最佳适生地去改种荔枝，真让人啼笑皆非。

　　流经重庆的长江，曾经是奔腾激荡的"千里川江"，它象征着旺盛的活力与顽强的生命。而现在静如止水的景象，表明它和它所哺育的儿女正在经历巨大的转折与蜕变。无论祸福，我只期望这块土地的生命活力能够如往常那样经久不息。

原刊于《中国国家地理》2014年1月号

川东北连年暴雨成灾与三峡工程有关吗？

范晓

  三峡工程是世界上最大的水利工程之一。三峡水库对局部地域气候的影响，与泥沙、移民、航运、地质灾害等问题相比，在三峡工程论证时并未成为一个引人注目的话题，而且人们一向认为，巨大的人工湖将使库区冬暖夏凉，气候变好。但是水库蓄水后，库区以及库区周边区域出现的罕见高温干旱以及连年暴雨洪灾的极端灾害事件，却引发了三峡水库对气候影响的激烈争论。

三峡水库蓄水后，川东北突现连年暴雨

  三峡水库蓄水十年后的 2012 年至 2013 年，我又重访了三峡水库的重庆库区，三峡水库对气候的影响也是考察中我关心的问题之一。每遇当地居民我都会了解他们对蓄水前后气候变化的切身感受，除了少数人认为气候变化不大以外，绝大多数人都觉得蓄水以后气候变化很大，但没有人说蓄水后气候变得更好。不少人说现在夏天更热了，冬天更冷了。以前夏季最高温度通常是 38℃左右，而现在高于 40℃ 是常事，并且持续时间很长。另外，重庆历来因秋冬季节多雾而被称为"雾都"，但三峡水库蓄水后，雾天明显减少。

  比库区气候变化更为引人注目的，是在三峡工程蓄水以后，三峡库区以北几十千米至一百千米开外的川东北地区（主要包括四川的达州、巴中、广安、南充，重庆的开县等地），出现了连年暴雨成灾的罕见现象，其中以达州最为严重。当地一些八、九十岁的老人对我说，一辈子都没见过这么大的水！在渠江上游巴河与州河交汇的三汇镇，当地居民指给我看 2007 年的洪水曾淹到四层楼高的地方，这让我难以相信，因为那里高出平时的河水面实在太多。

  2004 年，是三峡水库 2003 年首次蓄水到 135 米的第二年，这年 9 月 3 日，历史上十年九旱的达州遭受了数百年不遇的特大暴

雨洪灾，5 个县城进水，水、电、气、交通全部中断，达州城区最深进水 8 米，沿河的很多乡镇，水位涨幅高达二三十米，洪灾造成 72 人死亡，10 人失踪，仅在达州就造成 61 亿元的直接经济损失。但当时人们也许根本没有想到，这只是川东北连年暴雨成灾的一个起点，仿佛装着暴雨洪水的潘多拉魔盒被突然打开。这种局地气候的突然变化，是否与三峡工程有关，成为一个无法回避的话题。

2004 年 9 月四川达州遭受罕见暴雨洪灾（网络图片）

2004 年 9 月被洪水围困的四川达县斌郎乡（网络图片）

自 2004 年以来的川东北暴雨事件具有以下一些基本特征。

1、罕见的降雨量和降雨强度

降雨量和降雨强度达到百年不遇或几百年不遇，有的一个暴雨过程的降雨量约相当于以往平均年降雨量的 50%，降雨强度（如 1 小时、12 小时或 24 小时的降雨量）也大大突破历史记录。

2004 年至 2014 年已统计到至少 32 次暴雨过程，其中达到特大暴雨（24 小时大于 250 毫米或 12 小时大于 140 毫米）的 15 次（47%）；达到大暴雨（24 小时 100～250 毫米或 12 小时 70～120 毫米）16 次（50%）；暴雨（24 小时 50～100 毫米）只有 1 次（3%）。97%都是大暴雨、特大暴雨。

暴雨中被洪水冲毁的桥梁（网络图片）

其中许多降雨强度不仅创造了历史记录，而且也是全国罕见的：24 小时降雨，万源井溪 502.9 毫米（2009 年 7 月 13 日）；5 小时降雨，万源城区 246.3 毫米（2010 年 7 月 16 日至 17 日）；1 小时降雨，万源城区 84.2 毫米（2010 年 7 月 16 日至 17 日）。

从 2004 年以来暴雨事件的分布月份看，均发生在 4 月至 9 月，其中 7 月最多，达到 16 次，8 月和 9 月各 4 次，5 月和 6 月各 3 次，4 月 1 次。根据四川省气象局 1951～1970 年的数据统计（1979），川东北地区 4 月至 6 月各月的平均降雨量依次为：100

毫米、100～200 毫米、150 毫米，7 月至 9 月的月平均降雨量均为
150～250 毫米。而现在的一次暴雨过程常常超过原来的月平均降
雨量。

年降水量以渠县为例，2007 年渠县降水量达到了 1641 毫米，
创该县年降水量历史最大值，而渠县以往的年平均降雨量为
1068.5 毫米。

2、罕见的洪水灾害

渠江及其上游的州河、巴河流域，洪水水位屡创记录，水位
涨幅 10 米左右并不罕见，多次出现涨幅超过 15 米的情况，例如
渠县县城水位涨幅：2004 年 19.8 米、2007 年 21.3 米，2011 年
18.9 米。给沿河沿江的城镇村落造成严重威胁和重大损失。

以渠县为例，据郭涛的《四川城市水灾史》，自清代至民国
的三百多年间，1874 年（道光二十七年）的洪水规模最大，洪水
水位 254.61 米。而自 2004 年以来，渠县的几次洪水水位都超过
历史最高水位，2004 年、2007 年、2011 年的洪水位分别为
262.31、263.81 米、261.41 米，分别超过清代以来最高洪水位
7.7 米、9.2 米、6.8 米。

渠江边的渠县城区洪水时水位（网络图片）

洪水过程中，水位上涨速度之快以及洪峰保持时间之长，也是罕见的。例如（据四川省人民政府防汛抗旱指挥部办公室，2010），2010 年 7.17 洪灾，广安城区的渠江水位 10 小时上涨 10 米，30 小时上涨 20 米；渠县三汇的渠江水位不仅创下 266.60 米的历史记录，流量超过每秒 27000 立方米，而且持续时间长达 13 小时。

2010 年 7.17 洪灾渠江边的广安城区（网络图片）

3、历史上曾经是偶发事件的暴雨洪灾现已成为常态

从 2004 年至 2014 年，除了四川盆地持续高温干旱的 2006 年、以及发生汶川大地震的 2008 年没有明显的暴雨灾害以外，其余 8 年，川东北每年都暴雨成灾，从已有记录看，暴雨事件达到 32 次，其中 2004 年、2005 年各 1 次，2011 年 2 次，2010 年 3 次，2009 年、2014 年各 4 次，2012 年、2013 年各 5 次，2007 年高达 7 次。2009 年至 2014 年，则是每年暴雨成灾。

以渠县为例，据郭涛的《四川城市水灾史》，自清代至民国，渠县平均 26 年左右才遭受一次洪灾。

2007 年，时任达州市气象局副局长的刘志刚在接受中央电视台采访时指出，集中的持续性暴雨让 2004 年成为了达州气候上的一个转折点，这和之前达州经常遇到的干旱形成了鲜明的对比。

当地老百姓流行的说法则是："达州的天漏了！"

　　2011 年，时任四川省气象局副局长的马力曾指出，2004 年、2005 年、2007 年达州都发生了区域性暴雨洪涝灾害。这 3 年都算得上是特大洪水年。而这样的特大洪水，整个 20 世纪达州仅发生了 3 次（1902 年、1907 年、1982 年）。

4、暴雨诱发大量滑坡、崩塌、泥石流等次生地质灾害

　　暴雨是滑坡、崩塌、泥石流等地质灾害的重要诱因，因此每一次暴雨事件都伴随了数十起以至数百起地质灾害。其中最典型的案例有：2004 年 9 月的暴雨事件，诱发宣汉天台乡特大滑坡，滑坡方量高达 3000 万立方米，摧毁了 1.2 平方千米范围内的所有建筑和耕地，滑坡体堵塞前河形成蓄水量 6000 万立方米的堰塞湖，回水淹没上游五宝镇及沿河居民 5770 户，农田 4930 亩；2007 年 7 月的特大暴雨，诱发了达县青宁乡岩门村特

2007 年 7 月暴雨诱发的达县青宁乡岩门村特大滑坡

2009 年 7 月暴雨诱发的滑坡正在摧毁宣汉县樊哈镇的民房（两图均为网络图片）

大滑坡，滑坡体积同样高达 3000 万立方米，造成面积 10 多万平方米的 1000 多间房屋垮塌。这些地质灾害不仅造成建筑损毁，交通中断，而且也是导致人员伤亡的重要原因。

5、连年暴雨洪灾及其引发的地质灾害给当地社会与经济造成持续重大损害

上述 32 次暴雨事件中，目前只收集到 23 次暴雨的经济损失数据，而且这些数据主要限于达州市境内，但这 23 次暴雨事件的直接经济损失就已高达 297.1 亿元；另外，在已收集到死亡与失踪人数的 12 次暴雨事件中，共有 198 人死亡，106 人失踪。

值得特别注意的是，由于川东北的暴雨洪灾已成为持续性的常态，当地社会每年都不得不面临巨大的灾害威胁，而且可能是一年多次，这给当地社会与经济造成了持续性的损害。

三峡水库蓄水以后的地域气候变化

关于三峡工程对气候的影响，在工程论证时，中国科学院的专家们曾有过相关的研究与预测。其中对降水的影响是这样说的："三峡库区外来暖湿气流带来的及库面蒸发增加的水汽量，在一定条件下应在库面及库周一定范围内凝雨降落，但由于水库低温效应的影响，暖湿气流将随不同季节盛行风向，推移到较远的地势较高的风面致雨，则这些地区降雨量会有所增加。""在库区周围地势高且对暖湿气流抬升有利的迎风坡，平均年径流深可能增加 40～50 毫米，约为建库前平均年径流深的 4%～5%。"（胡昕等，1987）。三峡水库蓄水以后的实际情况，在很大程度上印证了这种预测。

分析水库库区以及周边的气候变化，往往需要区分哪些变化是由大尺度的气候波动引起的，哪些变化是由水库造成的。在这方面，专家们的研究中使用了许多不同的技术方法来进行处理。美国国家航空航天局（NASA）WU 等（2006）在热带降雨测量计划（TRMM）中，采用了由 Terra 卫星发回的数据，使用美国宾夕法尼亚州立大学大气研究中心（PSUNCAR）第五代中等尺度模型（MM5）的高精密度数字模拟技术，分析了三峡水库对于地区降雨

以及地表温度的影响。

他们把数据分为蓄水前（1998 年 1 月到 2003 年 1 月）和蓄水后（2004 年 1 月到 2006 年 1 月）两组，进行了研究。这项报告的基本结论是：水库蓄水后，降雨减少的区域分布在库区及库区以南，而降雨增加最多的区域分布于长江以北，平行于三峡库区约 150 千米左右的地带，也就是说，三峡工程对长江以北至大巴山和秦岭之间区域的降水有着显著的增强。

从地表温度的变化来看，大巴山和秦岭之间的气温平均降低了 0.67℃，这是因为降雨增多，云层也增多，减少了阳光直射，降低了到达地表的热量。

WU 等的报告还认为，三峡水库对气候的影响是地区性的，可以达到 100 千米的范围，而不是三峡建设专家组给出的 10 千米。三峡水库影响降雨的区域面积达到 62 平方英里（160.6 平方千米），而不是先前研究中提出的 6 平方英里（15.5 平方千米）。而且，当 2009 年三峡水库达到它的最高蓄水位以后，地区气温和降水量的变化将会更明显。

对于引起这种降水变化的原因，WU 等的报告认为，大大增加的水域面积将加强当地蒸发并降低附近的温度，其结果是水域上方的大气更加稳定，进而使 660 千米长的水库水域大气产生不规则向下垂直运动（Miller et al. 2005）。如果产生的中等尺度的向下垂直运动跟三峡水库附近近几百千米内的复杂地貌相互作用，三峡水库对气候的影响尺度将达到百千米量级，而不是十千米量级。

三峡水库与川东北暴雨洪灾的关系分析

川东北突现连年暴雨洪灾这一重大气候转折，恰恰与三峡水库开始蓄水如此"巧合"，人们自然会联想到三峡工程对川东北降雨的影响。不过，尽管有三峡工程之前的大型、巨型水库影响地域降水的诸多案例，但气象业界的不少专家，仍然对三峡水库与川东北暴雨之间的可能联系给予了否定。

2007 年，在接受中央电视台采访时，达州市气象局副局长刘志刚说，达州的暴雨是西太平洋副热高压引起的，由于全球气候变化，西太平洋副热高压的位置更多地向北、向西移动，使达州正好处于它的西北侧降水带。而中国气象科学研究院院长倪允琪则认为，人类对全球变暖的影响和全球气候本身的自然变化这两者很难区分，而且人类的活动对全球变暖造成多大程度的影响，并不能很明确量化，不一定发生的现象都是因为全球变暖。如果因全球气候变化引发暴雨增多的话，不应该只是达州一个地方。从地形上看，达州北面就是大巴山，而大巴山南面是几条南北走向的山脉，就像气流输送的管道，由南向北的暖湿气流冲到这里快速抬升上来，因此形成暴雨。

叶殿秀等（2009）认为，根据以往研究结果显示，水库的气候效应以库区 5 千米内最显著，各气象要素中，以降水的影响距离最远，可达 70~80 千米。由此来看，像 2004 年和 2006 年发生在四川、重庆的这种较大范围的严重气象灾害，远远超出了三峡水库的影响范围，完全是气候变异和气候变化的结果。

陈鲜艳等（2013）认为，大气中的水分循环包括外循环和内循环，外循环是水汽随大气环流进行输送的循环，内循环即局部区域内大气局地环流中的水分循环。就自然降雨而言，外循环的水汽对各地降雨的影响占 95%。内循环水汽对各地降雨的影响占 5%左右。水库蓄水虽使附近水汽的内循环产生一定变化，但这种水汽内循环相对于外循环是微不足道的，不能导致比它面积大很多倍的区域性旱涝灾害的发生。一个地区的暴雨发生需要比它大十几倍以上面积的地区收集或获得水汽。三峡水库不能左右比它面积大很多倍的区域性旱涝过程。

专家们经常提到的西太平洋副热带高压，是太平洋上一个半永久性高压环流系统，每年春季至夏季，它由北纬 15°左右逐渐北移越过北纬 30°，秋季至冬季又向南返回。在每年这个南北往返的过程中，它都会经过中国东部，在它占据的区域是晴好的稳定天气，在它的北侧、西北侧与冷空气相交的地带，则会形成大范围的降水带。同时，它也会受到青藏高原高压、华北高压以及在西南边缘活动的热带风暴的影响。

虽然西太平洋副热带高压的活动始终会有一些波动变化，但它仍是一个相对稳定的大尺度环流系统，专家们在分析中并没有列出数据表明它的形势在 2003 年以后有根本性的变化，而且即使有这种变化，它所带来的降水变化也应该是大尺度的，而不会仅限于川东北这一相对较小的区域。

关于库区水汽内循环所占比例很小，不能导致区域性旱涝灾害的发生的观点，一方面需要确定水库影响降水的区域尺度范围；另一方面，也需要足够的区域观测数据而不仅仅是库区观测数据来对个案进行分析，仅仅一般性的论述还不能让人信服。

WU 等（2006）也谈到了大气环流和三峡工程对川东北暴雨影响的贡献问题。他们认为自然环境的变化，诸如厄尔尼诺等现象，都是在一个大的时间尺度内发生，为了排除这种大尺度的影响，他们得出一个新的时间系列，即把降雨率时间系列所在的空间地理区间分成相互对照的两个区域：一个是降雨增加的地域（北纬 31.0°～34.0°，东经 107.0°～111.0°）；另一个是包括整个三峡水库周围地域（北纬 28.0°～34.0°，东经 105.0°～112.0°）。对这两个地域，自然环境变化的影响应当是非常相似的，因此它的影响在新的时间系列中可以在很大程度上予以削减。通过分析，他们认为川东北降水的显著增强是由三峡工程引起的。

因为已有案例中水库对降水的影响距离最远为 70～80 千米，得出川东北暴雨洪灾已远远超出了三峡水库影响范围的结论，在普通逻辑上亦难以成立。从已有的案例同样可以看到，大型、巨型水库对降水的影响范围与水库的规模有关，三峡水库规模巨大，它对降水等气候因素的影响范围会比已有的案例大得多。

巨型水库对局地气候的影响值得高度关注

无论人们对三峡工程与川东北暴雨洪灾之间的关系持何种认识，大型、巨型水库对局地气候的影响都是值得高度关注的问题。大型、巨型水库通常都会以防治下游洪水为设计目标，但这种目标又常常是以加剧上游洪水灾害为代价的。以前对水库加剧库区及上游洪灾的认识，主要是从泥沙淤积、河床抬高来考虑的，现在应该更充分地考虑水库对暴雨气候的影响以及它所带来的洪灾威胁。三峡工程建成后实际发生的对周边地区的气候影响，给这些地区的带来的洪水灾害是不应该被忽视的，是应该作为今后人类工程影响气候的一个典型样本。

2014 年

谁的三峡工程？

任星辉（原北京传知行社会经济研究所研究员）

1992 年 4 月 3 日，全国人大批准了国务院关于兴建长江三峡工程的决议。为了筹集三峡工程的建设资金，同年的国务院第 205 次总理办公会议决定，在 1984 年中央办公厅、国务院办公厅决定将葛洲坝电厂上交的利润转作三峡工程建设基金，及 1992 年燃运加价、用电加价的基础上，向全国电力用户每千瓦时征收三厘钱作为三峡工程建设基金。

在上述征收电力附加的决定做出以后，三峡工程建设基金的征收进展缓慢，出现了有些省份要求免交甚至拒交的现象。基金不能及时到位的问题，当然影响了三峡工程准备工作的进行。因此在 1993 年，国务院办公厅颁发"关于筹集三峡工程建设基金的通知"，重申了中央政府的立场和严厉态度，并在"通知"中强调："**三峡工程是一项造福子孙后代的跨世纪工程，需要全国人民的大力支援。各省、自治区、直辖市人民政府要从大局出发，服从国务院的决定……**"此后，三峡工程建设基金得以顺利征收，并且政府承诺该基金"待工程完工后取消"。

年份	征收金额	来源
1992–2006	727.43 亿元	《2007 年中国长江三峡工程开发总公司企业债券募集说明书》
2007	暂缺	
2008	202.59 亿元	财政部：《关于 2008 年中央和地方预算执行情况与 2009 年中央和地方预算草案的报告》，第十一届全国人民代表大会第二次会议，2009 年 3 月 5 日
2009	195.98 亿元	财政部：《关于 2009 年中央和地方预算执行情况与 2010 年中央和地方预算草案的报告》，第十一届全国人民代表大会第三次会议，2010 年 3 月 5 日

　　根据我们的简单测算，到工程竣工为止，至少征收了 1125.6 亿元（参见上表，2007 年数据暂无），约占工程原计划的 2039 亿动态投资的 55.2%。

　　三峡工程是根据国务院的提议、经全国人大批准并由国家财政支持兴建的公共工程，并且我们个体作为电力消费者，通过被征收电力附加的方式，与这项工程产生了最直接的利益关联。仅从后一点来说，我们每个人都有权利知道三峡工程建设基金是怎么被花掉的。但当我们根据《中华人民共和国政府信息公开条例》要求有关方面提供基金的具体收支情况时，情况却非常令人失望。

　　2009 年 10 月，我们分别向国务院三峡工程建设委员会、财政部和长江三峡集团公司提出了信息公开申请。

　　1）三峡工程建设委员是负责三峡工程高层决策的机构。它在答复中告知我们，截止 2009 年 9 月，工程静态投资总额为 1258.16 亿元，占国家批准投资概算的 93.01%，相对应的动态投资已达 1863.44 亿元。至于细节问题，则建议我们向财政部、长江国家电网公司和中国三峡集团公司咨询。

　　2）财政部是三峡工程建设基金的主管机构，并且负责对三峡工程的其他财政支持。该部拒绝提供我申请公开的主要信息，并称："根据您提供的申请材料，您所需申请获取的其他信息与您本人生产、生活、科研等特殊需要并无直接关联"。

　　3）中国长江集团公司，即之前的中国长江三峡工程开发总公司，具体负责三峡工程的建设和运作。该公司的法务部门回复说，该公司"不是行政单位，也不属于公共企事业单位，不适用《政府信息公开条例》"，因此没有提供相关信息的义务。

　　我们认为财政部违反了《条例》的规定，因此在向其申请行政复议被拒之后，我们于 2010 年 1 月 26 日向法院提起了诉讼。根据法律规定，法院应在 7 天内做出是否受理本案的决定，但直到 4 月 19 日，法院才通知我们，他们已做出裁定，因本案不属于法院受案范围，不予受理。当然，在近 3 个月的等待中，我本人曾三次去法院，提醒他们法律规定法院须在 7 天内做出是否受理本案的决定，但至少是前两次，法官要么不予理睬，要么让我出去。巧合的是，这个裁定是两年前的今天，即2010年4月14日做出的。

我们随即向北京市高级人民法院上诉，要求撤销原裁定，指令原审法院受理本案。但北京高院也做出了维持一审裁定，驳回上诉的裁定。北京高院的裁定是终审裁定。

在北京市第一中级人民法院作出不受理本案的裁定后，我们又于2010年4月底分别向国家电网公司和国务院国有资产监督管理委员会申请公开信息。

4）国家电网公司是"以建设和运营电网为核心业务，承担着保障安全、经济、清洁、可持续的电力供应的基本使命"的"公用事业企业"（他们在官网上这样介绍自己），负责三峡输变电工程。我要求该公司公开有关三峡输变电工程资金收支情况的申请一直没有得来任何回应。

5）根据官方定义，国务院国有资产监督管理委员会是代表国家，对中央所属企业履行出资人职责的国务院直属特设机构。中国长江三峡集团公司在中国国有企业中属于中央企业，因此受其监管。我要求该委员会提供中国长江三峡集团公司在三峡工程建设上的资金收支信息，但该机构答复说，"企业资金收支信息按照国家有关规定由企业自行管理"。

2010年7月9日，我向该委员会提起行政复议，认为三峡集团在三峡工程建设上的收支信息属《政府信息公开条例》中确定的政府信息，且根据该委员会的《国有资产监督管理信息公开实施办法》，这类信息属于国资监管信息，因此也应当公开。但该委员会以根据其职能划分，不具有行政复议的受理权限为由，电话告知不接受我提起的行政复议。我要求该委员会就此出具书面答复，但遭到拒绝。

至此，我们根据《政府信息公开条例》要求公开三峡工程建设资金收支信息的努力以政府部门和企业的拒绝提供以失败告终。更令人沮丧的是：我们曾在2009年的全国人大期间，通过一些人大代表敦促政府履行承诺，按照原计划和规定，在2009年停止征收三峡工程建设基金，并且不能只在名义上取消，而实际上改头换面保留该基金。但在2010年1月，财政部、国家发展改革委和水利部联合发布《国家重大水利工程建设基金征收使用管理暂行办法》（财综【2009】90号），名义上从2010年1月1日起停征三峡工程建设基金，与此同时，这个"暂行办法"规定开始征收期限为2010年1月1日至2019年12月31日的"国家重大水利工程建设基金"。不过是换了个名目。一项因为三峡工程建设而加于人民的收费，在三峡完工、开始大把大把赚钱以后，还得继续由人民负担。

在两年的努力后，我们最终还是没能比原来获取更多的信息。然而，这正是问题所在。

即使不考虑仅由国务院或财政部这样的行政部门决定，就能在全国范围内征收政府基金这种做法与法治和宪政体制的冲突，仅就中国当前自成一体的制度框架看，官方目前在三峡工程资金收支信息方面的消极做法，也是很成问题的：

财政部认为，我们与三峡工程建设资金信息并无直接关联。这显然是个非常荒唐的答复，正如**有人评论的，财政部显然应该在开始筹集基金时就发现这一点，不收钱自然就不会有麻烦。**

财政部没有否认它掌握这类信息，也没有否认它有义务公开这类信息，但认为我们不是合格的申请者。但即使不考虑三峡工程的公共性质，仅从每个用电人通过电力附加直接与其相关来说，我们对有关三峡工程建设基金收支信息的知情权也是显而易见的。另外，对于这类与任何个体的信息和隐私无关的公共信息，《政府信息公开条例》也从未授权负有信息公开义务的公共机构审查申请者是否与所申请的信息有关联，也从没有要求申请者在申请时提交类似的文件。还有，根据"条例"，在三峡这类国家重大公共工程上，政府部门应该做到主动公开相关信息。显然，财政部没有认真执行"条例"，同样遗憾的是，法院在此案中的表现显然是站在公权力一边，对维护《政府信息公开条例》的权威性采取了极为消极的态度。

来自中国长江三峡集团公司和国务院国有资产监督管理委员会的答复都认为三峡公司在工程建设上的资金收支信息属于企业事务，因此不受"条例"规定的限制。但"条例"规定，各种与"人民群众利益密切相关的公共企事业单位在提供社会公共服务过程中制作、获取的信息的公开，参照本条例执行"。中国长江三峡集团公司有关三峡工程的信息，尤其是建设资金的收支信息，显然是根据"条例"应该公开的信息。三峡公司并非竞标获取三峡开发权的私营企业，而是根据政府命令成立、建设三峡工程的政府公司，虽然中国三峡集团公司现在的业务范围已远超出早期的定位，但它在三峡工程上所扮演的角色的公共性质是不能改变的。三峡公司从财政部获取建设资金，这并不是市场交易，而是政府对于公共工程的财政拨款；三峡公司拿这些钱来建设工程，当然会涉及无数的市场交易，但那不是我们的重点，我们想知道的是：三峡公司拿着来自人民、由财政部拨付的财政资金，都做了些什么。每个中国人，无论是作以公民的名义还是以电力消费者的名义，都有权知道。

1993 年国务院要求各省认真筹集基金时强调，"三峡工程是一项造福子孙后代的跨世纪工程，需要全国人民的大力支援"；在 1994 年的三峡工程开工仪式上，时任总理李鹏用"功在当代利千秋"作为他致辞的标题。

想造福子孙后代的前提之一，至少是当代人不受愚弄。一项通过获取财政资金在中国的第一大河上建设的公共工程，每个中国人不但作为国民，而且以基金贡献者的身份与它直接关联，却在工程完工后的今天，依然无法得知关于工程建设资金收支的有价值的信息，由此，我们以出资人的身份提出我们的问题：

这是谁的三峡工程？

注：本文是作者提交给 2012 年 4 月 13 日 14 日在美国加利佛尼亚伯克利大学主办的"长江三峡大坝研讨会"的论文。收入此书时略作修改。

父亲的水电老师

——忆陆钦侃先生

李南央

陆钦侃先生 4 月 15 日走了，他比我的父亲李锐年长四岁，是父亲转业到水电事业后的第一位老师。1952 年，父亲刚刚从湖南省委宣传部调入燃料工业部所属的水电工程局时，在日记中有如下记述：

1952 年 12 月 2 日（星期二）

晨十点五分离京，陆钦侃工程师同行。

车上请陆谈水力知识。

$Q=AV$

$V=C\sqrt{2gh}$　　　　　c＝系数，g 管口头

$V=1/\eta *r^{2/3}*S^{1/2}$　河道、隧洞等

　　η——粗糙系数，一般河床 0.025，钢、混泥土 0.014

1953 年 2 月 21 日（星期六）

……

女秘书来了，陆钦侃也开始抓着办事，感到事情将顺利一些。

……

与设计处同志谈展开资产阶级设计思想批判问题的学习和检查。必须严肃对待此一工作，当作进入五年计划工作的决定环节。

陆钦侃先生 1936 年毕业于浙江大学土木系，1947 年获美国科罗拉多大学水利硕士学位，曾供职于中华民国时代的国民政府资源委员会，参加了 1946 年资源委员会派赴美国垦务局的三峡工程研究工作。而此时，政权易帜，他要在新政权的领导下继续从事

水力水电规划工作，而共产党的有些作法恐怕令他丈二和尚摸不着头脑。不是吗，父亲的日记中说要"展开资产阶级设计思想批判问题的学习和检查。"父亲是如何在局里展开对"资产阶级设计思想批判"的，我不得而知，但是 1959 年他被打成水利电力部"李锐反党集团"的"领军"人物时，部党委整理的"李锐三反言论集"（反党、反火电、反三峡）中，记有他在党内会议上的"反动"言论：老干部要学习专业文化知识，否则就不要老狗挡道，要让知识分子当家。我想陆钦侃先生是幸运的，他碰上了李锐这样一位肯于当学生的共产党干部。我曾经问过父亲，你何以如此看重知识，看重知识分子。他回答我：我高中毕业北上赴考，报了清华，没有被录取，后来考进了武汉大学。我知道学问是硬碰硬的，是要下真功夫的。1958 年 1 月的南宁会议上，父亲与林一山在毛泽东面前进行"廷前辩论"，一张全国水电发展前景蓝图帮了他的大忙，那是由与陆钦侃一样，也曾留过学、也曾在国民政府资源委员会任过职，日后也拒绝在三峡工程论证专题组结论上签字的程学敏先生绘制的。有人说我的父亲李锐是"新中国"水电事业的奠基人，其实没有那些"旧中国"培养的专家的辅佐和对他从基本公式耐心讲起的启蒙，李锐将一事无成。

　　1959 年 8 月的庐山会议后，父亲被一撸到底，他所重用的那些从"旧社会"过来的知识分子也失去了李锐时期的"辉煌"。1979 年 1 月 4 日，父亲重返北京，水电事业的老友们立即登门。父亲的日记记着：

1979 年 1 月 10 日（星期三）

　　又是一天人客。陆钦侃、程学敏、顾文书、贺益、苏哲文等。刘、张、李三副部长来。夜罗西北，张敖荣来看材料。

　　1979 年 5 月，父亲参加康世恩率领的能源代表团出访巴西和美国，陆钦侃先生陪行。在机场候机室，陆先生指着送行的父亲的秘书周保志和我说：从今天开始，我就一身兼你们二位之职了。意思是即要做李锐的秘书，又要照顾患难廿年，身体尚不甚健康的李锐的旅途生活。其笃实之情，令我至今记忆犹新。

　　中国政府的政协委员不是选的，是由在党内说的上话的人推荐的。父亲1982年3月从水电部离休，被陈云调入中组部，算是能说得上话的人了。他便"利用职权"，提名陆钦侃和程学敏两位水力水电专家进了政协，让他们能有个发表意见的地方，让他们的声音能被听到。我看父亲是做了大大的好事，他们的作用，那些体育明星、电影明星们是不好比的，他们的认真态度也不是那些把"委员"当成个官来做的人所具备的。没有他们在政协一次次地反对，一次次地质疑，三峡也许不经论证早就匆匆上马了。如此，后果将更是不堪设想。

2004年冬天，我和悌忠回北京探亲，受法国广播电台肖记者之托，将她采访陆先生的录音带回转交给他。我们找到他住在劲松的大女儿家，他和老伴儿从自己的居所搬到了这里。陆先生说：老了，要人照顾了。他热情地招呼我们在他的房间里坐下，指着墙上我父亲为他八十大寿做的诗说："你爸爸的字，你爸爸的字。"

我们一起听了录音。他听得很认真。录音放完了，他长叹一声："没有用啊！说说而已。"我很激动，大发感慨。陆先生却很平和，说自己并不激烈地反对什么，无非是为国家好，为老百姓好。三峡既然已经建了，只好退而求次之，希望将灾难降低到最小程度。自己今年已经90多岁了，能做的也就是"还要说话"。至于说了听不听，只好由它去了。

我知道陆先生曾经年复一年地请我父亲转信中共中央，谈他的意见。1998年他给江泽民、朱镕基、温家宝的信中说："长江的洪水量很大，而且三峡水库仅能控制上游来水，……如果考虑湖南四水进行预报错峰，以城陵矶控制、三峡水库可拦洪183亿立方米，中下游还要分蓄洪300余亿立方米。沿江堤防还将维持高水位。当地暴雨造成的涝灾，三峡水库也无能为力。……1980年所提长江中下游平原防洪部署，据1987年调查湘、鄂、赣、皖四省上报，整个堤防体系达到规划要求，尚需投资63.4亿元；分蓄洪区安全建设尚需投资45亿元，合计100多亿元。这比最近三年洪灾所造成的二千余亿元损失要少得多，也比三峡工程所需投资少得多。"

2004 年 5 月，他和 35 位专家联名上书，父亲替他们转呈胡锦涛和温家宝：

锦涛同志并家宝同志：

关于三峡的要害问题及如何善后，转上由水电老专家陆钦侃（已 92 岁，原全国政协委员）执笔，35 位有关专家学者签名的建议书，他们希望三峡不要比三门峡犯更严重的错误。我是完全赞成他们的意见的。

……

当年最反对建三门峡的是黄万里，……。黄坚决反对上三峡，论证时来过我家两次（我们过去不认识），说过这样的话：如果三峡修成后出了问题，在白帝城山头上建个庙，如岳王庙前跪三个人：中间女（钱正英），两边各一男（张光斗、李鹏）。……

陆钦侃先生们的信中说：

"建议认真贯彻全国人大 1992 年三峡工程决议案中所提初期蓄水位的要求。千万不要封堵有效排沙的底孔，……溢洪道堰顶不要添高至 158 米，以免堵住初期运用时大洪水出路；初期为补充枯水期流量需蓄至 139 米，至汛期仍需维持防洪低水位 135 米，以保留初期原定防洪库容及排沙效果。

期望英明决策，使得三峡工程既能造福于人民，又不造成严重祸害！"

陆钦侃先生曾经期望于"英明"，但是排沙的底孔还是堵了。曾任长江三峡工程开发总公司总经理的陆佑楣说："何必呢？三峡大坝有足够多的排沙孔、泄洪深孔、冲沙闸等设施。从 2003 年水库蓄水以来，由于上游水库拦沙、水土保持、植被保护等因素，来沙量逐年递减，比原来已经减少一半，所以泥沙专家组本来一直都担心泥沙问题，现在都审慎地乐观。"不过他找补了一句："当然还要长期进行监测。"但是如果监测结果证实陆钦侃他们的意见是正确的，将怎么办呢？还来得及"怎么办"吗？这位陆工程院士没有说。

陆钦侃先生走了，他曾经拒绝在三峡工程防洪专题组论证结论上签字，那个专题组只有另一位专家方宗岱先生也拒绝签字。这是何等的勇气，何等的良心，何等的责任！陆钦侃先生走了，在中国那片土地上继任着他的水力水电事业的知识分子、工程院士们之中，还有多少人有他一般的勇气、有他一般的良心，有他一般的责任呢？失去了真正知识分子的国家将走向何方？

2011 年 5 月 2 日

我眼中的潘家铮

李南央

潘家铮：中国科学院院士，1980 年中国工程院首批院士、副院长。曾任国务院学位委员会委员，中国大坝委员会主席，中国岩石力学和工程学会理事长，三峡总公司技术委员会主任，国家电网公司高级顾问，国务院三峡工程质量检查专家组组长，国务院南水北调办公室专家委员会主任，清华大学双聘教授，博士生导师。

潘家铮于 2012 年 7 月 13 日在北京逝世，享年 85 岁。大陆媒体的报道极尽哀荣。

作为一名普通的机械工程师，似乎没有资格评价这位拥有一连串显赫头衔的人物，但在真理面前人是平等的，人微未必言轻。我想说说我看到的潘家铮。

潘家铮的名言

潘先生有一句名言流传甚广："对三峡工程贡献最大的是那些反对者。"他的解释是："正是反对者们的反复追问、疑问甚至是质问，逼着你把每个问题都弄得更清楚，才使方案一次比一次更理想、更完整。"这句话为他赢得了赞誉，称他具有："对反对意见不仅仅是容忍，更有百纳海川的包容"的"科学品格"。

一句话，潘先生就将所有的反对者一网收进"三峡人"的队伍、而且被认为贡献最大，这是精明绝顶的政客的伎俩，跟"科学品格"搭不上界。一名真正的科学家，对反对意见一定是诚谨地探究，而不是什么"容忍"和"包容"。这句"名言"还有一层意思不应忽视：作为三峡工程技术委员会主任的潘先生，是认真地听取了反对者的意见的，所以在他督导下产生的工程方案，是"更理想、更完整的"。

主要公开反对者的意见

黄万里，1937 年获美国伊利诺伊大学工程博士学位，同年任甘肃省水利局局长兼总工程师。共产党执政后不久沦为贱民。他的反对观点一句话就可概括：**长江干流上永不可建高坝!**

侯学煜，1949 年获美国宾夕法尼亚州立大学博士学位。中科院院士。三峡工程论证生态环境组成员，没有在本组论证报告上签字。对于与他本人建设三峡"弊大于利"结论相同的论证报告，他不签字的理由是："虽然结论是弊大于利，但它提出了许多对策，认为这样可以克服弊病。对此，我不能同意，我认为所提的一些对策是不解决问题的。""我认为从生态环境和资源的影响来看，**三峡工程不是早上或晚上的问题，坝高多少的问题，而是根本要不要上的问题。**"

李锐，原水电部副部长、中组部常务副部长，一直视自己为体制内的人，他的反对意见非常策略。但无论是 1957 年的御前辩论，还是 1979 年平反复出后就一次次再起三峡之议，直至人大通过三峡方案后给最高决策层的上书，其精髓是：拖住决策，最终将这个工程拖黄——**根本反对三峡工程。**

周培源，1928 年获美国加州理工学院理学博士学位，中科院院士、科学院副院长。他的意见两个重点：1."清淤排沙问题，按现在的方案，……库尾重庆一带的泥沙问题则依然没有好的解决办法。"2."按现行方案，船只过坝要经过五级船闸，这不仅将使过闸时间大大延长，而且其中任何一级出了问题，都有可能造成这一黄金水道的断航。"

陆钦侃，1947 年获美国科罗拉多大学水利硕士学位，全国政协委员，三峡工程论证委员会防洪组顾问，没有在防洪论证报告上签字。他对三峡防洪效益的意见是："兴建三峡工程，仅能控制上游川江的洪水，对中下游的湘资沅澧和汉江赣江等众多支流不能控制。按'防洪报告'上所说的，……对'头上顶着一盆水'的武汉市，既不能降低洪水位，也不能减少其附近的蓄洪量，对下游江西、安徽更是无能为力了。"

王兴让，1932 年加入共产党，原商业部副部长。他针对三峡的移民问题说："我们关于移民的基本指导方针是受害者不受益，受益者不受害；以牺牲农业，损害农民造益于工业。三峡工程的移民指导方针仍是如此。它所造成的移民后遗症，将使以前的任何工程都成为'小巫见大巫'。"

杨浪，荣立过三等功的前军人，退伍后曾任《中国青年报》主编。他的"悬顶之剑"一文，从国防角度对三峡提出质疑，列举了应该采取的五项措施，他说："为了切实保障国家生存利益，减少和消弭'悬剑之危'，上述部署必须与三峡工程建设同步进行，其中，近期投资最保守的估计也在一百亿元之上。这是一笔从未被想见和列入的投资。"

茅于轼，经济学家。他质问三峡退役之后将如何："任何一个工程都是有寿命的。对于三峡这种人类少有的工程，就算服役的时候种种问题都考虑到了，退役以后呢？……"

反对者的贡献是 "0"

当我们说某一意见对某一工程有贡献时，必然意味着该意见被采纳或被部分采纳，实施于工程，并产生了效能。让我们来看看，上述的哪条反对意见被听进去、被采纳了？

黄万里、侯学煜、茅于轼和李锐提出问题的角度虽然不同，意思是一个：**三峡根本不能建**。显然，采纳率是"0"，否则就不会有现在的三峡大坝了。陆钦侃的意见是：三峡大坝对长江的防洪基本没有作用。对于一个基本不起作用的功能，"更理想、更完整"的方案是无从谈起的。周培源先生担心库尾淤积、船闸碍航。三峡蓄水到设计高程后的状况是：大水年年淹到重庆朝天门码头；今年因上游大水，船闸曾一度停止使用。周先生的意见令潘先生主持的设计方案"更理想、更完整"在什么地方？看不出来。杨浪笔下的国防问题，张爱萍上将曾向决策者邓小平当面提出过，邓的回答是："你胆子太小"。因此，此问题根本无需潘先生忧虑。至于王兴让先生提出的移民问题，则似乎不属于潘先生的"技术"范畴。

孙越琦，曾任国民政府资源委员会委员长，全国政协经济委员会三峡专题组组长。他在 1988 年回答记者的提问时说："我在三峡工程论证领导小组的扩大会上两次做了长篇发言，其他几位委员也发表了意见。但是对于这些不同意见在上报的简报中没有得到反映，只是说某某某发了言。在各专题的讨论中，虽有些专家提出过不同意见，也未被采纳，都按多数通过各个论证报告。这种组织形式，只能代表水电部'一家之言'。……真是'说了也白说'。"

"说了也白说"，这才是实情！什么"对三峡工程贡献最大……"，反对者们对这一工程的贡献实际为"0"。请不要再用潘家铮这句精明而虚伪的政客之言继续亵渎那些反对者的名字了吧！

潘家铮罔顾事实

潘先生还有一句话，知道的人也不少：我没有看到黄万里发表过一篇反对三峡的文章！

黄万里先生在民间拥有"反对三峡第一人"的声誉。1953 年转入清华教学的他，就因为在校刊上发表的一篇散文《花丛小语》，被毛泽东批示"这是什么话？"，从此被剥夺了教学的权力。文革之后，又因为三峡工程的头号"知识分子"吹鼓手张光斗，位居了清华大学副校长之位，三峡大坝坚定的反对者黄万里，直到了 87 岁的高龄，才被允许再次登上清华的讲坛。他的著述是在他去世以后由亲友和学生集资自费印刷出版的。四十年代实地踏勘过长江，其五十年代反对建设三门峡的意见竣工一年后即被言中的黄万里先生，不但没有被邀请参加三峡的论证，连他恳请中央决策者只给他半个钟头，听他陈述三峡万不可上的请求也不被理睬。

戴晴在她悼念黄万里先生的文章中是这样描述的：

"他不要名誉、不要地位、甚至不计较二十多年的右派冤案，只要当政者给他一个机会，让他在自己业务领域把意见发表出来——五、六十年代，他在流放改造的工地上等着，八十年代以后，在自己家中逼仄的书房里等着。他一次次投书、致信，从学校到政协到人大到国务院到监察部，直到总书记本人（连至三封）——没人理他……或者说，只有一个当权者客气地回信致谢——可惜不是他的同胞：美国前总统克林顿。"

黄万里先生的声誉、处境，我不信潘家铮不知道。他这话不但说得矫情，对事实的罔顾简直就是无耻了。

历史的见证

我的父亲李锐，1979 年 1 月平反复职，我陪他住在水电部大院对面的部招待所内。一日，潘家铮先生前来拜访，将他的一篇、在那种印有绿色方格的稿纸上抄写得工工整整的小说交给父亲，请他过目。果然，父亲对他很有好感。但是要重用他，首先要让还不是党员的他入党。可惜父亲不谙权术，正儿八经在党支部提请表决，结果只有他的一票赞同，其余人全体反对。不久，水利、电力两部再次分家，潘先生选择了去钱正英任部长的水利部，之后很快入党，步步高升，成为钱部长三峡工程最得力的帮手。

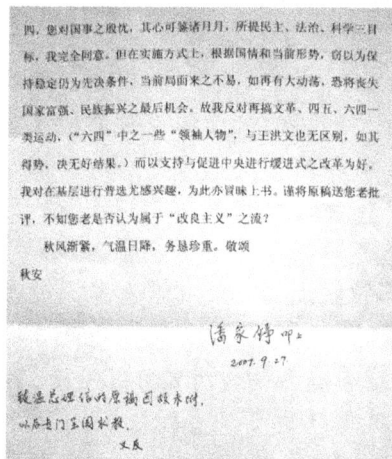

2007 年 9 月，我因公出差北京，去看父亲，他笑着递过两页信纸说：看看潘家铮给我写的信。这个人很聪明，1980 年以后就不理我了，前几天突然来看我，知道三峡会有问题了，让我不要再说三道四。我的第一反映就是：要为潘家铮"立此存照"，立即用相机拍下了那封信。现在，不妨录两段与读者共享。

三、关于三峡问题，您反对上三峡，人所共知。恕我袭用您对毛主席之评价方式：在五十年代反对上三峡有功（且其功至伟）；在八十年代反对三峡，有些过分，但仍起良好作用；在廿一世纪反对三峡，似可不必，因有副作用。……是以在今后三峡争论中您老可否淡出，某些人士通过反三峡以反水电，任其表现可也，我们当全力应对之，但实不愿牵涉您老。衷心之言，伏求鉴谅。

四、您对国事之殷忧，其心可见诸月月（原文如此——作者注），所提民主、法治、科学三目标，我完全同意。但在实施方式上，根据国情和当前形势，窃以为保持稳定仍为先决条件，当前局面来之不易，如再有大动荡，恐将丧失国家富强，民族振兴之最后机会。

这大概是李锐与潘家铮1980年后的第一次私人交流，也是最后的一次交流。毕竟道不同，难相谋。

北大黄文西教授就三峡大坝说过一句话："我们不要为子孙后代留一座愚蠢的纪念碑。"现在，这座碑无可挽回地立起来了，那上面刻着决策者、鼓噪者、追随者的名字：邓小平、王震、江泽民、李鹏、钱正英、张光斗、林一山、潘家铮、李伯宁、郭树言……。我愿在此留下我所知道的公开的反对者和没有在三峡论证报告上签名的知识分子和政府官员的名字：黄万里、李锐、周培源、孙越琦、陆钦侃、侯学煜、陈昌笃、程学敏、方宗岱、何格高、郭来喜、黄元镇、覃修典、伍宏中、李玉光、廖文权、林华、乔培新、胥光义、陈绍明、罗西北、严星华、赵维纲、千家驹、茅于轼、吴稼祥、戴晴、景军、陈国阶、范晓……谁人流芳百世、何者遗臭万年？公道自在人心、历史会有定论。

潘家铮先生咏三峡工程七律中有这样两句：

> 锦绣库区辞旧貌，
> 云雨巫峡展新颜。

这两句应该刻在碑上，立在大坝一侧，与那里的实地景观交相"辉映"，让我们的子孙后代引为借鉴：**知识分子绝不可以沦为专制者的工具，他们应该是民族的头脑和良心。**

2012年9月6日

补记：

2013 年 11 月初回国，在北京见到一位国家环保部门的局级干部，聊天时黄万里先生定居美国的儿子也在座。这位局级干部告诉我，前些年在一次讨论在三峡上游的金沙江建立几个梯级坝，为三峡水库拦沙的会上，他代表环保部门坚决反对这一议案。会议休息时，潘家铮将他拉到一边，悄悄地说：你不要再反对了，不建这些坝，三峡不得了，要出大事呀！我原以为潘家铮先生拒绝听反对三峡的意见，因此对三峡大坝的危害到底有多大并不真正知情。哪里想到他根本清清楚楚地知道：会是"不得了"的灾难。竟然还要一意孤行！这不是无耻，是罪恶！！

与明镜电视陈小平博士对谈提纲

李南央

2019 年 7 月，网上传出一个据说是日本学者制作的"三峡大坝变形"视频。一时三峡大坝是否变形成为网络新闻热点。美国的中文网络媒体"明镜电视"陈小平博士，约我在 7 月 13 日的节目中谈谈我所知道的三峡大坝工程。这是一篇我事先传给明镜的对谈提纲。

李锐日记

1992 年 4 月 3 日（星期五）晴

今天人大通过三峡议案时：反对与弃权者 841 人，占 1/3。了不起的结果。

李锐有诗："六宫粉黛无颜色，三峡工程有问题"（1995 年水电学会讲话）。这是李锐调侃三峡之语。皇帝每晚宠幸，需从六宫粉黛中挑选。三峡是一个孤案，论证时没有任何其它选择方案。违反了基本的科学设计原则。

我将三峡工程比为数轴作一简单讲述：数轴左侧为"论证"，原点为"设计、施工"，右侧为"运行"。

数轴左侧——论证

1954 年长江发洪水，武汉三镇危机，长江水利委员会主任林一山陪毛泽东乘兵舰从武汉到南京沿长江走了一趟，水利部便提出长江上游建个水库，将洪水装起来。

1956 年 5、6 月《中国水利》合刊，林一山发表长文正式公开提出修建三峡，坝高 235 米（现在是 175 米）。若按此方案，为了武汉不遭遇洪水，欲将整个重庆淹到水底——重庆抗战胜利纪念碑高正好 235 米！

1958年1月南宁会议，林一山和李锐"御前辩论"。林一山从汉元帝谈起，阐述历代皇帝如何防洪，讲了两个小时——帝王统治思维：圣人出、黄河清。李锐讲半个小时，解释从经济角度，三峡工程绝不能是单一水库应该主要是个水电站。三峡建成后装机容量至少两千万千瓦，而当时全国装机容量只有五百万千瓦。如同全国不能只有一个百货商店，全国不能只有由一个电站供电的电网。然后谈到选坝址工作和技术上的难度——现代科学思维。毛泽东又让两人各自写了文章。毛泽东说林一山文笔不通，夸奖李锐文章写的好，命他当自己的秘书。毛泽东在世，再也没有提过建设三峡大坝。最终令他放弃三峡大坝的梦想的是军方：不能给自己放一个炸弹在那里。至于毛泽东为什么能听进李锐半个小时的意见，黄万里要求中共中央给他半个小时时间讲述而不可得？前者正值中共夺取天下不久，多少还有一些"为民"意识。到了邓后、江泽民时代，完全成了统治集团，老百姓已经成了被统治的对象，成了统治集团时刻防范的对立面。

之后几次反复，只谈一下最后一次：1989年3月第七届人大二次、政协二次会议在北京召开，贵州人民出版社驻京责任编辑许医农从戴晴处得到《长江、长江》书稿，抢在两会召开前几天印出5千册，戴晴拿到两会代表驻地小卖部出售，在两会开幕当天在大会堂旁边的欧美同学会召开有中外记者参加的新闻发布会。直接导致姚依林在人大宣布：三峡工程赞成的人很多，反对的人也很多，这件事五年不议论。但是之后中宣部要求将此书全部销毁。许医农自己偷偷抢救下一麻袋。戴晴送了我一本。

1979年1月父亲李锐复出刚刚回到北京，陈云即找到他，说：那些人又在鼓动上三峡，你立即将反对意见写给我。我陪同父亲住在水利部招待所，晚上散步碰到水利部人，询问为何一定要上三峡？回答只是一句豪迈激情："此时不上，更待何时！"

可以说，没有"六四"，就不会有三峡。"六四"之后，再也不会出现许医农和戴晴这样的"壮举"了。陈云也在邓小平的"党内只能有一个婆婆"的强硬态度下转而保持沉默。在李伯宁和王震的鼓噪下，1991年两会之后，江泽民在李伯宁的信上批示："看来对三峡可以下点毛毛雨，进行正面宣传了，也应该开始做点准备，请李鹏、家华同志酌。"三峡最后一次论证是由钱正英主持、水利部领导，改变过去计委与科委负责、领导的方式。科学界主要反对者黄万里不允许参加论证，政界官员主要反对者李锐不允许参加论证。论证分专题组：防洪、环保、移民、泥沙、发电、航运……分组讨论，不允许横向的综合论证——如防洪、排沙与发电的矛盾，泥沙淤积与航运的矛盾，环保与移民的矛盾等等……根本没有进行论证。纯粹的阿谀工程——告诉四川人邓小平万吨轮船通重庆，结果万吨轮船南京、武汉长江大桥就通不过去，后改成万吨船队通重庆。

数轴原点——设计、施工

千里之行始于足下，三峡设计起步就错了。

以我几十年搞加速器的经验，一块小小的磁铁设计，至少要有三、四个不同的设计方案，内部讨论，定案后，还要请外边的专家审核、提出意见，最后定案。大的设计，如我参加的中美合作的大亚湾中微子探测器一期工程，探测器就有立式、卧式两个设计方案，经过激烈的美国国内和请国际专家参加论争，最后选择了立式方案。

三峡用李鹏、钱正英和张光斗、潘家铮的话：坝体水泥用量、船闸、升船机（这是另一个问题，论证时对船闸万一出问题造成断航的反驳是：有升船机保证。但迄今没有建成，而无人问责！）……都是世界之最。设计方案请了哪些三峡工程以外的国内、国际大坝设计专家参与或审核？即便参与了，这些从未建过如此大坝的专家又能提出什么意见？如此重力大坝设计允许位移是多少？三峡库区蓄水、放水，消落带延绵六百公里，一立方米水质量为一吨，你去算，水消水涨的重力变换有多大。在这种百万吨级的重力变换下，坝基、坝体疲劳耐力的承受年限是多少？这些设计时有没有考虑到？建设三峡大坝时，没有在论证书上签字的防洪组顾问、水能专家陆钦侃先生在《长江、长江》这本书中说，三峡大坝的混凝土年浇筑强度是 410 万 m^3，当时国内最高水平是 203 万 m^3，国际最高水平是 303 万 m^3。我们知道三峡大坝的施工是层层承包下去的，施工时混凝土的实际年浇筑强度是多少？为什么不用设计数据和施工质量检验数据向公众说明三峡大坝是安全的？这是平息公众恐慌最有效的方式。拿不出来，不是根本没有，就是不敢将数据拿出来。更重要的是，大坝的质量由谁检验、由谁验收。是否是具有国际资质的第三方？

三峡大坝从一起步就违反科学，这样的工程令人毛骨悚然！

数轴右侧——三峡的运行

三峡工程运行功能：1. 防洪，2. 发电。其负效应就不讲了，太多了。

1、防洪

陆钦侃先生说三峡水库拦洪量为 183 亿立方米，而大坝以下，湖南四水（湘江、资江、沅水、澧水）也会产生洪水，中下游还有 300 余亿立方米的蓄洪量要求。三峡大坝对此无能为力。加固长江中下游两岸大堤，即可防御上游洪水，又可防御三峡大坝无法防御的中游洪水，据 1987 年湖南、湖北、江西、安徽长江中下游南北两岸上报数据，堤防加固达标和分蓄洪区建设共需 100 多亿，这是 1995 年 5 月三峡预测静态总投资 900 亿元的 1/9，是工程原计划 2039 亿动态投资的 1/20。

中国历史上大禹治水最为成功，大禹治水取疏导，而大禹的父亲鲧则取堵，最终失败。1958 年南宁会议御前辩论，父亲李锐对毛泽东等讲解长江不同于黄河，洪水并不可怕。念了两句唐诗："气蒸云梦泽，波撼岳阳城"，自古以来，荆江北岸有许多湖泊，就是为长江临时分洪用的。明朝宰相张居正是湖北人，将荆江北岸大堤筑高，结果洪水来了向南岸陆续冲开藕池、调弦、太平、松子四口，冲入洞庭湖。北岸云梦泽逐渐消失，而南岸洪水退去都会丰收，所以湖北人并不感谢张居正。

中共夺取政权以后，上世纪五十年代初，在沿袭国民党政权的作法和水利专家的建议下，对长江洪水就是采取疏导的方式。周恩来主持的国务院通过了长江中游最危险河段荆江两岸（现葛洲坝以下，上起湖南枝城，下抵湖北城陵矶）建设分洪区工程，建成后，荆江大堤分洪区人口只有一万，家家筑有高坎，有船舶，洪水来了可以自救。分洪区内只能进行农业活动，不得发展工业和城镇。现在上世纪五十年代定出的分洪区早就没了，人口密度是长江沿岸平均人口密度的四倍，只追求 GDP 不顾人的死活。还在醉生梦死。

2012 年 4 月，伯克利大学召开"三峡二十年"国际研讨会，我遇到中国水利水电科学研究院的副总工程师，他知道我是李锐的女儿后，主动表示对李锐十分敬佩。我问："修建三峡为了防洪，1954 年长江大水，其实武汉的水位比你们所说的三峡要防御的 1870 年千年一遇的洪水水位还高 2 米，只死了 4 千多人；但是只为防洪而建的河南板桥等水库垮坝，一次淹死了 25 万人。到底是堤防防洪危险还是水库防洪危险呢？"他纠正我：1954 年死人不是 4 千，而是 4 万。我说："好，就是 4 万，4 万也只是 25 万的零头。请你告诉我：究竟是堤防防洪可靠还是大坝蓄洪安全？"他不理我了。

我记得听父亲说，根据黄万里的三峡大坝建成后的水库沉淤速度计算，卵石年移动量不少于一亿公吨，水库寿命只有 50 年。后来我在父亲那里碰到一位水电学会的负责人，以黄万里先生的计算质问这位支持三峡的领导，他竟然说：黄万里狗屁不通。我手头没有黄万里先生的学术文章，但是因为这是被父亲反复提及的数字，所以对黄万里先生认为三峡水库只有 50 年的寿命记忆十分清晰。不过大家可以上网查看一篇文章，是美国怀俄明大学植物生态学博士伍业钢先生写的，发表在 1997 年第 3 期《当代中国研究》上，题目是《三峡大坝将给中华民族留下什么？》其中一章的题目是"水库淤积构成严重威胁"。他认为三峡的设计者所设想的延缓淤积，延长水库寿命的方式存在着极大的问题。水库终将被淤满，这是一条死律。我们就算黄万里先生的计算存在着百分之百的错误，那么三峡水库的寿命也只有 100 年，而三峡设计是为防千年一遇的洪水，天底下还有比这更荒唐的事情吗？

2、发电

三峡不是一个好的发电水库，因为它需要防洪，那么上游汛期到来以前，水库需要降低水位，留出防洪库容。但是万一遇到枯水，预先把水放掉了，落差减低了，发电势必受到影响。其实要达到三峡同样的发电量，完全有其他小型梯级水库设计方案可以替代。

就在 2012 年 4 月的那次会上，北京传知行研究所的任星辉研究员有一篇《谁的三峡工程？》的论文。据他们的调查，为了筹集三峡工程的建设资金，向全国电力用户每千瓦时征收三厘钱，到工程竣工为止，至少征收了 1125.6 亿元（2007 年数据暂无），约占工程原计划的 2039 亿动态投资的 55.2%。因此每一个为三峡投资的公民都有权利知道三峡工程建设基金是怎么被花掉的。任星辉根据《中华人民共和国政府信息公开条例》，2009 年 10 月，分别向国务院三峡工程建设委员会、财政部和长江三峡集团公司提出了信息公开申请。在被拒绝之后，于 2010 年 1 月 26 日向法院提起了诉讼，法院以不属于法院受案范围，不予受理。任星辉随即向北京市高级人民法院上诉，但北京高院维持一审裁定。三峡施工时是国家工程公司，全国百姓人人掏钱支持三峡建设。三峡建成后，立即改为股份集团，红利流入集团成员腰包，老百姓不但没有得到回报，电费只增无减。

三峡是谁的工程？三峡发电后谁受益？是那些因此而捞得院士头衔的所谓知识分子，是因此而成为富豪的李鹏家族的工程，是……反正就不是老百姓的工程。

三峡大坝有无问题

三峡大坝到底有没有问题？我让三峡的主上派来回答这个问题。

2012 年水利部急急要在长江上游金沙江河段上建几个梯级拦沙坝。在论证会上，国家环保局坚决反对。总设计师潘家铮在休息时将参会的一位环保局副司长拉到一边：你不要再反对了，不建这些坝，三峡不得了，要出大事呀！

论证总负责钱正英，1999 年 9 月 24 日在水利部全体干部大会上说三峡工程"人大也算通过了，现在也开工了，但是从我个人思想上讲，我对自己主持论证到现在还没有做最后结论……我感到最后还是要经过实践的检验。当时论证中有两个问题是最担心的，一个是泥沙问题，一个是移民问题：三峡工程究竟如何没有把握……对论证究竟行不行，还是要经过长期的实践检验。"钱正英曾经对三峡的反对派说过："我准备70岁坐牢。"这叫什么话？这是一个对国家、对人民负责的政治决策人物应该说的话吗？

再引几则李锐日记的记述。

2007 年 10 月 4 日（星期四）

韩磊来，送新华社网发的"三峡工程生态环境安全存在诸多隐患"。谈采访张光斗时，秘书告知"不要提李锐"，否则神经发作出现病乱（大概是黄万里"跪三铁人"受不了）。

2007 年 11 月 27 日（星期二）

十点多，薛京接小彭电话，中央四台播三峡问题记者会，到近十二点看完。汪啸风（还有潘家铮等）主持，都以官方语言回答所有问题，包括地质滑坡、移民、水库污染等等，看来不开这种会不行了。

三峡怎么办？

最后回到三峡大坝变形的问题。三峡工程存在着极大的垮坝危险。怎么办？立即停用五级船闸，改坝前下船，坝后再上船。现在实际上已经在这样做了。在船闸里憋七、八个小时，谁也受不了。货运更是如此，换船比等过闸省时，经济上还合算。立即废掉水库，改蓄水发电为径流发电，据此调整电网供电；然后周密论证、设计拆坝方案，分期、分段慢慢炸掉三峡大坝。

如果政府不做，继续掩盖事实，中共可以把所有反对它的人关进监狱，大自然母亲它是无法关进去的。惩罚终将到来，只是迟早问题。老百姓怎么办？上策：行动起来，要求政府废掉大坝；中策：能逃就逃；下策：如果你相信网上五毛的谩骂，认为李南央是危言耸听、妖言惑众、唯恐天下不乱，那就继续醉生梦死，没人拦着。当大水倾天而降时，就只有一死了。但有一条建议：谩骂者请注明你是否家居长江沿岸，供读者参考是否取信。

与三峡大坝同样危险的荆江大堤

最后多说一句，同三峡大坝具有同样危险性的是荆江大堤。

三峡水库出来的清水，冲刷力比浑水大得多。黄万里的遗嘱是："汉口段力求堤防固。堤临水面宜打钢板桩，背水面宜以石砌，以策万全。"我是在美国的新奥尔良实地看过 2005 年 8 月卡特琳娜飓风以及海啸的破坏后，才理解了黄万里先生为什么这么说。

新奥尔良市为防海啸，挖有很多人工运河，海啸来了，海水被引入运河，海啸过去，海水从运河退回大海。这些运河的功能有点像长江湖北北岸的云梦泽。运河堤岸的设计是下 25 米的钢板，但是施工的美国工程兵团，没有按设计图纸施工，只打了 15 米深。2005 年海啸特别的大，海水从钢板以下将堤岸冲垮，造成海水漫灌城市，冲毁大批民居、建筑，淹死居民。我们看到运河堤防决口处立有一块牌子，上面写着："2005 年 8 月 29 日，第 17 街本市最大、最重要的引流运河的联邦防洪大堤在此处溃堤，造成洪水灾难，令数百人死亡。此一决口是当日联邦防洪堤坝系统 50 处溃堤之一。2008 年，经美国东路易斯安那区级法院裁决，此次防洪堤溃堤事件由美国陆军工程兵团承担全部责任。但是根据 1928 年洪灾控制法案，免去该兵团经济赔偿之责。"

父亲李锐有诗："**黄老曾经调侃甚，弥留时节梦魂牵。**"（黄万里言：三峡决不可修。否则，将来白帝城头如岳王庙，跪三铁人——中间钱正英，左右张光斗、李鹏。）

父亲李锐有诗："**大江东去浪涛尽，千古风流忠与奸。**"

三峡大坝，是中国传统文化"忠""奸"的见证！

三峡啊（《长江、长江》续篇）
——三峡工程的守望者们

附文：

就一个错误回答听众

7月13日关于三峡大坝的节目播出后，一位听众纠正了我的一个错误。

三峡大坝的升船机2018年9月正式投入使用

听众：我去年10月去过三峡，那个升船机去年（2018年）建成启用了，但是不过是个旅游项目，可以负责任地说，根本没有见到运输船通过，就是旅游专用的三千吨船在上下，估计收费高。对外公布的数字如下，不知真假：

三峡升船机全线总长约5000米，船厢室段塔柱建筑高度146米，最大提升高度为113米、最大提升重量超过1.55万吨，承船厢长132米、宽23.4米、高10米，可提升3000吨级的船舶过坝。

南央：谢谢告知，应该纠正"升船机尚在虚无缥缈中"的说法。但是也怪当局太不庆祝了，就像李锐遗体告别，习近平送了花圈，却让一排工作人员挡在前面，不让人看。按你提供数据，如果属实，应该是达到了论证时提出的标准，超出当年国内水平25.5倍。

陆钦侃先生当年列出的数据——垂直升船机总重/提升高度：

三峡工程	国内水平	国际水平
11,500T/113M	450T/50m	8,800T/73M

不过，五级船闸是2003年6月投入使用的，而升船机在2016年9月才开始试通航，2018年9月正式启用。论证时的结论是：升船机完全可以做到与船闸同时启用，确保长江航运通畅。这十五年的滞后，谁来负责？更要命的是，跟原来无碍通航"0"费用相比，除了游客，普通运输船只的额外升船机收费谁买单？文革后林一山等人第一次提出建设三峡大坝后，父亲李锐即请施工胡佛大坝的美国陆军工程兵团来考察，团长的第一句话就是：长江是世界上少有的黄金水道，没有任何道理用三峡大坝将其截断。

父亲的日记中有如下记述：

2001年1月25日（星期四）

春祥主持岩滩升船机（300T/70m）的设计制造成功，参加三峡升船机工作。给我看了岩滩的图片，多次去三峡，去年曾出大事故，塔带机

（高七八十米）垮，死十多人，伤几十人。美国进口，1200 万美元（一小时好几十吨）。三峡还得搞升船机，过去李鹏否掉过。

（注：蒋春祥是我二姑姑的大女婿，毕业于大连工学院。那时任国家电力公司杭州机械设计研究所高级工程师兼起重机械设计室主任，1995 年主持设计了广西岩滩水电站垂直式升船机主提升机。）

查中国能源建设集团广西电力设计研究院有限公司网：

该电站（广西岩滩水电站）1x250t 级垂直升船机是我国自行设计起重容量最大的垂直升船机，达到国内先进水平，并为三峡和其它水电站通航建筑物的设计提供了借鉴。

且不论我国自行设计的垂直升船机其提升高度和提升重量与三峡升船机根本不在一个层级上；仅就结构而言，三峡升船机是中国第一个齿轮齿条爬升式升船机，此前我国建设的升船机均为垂直钢丝绳卷扬提升式，如何提供"借鉴"？

后记

李南央

2018 年 4 月 24 日下午，国家主席、中共党的总书记习近平，在李鹏的儿子、交通部长李小鹏的陪同下考察三峡工程，发表了如下感言：

今天到三峡大坝来看一看，感到很高兴、很激动。国家取得这么伟大的成绩，这也是你们作出的贡献。国家要强大、民族要复兴，必须靠我们自己砥砺奋进、不懈奋斗。行百里者半九十。中华民族的伟大复兴，不会是欢欢喜喜、热热闹闹、敲锣打鼓那么轻而易举就实现的。我们要靠自己的努力，大国重器必须掌握在自己手里。要通过自力更生，倒逼自主创新能力的提升。试想当年建设三峡工程，如果都是靠引进，靠别人给予，我们哪会有今天的引领能力呢。我们自己迎难克坚，不仅取得了三峡工程这样的成就，而且培养出一批人才，我为你们感到骄傲，为我们国家有这样的能力感到自豪。希望我们共同努力，上下同心，13 亿多中国人齐心合力共圆中国梦。

习近平将三峡工程认定为"大国重器"；以为三峡工程的建成标志着中国人的"引领能力"；赞誉三峡工程为"成就"；更为三峡培养出的一批人才"骄傲"。号召"共圆中国梦"！

是美梦还是恶梦？习近平的话做不得数。只有人类共同的母亲——大自然，才是三峡工程的最后裁定者。

三峡啊，你必将是中共执政历史的见证人！

2020 年 3 月 28 日

www.ingramcontent.com/pod-product-compliance
Lightning Source LLC
Chambersburg PA
CBHW021545210326
41599CB00010B/311